校企合作机电类专业系列丛书

互联网+创新型“十四五”精品教材

机械制图

（微课版）

主　编◎赵忠玉　杨琴文　姚春玲

副主编◎姚世霖　汪　晔　魏德才　谭代兵

秦　炜　黄华仁　唐香萍　陈思晶

哈爾濱工程大学出版社

Harbin Engineering University Press

内 容 简 介

本书结合机械制图的基本理论和工程应用的相关知识，帮助读者在理解机械制图基本规定和视图基本原理的基础上，既会利用机械制图的基本理论看懂机械零件与装配图样，又会应用相关知识正确绘制机械图样。本书共 9 个项目，包括机械制图的基本知识和技能、投影基础、立体投影及其表面交线、组合体、轴测图、机件常用的表达方法、标准件和常用件、零件图、装配图。全书脉络清晰、内容全面、实例丰富、语言简洁、理论讲解与实践操作完美结合。

本书结构清晰，语言简洁，既可作为应用型本科、职业院校、技工类院校相关专业的教材，也可作为机械工程技术人员的自学辅导用书。

图书在版编目（CIP）数据

机械制图 ： 微课版 / 赵忠玉，杨琴文，姚春玲主编. 哈尔滨 ： 哈尔滨工程大学出版社，2025. 1. -- ISBN 978-7-5661-4681-6

Ⅰ. TH126

中国国家版本馆 CIP 数据核字第 2025VF6593 号

机械制图（微课版）
JIXIE ZHITU（WEIKE BAN）

选题策划 张林峰
责任编辑 田　婧

出版发行 哈尔滨工程大学出版社
社　　址 哈尔滨市南岗区南通大街 145 号
邮政编码 150001
电　　话 0451-82519989
经　　销 新华书店
印　　刷 三河市中晟雅豪印务有限公司
开　　本 787 mm×1 092 mm　1/16
印　　张 16
字　　数 410 千字
版　　次 2025 年 1 月第 1 版
印　　次 2025 年 1 月第 1 次印刷
书　　号 ISBN 978-7-5661-4681-6
定　　价 49.80 元

http://www.hrbeupress.com
E-mail:heupress@hrbeu.edu.cn

前　言

党的二十大报告指出，“坚持尊重劳动、尊重知识、尊重人才、尊重创造，实施更加积极、更加开放、更加有效的人才政策”“着力形成人才国际竞争的比较优势。加快建设国家战略人才力量”“深化人才发展体制机制改革……把各方面优秀人才集聚到党和人民事业中来”。

机械工程是工程学科里最基础、最重要的一门学科。在现代工业中，设计、制造、安装各种机械、电动机、仪表，以及采矿、冶金、化工等各方面的设备，都离不开机械工程图样，在使用这些机器、仪表和设备时，也常常要通过阅读机械工程图样来了解它们的结构和性能。因此，每名工程技术人员都必须能够绘制和阅读机械工程图样。

机械加工产业是我国主要支柱产业之一，机械产业技术人员在一定程度上是我国劳动大军中的中坚和主力。作为一名设计和生产机械产品的工程技术人员，阅读机械工程图样是一项关键的技能。绘制工程图样也是设计人员之间进行工程交流的基础。因此，掌握机械制图的技能对机械产业技术人员来说具有至关重要的作用。

本书共 9 个项目，主要包括机械制图的基本知识和技能、投影基础、立体投影及其表面交线、组合体、轴测图、机件常用的表达方法、标准件和常用件、零件图、装配图。全书脉络清晰、内容全面、实例丰富、语言简洁、理论讲解与实践操作完美结合。

本书的主要目的是培养读者既会利用机械制图的基本理论看懂机械零件与装配图样，又会应用相关理论绘制机械图样的能力。本书的主要任务如下。

（1）培养读者使用平行投影法（主要是正投影法）以二维平面图形表达三维空间形状的能力。

（2）培养读者对空间形体的形象思维能力。

（3）培养读者创造性构形的设计能力。

（4）培养读者使用绘图软件绘制机械图样的能力。

（5）培养读者工程意识，贯彻执行国家标准的意识。

本书由赵忠玉（武威职业学院）、杨琴文（重庆电讯职业学院）、姚春玲（山东商务职业学院）担任主编，由姚世霖（大连海洋大学）、汪晔（东莞市南博职业技术学校）、魏德才（河南省经济管理学校）、谭代兵（北京杰迈科技股份有限公司）、秦炜（四川传媒学院）、黄华仁（广州东华职业学院）、唐香萍（广西第一工业学校）、陈思晶（广西南宁技师学院）担任副主编。本书的相关资料和售后服务可扫封底微信二维码或登录 www.bjzzwh.com 下载获得。

由于编者水平有限，书中难免存在疏漏和不当之处，敬请各位专家及读者批评指正。

编　者

CONTENTS

目录

项目1

机械制图的基本知识和技能

项目导读

机械制图是一种通过图形符号和标注来表达机械零件和装配体的几何形状、尺寸、公差，以及表面特征等信息的技术语言。

本项目主要介绍制图的基本知识和技能，包括有关机械制图国家标准的一些基本规定、绘图工具的使用方法、几何作图方法及平面图形分析和尺寸标注等内容，它们是正确绘制和阅读工程图样的基础。

学习目标

知识目标

1. 掌握图幅、标题栏、比例、字体、图线及尺寸标注在国家标准中的规定。
2. 掌握图板、三角尺、圆规等绘图工具的使用方法。
3. 掌握等分线段、圆内接正多边形、斜度和锥度、椭圆等几何作图方法。
4. 掌握平面图形的绘图步骤。

技能目标

1. 会使用图板、三角尺、圆规等绘图工具。
2. 会绘制等分线段、圆内接正多边形、斜度和锥度、椭圆。
3. 能够徒手绘制直线、圆及圆角。

素质目标

1. 通过正确使用工具的学习，培养读者的工匠精神和精益求精的工作态度。
2. 通过几何图形的学习，培养读者的逻辑思维和审美能力。

思政目标

1. 通过绘制平面图形的学习，培养读者的创新意识和解决实际问题的能力。
2. 通过徒手绘制草图的学习，培养读者的自主学习能力和创新精神。

任务 1　机械制图相关规定的标准

任务描述

通过对本任务相关知识的学习，读者能够掌握国家标准中关于图幅、标题栏、比例、字体、图线以及尺寸标注的规定。

任务分析

本任务首先要掌握图纸幅面的尺寸；其次掌握绘图比例以及国家标准中对字体的规定；再次了解在机械图样中图线的型式及应用，以及图线的画法；最后掌握尺寸标注的基本规则以及基本要素。

任务重点与实施

为了加强我国与世界各国的技术交流，依据国际标准化组织（International Organization for Standardization，ISO）制定的国际标准，我国制定了机械制图国家标准。每名工程技术人员必须熟悉并严格遵守有关国家标准。

国家标准简称国标，代号为 GB 或 GB/T，其中，GB 为强制性国标，GB/T 为推荐性国标，与机械制图有关的国标大多属于推荐性国标。代号后的数字为标准号，由顺序号和发布的年代号组成，如表示图纸幅面和格式的标准代号为 GB/T 14689—2008。

1.1.1　图幅（GB/T 14689—2008）与标题栏（GB/T 10609.1—2008）

1. 图纸幅面

绘图时应优先采用表 1-1 中规定的基本幅面，幅面代号为 A0、A1、A2、A3、A4，必要时可按规定加长幅面，这些幅面的尺寸由基本幅面的短边成整数倍增加后得出。例如，当幅面代号为 A0×2 时，尺寸 $B \times L$ = 1 189 mm×1 682 mm。基本幅面尺寸（书中没有特殊标注时，单位均为 mm）如图 1-1 所示。

表 1-1　基本幅面　　单位：mm

<table>
<tr><th>幅面代号</th><th>A0</th><th>A1</th><th>A2</th><th>A3</th><th>A4</th></tr>
<tr><td>$B \times L$</td><td>841×1 189</td><td>594×841</td><td>420×594</td><td>297×420</td><td>210×297</td></tr>
<tr><td>e</td><td colspan="2">20</td><td colspan="3">10</td></tr>
<tr><td>c</td><td colspan="3">10</td><td colspan="2">5</td></tr>
<tr><td>a</td><td colspan="5">25</td></tr>
</table>

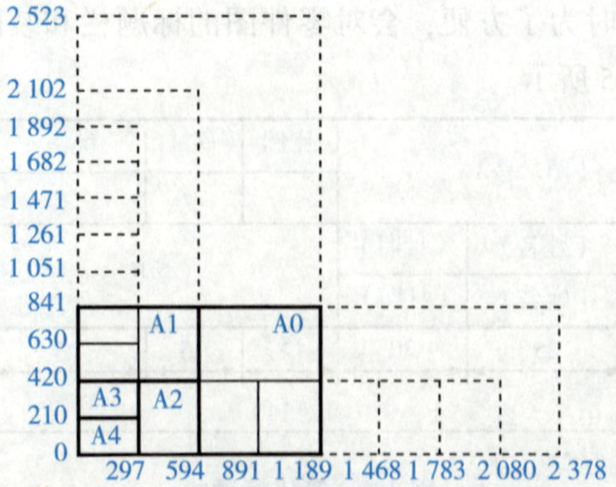

图 1-1　幅面尺寸

2. 图框格式

在图纸上，必须用粗实线画出图框，其格式分不留装订边图框（图 1-2）和留有装订边图框（图 1-3）两种，尺寸如表 1-1 所示。

同一产品的图样只能采用一种格式。

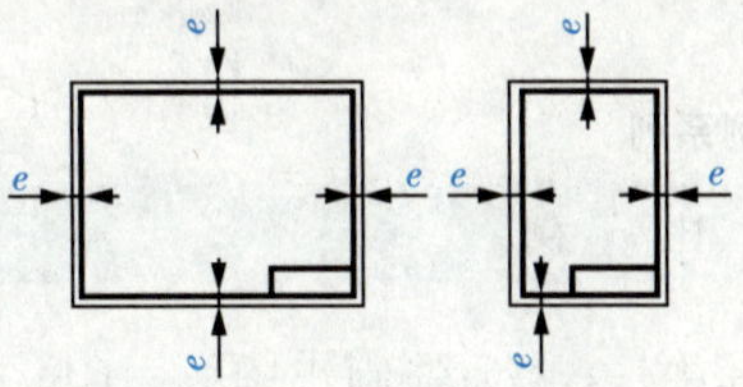

图 1-2　不留装订边图框

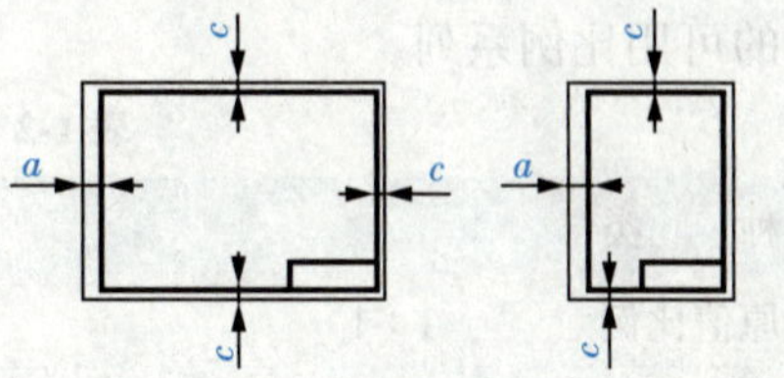

图 1-3　留有装订边图框

3. 标题栏

GB/T 10609. 1—2008 规定每张图纸上都必须画出标题栏，标题栏的位置位于图纸的右下角，其方向与看图方向一致。

标题栏的格式和尺寸由 GB/T 10609. 1—2008 规定（装配图中的明细栏由 GB/T 10609. 2—2009 规定），如图 1-4 所示。

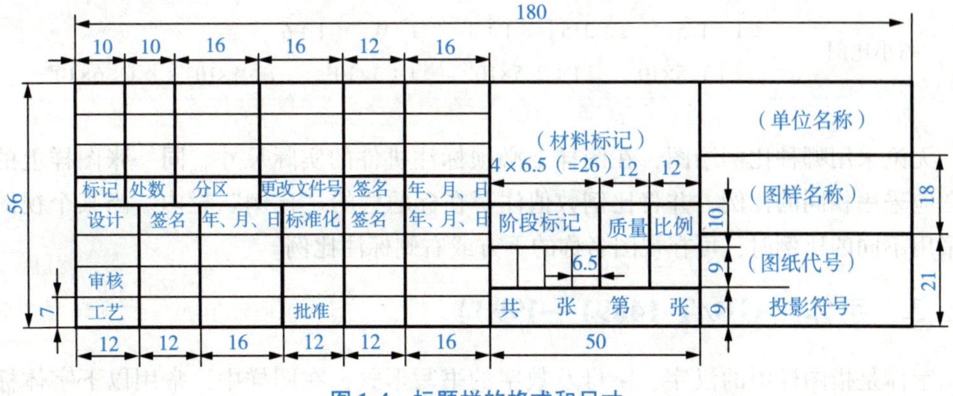

图 1-4　标题栏的格式和尺寸

在学习过程中，有时为了方便，会对零件图的标题栏和装配图的标题栏、明细栏内容进行简化，如图 1-5 所示。

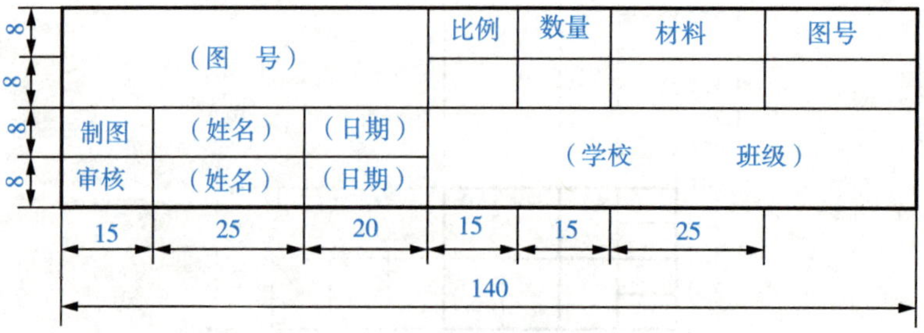

图 1-5　简化标题栏

1.1.2　比例（GB/T 14690—1993）

比例为图样中的图形与其实物相应要素的线性尺寸之比，分为原值比例、放大比例、缩小比例三种。比例符号为“：”，绘图时应尽量采用 1：1 的原值比例，当需要按比例制图时，在表 1-2（标准比例系列）中选取适当的比例，必要时也允许选取表 1-3 中的可用比例系列。

表 1-2　标准比例系列

种　类	比　例
原值比例	1：1
放大比例	5：1　2：1　5×10^n：1　2×10^n：1　1×10^n：1
缩小比例	1：2　1：5　1：10　1：2×10^n　1：5×10^n　1：10×10^n

注：n 为正整数。

表 1-3　可用比例系列

种　类	比　例
放大比例	4：1　2.5：1　4×10^n：1　2.5×10^n：1
缩小比例	1：1.5　1：2.5　1：3　1：4　1：6 1：1.5×10^n　1：2.5×10^n　1：3×10^n　1：4×10^n　1：6×10^n

无论采用哪种比例绘图，在图样上必须标注机件的实际尺寸。同一张图样上的各视图应采用相同的比例，并将比例数值注写在标题栏的“比例”栏内。当某个视图需要采用不同的比例时，可在视图名称的下方或右侧标注比例。

1.1.3　字体（GB/T 14691—1993）

字体是指图样中的汉字、字母及数字的书写形式，在图样中，常用以下字体标注尺寸和技术要求等。

1. 一般规定

根据 GB/T 14691—1993、GB/T 14665—2012 的规定，对字体有以下一般要求。

（1）在图样中书写字体，必须做到字体工整、笔画清楚、间隔均匀、排列整齐。

（2）汉字应写成长仿宋体，并应采用国家正式公布推行的简化字。汉字的高度（用 h 表示）不应小于 3.5 mm，其字宽一般为 $h/\sqrt{2}$，即约等于字高的2/3。

（3）字体的号数即字体的高度，其公称尺寸系列为 1.8 mm、2.5 mm、3.5 mm、5 mm、7 mm、10 mm、14 mm、20 mm。如果需要书写更大的字，则其字体高度应按$\sqrt{2}$的比率递增。

（4）字母和数字分为 A 型和 B 型：A 型字体的笔画宽度 d 为 h 的 1/14；B 型字体的笔画宽度为 h 的 1/10。在同一图样上，字母和数字只允许使用一种型式。

（5）字母和数字可写成斜体和直体。其中，斜体字字头向右倾斜，且与水平基准线约成 75°。

2. 字体示例

（1）汉字——长仿宋体

字体工整　笔画清楚　间隔均匀　排列整齐

10 号字

横平竖直　注意起落　结构均匀　填满方格

7 号字

技术制图　机械电子　汽车航空　船舶土木　建筑矿山　井坑港口　纺织服装

5 号字

螺纹齿轮　端子接线　飞行指导　驾驶舱位　挖填施工　饮水通风　闸阀坝　棉麻化纤

3.5 号字

（2）拉丁字母

ABCDEFGHIJKLMNOP

A 型大写斜体

abcdefghijkimrop

A 型小写斜体

ABCDEFGHIJKLMNOP

B 型大写斜体

（3）希腊字母

ΑΒΓΕΖΗΘΙΚ

A 型大写斜体

αβγδεζηθικ

A 型小写直体

（4）阿拉伯数字

1234567890

斜体

1234567890

直体

3. 图样中的书写规定

（1）对于作为指数、分数、极限偏差、注脚等数字及字母，一般应采用小一号的字体。

（2）图样中的数字符号、物理量符号、计量单位符号及其他符号与代号应分别符合有关规定。

1.1.4 图线（GB/T 17450—1998、GB/T 4457.4—2002）

1. 图线的型式及应用

国标规定了 15 种基本线型和 9 种图线宽度（用 *d* 表示），所有线型的宽度均应按图样的类型和尺寸在下列数系中选择：0.13 mm，0.18 mm，0.25 mm，0.35 mm，0.5 mm，0.7 mm，1 mm，1.4 mm，2 mm。考虑到机械设计制图的需要，GB/T 4457.4—2002 中规定了 9 种线型，各种图线的名称、型式、宽度及其在图上的一般应用如表 1-4 所示。在机械图样上，采用粗、细两种图线宽度，粗线的宽度应按图的大小和复杂程度在 0.5～2 mm 中选择，一般选 0.5 mm、0.7 mm 为宜。

表 1-4 图线的形式及应用

图线名称	线型	图线宽度/mm	主要用途
粗实线		*d*	可见轮廓线
细实线		*d*/2	尺寸线、尺寸界线、剖面线、引出线、弯折线、牙底线、齿根线、辅助线等
细点画线		*d*/2	轴线、对称中心线、齿轮节线等
细虚线		*d*/2	不可见轮廓线、不可见过渡线
粗虚线		*d*	允许表面处理的表示线
波浪线		*d*/2	断裂处的边界线、剖视与视图的分界线
双折线		*d*/2	断裂处的边界线
粗点画线		*d*	有特殊要求的线或面的表示线

（续表）

图线名称	线型	图线宽度/mm	主要用途
双点画线	——— — — ———	$d/2$	相邻辅助零件的轮廓线、极限位置的轮廓线、假想投影的轮廓线

2. 图线的画法

（1）在同一图样中，同类图线的宽度应基本一致。虚线、点画线及双点画线的线段和间隔应大致相等。

（2）两条平行线（包括剖面线）之间的距离应不小于粗实线宽度的两倍，且最小距离不得小于0.7 mm。

（3）在绘制圆的对称中心线时，圆心应为线段的交点；点画线和双点画线的首末两端应是线段而不是短画线。建议中心线超出轮廓线2～5 mm。图线的应用示例如图1-6所示。

（4）在较小的图形上画点画线或双点画线有困难时，可用细实线代替。

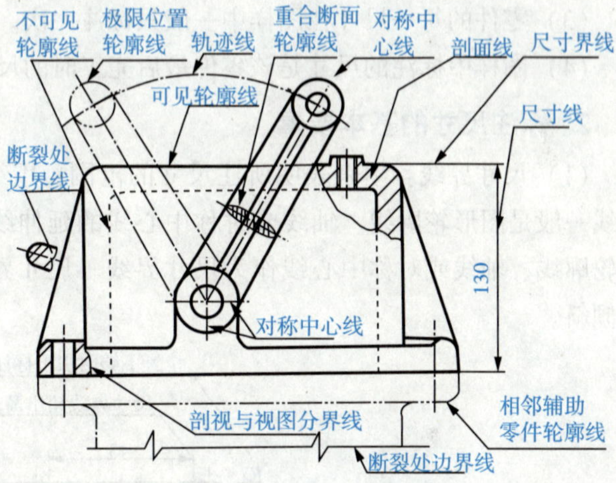

图1-6　图线的应用示例

为保证图形清晰，各种图线相交、相连时的习惯画法如图1-7所示。当点画线、虚线与粗实线相交或点画线、虚线彼此相交时，均应交于点画线或虚线的线段处；当虚线与粗实线相连时，应留空隙；当虚直线与虚半圆弧相切时，在虚直线处应留空隙，且虚半圆弧应画到对称中心线为止。

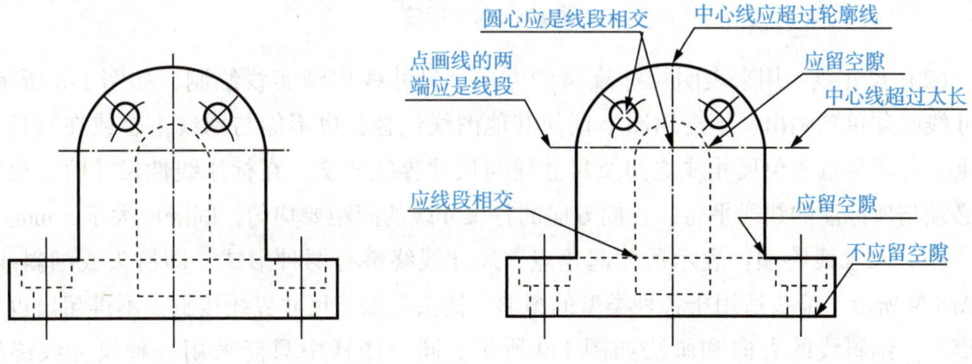

（a）正确　　（b）错误

图1-7　各种图线相交、相连时的习惯画法

1.1.5 尺寸标注（GB/T 4458.4—2003）

在图样中，除需要表达零件的结构形状外，还需要标注尺寸，以确定零件的大小。国标 GB/T 4458.4—2003 对尺寸标注的基本方法进行了一系列的规定，必须严格遵守。

1. 基本规则

（1）当图样中的尺寸以 mm 为单位时，不需要注明计量单位代号或名称。若采用其他单位，则必须标注相应计量单位代号或名称。

（2）图样上所注的尺寸数值是零件的真实大小，与图形大小及绘图的准确度无关。

（3）零件的每一尺寸在图样中一般只标注一次。

（4）图样中标注的尺寸是该零件最后完工时的尺寸，否则应另加说明。

2. 标注尺寸的基本要素

（1）尺寸界线：用来表明所注尺寸的范围，用细实线绘制，如图 1-8 所示。尺寸界线一般是图形轮廓线、轴线或对称中心线的延伸线，超出箭头 2 ~ 3 mm。也可直接用轮廓线、轴线或对称中心线作为尺寸界线。尺寸界线一般与尺寸线垂直，必要时允许倾斜。

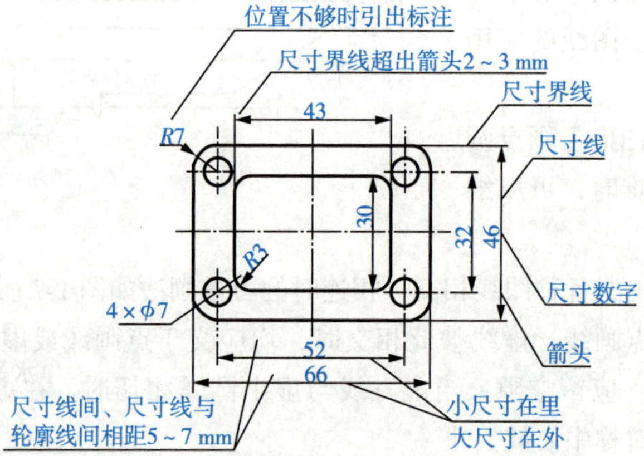

图 1-8 尺寸标注

（2）尺寸线：用来表明尺寸度量的方向，尺寸线用细实线绘制，如图 1-8 所示。尺寸线必须单独画出，不能用图上任何其他图线代替，也不能与图线重合或在其延长线上，并应尽量避免尺寸线之间及尺寸线与尺寸界线相交。在标注线性尺寸时，尺寸线必须与所标注的线段平行，相同方向的各尺寸线的间距要均匀，间隔应大于 5 mm。

（3）尺寸线终端：表示尺寸起止点。尺寸线终端有两种形式，即箭头或细斜线，如图 1-9 所示。箭头适用于各种类型的图形，箭头尖端与尺寸界线接触，不得超出也不得离开。细斜线的方向和画法如图 1-9 所示。同一图样中只能采用一种尺寸线终端形式。

（4）尺寸数字：表示尺寸的数值。线性尺寸的数字一般注写在尺寸线上方或尺寸线中断处。尺寸数字中不允许有任何图线通过，否则必须将图线断开。在同一图样内，尺寸数字的高度一致，位置不够时可引出标注，如图 1-8 所示。

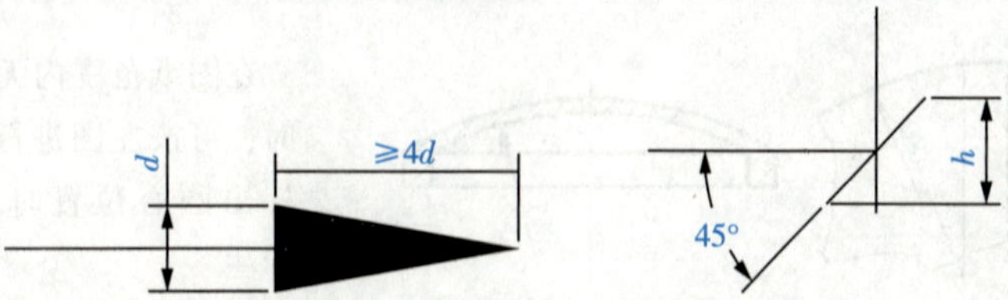

d—粗实线的宽度；*h*—字体高度。

图 1-9　尺寸线终端

表 1-5 列出了国标规定尺寸标注的一些示例。

表 1-5　标注示例

标注内容	示例	说明
线性尺寸的数字方向	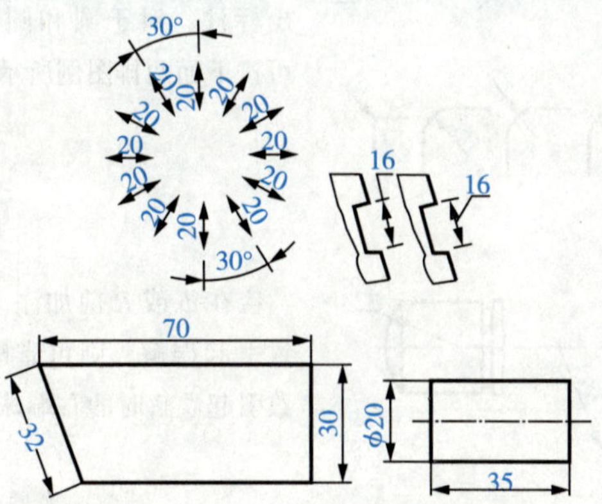	第一种方法：尺寸数字应按左上图所示方向注写，并尽可能避免在图示 30°范围内标注尺寸，当无法避免时，可按右上图的形式标注； 第二种方法：在不致引起误解时，对于非水平方向的尺寸，数字可水平地注写在尺寸线的中断处； 在一张图样中，应尽可能采用同一种方法，一般应采用第一种方法
角度	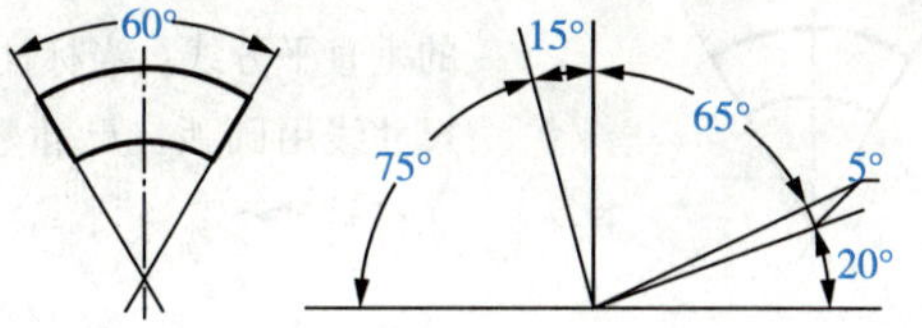	尺寸界线应沿径向引出，尺寸线应画成圆弧，圆心是角的顶点。尺寸数字一律水平书写，一般注写在尺寸线的中断处，必要时也可按右图所示的形式标注
圆	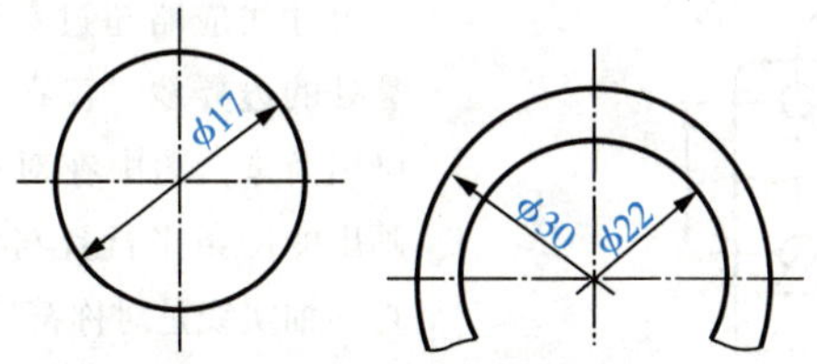	当标注圆的直径尺寸时，尺寸线一般应按这两个图例所示的方法绘制
圆弧	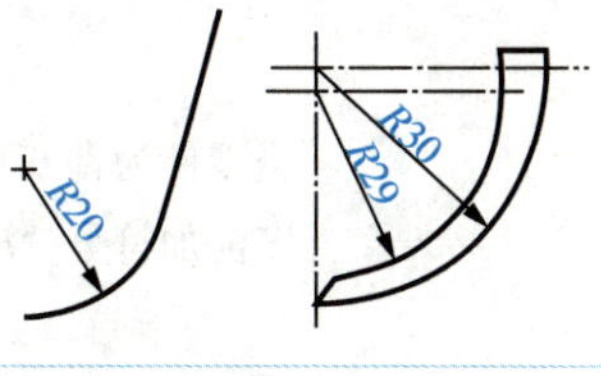	半径尺寸一般应按这两个图例所示的方法标注

（续表1）

标注内容	示例	说明
大圆弧	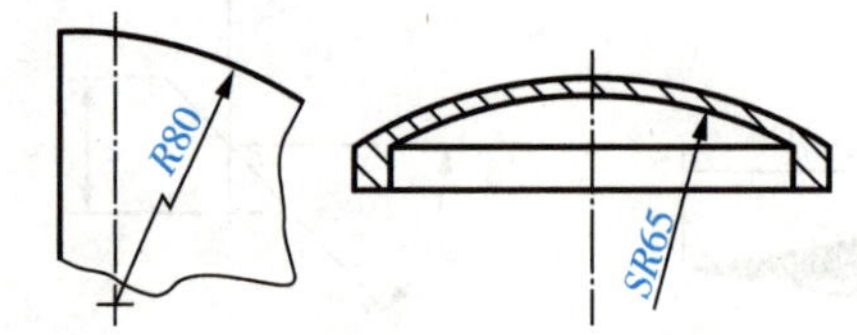	在图纸范围内无法标出圆心位置时，可按左图进行标注；当不需要标出圆心位置时，可按右图进行标注
小尺寸	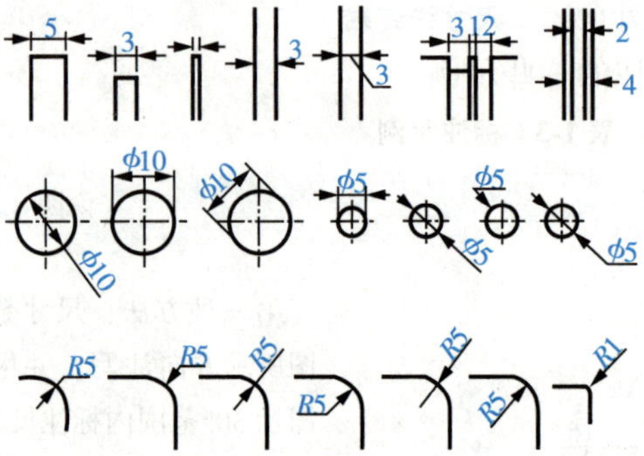	当没有足够的位置时，可将箭头画在外面，或者用小圆点代替两个箭头；尺寸数字也可写在外面或引出标注。对于圆和圆弧的小尺寸，可按下面两排图例所示的方法标注
球面	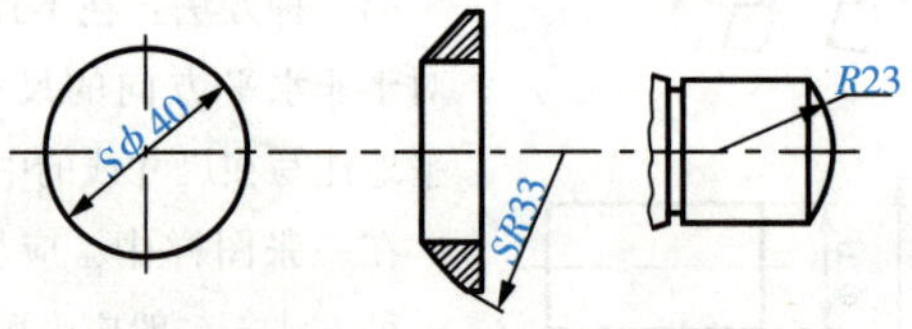	应在 ϕ 或 R 前加注“S”。如果不致引起误解，则可省略，如右图不致引起误解时的右端球面标注
弧长和弦长	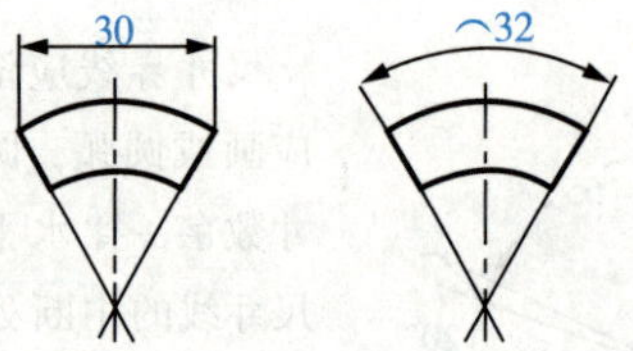	标注的弦长尺寸界线应平行于弦的垂直平分线；当标注弧长尺寸时，尺寸线用圆弧，尺寸数字前方应加注符号“⌒”
当对称机件只画出一半或大于一半时	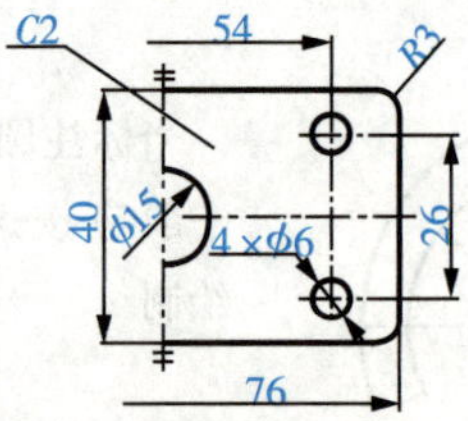	尺寸线应略超过对称中心线或断裂处的边界线，仅在尺寸界线一端画出箭头，图中在对称中心线两端画出的两条平行且与对称中心线垂直的细实线是对称符号
当零件为薄板时	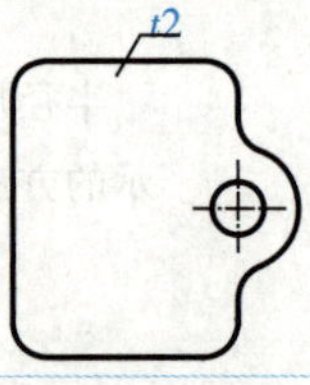	当零件为薄板时，可在厚度尺寸数字前加符号“t”

（续表2）

标注内容	示例	说明
光滑过渡处	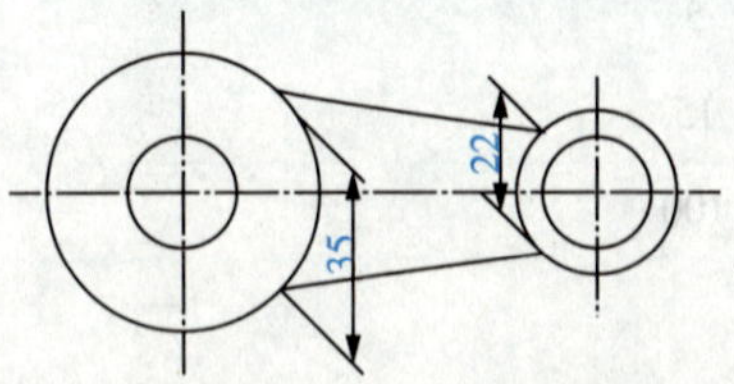	在光滑过渡处，必须用细实线将轮廓线延长，并从它们的交点引出尺寸界线。尺寸界线如果垂直于尺寸线，则图线会很不清晰，因此允许倾斜
正方形结构	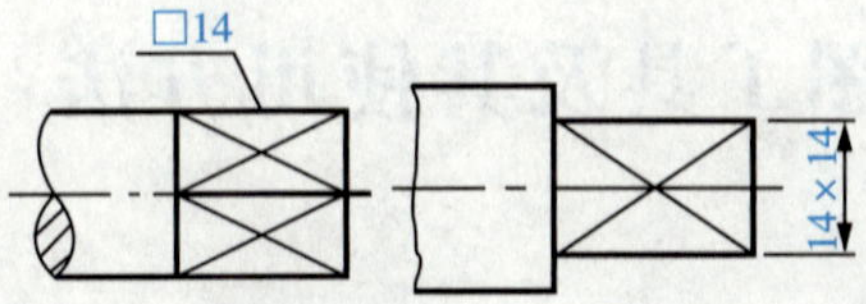	当剖面为正方形时，可在边长尺寸数字前加注符号“□”或用14×14代替“□14”。图中相交的两细实线是平面符号
斜度和锥度	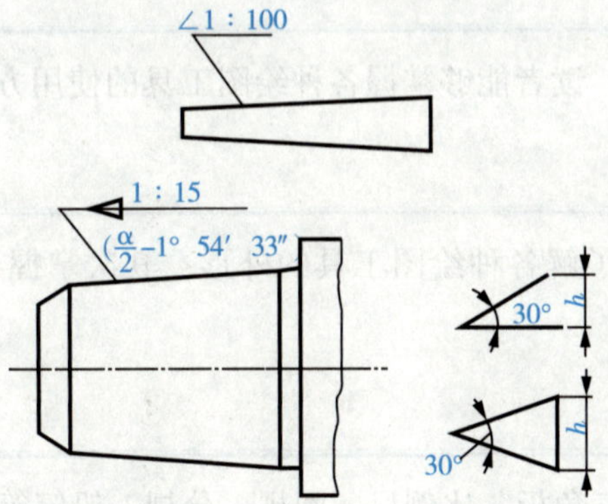	斜度、锥度可用图中所示的方法标注。必要时也可在标注锥度的同时，在圆括号中注出其角度值（α为圆锥角）。符号的方向应与斜度、锥度的方向一致。符号的线宽为 $\frac{h}{10}$，h 为字高，锥度也可注写在轴线上
尺寸数字无法避免被图线通过时	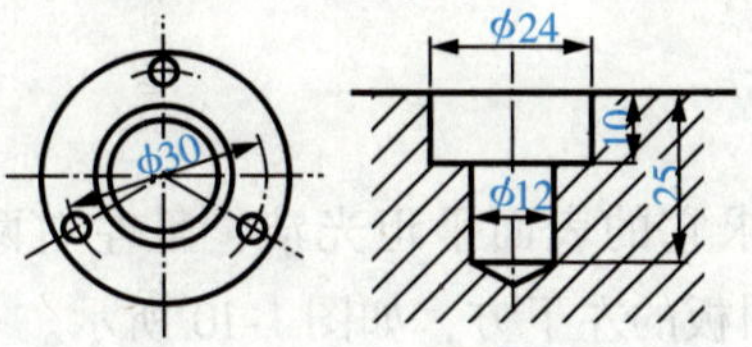	必须在注写尺寸数字处将图线断开

任务评价

评价内容	评价标准	分值	读者自评	教师评估
图幅和标题栏	掌握图纸幅面尺寸	10		
	掌握图框格式	10		
	掌握标题栏格式和尺寸	10		
比例	掌握绘图比例	10		
字体	掌握国标中对字体的规定	20		
图线	掌握图线的型式及应用	5		
	掌握图线的画法	15		

（续表）

评价内容	评价标准	分值	读者自评	教师评估
尺寸标注	了解尺寸的基本规则	5		
	掌握标注尺寸的基本要素	15		
总分		100		

任务2　绘图工具及其使用方法

任务描述

通过对本任务相关知识的学习，读者能够掌握各种绘图工具的使用方法。

任务分析

想要使用各种绘图工具，首先了解各种绘图工具的外形；其次掌握各种绘图工具的性能和使用方法。

任务重点与实施

绘图工具包括图板、丁字尺、三角板、比例尺、圆规、分规、铅笔等。

1.2.1　图板、丁字尺和三角板

图板是绘图时用的垫板，因此要求它的表面平坦光洁，且左右两导边必须平直。在画图时，应将图纸用胶带纸固定在图板的左下方，如图 1-10 所示。

丁字尺是画水平线的长尺，由尺头和尺身两部分组成。在画图时，应使尺头紧靠图板左侧的导边。

一副三角板由 45° 和 60°、30° 两块直角三角板组成，它常与丁字尺配合使用，可用来画铅垂线，如图 1-11 所示。也可画与水平线成 30°、45°、60°的斜线；两块直角三角板配合使用，可画 15°、75°的斜线，如图 1-12 所示。

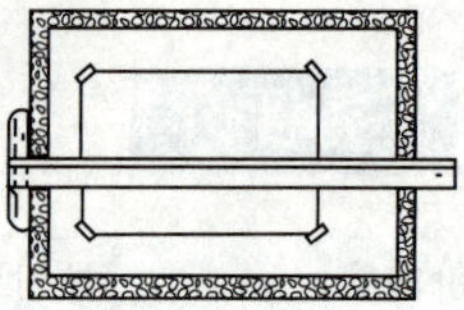

图 1-10　图板、图纸的放置

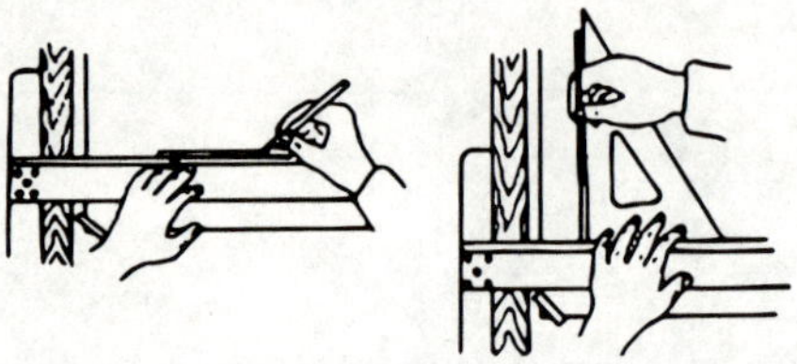

图 1-11　用丁字尺和三角板画水平线和铅垂线

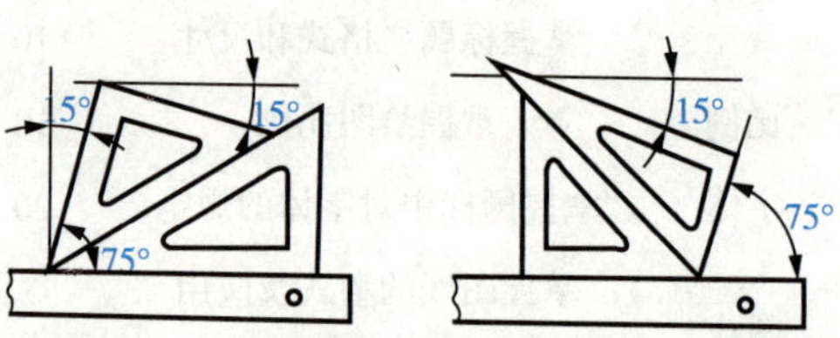

图 1-12　用丁字尺和三角板画特定角度斜线

1.2.2　比例尺

比例尺又称三棱尺，是刻有各种比例的直尺。比例尺的式样很多，最常见的是在其三个面上刻有六种不同的比例：1∶100，1∶200，1∶300，1∶400，1∶500，1∶600。比例尺上的数字以 m 为单位。应根据绘图采用的比例选用比例尺。如果图样用的比例是 1∶2，就应选用 1∶200 的比例尺，读数时应除以 100。

比例尺不应受潮，以免影响精度；尺面刻度务必保持清晰，当用分规量取尺寸时，不可在刻度线上留下针眼，也不可将比例尺当直尺用。

1.2.3　圆规和分规

1. 圆规

圆规是画圆和圆弧的工具。在画圆时，要求圆规的针脚和铅芯都应与纸面垂直。圆规的使用方法如图 1-13 所示。

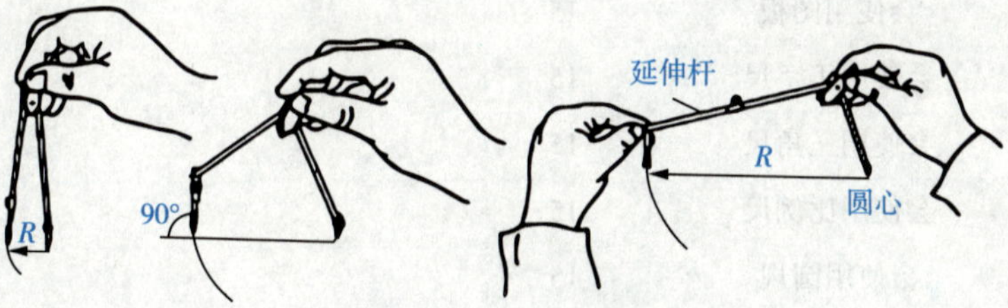

图 1-13　圆规的使用方法

2. 分规

分规是用来量取线段和等分线段的工具。分规的两针尖应保持尖锐，合拢时两针尖要对齐。分规的使用方法如图 1-14 所示。

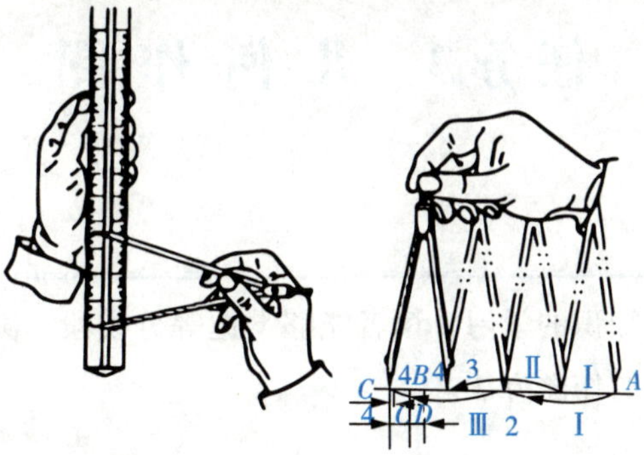

图 1-14　分规的使用方法

1.2.4　铅笔

铅芯的软硬分别用字母 B 和 H 表示，其中，B 前面的数字越大，表示铅芯越软；H

前面的数字越大，表示铅芯越硬。一般描粗时用 B 或 HB 铅笔，写字与画细线时用 HB 或 H 铅笔，打底稿时用 H 或 2H 铅笔。铅芯削法如图 1-15 所示。

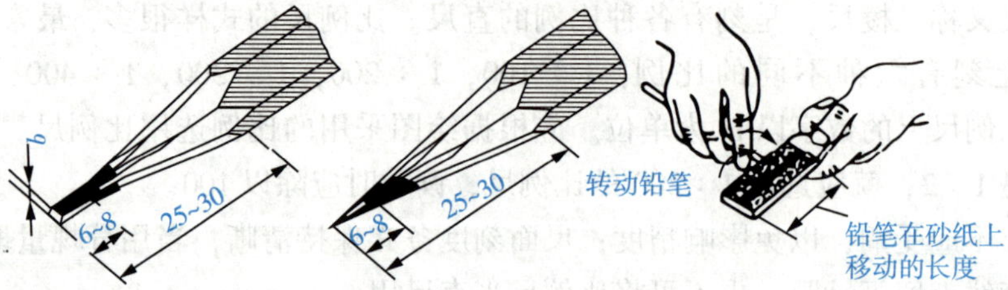

（a）磨成楔形　（b）磨成锥形　（c）铅笔的磨法

图 1-15　铅芯削法

任务评价

评价内容	评价标准	分值	读者自评	教师评估
图板、丁字尺和三角板	会使用图板	15		
	会使用丁字尺	15		
	会使用三角尺	15		
比例尺	会使用比例尺	15		
圆规和分规	会使用圆规	15		
	会使用分规	15		
铅笔	会使用铅笔	10		
总分		100		

任务 3　几何作图

任务描述

通过对本任务相关知识的学习，读者能够掌握等分线段、圆内接正多边形、斜度、锥度、椭圆、圆弧连接的作图方法。

任务分析

想要进行几何作图，首先了解等分线段的作图方法；其次掌握内接正三角形、内接正四边形、内接正五边形、内接正六边形以及内接正七边形的作图方法；再次掌握斜度和锥度的作图及标注方法；最后掌握椭圆的绘制方法和圆弧连接的作图方法。

任务重点与实施

机件的轮廓形状是多种多样的，如图 1-16 所示，但反映到图样上，它们都是由直线、圆弧和其他曲线组成的几何图形。因而，在绘制图样时，常常要运用一些几何作图的方法。

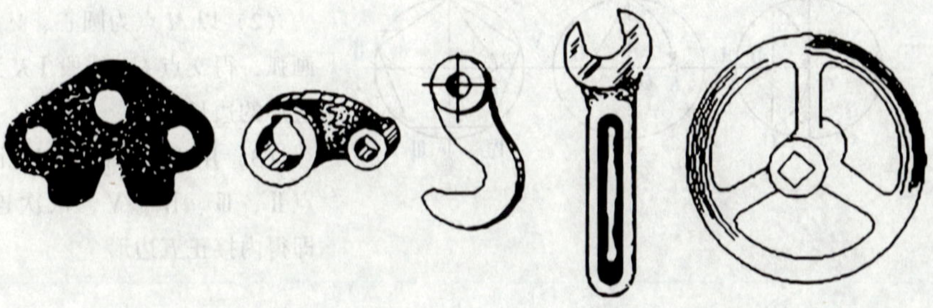

(a) 垫片　(b) 连杆　(c) 钩　(d) 扳手　(e) 手轮

图 1-16　几种机件的形状

1.3.1　等分线段

等分线段的原理是平行线截线段对应成比例。如图 1-17 所示，将线段 AB 三等分。

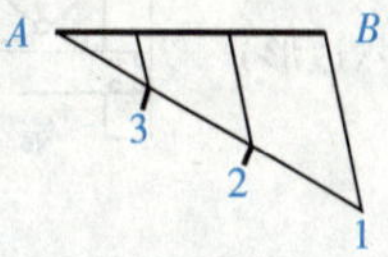

图 1-17　等分线段

1.3.2　圆内接正多边形

圆内接正多边形的作图方法如表 1-6 所示。

表 1-6　圆内接正多边形的作图方法

等分	作图步骤	说明
三等分（内接正三角形）	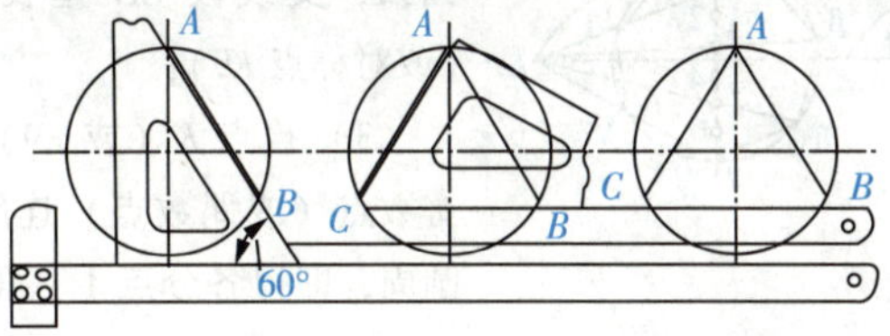	（1）用 60°直角三角板过 *A* 点画 60°斜线交圆周于 *B* 点；（2）旋转直角三角板，用同样的方法画 60°斜线交圆周于 *C* 点；（3）连接 *B*、*C* 两点即得正三角形
四等分（内接正四边形）	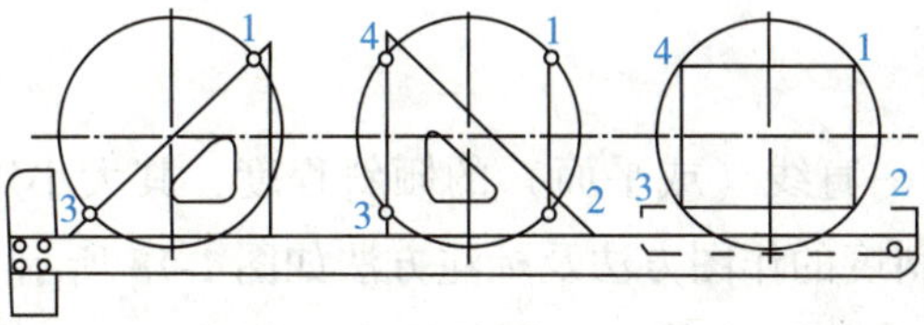	（1）用 45°直角三角板的斜边过圆心画线，交圆周于 1、3 两点；（2）移动直角三角板，用直角边作垂线 21、34；（3）用丁字尺画水平线 41 和 32，即得内接正四边形

（续表）

等分	作图步骤	说明
五等分（内接正五边形）	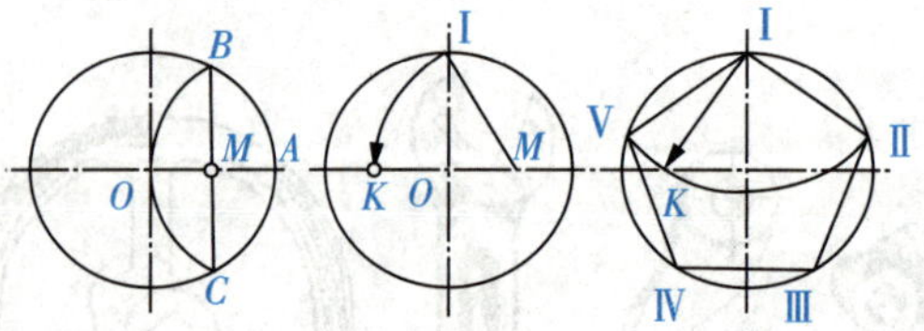	（1）以 *A* 点为圆心、*OA* 为半径画弧，交圆周于 *B*、*C* 两点，连接 *B*、*C* 两点得 *OA* 的中点 *M*； （2）以 *M* 点为圆心、*M* Ⅰ为半径画弧，得交点 *K*、线段Ⅰ*K* 为所求五边形的边长； （3）用Ⅰ*K* 长自Ⅰ起截圆周，得点Ⅱ、Ⅲ、Ⅳ、Ⅴ，依次连接它们即得内接正五边形
六等分（内接正六边形）	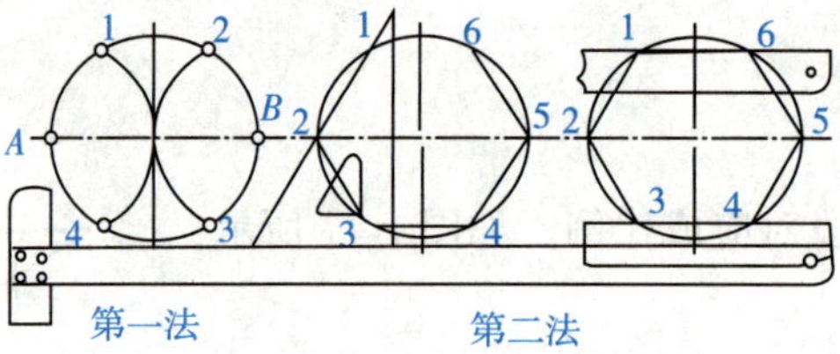	第一法 以点 *A*（或 *B*）为圆心，以原圆半径为半径，截圆于 1 、2 、3 、4 四点，即得圆周六等分 第二法 （1）用 60°直角三角板自点 2 作弦 21，右移，自点 5 作弦 54；旋转直角三角板作 23 、65 两弦； （2）用丁字尺连接线段 16 、34，即得内接正六边形
七等分（内接正七边形）	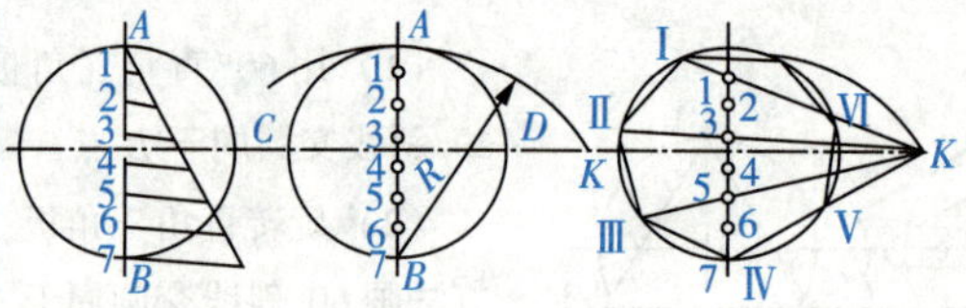	（1）将直径 *AB* 分成七等份（若作 *n* 边形，则可分成 *n* 等份）； （2）以点 *B* 为圆心、*AB* 为半径画弧，交线段 *CD* 延长线于 *K* 点（或对称点 *K*9）； （3）自点 *K*（或 *K*9）与直径上奇数点（或偶数点）连线，延长至圆周，即得各分点Ⅰ、Ⅱ、Ⅲ、Ⅳ、Ⅴ、Ⅵ、Ⅶ

1.3.3 斜度和锥度

斜度是一直线（或平面）对另一直线（或平面）的倾斜程度，其大小用该两直线（或平面）间夹角的正切值表示。斜度的作图方法及标注方法如图 1-18 所示。

锥度是圆锥体底圆直径与锥体高度的比值。如果是锥台，则为上、下两底圆直径差与锥台高度的比值。锥度的作图方法及标注方法如图 1-19 所示。

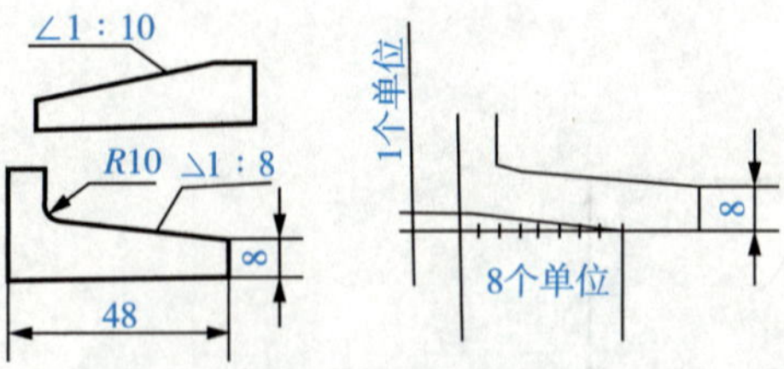

图 1-18　斜度的作图方法及标注方法

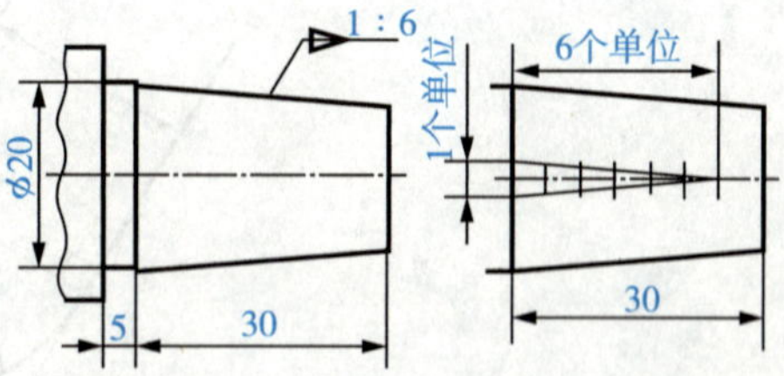

图 1-19　锥度的作图方法及标注方法

1.3.4　椭圆的绘制

椭圆为工程上常用的平面曲线。绘制椭圆有两种方法：一种是同心圆法；另一种是四心圆弧近似画法。这两种画法都需要给出椭圆的长轴和短轴的尺寸。

（1）同心圆法作椭圆如图 1-20 所示。以 O 点为圆心，以长半轴 OA 和短半轴 OC 为半径作同心圆。过 O 点作若干射线与两圆相交，再由各交点分别作长轴和短轴的平行线，即可分别得椭圆上的各点，然后用圆弧连成椭圆。

（2）四心圆弧近似画法作椭圆如图 1-21 所示。连接 A、C 两点，取 $CE=OA-OC$，作 AE' 的中垂线，与两轴交于点 O_1、O_2，再取对称点 O_3、O_4，分别以点 O_1、O_2、O_3、O_4 为圆心，以 O_1A、O_2C、O_3B、O_4D 为半径画圆弧，从而连接成近似椭圆。

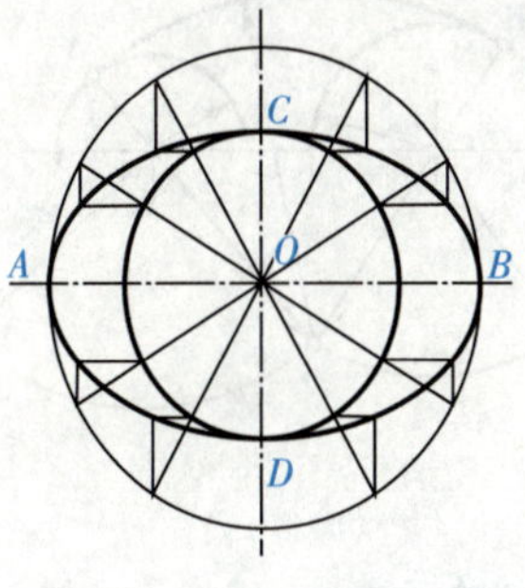

图 1-20　同心圆法作椭圆

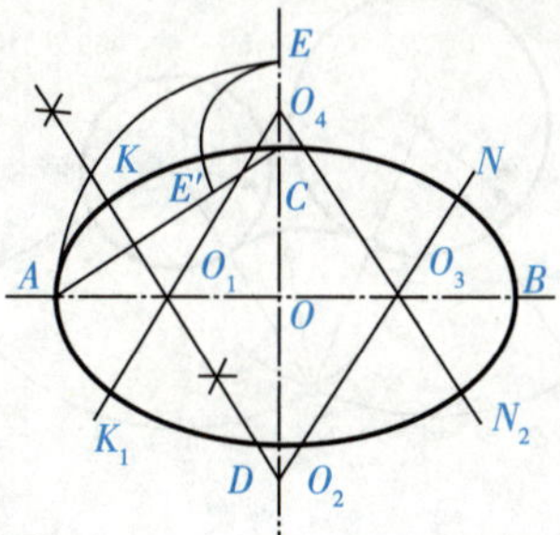

图 1-21　四心圆弧近似画法作椭圆

1.3.5　圆弧连接

在绘制机件的图形时，经常遇到需要从一条线（直线或圆弧）光滑地过渡到另一条线的情况，这种光滑过渡就是平面几何中的相切，在制图中称为连接，切点称为连接点。常见的情况是用圆弧连接已知的两直线、两圆弧或一直线与一圆弧，这个圆弧称为连接弧。图 1-16 所示的各种连接形式的机件的连接弧半径是已知的，而连接弧的圆心和连接点则需要通过作图来确定。

圆弧连接的主要作图问题可归结为：求连接弧的圆心和确定连接点（切点）的位置。

1. 用半径为 R 的圆弧连接两已知直线

用半径为 R 的圆弧连接两已知直线的作图过程如图 1-22 所示，具体步骤如下。

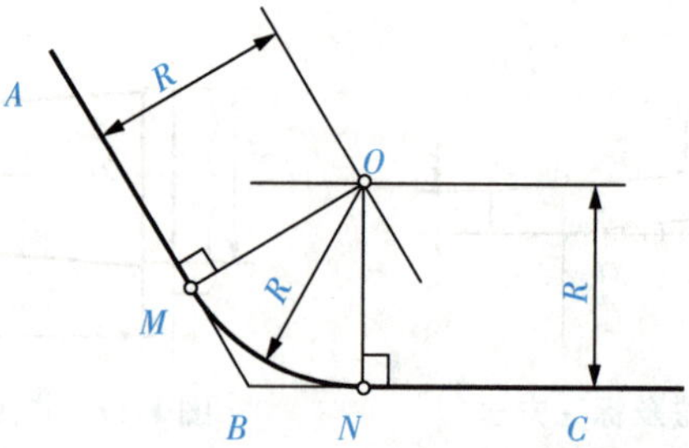

图 1-22　用半径为 R 的圆弧连接两已知直线的作图过程

（1）求连接弧的圆心：分别作与已知两直线相距为 R 的平行线，交点 O 就是连接弧的圆心。

（2）求连接弧的切点：从圆心 O 分别向两直线作垂线，垂足 M、N 即切点。

（3）画连接弧：以点 O 为圆心、R 为半径，在两切点 M、N 之间作圆弧，即可得到所求的连接弧。

2. 用半径为 R 的圆弧连接两已知圆弧

这里半径为 R 的连接弧可能与两已知圆弧都外切，也可能都内切，如图 1-23 所示，或者一个内切一个外切，具体步骤如下。

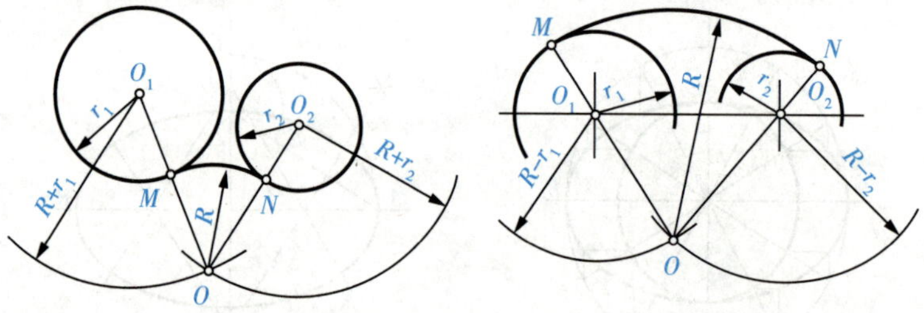

（a）外切　　（b）内切

图 1-23　与两圆弧相切的画法

（1）求连接弧的圆心：分别以点 O_1、O_2 为圆心，当半径为 R 的连接弧与两已知圆弧都外切时，分别以 $R+r_1$ 和 $R+r_2$ 为半径画弧；当半径为 R 的连接弧与两已知圆弧都内切时，分别以 $R-r_1$ 和 $R-r_2$（这里是指连接弧与已知圆弧半径之差的绝对值）为半径画弧，得交点 O，即连接弧的圆心。

（2）求连接弧的切点：作两圆心连线 OO_1、OO_2 或其延长线，与已知圆弧分别交于 M、N 两点，即切点。

（3）画连接弧：以点 O 为圆心、R 为半径，自点 M 至 N 画圆弧，即完成作图。

请自行思考：连接弧与一个已知圆弧内切且与另一个已知圆弧外切的作图方法。

3. 用半径为 R 的圆弧连接一已知直线和一圆弧

用半径为 R 的圆弧连接一已知直线和一圆弧的具体步骤如下。

（1）求连接弧的圆心：作与已知直线 AB 相距为 R 的平行线，再以点 O_1 为圆心、

$R+R_1$（外切时）或 $R-R_1$（内切时）为半径画弧，此弧与所作平行线的交点 O 即连接弧的圆心。

（2）求连接弧的切点：自点 O 向线段 AB 的延长线作垂线，得垂足 M，再作两圆心连线 OO_1 或其延长线，与已知圆弧交于点 N，点 M、N 即切点。

（3）画连接弧：以点 O 为圆心、R 为半径，自点 M 至 N 画圆弧，即完成作图，如图 1-24 所示。

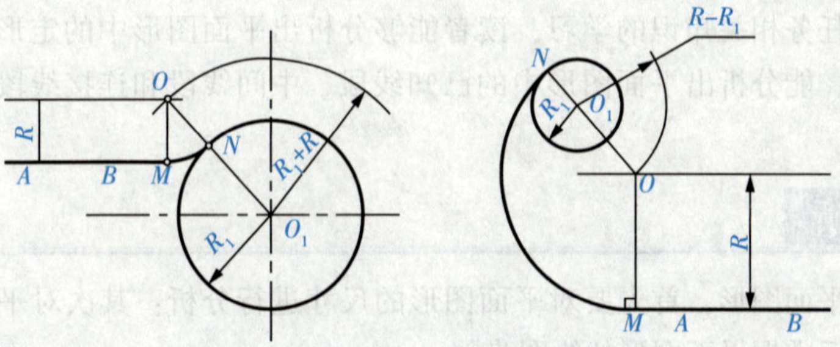

图 1-24　与已知直线和圆弧相切的画法

任务评价

评价内容	评价标准	分值	读者自评	教师评估
等分线段	掌握等分线段的作图方法	10		
圆内接正多边形	掌握圆内接正多边形的作图方法	20		
斜度和锥度	掌握斜度的作图方法及标注方法	10		
	掌握锥度的作图方法及标注方法	10		
椭圆的绘制	掌握同心圆法绘制椭圆	15		
	掌握四心圆弧近似画法绘制椭圆	15		
圆弧的连接	会用半径为 R 的圆弧连接两已知直线	10		
	会用半径为 R 的圆弧连接两已知圆弧	10		
总分		100		

任务4 平面图形

任务描述

通过对本任务相关知识的学习，读者能够分析出平面图形中的定形尺寸、定位尺寸和尺寸基准，能分析出平面图形中的已知线段、中间线段和连接线段，掌握平面图形的绘图步骤。

任务分析

想要绘制平面图形，首先要对平面图形的尺寸进行分析：其次对平面图形的线段进行分析；最后掌握平面图形的绘图步骤。

任务重点与实施

平面图形通常是由某些基本几何图形构成的，在实际工作中，有时会根据现有资料抄画平面图形，有时会根据产品要求自行设计平面图形。无论是抄画还是设计，都应对图中的尺寸和线段进行分析。在此基础上，按正确的绘图顺序完成平面图形的绘制。

1.4.1 平面图形的尺寸分析

1. 定形尺寸

在平面图形中，确定各部分形状和大小的尺寸称为定形尺寸，图 1-25 中的 75、60、$R10$、$\phi18$ 都是定形尺寸。

2. 定位尺寸

在平面图形中，确定各部分相对位置的尺寸称为定位尺寸，图 1-25 中的 20、18 都是定位尺寸。

3. 尺寸基准

确定尺寸位置的点和直线称为尺寸基准。一平面图形中的尺寸大体属于上下、左右两个方向，因此，应有两个坐标方向的尺寸基准。如图 1-25 所示，水平方向以图形的 A 线为尺寸基准，垂直方向以图形的 B 线为尺寸基准。

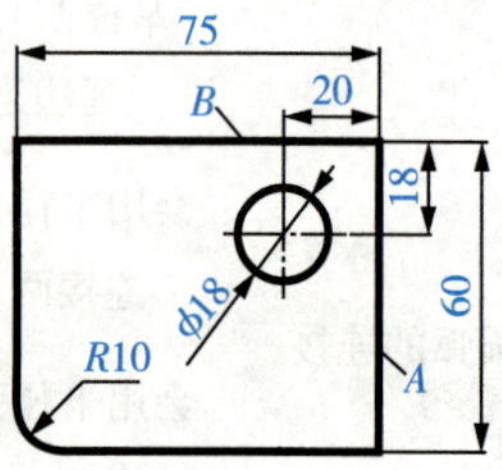

图 1-25 平面图形的尺寸分析

1.4.2 平面图形的线段分析

根据图形中给出尺寸数量的多少，平面图形中的线段分为以下三种。

1. 已知线段

已知线段有完全的定位尺寸和定形尺寸，是可以直接画出的线段。

2. 中间线段

中间线段有定形尺寸和一个定位尺寸，是一端需要借助与相邻线段的连接关系才能画出的线段。

3. 连接线段

连接线段只有定形尺寸，没有定位尺寸，是两端都要借助与相邻线段的连接关系才能画出的线段。

1.4.3 平面图形的绘图步骤

下面通过绘制如图 1-26 所示的图形来介绍平面图形的绘图步骤。

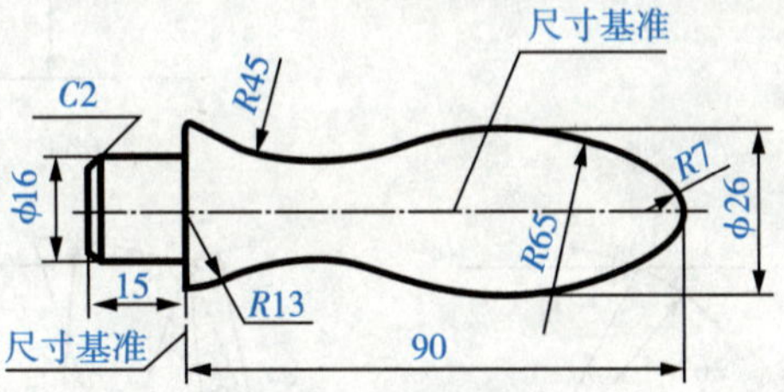

图 1-26 手柄平面图形

1. 准备工作

准备好绘图工具和仪器，选定比例和图幅，画出图框和标题栏。

2. 打底稿

先布图，画出作图基准线，然后在尺寸分析和线段分析的基础上确定画图步骤。

尺寸分析：左右方向的尺寸基准是 *R*13 圆弧的左侧垂直线，上下方向以手柄的轴线为基准。尺寸 *ϕ*16、*R*13、*R*45、*R*65、*R*7、15、*C*2 都是表示各部分大小的定形尺寸。尺寸 90 决定 *R*7 的圆心位置（圆心在（90−7）mm 处），尺寸 *ϕ*26 决定 *R*65 的圆心上下方向的位置（*R*65 的圆弧与距轴线各 13 mm 的两直线相切，故其圆心与两直线的距离为 65 mm），它们都是定位尺寸。

线段分析：*R*7、*R*13 是已知圆弧，*R*65 是中间圆弧（圆心在左右方向上未定），*R*45 是连接圆弧。

在画图时，应首先画已知线段，然后画中间线段，最后画连接线段。具体的画图步骤如下。

（1）画出已知线段，如图 1-27（a）所示。

（2）画中间线段 *R*65：作定位尺寸 *ϕ*26，再作 *R*65 的圆心位置线 L_1 和 L_2，如图 1-27（b）所示；由于 *R*65 与 *R*7 相内切，故以点 *O*（*R*7 的圆心）为圆心，以

R=（65−7）mm 为半径画弧，交 L_1 于 O_1 点、交 L_2 于 O_2 点，连接点 O 和 O_1 并延长，在 $R7$ 的圆弧上交出 A_1 点，同理，作出 A_2 点；分别以点 O_1、O_2 为圆心，以 $R65$ 为半径画弧，两段弧的右端点是点 A_1、A_2，如图 1-27（c）所示。

（3）画连接线段 $R45$：由于 $R45$ 分别与 $R13$、$R65$ 相外切，故以点 O_2 为圆心，以 R=(45+65) mm 为半径所画的圆弧与以点 O_3（$R13$ 的圆心）为圆心，以 R=(45+13) mm 为半径所画的圆弧交于点 O_4，同理，求得点 O_5。连接 O_1O_5、O_3O_5、O_2O_4、O_3O_4，分别与 $R13$、$R65$ 圆弧交出点 C_1、C_2、C_3、C_4；分别以点 O_4、O_5 为圆心，以 $R45$ 为半径画弧，C_1、C_2、C_3、C_4 是该弧的起始点和终止点，如图 1-27（d）所示。

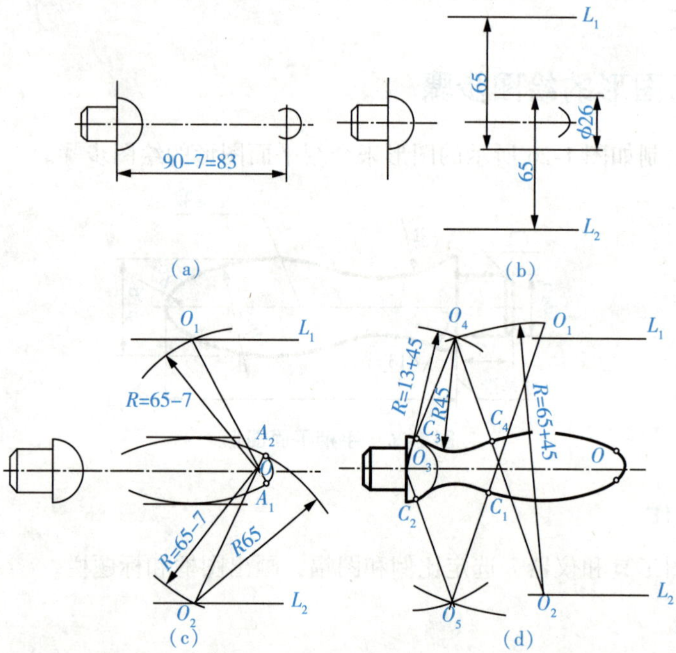

图 1-27　手柄绘图步骤

3. 检查并加深

检查、改错、擦去多余线条，然后加深图线。在加深图线时，要先加深细线，后加深粗线；先加深曲线，后加深直线；先图形后边框，使所画的图形粗细有别。

任务评价

评价内容	评价标准	分值	读者自评	教师评估
平面图形的尺寸分析	能确定平面图形中的定形尺寸	10		
	能确定平面图形中的定位尺寸	10		
	能确定平面图形中的尺寸基准	10		

（续表）

评价内容	评价标准	分值	读者自评	教师评估
平面图形的线段分析	能确定平面图形中的已知线段	10		
	能确定平面图形中的中间线段	10		
	能确定平面图形中的连接线段	10		
平面图形的绘图步骤	掌握平面图形的绘图步骤	40		
	总分	100		

任务5　徒手绘制草图的方法

任务描述

通过对本任务相关知识的学习，读者能够徒手绘制直线、圆及圆角。

任务分析

想要绘制图形，首先掌握直线的画法；其次掌握圆的画法；最后掌握圆角的画法。

任务重点与实施

徒手绘图是不使用绘图工具和仪器，目测机械形体的形状、大小徒手绘制图形的一种方法。用这种方法绘制出的图样称徒手图或草图。徒手绘制出的图样虽被称为草图，但绝不是潦草的图，要求表达合理、投影正确、比例匀称、图线清晰、字体工整、尺寸无误、图面整洁。

草图常用于下列场合。

（1）在设计开始阶段，常常采用草图绘制出设计方案，用以表达设计人员的初步设想。

（2）在修配或仿制机器时，需要现场测绘，徒手绘出草图，再根据草图绘制正规图。要达到准确、快速地徒手绘图，除了需要多做练习，还必须掌握徒手绘图的一些基本方法。

绘制草图一般用 HB 或 B 型铅笔在方格纸上进行，没有条件时也可用无格图纸代替。铅芯磨成圆锥形，在画中心线和尺寸线等细线时，要磨得较尖；在画可见轮廓线等粗实线时，要磨得较钝。

1.5.1 直线的画法

直线要画得直且均匀。执笔时，笔杆应垂直于纸面并略向运动方向倾斜。画线时，小手指可微触纸面，眼看终点以控制方向。在画短线时，主要靠手指握笔动作，小手指及手腕不宜紧贴纸面。在画长线时，眼睛看着线段终点，轻轻移动手腕，沿要画的方向画直线。画水平线自左向右运笔，如图 1-28（a）所示；画垂直线自上而下运笔，如图 1-28（b）所示；画斜线时要特别注意眼看终点，在画长斜线时，也可将图纸旋转到画水平线的位置，如图 1-28（c）所示。

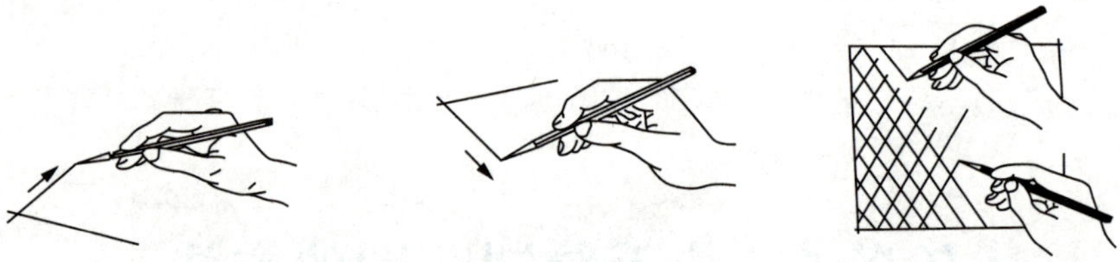

（a）画水平线　　（b）画垂直线　　（c）画斜线

图 1-28　徒手画直线

1.5.2 圆及圆角的画法

在画圆时，首先过圆心画出两条互相垂直的中心线，其次根据半径大小在中心线上定出四个半径端点，最后过这四点画圆弧，每画一段，均需要目视一下。当画较大的圆时，可过圆心加画两条 45°的斜线，在斜线上再定出四个半径端点以缩短圆弧段，然后按上述方法依次画出各段圆弧，如图 1-29 所示。

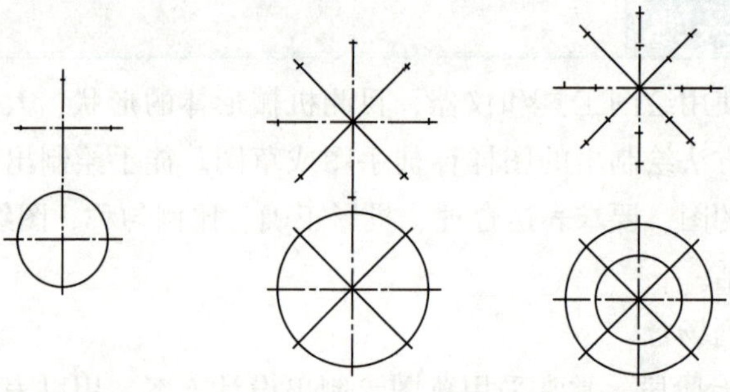

（a）画小圆　　（b）画大圆　　（c）画同心圆

图 1-29　徒手画圆

在画圆角时，应根据圆角半径的大小，在分角线上定出圆心的位置，过圆心向两边引垂直线以定出圆弧的起点和终点，并在分角线上定出圆弧上的一点，然后徒手画圆弧，把三点连接起来，如图 1-30 所示。

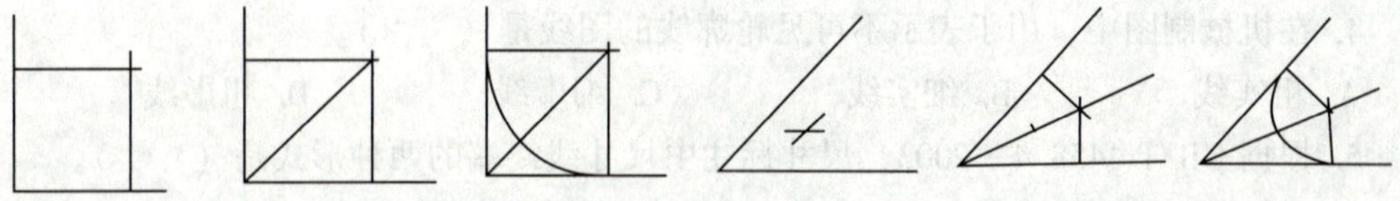

（a）画90°圆弧　　（b）画任意角圆弧

图1-30 徒手画圆角

任务评价

评价内容	评价标准	分值	读者自评	教师评估
直线的画法	能徒手画水平线、垂直线和斜线	30		
圆及圆角的画法	能徒手画圆	30		
	能徒手画圆角	40		
总分		100		

项目小结

本项目主要介绍了机械制图的基础知识，包括国家标准规定、绘图工具使用、几何作图技巧、平面图形绘制步骤以及徒手绘制草图的方法。通过本项目的学习，读者能够形成标准化的观念，掌握国家标准中关于图幅、图框格式、比例、字体、字形及图线等方面的基本要求；正确、熟练地使用绘图工具绘图，养成良好的绘图习惯；能正确绘制常用几何图形；掌握平面图形尺寸分析和线段分析的方法，正确选择基准，拟定正确的作图步骤，完整地标注定位尺寸及定形尺寸。

项目习题

一、选择题

1. 根据文档，图纸幅面尺寸中A1幅面的尺寸是（　　）。

A. 841 mm×1 189 mm　　B. 594 mm×841 mm

C. 420 mm×594 mm　　D. 297 mm×420 mm

2. 在机械制图中，图样中的比例符号为（　　）。

A. "　#"　　B. "%"　　C. "："　　D. "　/"

3. 根据GB/T 14691—1993，图样中的汉字应写成长仿宋体，其高度不应小于（　　）。

A. 1. 8 mm　　B. 2. 5 mm

C. 3. 5 mm　　D. 5 mm

4. 在机械制图中，用于表示不可见轮廓线的图线是（　　）。

A. 粗实线　　B. 细实线　　C. 细虚线　　D. 粗虚线

5. 根据 GB/T 4458.4—2003，尺寸标注中尺寸线终端的两种形式是（　　）。

A. 箭头和细斜线　　B. 箭头和粗斜线

C. 箭头和点画线　　D. 箭头和双点画线

二、填空题

1. 国家标准简称国标，代号为 GB 或 GB/T，其中 GB 为__________国标，GB/T 为推荐性国标。

2. 绘图时应优先采用表 1-1 规定的基本幅面，幅面代号为 A0、A1、A2、A3、A4，必要时可按规定__________幅面。

3. 比例为图样中的图形与其实物相应要素的线性尺寸之比，分为原值比例、____比例、__________比例三种。

4. 字体的号数即字体的高度，其公称尺寸系列为 1.8 mm、2.5 mm、3.5 mm、5 mm、7 mm、10 mm、14 mm、__________mm。

5. 在机械制图中，图线的宽度应按图样的类型和尺寸在下列数系中选择：0.13 mm，0.18 mm，0.25 mm，0.35 mm，0.5 mm，0.7 mm，1 mm，1.4 mm，________mm。

三、简答题

1. 国家标准中，图纸幅面尺寸的代号有哪些？请列出并说明其单位。

2. 根据国家标准，图样中的字体应采用什么样的书写形式？请列出至少两个要求。

3. 尺寸标注的基本规则中，图样中标注的尺寸数值应与什么相关？

4. 在绘图工具中，丁字尺的主要功能是什么？请简要描述其使用方法。

四、画图题

1. 利用绘图工具绘制直径为 20 mm 的内接正五边形。

2. 绘制如图 1-31 所示的手柄图形。

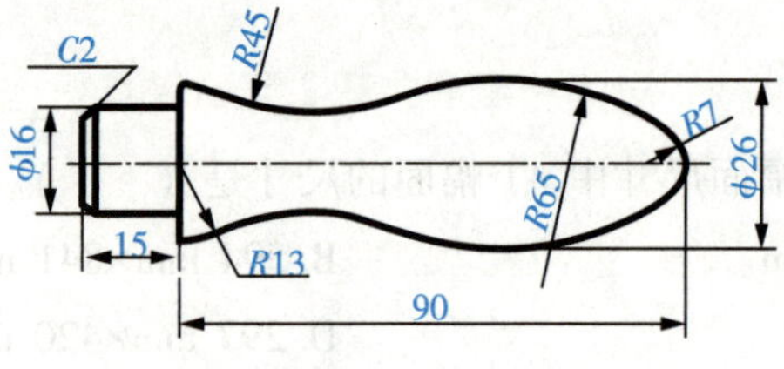

图 1-31　手柄

项目2

投影基础

项目导读

在生产及生活实践中，人们常利用图样来表达设计思想和设计目的，如机械制造用的机械图样、建筑工程用的建筑图样等，它们都是指导生产的重要技术文件。每种图样都是按不同的投影法绘制而成的，本项目介绍投影法的基本原理和点、线、平面的投影特点，以及三视图的形成与画法。

学习目标

知识目标

1. 了解投影法的概念、分类以及基本特性。
2. 掌握点投影的画法。
3. 掌握直线投影的画法。
4. 掌握平面上点和直线的画法。
5. 掌握三视图的绘图步骤。

技能目标

1. 能够进行点的投影。
2. 能够进行直线的投影。
3. 能够进行平面的投影。
4. 能够绘制三视图。

素质目标

1. 通过学习投影法的基本知识，培养读者的空间思维能力。
2. 在掌握点的投影知识时，培养读者的细致观察力和精确表达能力。

思政目标

1. 通过学习直线的投影，培养读者的逻辑思维和空间想象力。
2. 在探索平面的投影时，培养读者的抽象思维和解决问题的能力。
3. 通过对三视图的基础知识学习，培养读者的全面观察和思考问题的能力。

任务1　投影法的基本知识

任务描述

通过对本任务相关知识的学习，读者可以了解投影法的概念及分类，掌握正投影法的基本特性，了解工程上常用的投影图。

任务分析

本任务首先要了解投影法的概念以及分类；其次掌握正投影法的基本特性；最后了解工程上常用的投影图。

任务重点与实施

2.1.1　投影法的概念

当光线照射物体时，在地面或墙壁上就会出现影子，这就是日常生活中的投影现象，人们对这种现象进行科学抽象和归纳总结，就形成了一套完整的投影方法和理论。

在图 2-1 中，把光源 S 抽象为一点，称为投射中心；S 点与物体上任一点的连线（如 SA）称为投射线；平面 P 称为投影面；投射线 SA 与投影面 P 的交点 a 称为空间点 A 在投影面 P 上的投影，同样，点 b 称为空间点 B 在投影面 P 上的投影。

这种用投射线通过物体，向选定的面进行投射，并在该面上得到图形的方法称为投影法。

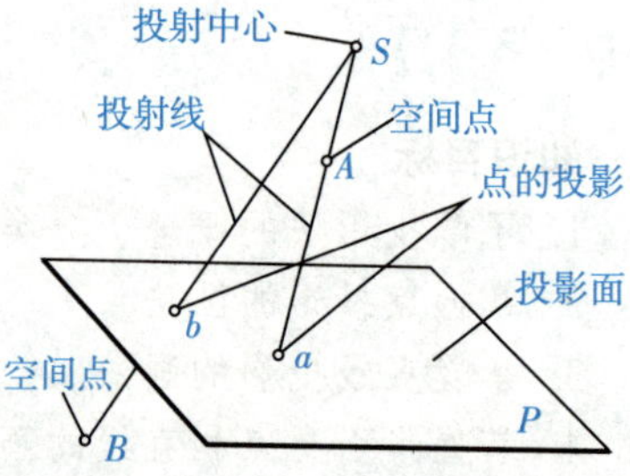

图 2-1　投影法

2.1.2　投影法的分类

根据投射线之间的相互位置关系，工程上常用的投影法有中心投影法和平行投影法。

1. 中心投影法

当投射中心距离投影面有限远时，所有的投射线汇交于投射中心，这种投影法称为中心投影法，如图 2-2 所示，由此得出的投影称为中心投影。由于中心投影图的大小随空间物体与投射中心的远近而变化，因此，它一般不反映空间物体的真实形状和大小。工程上常用中心投影法画透视图。

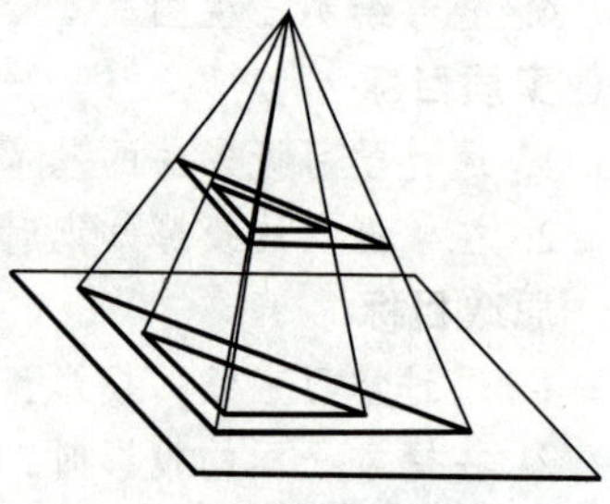

图 2-2　中心投影法

2. 平行投影法

当投射中心距离投影面无限远时，所有投射线都相互平行，这种投影法称为平行投影法，由此得出的投影称为平行投影，如图 2-3 所示。

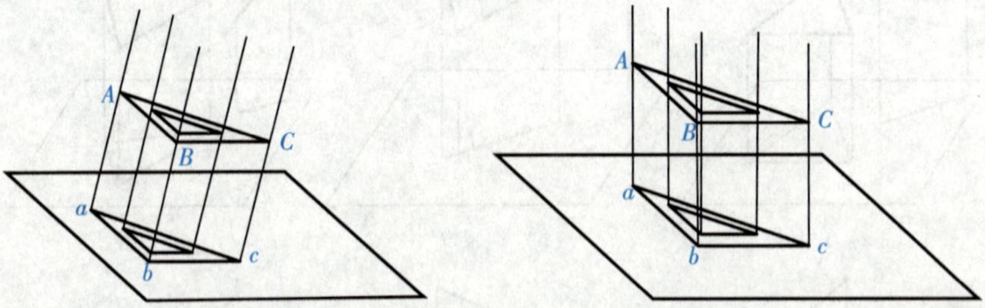

（a）斜投影法　　（b）正投影法

图 2-3　平行投影法

在平行投影法中，根据投射线与投影面的夹角不同，又分为斜投影法和正投影法。

（1）斜投影法：投射线与投影面相互倾斜，如图 2-3（a）所示。

（2）正投影法：投射线与投影面相互垂直，如图 2-3（b）所示。

在平行投影法中，物体的投影尺寸与物体和投影面间的距离无关，因此，平行投影具有较好的度量性。机械图样主要采用平行投影法中的正投影法绘制。因此，正投影法的原理是绘制机械图样的理论基础。后面项目中所说的投影法，如果无特别说明，均指正投影法。

2.1.3　正投影法的基本特性

正投影法的基本特性如下。

1. 存真性

当直线或平面与投影面平行时，直线在该投影面上的投影为实长、平面在该投影面上的投影为实形，如图 2-4（a）所示。

2. 积聚性

当直线或平面与投影面垂直时，直线的投影积聚为一点、平面的投影积聚成一条直线，如图 2-4（b）所示。

3. 类似性

当直线或平面与投影面倾斜时，直线的投影仍为一条直线，但其长度小于直线的实长；平面的投影是小于平面实形的类似形，如图 2-4（c）所示。

4. 从属性

如果点在直线（或平面）上，则点的投影必在该直线（或平面）的同面投影上；如果直线在平面上，则该直线的投影必在该平面的同面投影上，如图 2-4（d）所示。

5. 平行性

空间平行的两条直线的同面投影仍互相平行，如图 2-4（e）所示。

6. 定比性

直线上的点分割线段之比等于点的投影分割线同面投影之比，如图2-4（f）所示。

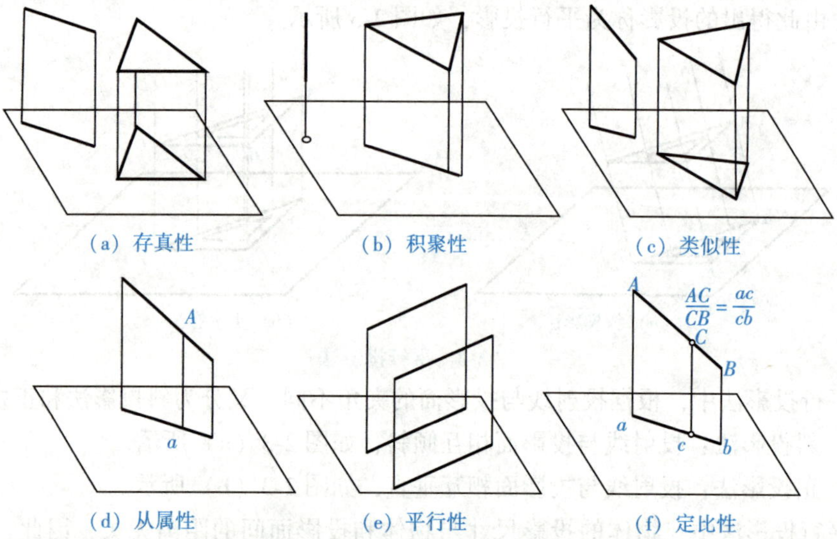

图2-4　正投影法的基本特性

2.1.4　工程上常用的投影图

1. 透视投影图

用中心投影法将物体投射在单一投影面上所得的图形称为透视投影图，又称透视图或透视，如图2-5（a）所示。透视图的立体感强，但度量性差，因而常用于绘制建筑物或产品的立体图。随着计算机绘图的广泛应用，透视图在工程上的应用也越来越广泛。

2. 轴测投影图

将物体连同其参考直角坐标系沿不平行于任一坐标平面的方向，用平行投影法将其投射在单一投影面上所得的图形称为轴测投影图，简称轴测图，如图2-5（b）所示。轴测图的立体感强、直观性好、容易看懂，但绘图复杂、度量性差，在机械工程中常作为表达物体直观形状的辅助图样。

3. 标高投影图

在工程上，当表达一些较复杂的物体形状时，常采用一系列与投影面平行且等距离的平面截切，然后将截面线向投影面进行正投影，并在投影面上标注出某些特征面、线及控制点的高程数值，这种用在水平投影上加注特征面、线及控制点的高程数值的单面正投影来表示空间形体的图示法称为标高投影，如图2-5（c）所示。标高投影图的画法较简单，但立体感差，主要用于绘制复杂曲面、地形图等。

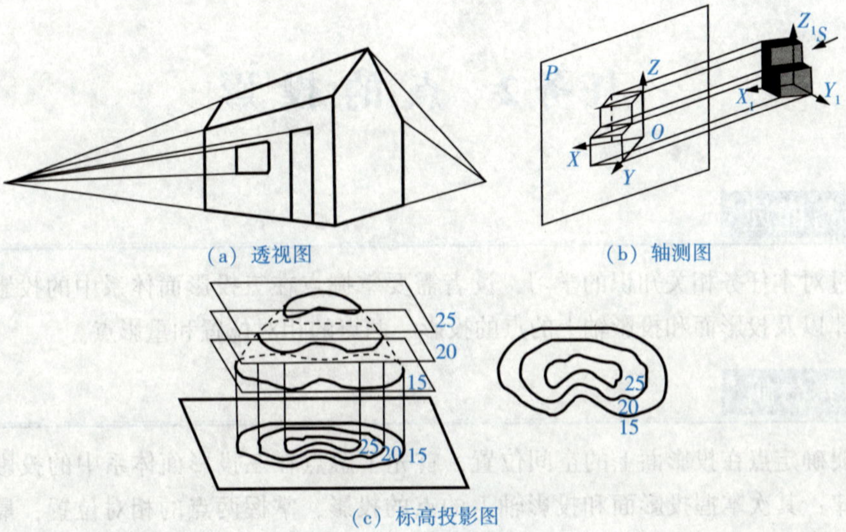

（a）透视图　（b）轴测图

（c）标高投影图

图 2-5　工程上常用的投影图

4. 多面正投影图

在同一平面上绘制的空间物体同时向多个相互正交的投影面投射所形成的各正投影图称为多面正投影图。图 2-6 为一个正六棱柱的三面正投影图。多面正投影图能反映物体的真实形状和大小，具有度量性好、作图简单等优点，因此，工程上常用正投影绘制工程图样，这是这门课程的学习重点。

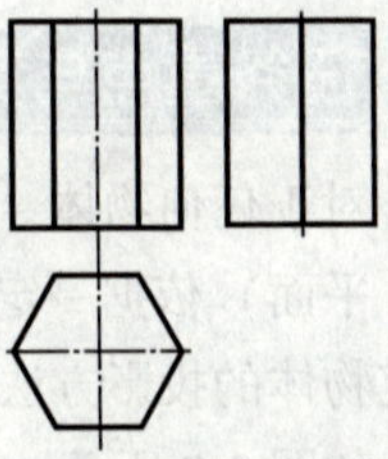

图 2-6　正六棱柱的三面正投影图

任务评价

评价内容	评价标准	分值	读者自评	教师评估
投影法的概念	了解投影法的概念	20		
投影法的分类	了解投影法的分类	20		
正投影法的基本特性	掌握正投影法的基本特性	40		
工程上常用的投影图	了解工程上常用的投影图	20		
	总分	100		

任务2　点的投影

任务描述

通过对本任务相关知识的学习，读者需要掌握点在三投影面体系中的投影中点的投影规律以及投影面和投影轴上的点的投影、两点的相对位置和重影点。

任务分析

想要确定点在投影面上的空间位置，首先了解点在三投影面体系中的投影中点的投影规律；其次掌握投影面和投影轴上的点的投影，掌握两点的相对位置；最后了解重影点的表达方法。

任务重点与实施

对于任何物体，无论它具有怎样的构形，都可以将其看成是由几何元素（点、直线、平面）依据一定的几何关系组合而成的，而点又是其中最基本的几何元素，因此，研究物体的投影方法应从点开始。

如图2-7所示，由空间点 A 作垂直于投影面 P 的投射线，与投影面 P 交得唯一的投影 a。反之，若已知点 A 的投影 a，则在从点 a 所作的平面 P 的垂线上的任意点（如 A_0）的投影都与 a 重合，此时如果不补充其他条件，就不能唯一确定点 A 的空间位置。因此，常将几何形体放置在几个投影面之间，以形成多面正投影图。

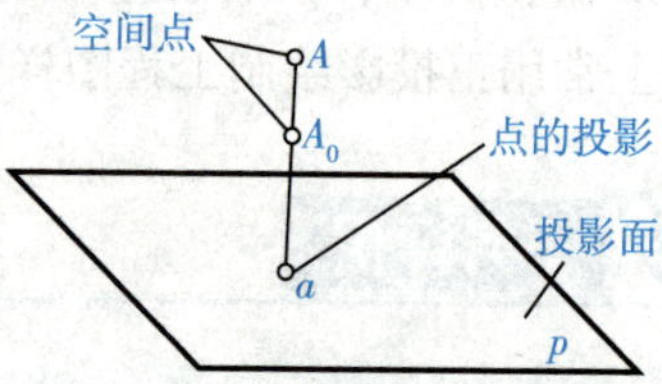

图2-7　一个点的投影不能确定点的空间位置

2.2.1　点在三投影面体系中的投影

1. 点的投影规律

如图2-8所示，设立互相垂直且相交的正立投影面（简称正面或 V 面）、水平投影面（简称水平面或 H 面）和侧立投影面（简称侧面或 W 面），以此组成三投影面体系。相互垂直的投影面的交线称为投影轴。V 面与 H 面的交线为 OX 轴，V 面与 W 面的交线为 OZ 轴，W 面与 H 面的交线为 OY 轴，三个投影轴相互垂直，其交点 O 称为原点。

如图2-8（a）所示，由空间点 A 分别作垂直于 V 面、H 面、W 面的投射线，得到点 A 的正面投影 a'、水平投影 a、侧面投影 a''（规定用大写字母作为空间点的符号、水平投影用相应的小写字母表示、正面投影用相应的小写字母加一撇表示、侧面投影用相应的小写字母加两撇表示）。每两条投射线分别确定一个平面，它们与三个投影面分别相交，构成一个长方体 $Aa a_x a'a_z a''a_y O$。

沿 OY 轴分开 H 面和 W 面，V 面保持正立位置，将 H 面向下旋转、W 面向右旋转，使三个投影面展开成一个平面，如图 2-8（b）所示。这时，OY 轴成为 H 面上的 OY_H 和 W 面上的 OY_W，点 a_y 成为 H 面上的 a_{yH} 和 W 面上的 a_{yW}。因为在同一平面上，过 OX 轴上的点 a_x，只能作 OX 轴的一条垂线，所以点 a'、a、a_x 共线，即 $a'a \perp OX$，同理可得 $a'a'' \perp OZ$。由于 H 面和 W 面在沿 OY 轴分开后，分别绕 OX 轴和 OZ 轴旋转，与 V 面成为一个平面，因此可得出下述关系：$a_{yH}a \perp OY_H$，$a_{yW}a'' \perp OY_W$，$Oa_{yH}=Oa_{yW}$。

投影图如图 2-8（c）所示，在实际作图时，不必画出投影面的边框。为了作图方便，可作过 O 点的 45°辅助线，$a_{yH}a$、$a_{yW}a''$的延长线必与这条辅助线交于一点。

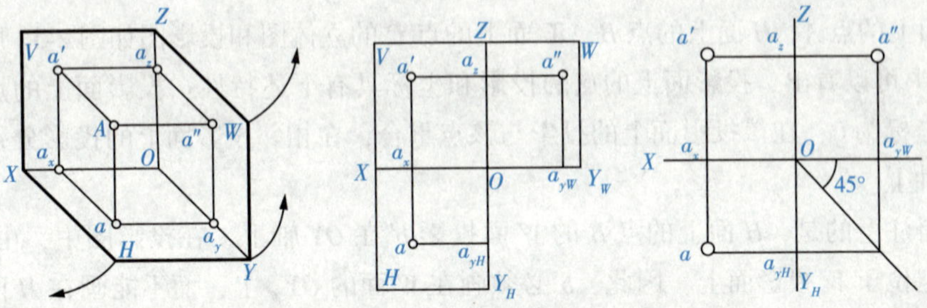

（a）　　（b）　　（c）

图 2-8　点在三投影面体系中的投影

若将投影面体系看作直角坐标系，则投影轴、投影面、点 O 分别是坐标轴、坐标面和坐标原点，在图 2-9（a）中，各轴的箭头指向表示坐标轴的正方向。由于长方体 $Aa a_x a'a_z a''a_y O$ 的每组平行边分别相等，因此可得出空间点 A 的投影与坐标的关系如下。

（1）点 A 到 W 面的距离 $Aa''=a'a_z=a_y a=$点 A 的 x 坐标。

（2）点 A 到 V 面的距离 $Aa'=aa_x=a''a_z=$点 A 的 y 坐标。

（3）点 A 到 H 面的距离 $Aa=a'a_x=a''a_y=$点 A 的 z 坐标。

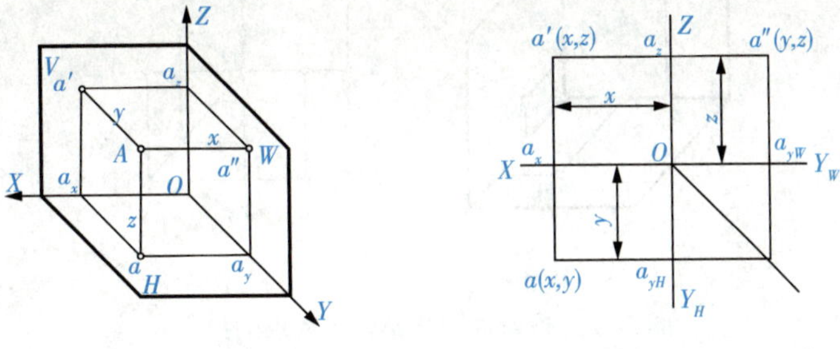

（a）立体图　　（b）投影图

图 2-9　点的投影与坐标

从图 2-9（b）中可以看出，点 A 的正面投影既反映了该点至 W 面的距离，又反映了该点至 H 面的距离，因而 a'由 x、z 坐标决定。同样，点 A 的水平投影 a 由 A 的 x、y 坐标决定；点 A 的侧面投影 a''由点 A 的 y、z 坐标决定。总之，已知一点的坐标（x，y，z），便可确定该点的投影；反之，已知一点的投影，也可从图上量得该点相应的坐标。

由此概括得到点的三面投影规律如下。

（1）点的投影的连线垂直于投影轴。

除了 $a'a \perp OX$ 和 $a'a'' \perp OZ$，还应注意到，点在 H 面投影与 W 面投影的连线分为两段，在 H 面上的一段垂直于 H 面上的 OY_H 轴，在 W 面上的一段垂直于 W 面上的 OY_W 轴，且 $Oa_{yH}=Oa_{yW}$，或两点交于过点 O 的 45°辅助线上。

（2）点的投影到投影轴的距离等于点的坐标，即该点与对应的相邻投影面的距离。

由此可知，只要已知一点的两面投影，就可确定它的坐标，也可确定它的第三面投影。

2. 投影面和投影轴上的点的投影

V 面上的点 A、H 面上的点 B、W 面上的点 C 的立体图和投影图如图 2-10 所示。从图 2-10 中可以看出，投影面上的点的投影和坐标具有下述特性：投影面上的点的投影的一个坐标为 0；在该投影面上的投影与该点重合，在相邻投影面上的投影分别在相应的投影轴上。

值得注意的是，H 面上的点 B 的 W 面投影 b'' 在 OY 轴上，在投影图中，由于 W 面投影必定位于 W 投影面上，因此，b'' 必须画在 W 面的 OY_W 上，而不能画在 H 面的 OY_H 轴上。同理，W 面上的点 C 的 H 面投影必须画在 H 面的 OY_H 轴上。

在图 2-10 中，D 点恰好位于 OZ 轴上，从图中可以得出投影轴上的点的投影和坐标具有下述特性：投影轴上的点有两个坐标为 O；在包含这条轴的两个投影面上的投影都与该点重合，在另一投影面上的投影与点 O 重合。

值得注意的是，OY 轴上的点的 H 面投影应画在 H 面的 OY_H 轴上，而它的 W 面投影则应画在 W 面的 OY_W 轴上，且两者与原点 O 的距离相等。

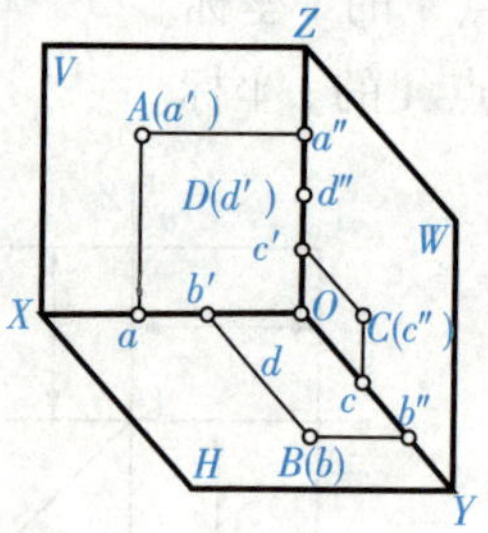

（a）立体图

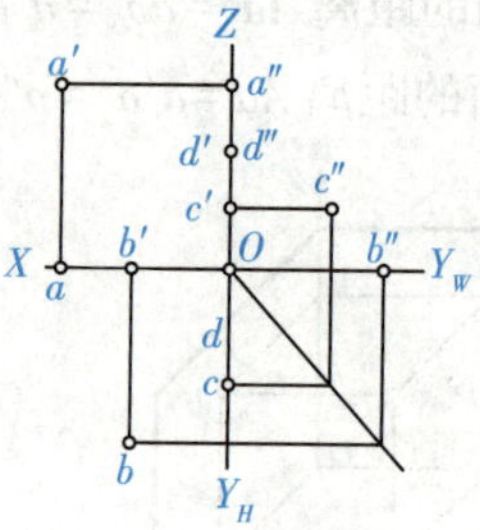

（b）投影图

图 2-10　投影面和投影轴上的点的投影

2.2.2　两点的相对位置

三面投影可直接反映出空间两点的相对位置，H 面投影反映出它们的左右、前后关系，V 面投影反映出它们的上下、左右关系，W 面投影反映出它们的上下、前后关系。因此，在三面投影体系中，可用两点的同面投影的坐标差来判断它们的相对位置。如图 2-11 所示，两点的左右位置关系由两点的 x 坐标差 Δx 确定；前后位置关系由两点

的 y 坐标差 Δy 确定；上下位置关系由两点的 z 坐标差 Δz 确定。反之，若已知两点的相对位置及其中一个点的投影，则可得出另一点的投影。

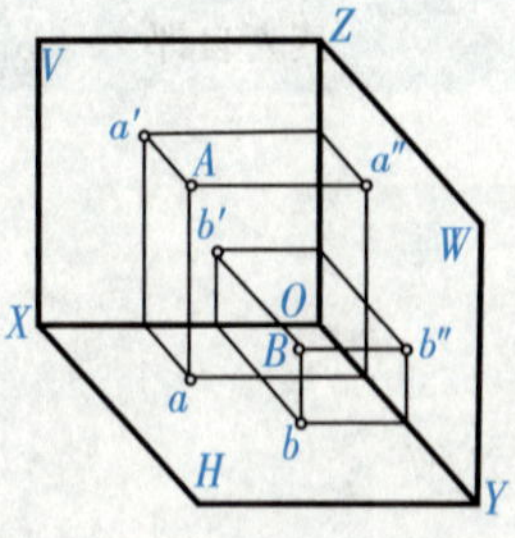

(a) 立体图

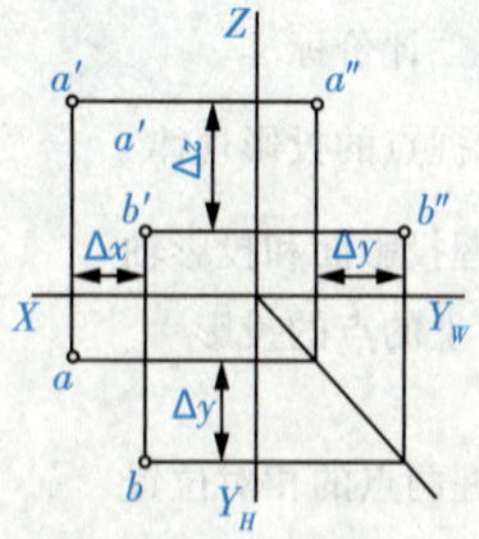

(b) 投影图

图 2-11 两点的相对位置

注意

由于投影图是 H 面绕 OX 轴向下旋转、W 面绕 OZ 轴向右旋转形成的，因此，对于水平投影而言，用 OX 轴向下表示向前；对侧面投影而言，用 OZ 轴向右也表示向前。

2.2.3 重影点

当两点处于某一投影面的同一条投射线上时，它们有两个坐标相同。此时，它们在该投射线所垂直的投影面上的投影重合，此两点称为对该投影面的重影点。重影点有两个坐标相同、一个坐标不相同，重合投影的可见性用其不相同的坐标来判断，即不相同的坐标大者可见。如图 2-12 所示，A、B 两点位于 H 投影面的同一条投射线上，为 H 面的重影点，因为 $Z_A>Z_B$，所以 a 可见、b 不可见，用圆括号将 b 括起来。

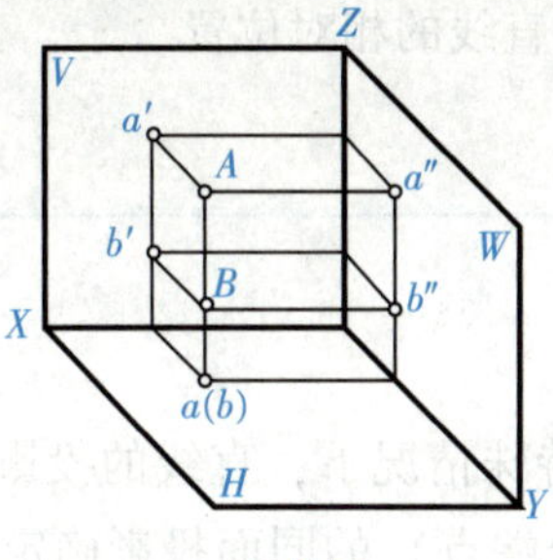

(a) 立体图

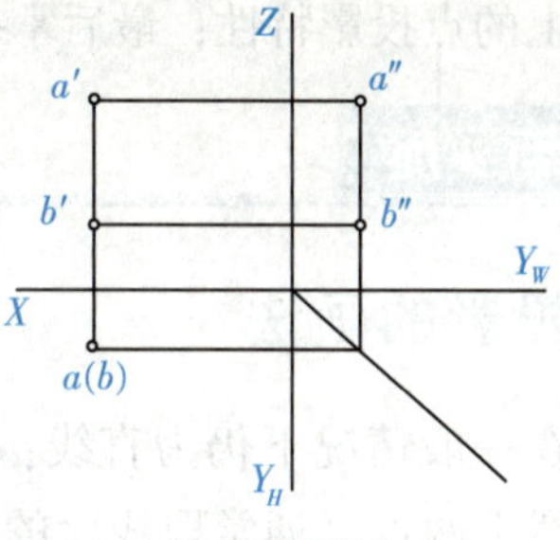

(b) 投影图

图 2-12 重影点

由此不难推出，V 面重影点的 y 坐标不同，因此，y 坐标大者可见、y 坐标小者不可见；W 面重影点的 x 坐标不同，因此，x 坐标大者可见、x 坐标小者不可见。总之，对于 V 面、H 面、W 面的重影点的可见性，应分别是前遮后、上遮下、左遮右。

任务评价

评价内容	评价标准	分值	读者自评	教师评估
点在三投影面体系中的投影	掌握点的投影规律	25		
	掌握投影面和投影轴上的点的投影	25		
两点的相对位置	掌握两点的相对位置	25		
重影点	掌握重影点的可见性	25		
	总分	100		

任务3 直线的投影

任务描述

通过对本任务相关知识的学习，读者能够掌握直线投影的画法、各种位置直线的投影特性、直线上的点投影特性以及两直线的相对位置。

任务分析

想要确定直线的投影，首先掌握直线投影的画法，其次掌握各种位置直线的投影特性，掌握直线上的点投影特性；最后掌握两直线的相对位置。

任务重点与实施

2.3.1 直线投影的画法

直线的投影在一般情况下仍为直线；在特殊情况下，直线的投影积聚为一点。直线的投影可由直线上两点（通常取线段的两个端点）的同面投影确定。如图2-13（a）所示，在求作直线 AB 的三面投影时，可分别作 A、B 两端点的投影（a、a'、a''）、（b、b'、b''），如图2-13（b）所示，然后将其同面投影连接起来即得直线 AB 的三面投影（ab、$a'b'$、$a''b''$），如图2-13（c）所示。

直线与其投影面上的投影之间的夹角称为直线与该投影面的夹角。直线与 H 面、V 面、W 面的夹角分别用 α、β、γ 表示，如图2-13（a）所示。

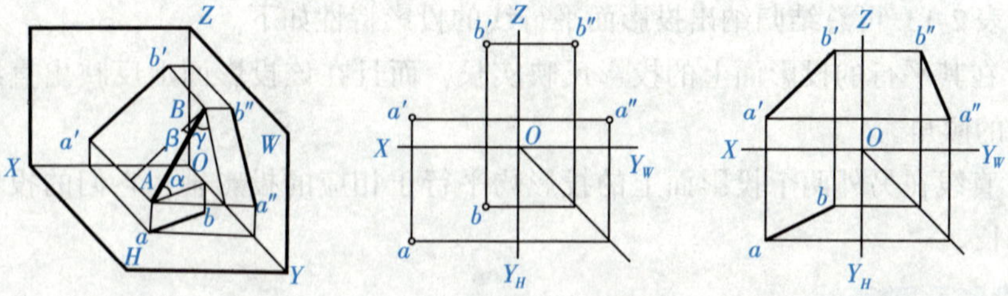

(a)　　　　(b)　　　　(c)

图 2-13　直线的投影及画法

2.3.2　各种位置直线的投影特性

在三投影面体系中，根据直线与投影面的相对位置，可将直线分为三类：投影面平行线、投影面垂直线和一般位置直线。其中，投影面平行线和投影面垂线又称特殊位置直线。

1. 投影面平行线

平行于某一投影面且与另外两个投影面倾斜的直线称为投影面平行线。其中，平行于 H 面的直线称为水平线，平行于 V 面的直线称为正平线，平行于 W 面的直线称为侧平线，如表 2-1 所示。

表 2-1　投影面平行线

直线的位置	立体图	投影图	特性
平行于 *H* 面（水平线）	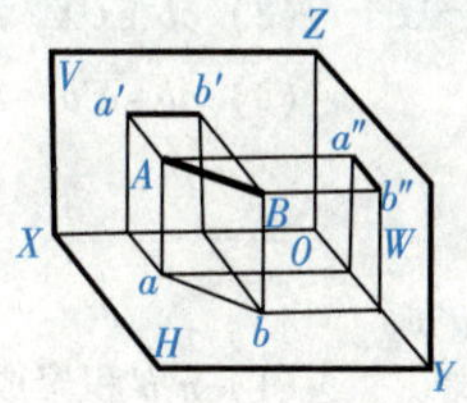	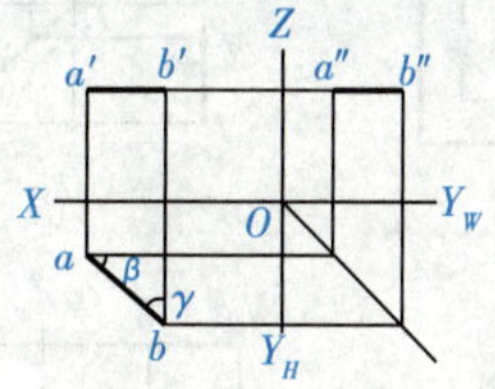	(1) $a'b' // OX$，$a''b'' // OY_W$； (2) $ab = AB$； (3) 反映 β、γ 实角
平行于 *V* 面（正平线）	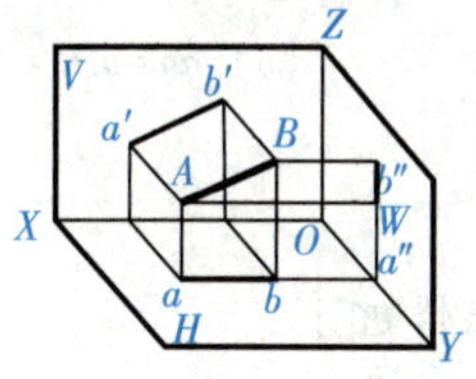	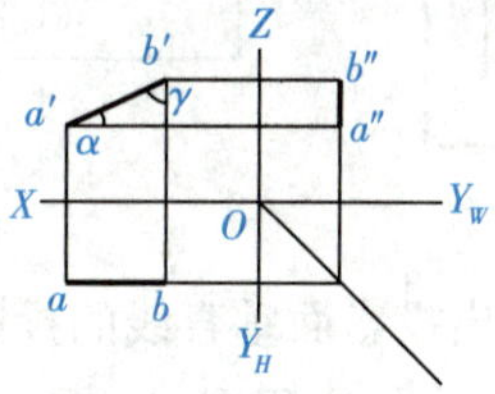	(1) $ab // OX$，$a''b'' // OZ$； (2) $a'b' = AB$； (3) 反映 α、γ 实角
平行于 *W* 面（侧平线）	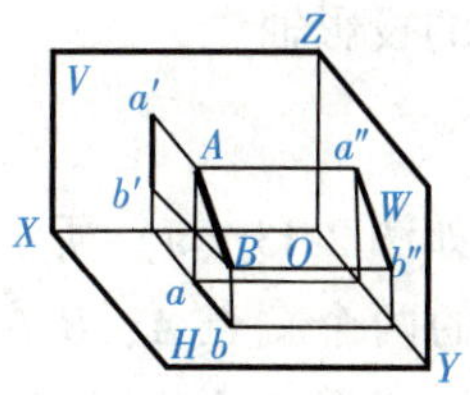	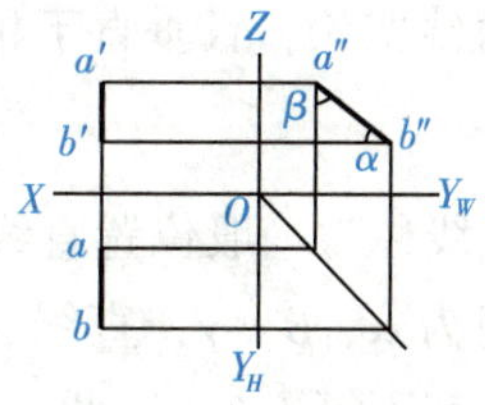	(1) $a'b' // OZ$，$ab // OY_H$； (2) $a''b'' = AB$； (3) 反映 α、β 实角

根据表2-1，可总结归纳出投影面平行线的投影特性如下。

（1）在其平行的投影面上的投影反映实长，而且在该投影面上反映出直线与另外两投影面的倾角。

（2）直线在另外两个投影面上的投影均平行于相应的投影轴，它们的投影长度小于直线实长。

2. 投影面垂直线

垂直于某一投影面，即与另外两个投影面都平行的直线称为投影面垂直线。其中，垂直于 H 面的直线称为铅垂线，垂直于 *V* 面的直线称为正垂线，垂直于 *W* 面的直线称为侧垂线，如表 2-2 所示。

表 2-2　投影面垂直线

直线的位置	立体图	投影图	特性
垂直于 *H* 面（铅垂线）	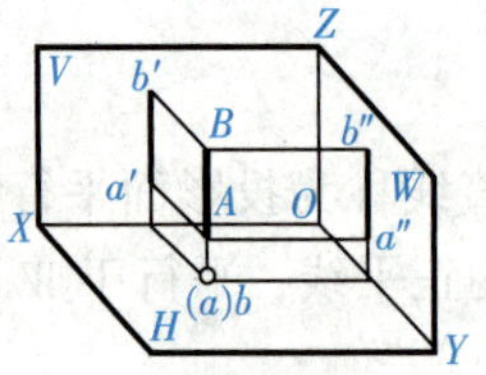	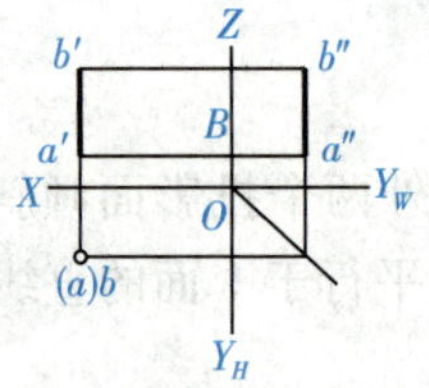	（1）ab 积聚成一点； （2）$a'b' \perp OX$，$a''b'' \perp OY_W$； （3）$a'b' = a''b'' = AB$
垂直于 *V* 面（正垂线）	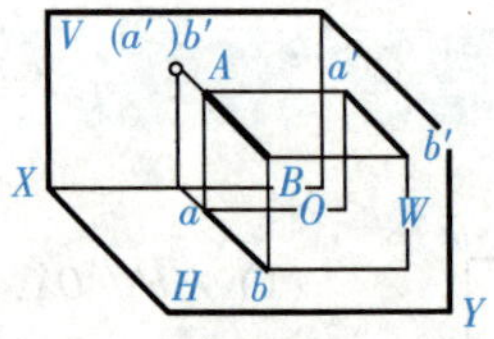	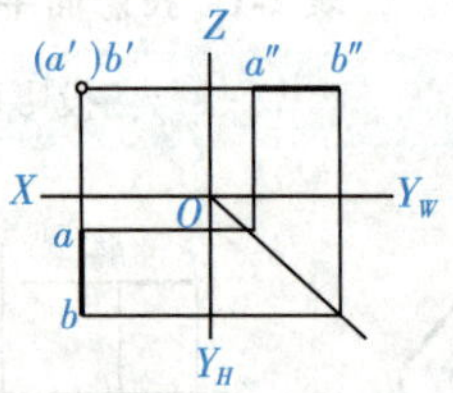	（1）$a'b'$积聚成一点； （2）$ab \perp OX$，$a''b'' \perp OZ$； （3）$ab = a''b'' = AB$
垂直于 *W* 面（侧垂线）	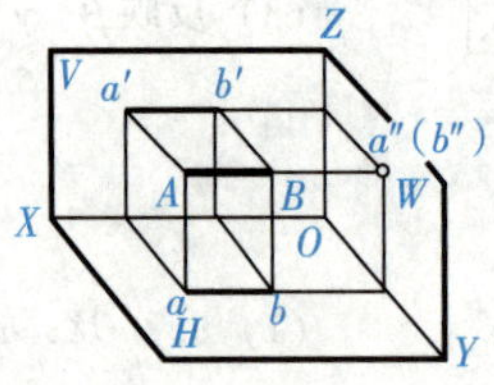	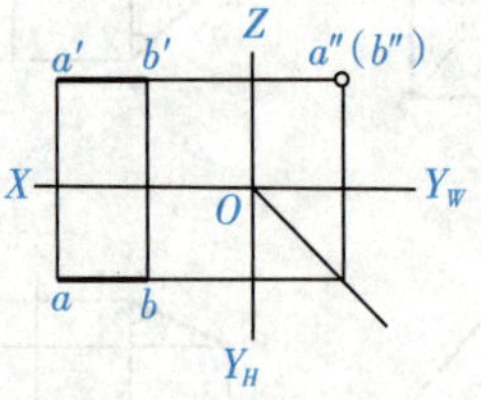	（1）$a''b''$积聚成一点； （2）$ab \perp OY_H$，$a'b' \perp OZ$； （3）$ab = a'b' = AB$

根据表2-2，可总结归纳出投影面垂直线的投影特性如下。

（1）在其垂直的投影面上，投影积聚成一点。

（2）另外两个投影反映直线实长，且垂直于相应的投影轴。

3. 一般位置直线

与三个投影面都倾斜的直线称为一般位置直线。如图 2-13（a）所示，直线 *AB* 与 *H* 面、*V* 面、*W* 面的倾角分别为 α、β、γ，直线 *AB* 的两个端点 *A*、*B* 在左右、前后、上下三个方向上相应的坐标差都不等于0，因此，直线 *AB* 的三个投影都倾斜于投影轴。由于直线的实长、投影长度和倾角之间的关系为：$ab = AB\cos\alpha$，$a'b' = AB\cos\beta$，

$a''b''=AB\cos\gamma$，且 α、β、γ 均大于0°且小于90°，因此，直线的三个投影 ab、$a'b'$、$a''b''$ 均小于直线实长。

一般位置直线的投影特性如下。

（1）直线的三个投影都倾斜于投影轴且都小于直线实长。

（2）各个投影与投影轴的夹角均不反映直线对该投影面的倾角。

2.3.3 直线上的点的投影特性

1. 从属性

如果点在直线上，则其投影必在直线的同面投影上；反之，若点的投影在直线的各面投影上，则该点必在直线上。

如图2-14（a）所示，如果点 C 在直线 AB 上，则 c' 在 $a'b'$ 上、c 在 ab 上、c'' 在 $a''b''$ 上。

2. 定比性

线段上的点分线段长度之比等于点的投影分线段投影长度之比。在图2-14（a）中，点 C 在线段 AB 上，则 $AC:CB=ac:cb=a'c':c'b'=a''c'':c''b''$。

【例2-1】 如图2-14（b）所示，判断空间点 K 是否在直线 AB 上。

分析：在图2-14（b）中，虽然点 K 的两面投影在 AB 的同面投影上，但 AB 为侧平线，故不能直接判定点 K 是否在直线 AB 上。

方法一：作直线 AB 与点 K 的侧面投影，如图2-14（c）所示，显然 k'' 不在 $a''b''$ 上，因此可判定点 K 不在直线 AB 上。

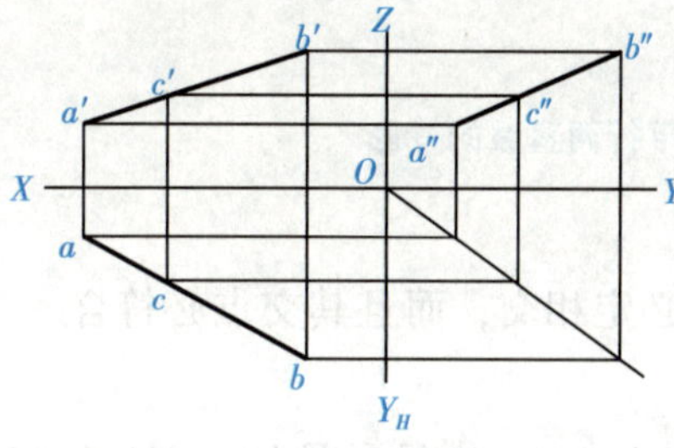

（a）从属性与定比性

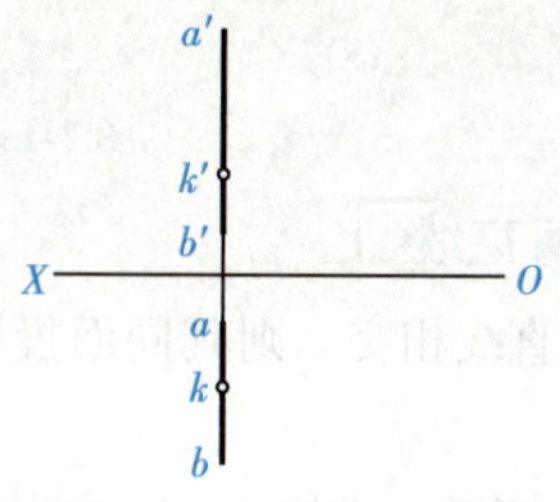

（b）题目

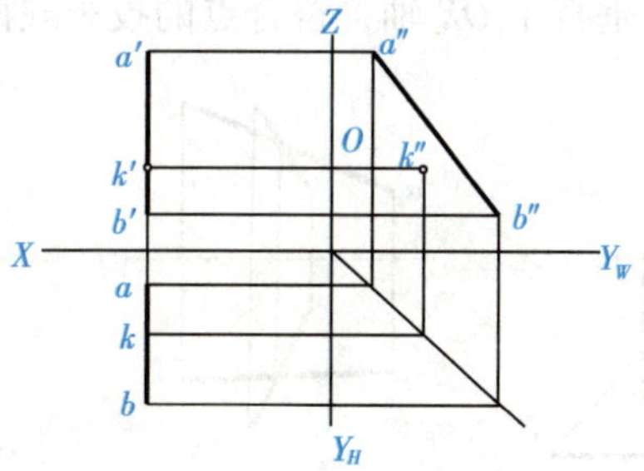

（c）利用从属性求解

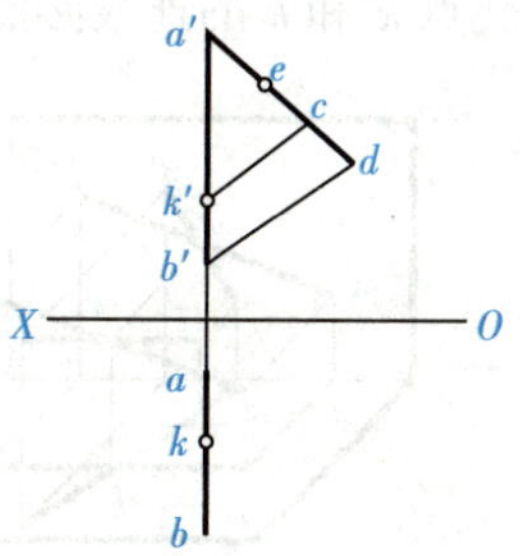

（d）利用定比性求解

图2-14 直线上的点的投影

方法二：根据定比性判断。若点 K 在直线 AB 上，则点 K 分 AB 为 AK 和 KB 两段，其正面投影之比应等于水平投影之比。因此，过 a' 作一条直线 $a'd$，使之等于 ab，并取 $a'e=ak$，连接 $b'd$，过 k' 作 $k'c /\!/ b'd$，如图 2-14（d）所示，交 $a'd$ 于 c，c 与 e 不重合，即 $a'k' : k'b' \neq ak : kb$，因此点 K 不在直线 AB 上。

2.3.4 两直线的相对位置

空间两直线的相对位置有三种情况：平行、相交和交叉。其中，交叉两直线又称异面两直线，它们既不平行也不相交。

1. 平行两直线

根据平行投影法的投影特性，空间两平行直线的投影必定互相平行，如图 2-15（a）所示。反之，如果两直线的各个同面投影都互相平行，则此两直线在空间也互相平行。

在一般情况下，只要两直线的任意两对同面投影互相平行，就能判定这两直线在空间是互相平行的，如图 2-15（b）所示。但也有特殊情况，如图 2-15（c）所示，EF、GH 都是侧平线，虽然 $e'f' /\!/ g'h'$、$ef /\!/ gh$，但因为 $e''f''$ 不平行于 $g''h''$，所以 EF 不平行于 GH。

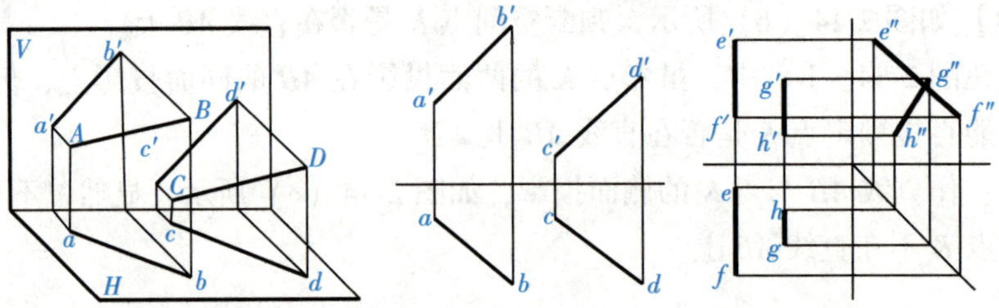

（a）　（b）　（c）

图 2-15　平行两直线的投影

2. 相交两直线

若空间两直线相交，则其同面投影必定相交，而且其交点必符合一个点的投影规律。反之亦然。

如图 2-16 所示，直线 AB 与 CD 相交于点 K，在投影图上，$a'b'$ 与 $c'd'$、ab 与 cd 也必相交，它们的交点 k' 和 k 的连线必然垂直于 OX 轴，符合点的投影规律。

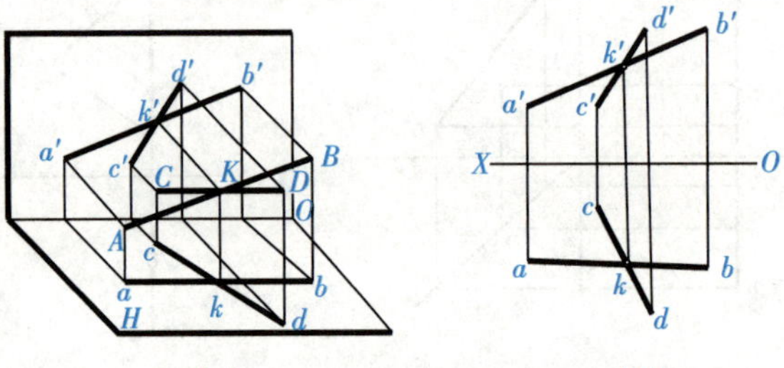

（a）　（b）

图 2-16　相交两直线的投影

3. 交叉两直线

既不平行又不相交的两直线称为交叉两直线。交叉两直线的投影可能有一对或两对，甚至三对相交，但交点不符合点的投影规律，如图2-17（a）所示；也可能有一对或两对投影互相平行，但决不会出现三对同面投影都互相平行的情况，如图2-17（b）所示。

交叉两直线的同面投影的交点实际是对该投影面的一对重影点，可以利用它判断两直线的相对位置，如图2-17（a）所示，E、F两点的水平投影重影，由于$Z_E>Z_F$，所以e可见、f不可见；M、N两点的正面投影重影，因为$Y_M>Y_N$，所以m'可见、n'不可见。

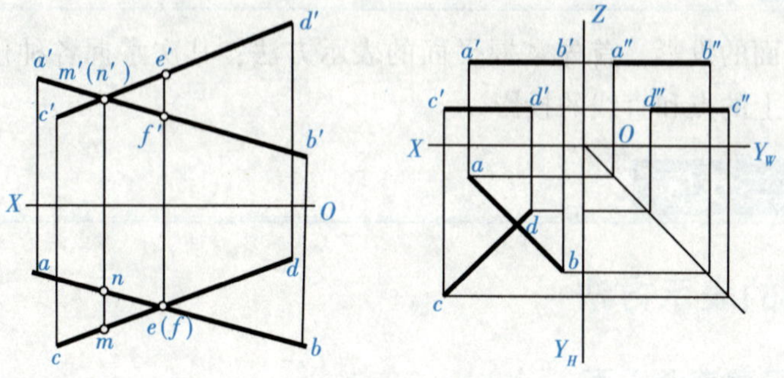

（a）　　（b）

图2-17　交叉两直线的投影

任务评价

评价内容	评价标准	分值	读者自评	教师评估
直线投影的画法	掌握直线投影的画法	10		
各种位置直线的投影特性	会绘制平行线的投影图	15		
	会绘制垂直线的投影图	15		
	会绘制一般位置直线的投影图	15		
直线上的点的投影特性	掌握直线上的点的投影特性	15		
两直线的相对位置	会绘制平行两直线的投影	10		
	会绘制相交两直线的投影	10		
	会绘制交叉两直线的投影	10		
总分		100		

任务4　平面的投影

任务描述

通过对本任务相关知识的学习，读者能够掌握平面的表示方法、各种位置平面的投影特性以及平面上的点和直线的投影。

任务分析

想要确定平面的投影，首先掌握平面的表示方法；其次掌握各种位置平面的投影特性，掌握平面上的点和直线的投影。

任务重点与实施

2.4.1　平面的表示方法

1. 用几何元素表示平面

由初等几何学可知，不属于同一直线上的三点可确定一个平面。因此，在投影图上，下列各组几何元素的投影均可以表示平面。

（1）不属于同一直线上的三点，如图2-18（a）所示。

（2）一直线和不属于该直线的一点，如图2-18（b）所示。

（3）相交两直线，如图2-18（c）所示。

（4）平行两直线，如图2-18（d）所示。

（5）任意平面图形，如图2-18（e）所示。

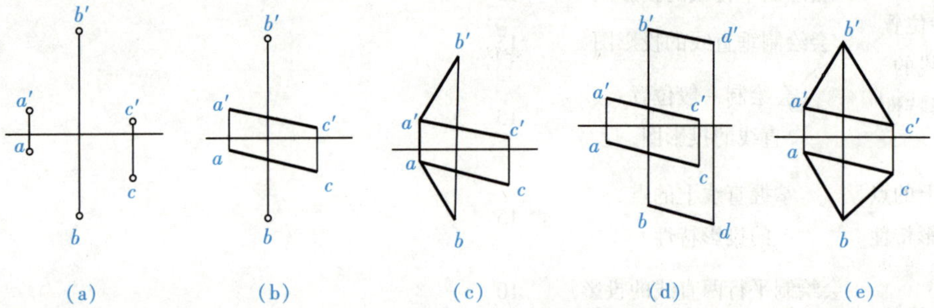

图2-18　用几何元素表示平面

2. 用迹线表示平面

当空间平面与投影面相交时，其交线称为该平面的迹线。常用平面名称的大写字母并附加投影面名称的下角标来表示迹线。如图2-19所示，平面 P 与 V 面的交线称为正面迹线，用 P_V 表示；平面 P 与 H 面的交线称为水平迹线，用 P_H 表示；平面 P 与 W 面的交线称为侧面迹线，用 P_W 表示。每对迹线与相应的投影轴分别交于点 P_x、P_y、P_z，称为迹线集合点。

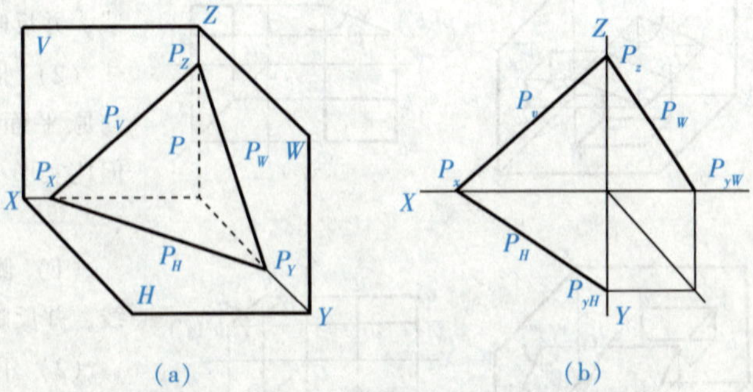

图 2-19　用迹线表示平面

注意

在如图 2-19（b）所示的平面投影图中，P_V、P_H、P_W 是平面 P 内的三条直线，并不是一条直线的三面投影，每条直线的另外两个投影均在相应的投影轴上，不必画出。

2.4.2　各种位置平面的投影特性

在三投影面体系中，根据平面与投影面的相对位置，可将平面分为三类：投影面平行面、投影面垂直面和一般位置平面。其中，投影面平行面和投影面垂直面又称特殊位置平面。平面与 H 面、V 面、W 面的倾角分别用 α、β、γ 表示。当平面平行于投影面时，倾角为 0°；当平面垂直于投影面时，倾角为 90°；当平面倾斜于投影面时，倾角大于 0°且小于 90°。

1. 投影面垂直面

只垂直于一个投影面（倾斜于另外两个投影面）的平面为投影面垂直面，分为铅垂面、正垂面和侧垂面。各种投影面垂直面的投影特性如表 2-3 所示。

表 2-3　各种投影面垂直面的投影特性

平面的名称	立体图	投影图	特性
铅垂面（垂直于 H 面，对 V 面、W 面倾斜）	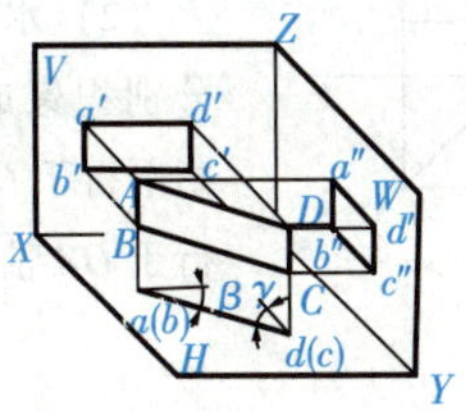	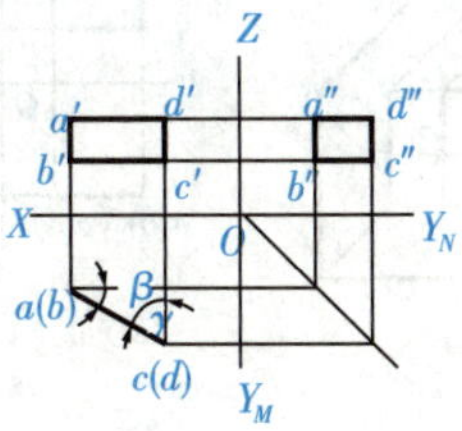	（1）水平投影积聚成直线，并反映真实倾角 β、γ； （2）正面投影、侧面投影与原平面图形的形状类似，但比实形小

（续表）

平面的名称	立体图	投影图	特性
正垂面（垂直于 *V* 面，对 *H* 面、*W* 面倾斜）	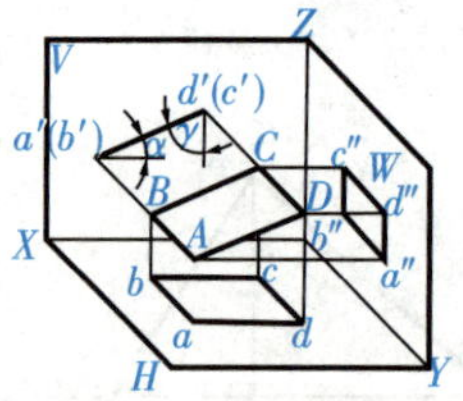	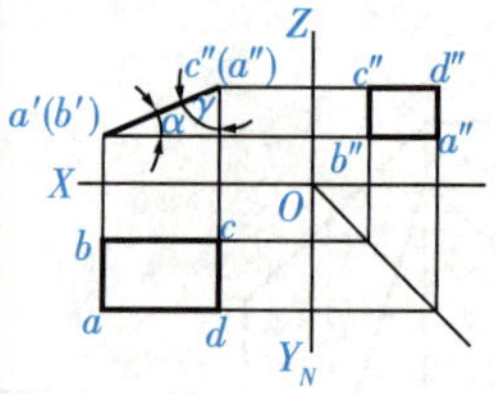	（1）正面投影积聚成直线，并反映真实倾角 α、γ； （2）水平投影、侧面投影与原平面图形的形状类似，但比实形小
侧垂面（垂直于 *W* 面，对 *H* 面、*V* 面倾斜）	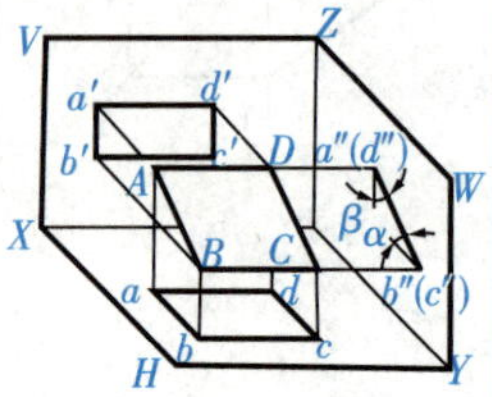	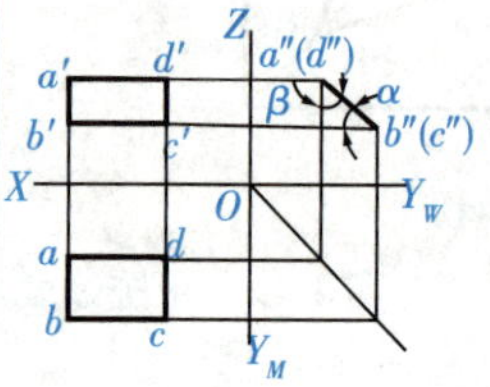	（1）侧面投影积聚成直线，并反映真实倾角 α、β； （2）正面投影、水平投影与原平面图形的形状类似，但比实形小

投影面垂直面的投影特性：若平面垂直于某投影面，则它在该投影面上的投影积聚为一条直线；这条直线（积聚投影）与投影轴的夹角反映该平面对另两个投影面的倾角；在其他两个投影面上的投影都比实形小，但与原平面图形的形状类似。

2. 投影面平行面

只平行于一个投影面（垂直于另外两个投影面）的平面为投影面平行面，分为水平面、正平面和侧平面。各种投影面平行面的投影特性如表2-4所示。

表2-4　各种投影面平行面的投影特性

平面的名称	立体图	投影图	特性
水平面（平行于 *H* 面，垂直于 *V* 面、*W* 面）	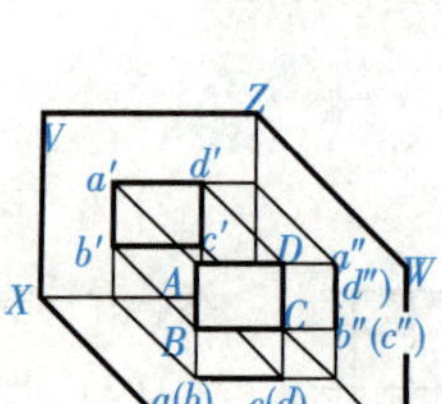	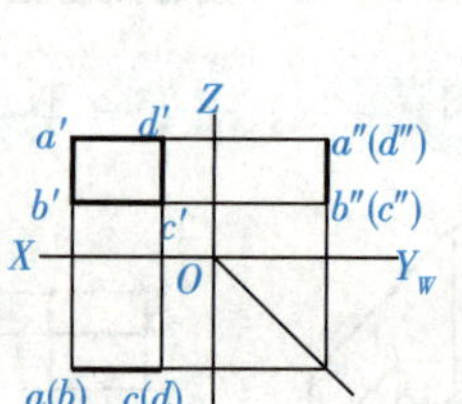	（1）水平投影反映实形； （2）正面投影与侧面投影分别积聚成直线，且正面投影平行于 *OX* 轴、侧面投影平行于 OY_W 轴
正平面（平行于 *V* 面，垂直于 *H* 面、*W* 面）			（1）正面投影反映实形； （2）水平投影与侧面投影分别积聚成直线，且水平投影平行于 *OX* 轴、侧面投影平行于 *OZ* 轴

（续表）

平面的名称	立体图	投影图	特性
侧平面（平行于 *W* 面，垂直于 *H* 面、*V* 面）	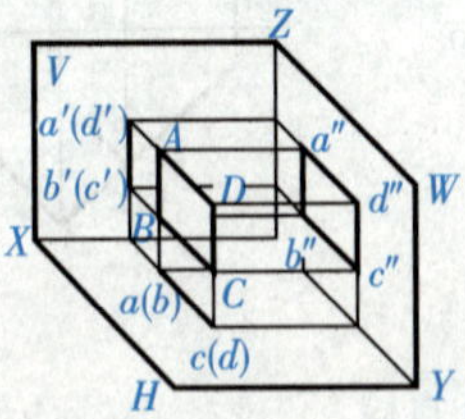	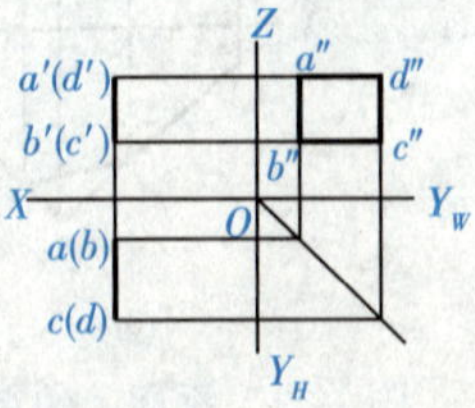	（1）侧面投影反映实形；（2）水平投影与正面投影分别积聚成直线，且正面投影平行于 OZ 轴、侧面投影平行于 OY_H 轴

投影面平行面的投影特性：若平面平行于某投影面，则它在该投影面上的投影反映实形；其他两个投影各积聚为一条直线，且分别平行于该投影面包含的投影轴。

3. 一般位置平面

与三个投影面都倾斜的平面称为一般位置平面。如图 2-20 所示，由△*ABC* 确定的平面与 *V* 面、*H* 面、*W* 面均处于倾斜位置，它的三面投影都没有积聚性，也不反映△*ABC* 的实形，并且其三面投影都是比△*ABC* 面积小的三角形，即其类似形。

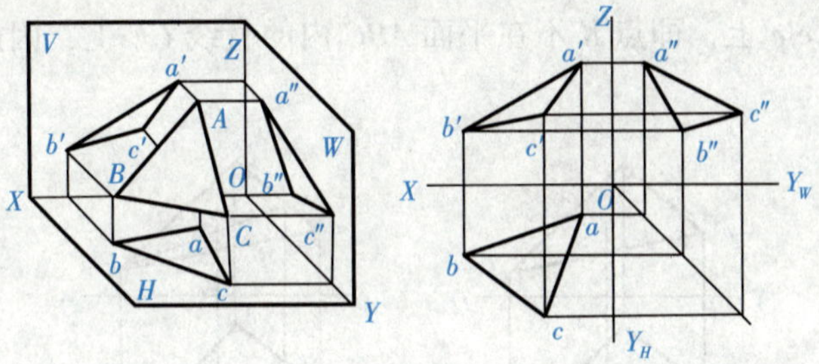

（a）立体图　　（b）投影图

图 2-20　一般位置平面

2.4.3　平面上的点和直线

点和直线在平面上的几何条件如下。

（1）如果点在平面上，则该点必定在这个平面的一条直线上。

（2）如果直线在平面上，则该直线必定通过这个平面上的两个点，或者通过这个平面上的一个点，且平行于这个平面上的另一条直线。

如图 2-21（a）所示，点 *D* 在平面 *ABC* 的直线 *AB* 上，即可得到点 *D* 在平面 *ABC* 上。

如图 2-21（b）所示，直线 *DE* 通过平面 *ABC* 上的两个点 *D*、*E*，即可得到直线 *DE* 在平面 *ABC* 上。

如图 2-21（c）所示，直线 *DE* 通过平面 *ABC* 上的点 *D*，且平行于平面 *ABC* 上的直线 *BC*，即可得到直线 *DE* 在平面 *ABC* 上。

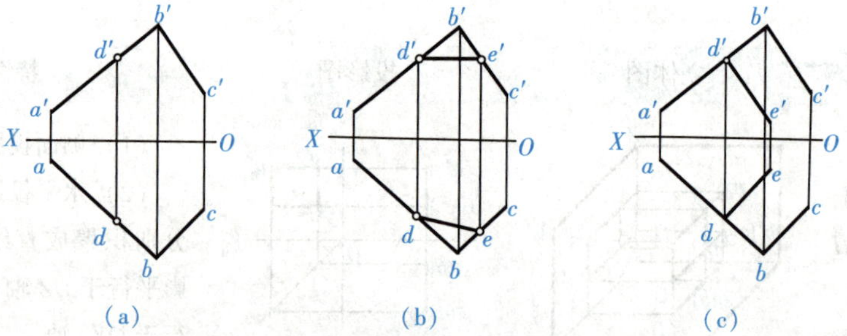

（a）　　　（b）　　　（c）

图 2-21　平面上的点和直线

因此，可以根据实际需要判定点或直线是否在平面上，也可以在平面上进行定点或定直线。在一般情况下，如果要在平面上取点，则首先必须在平面内取直线，然后在直线上取点；如果要在平面上取线，则首先必须在平面上的已知线上取点。

【例 2-2】如图 2-22（a）所示，判定点 *K* 是否在平面 *ABC* 上。

解：根据点在平面上的条件，若点 *K* 位于平面 *ABC* 的一条直线上，则点 *K* 在平面 *ABC* 内；否则，就不在平面 *ABC* 内。

判断过程如图 2-22（b）所示，连接 *CK* 的水平投影 *ck*，并延长到 *AB* 的水平投影 *ab* 上，相交于 *e*，据 *e* 求得其正面投影 *e*′，连接 *c*′*e*′，可以看出，点 *K* 的正面投影 *k*′不在 *CE* 的正面投影 *c*′*e*′上，即点 *K* 不在平面 *ABC* 内的直线 *CE* 上，因此，可判断出点 *K* 不在平面 *ABC* 内。

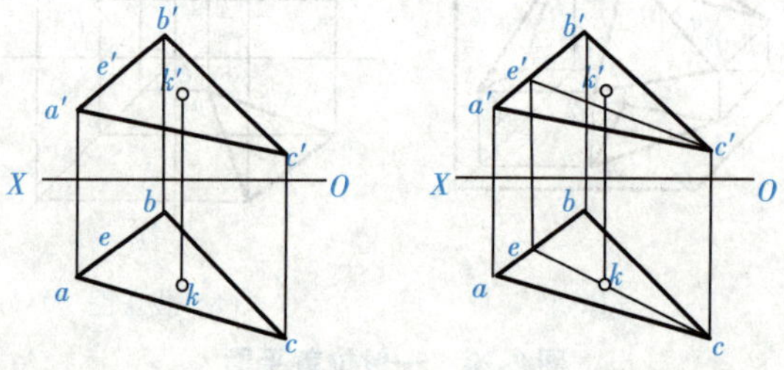

（a）　　　（b）

图 2-22　例 2-2 图

【例 2-3】如图 2-23（a）所示，在平面 *ABC* 内作一条距 *V* 面 20 mm 的正平线。

解：距 *V* 面 20 mm 的正平线的水平投影一定平行于 *OX* 轴。因此，在平面 *ABC* 的水平投影上作 *mn*∥*OX* 且距 *OX* 轴 20 mm，按点的投影规律求出 *MN* 的正面投影 *m*′*n*′，如图 2-23（b）所示，*MN* 即所求正平线。

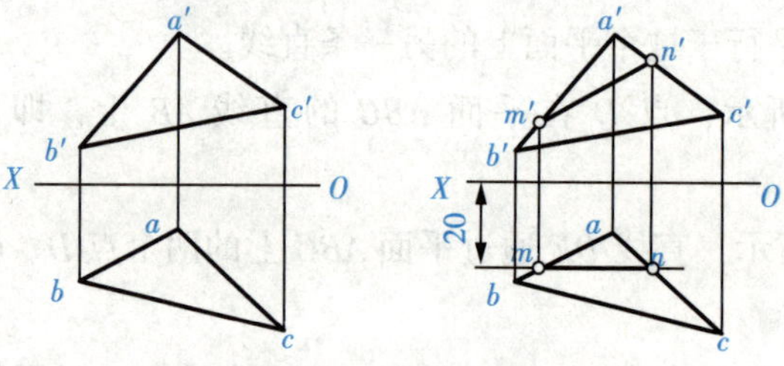

（a）　　　（b）

图 2-23　例 2-3 图

【例 2-4】如图 2-24（a）所示，已知 *DC* 为正平线，试补全四边形 *ABCD* 的水平投影。

解法一：

因为 *DC* 为正平线，所以可以过 a' 作 $a'e' /\!/ d'c'$，并与 $b'c'$ 交于 e'；因为 *DC* 为正平线，所以 *AE* 也为正平线，即 $ae /\!/ OX$ 轴，利用点的投影规律可求出 *e*；因为点 *E* 在直线 *BC* 上，故 *e*、*b*、*c* 共线，即可求出 *c*；同样，因为 $dc /\!/ OX$ 轴，故可求出 *d*，将 *b*、*c*、*d*、*a* 连接起来，完成作图，如图 2-24（b）所示。

解法二：

延长 $b'a'$ 和 $c'd'$ 并交于 m'，根据点 *M*、*A*、*B* 三点共线的规则，即可求出点 *M* 的水平投影 *m*；又因为 *M*、*C*、*D* 三点共线，再根据 *DC* 为正平线，所以过 *m* 作 *OX* 轴的平行线，利用点的投影规律，即可将 *c*、*d* 求出来；最后将 *b*、*c*、*d*、*a* 连接起来，完成作图，如图 2-24（c）所示。

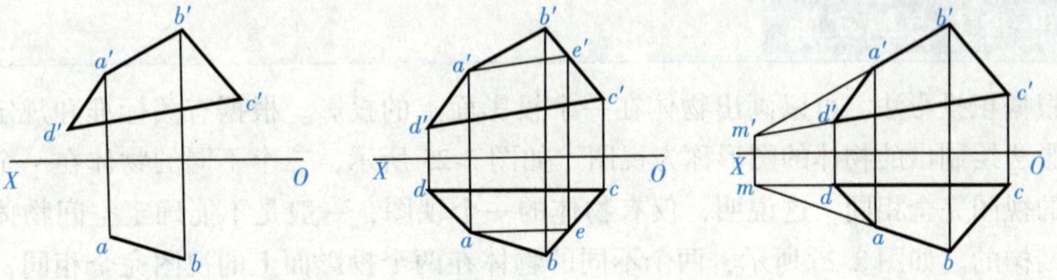

（a）原题　　（b）解法一　　（c）解法二

图 2-24　例 2-4 图

任务评价

评价内容	评价标准	分值	读者自评	教师评估
平面的表示方法	会用几何元素表示平面	10		
	会用迹线表示平面	10		
各种位置平面的投影特性	会绘制垂直面的投影图	20		
	会绘制平行面的投影图	20		
	会绘制一般位置平面的投影图	20		
平面上的点和直线	会判断点或直线是否在平面上，会在平面上定点或定直线	20		
总分		100		

任务5　三视图的基础知识

任务描述

通过对本任务相关知识的学习，读者能够了解三视图的形成和展开，掌握三视图的投影规律和绘图步骤。

任务分析

想要用三视图来确定物体的形状和结构，首先了解三视图的形成以及展开；其次掌握三视图的投影规律；最后掌握三视图的绘制步骤。

任务重点与实施

根据正投影法，可以画出物体在一个投影面上的投影。根据有关标准和规定，用正投影法绘制出的物体的图形称为视图。如图2-25所示，三个不同的物体在一个投影面上的视图完全相同，这说明，仅有物体的一个视图，一般是不能确定空间物体的形状和结构的。如图2-26所示，两个不同的物体在两个投影面上的视图完全相同，这说明，两个视图有时也不能确定空间物体的形状和结构。因此，在机械制图中，应采用多个视图的画法。一般情况下多采用三视图，如图2-27所示。

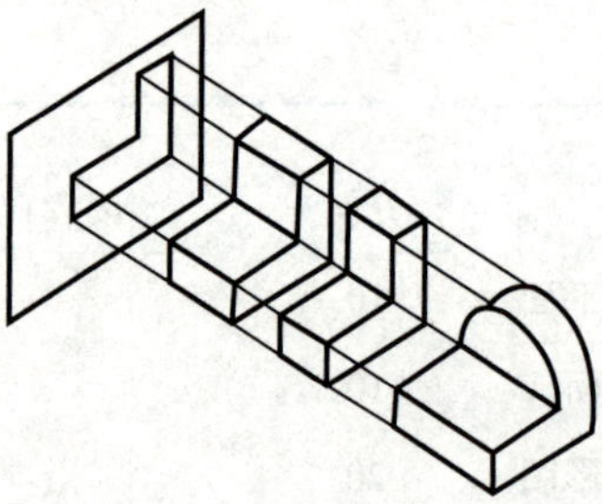

图2-25　一个视图不能确定空间物体的形状和结构

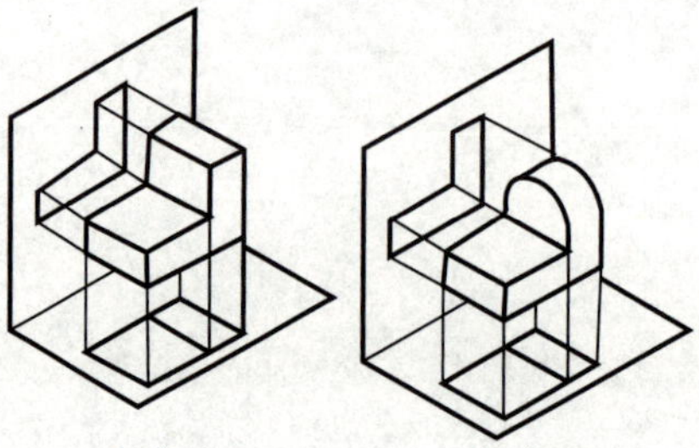

(a)　(b)

图2-26　两个视图有时也不能确定空间物体的形状和结构

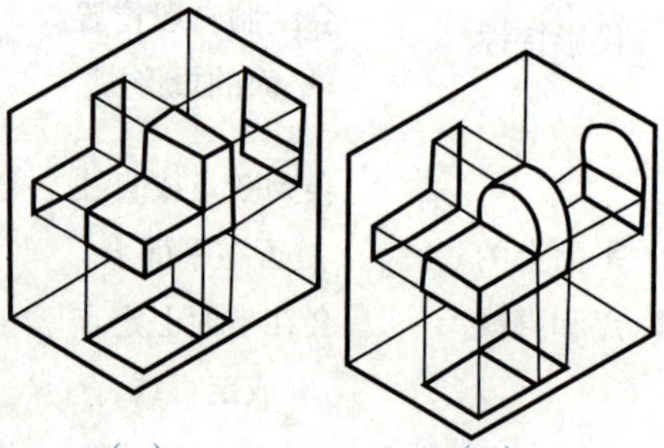

(a)　(b)

图2-27　三视图

2.5.1 三视图的形成

将物体置于三投影面体系中，并分别向三个投影面进行投射，得到三个视图。其中，由前向后投射，在 V 面上所得的物体的正面投影称为主视图；由上向下投射，在 H 面上所得的物体的水平投影称为俯视图；由左向右投射，在 W 面上所得的物体的侧面投影称为左视图，如图 2-28 所示。

2.5.2 三视图的展开

为了将三个视图画到同一张图纸上，必须将三个视图展开到一个平面上，其展开方式与前面三投影面体系的展开方式一样，如图 2-29 所示。主视图保持不动，将俯视图绕 OX 轴向下旋转 90°，将左视图绕 OZ 轴向右旋转 90°，使它们与主视图处于同一平面内。

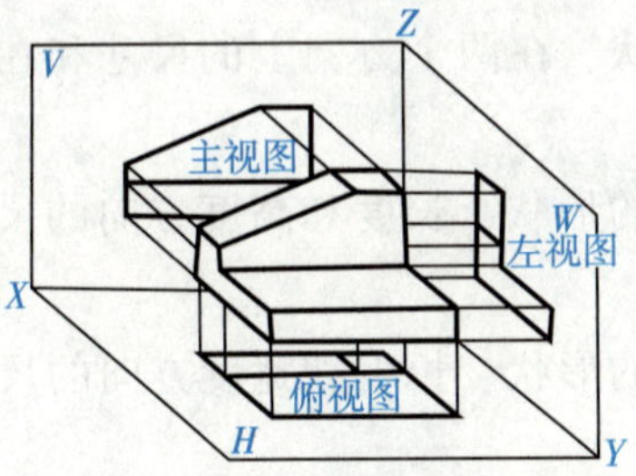

图 2-28　三视图的形成

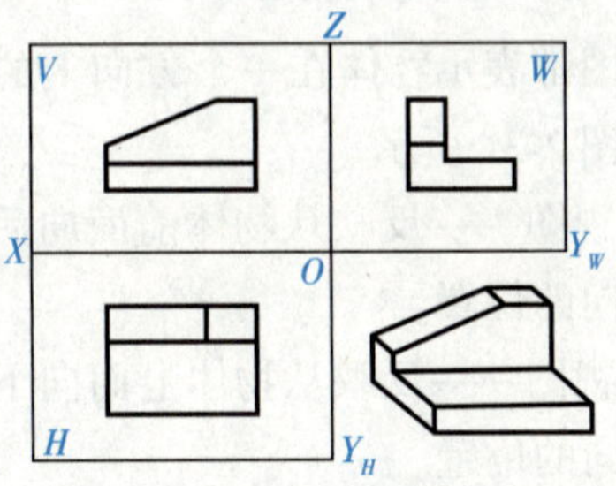

图 2-29　三视图的展开

2.5.3 三视图的投影规律

下面从三方面来说明三视图的投影规律。

1. 三视图的位置关系

从三视图的形成过程及展开可以看出，三视图的位置是固定的，它们的位置关系是：以主视图为准，俯视图在主视图的正下方，左视图在主视图的正右方。

画三视图时必须按上述关系配置，这也叫作按投影关系配置视图，按此位置关系配置的三视图不需要注写名称。

2. 三视图的对应关系

物体有长、宽、高三个方向的尺寸，通常规定：物体左右之间的距离为长；物体前后之间的距离为宽；物体上下之间的距离为高。由图 2-30 可知，主视图和俯视图同时反映物体的长度；主视图和左视图同时反映物体的高度；俯视图和左视图同时反映物体的宽度。同一个物体的长、宽、高都是一样的，因此，物体的三视图存在着如下对应关系。

（1）主视图和俯视图反映了物体同样的长度，即等长，物体在主视图和俯视图上的投影在长度方向上分别对正。

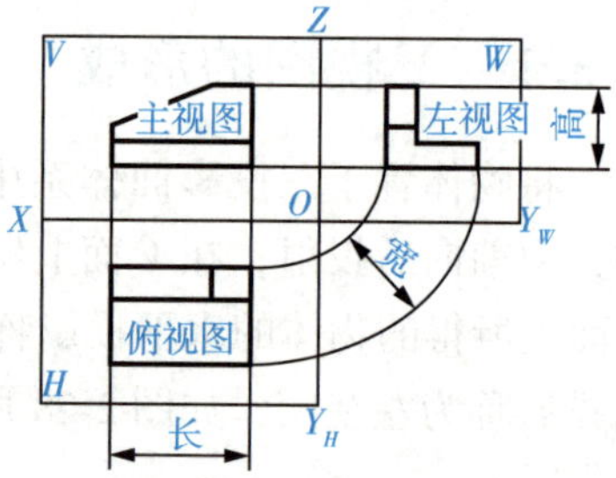

图 2-30　三视图的对应关系

（2）主视图和左视图反映了物体同样的高度，即等高，物体在主视图和左视图上的投影在高度方向上分别平齐。

（3）俯视图和左视图反映了物体同样的宽度，即等宽，物体在左视图和俯视图上的投影在宽度方向上分别相等。

综上所述，主视图和俯视图长对正；主视图和左视图高平齐；俯视图和左视图宽相等。

长对正、高平齐、宽相等是画图和看图必须遵循的最基本的投影规律。它不仅适用于整个物体的投影，也适用于物体上每个局部的投影，以及物体上任何点、线、面的投影。

3. 物体与三视图的方位关系

每个视图都表示物体在一个方向上的形状、在两个方向上的尺寸和在四个方位上的关系，如图 2-31 所示。

（1）主视图——反映从物体前面向后看的形状、长度和高度方向的尺寸，以及上下、左右方向的位置。

（2）俯视图——反映从物体上面向下看的形状、长度和宽度方向的尺寸，以及前后、左右方向的位置。

（3）左视图——反映从物体左面向右看的形状、高度和宽度方向的尺寸，以及前后、上下方向的位置。

需要特别注意的是，俯视图和左视图的前后关系是以主视图为基础的，在俯视图和左视图中，靠近主视图的一边是物体的后面，远离主视图的一边是物体的前面。因此，在俯视图和左视图上量取宽度时，不仅要注意量取的起点，还要注意量取的方向。

另外，三投影面体系中的三个投影面都是无限大的，因此不必画出其边界，只需画出三个投影面的分界线（三个投影轴）即可。同时，当空间物体在三投影面体系中沿着投射线的方向前后、上下或左右移动时，三个视图都是不变的，变化的只是物体在三投影面体系中的位置。因为利用三视图仅仅想表达物体的形状，并不关心它的位置，所以在画三视图时，三个投影轴也没有必要画出，如图 2-32 所示。

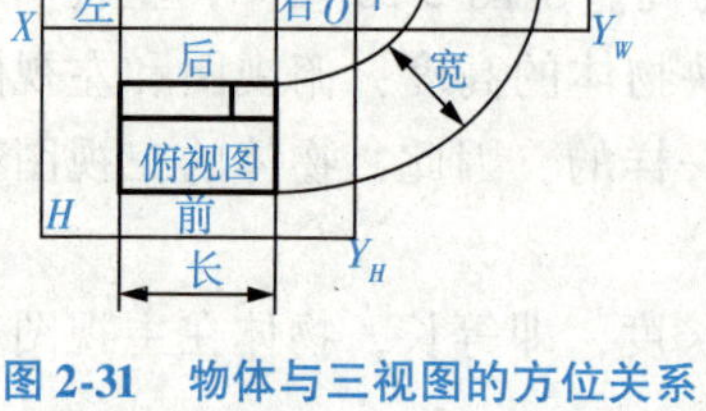

图 2-31　物体与三视图的方位关系

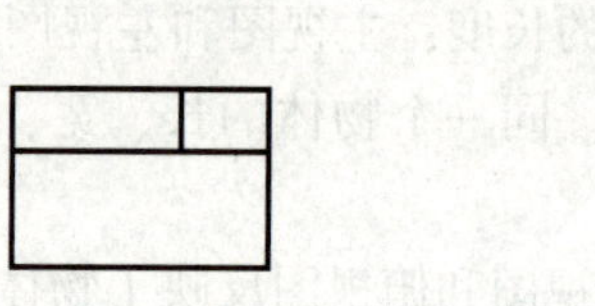
图 2-32　物体的三视图

2.5.4 三视图的绘图步骤

1. 确定图幅、比例

根据所画立体的形状结构特点，选择适当的图幅和比例。

2. 选择主视图

选择视图主要是主视图的选择，要遵循特征明显、摆放自然、虚线最少的原则。根据这个原则，在摆放自然的前提下，应使立体尽量多的面处于与投影面相平行或相垂直的位置。其中，处于与投影面相平行的位置的面，在该投影面上的投影能反映面的实形，可以使立体特征更明显；处于与投影面相垂直的位置的面，在该投影面上的投影具有积聚性，能简化立体的三视图。如图 2-33 所示，将立体摆放自然，以 1 方向为主视图的投射方向，主视图特征明显且虚线最少。

3. 布图

确定各视图的位置，图形与图形之间应留出适当的间隔。

4. 画底稿

利用 2H 或 H 铅笔，按各类图线的长短规格，用很细的线轻轻地画底稿。

5. 检查、加深、填写标题栏

检查无误后，利用铅芯为 B 或 HB 的铅笔及铅芯为 2B 或 B 的圆规加深粗实线。其他细线可用相应的铅笔和圆规加深，也可在画底稿时一次完成。加深时，应按照先细后粗、先上后下、先左后右、先曲后直的原则进行，结果如图 2-34 所示。

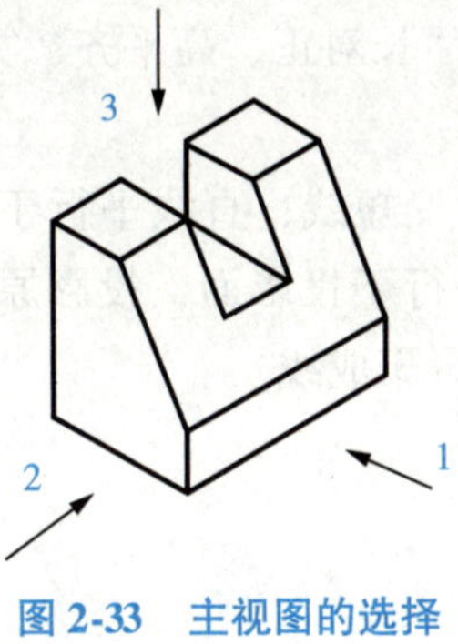

图 2-33 主视图的选择

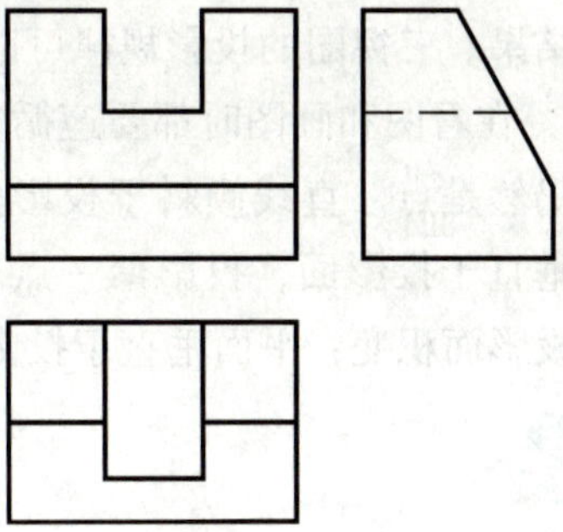

图 2-34 绘制完成的三视图

画三视图时的注意事项如下。

（1）将物体自然放平，一般使主要表面与投影面平行或垂直，进而确定主视图的投射方向，并且整体和局部都要符合三视图的投影规律。

（2）可见轮廓线用粗实线绘制、不可见轮廓线用虚线绘制；当虚线与实线重合时，画粗实线。需要特别注意的两点：俯视图和左视图的宽相等，前后方位关系。

任务评价

评价内容	评价标准	分值	读者自评	教师评估
三视图的形成	了解三视图的形成	10		
三视图的展开	了解三视图的展开	10		
三视图的投影规律	掌握三视图的位置关系	15		
	掌握三视图的对应关系	15		
	掌握物体与三视图的方位关系	15		
三视图的绘图步骤	会绘制物体的三视图	35		
总分		100		

项目小结

本项目旨在理解并掌握投影法的基本概念、分类及特性，并通过学习点、线、平面的投影特点，为绘制三视图打下坚实的基础。

中心投影法和平行投影法是两种常用的投影法。在机械制造中主要采用平行投影法中的“正投影法”绘制机械图样。因为正投影法作图简便，能反映物体的真实形状且度量性好，所以在生产中被广泛应用。三视图是应用正投影法原理，从空间 3 个方向观察物体的结果。三视图的投影规律可以归纳为“长对正、高平齐、宽相等”（简称“三等”关系），在看图和画图时都要遵循这一规律。

点的投影仍然是点。直线倾斜于投影面，投影变短线；直线平行于投影面，投影实长线；直线垂直于投影面，投影聚一点。平面平行于投影面，投影原形现；平面倾斜于投影面，投影面积变；平面垂直于投影面，投影聚成线。

项目习题

一、选择题

1. 在正投影法的基本特性中，下列哪一项描述是错误的？(　　)

A. 存真性　　B. 积聚性　　C. 反射性　　D. 类似性

2. 在三投影面体系中，点的投影规律不包括以下哪一项？(　　)

A. 点的投影的连线垂直于投影轴

B. 点的投影到投影轴的距离等于点的坐标

C. 点的投影与原点的距离表示点的空间位置

D. 点的投影与投影轴的夹角表示点与投影面的角度

3. 哪种投影法不反映空间物体的真实形状和大小？(　　)

A. 中心投影法　　B. 平行投影法　　C. 正投影法　　D. 斜投影法

4. 在平面的投影中，迹线是指什么？(　　)

A. 平面与投影面的交线　　B. 平面上的任意一条直线

C. 平面内的两条相交直线　　D. 平面与投影轴的交点

5. 三视图中，下列哪一项不是三视图的投影规律？(　　)

A. 主视图和俯视图长对正　　B. 主视图和左视图高平齐

C. 俯视图和左视图宽相等　　D. 主视图和左视图宽相等

二、填空题

1. 在正投影法中，当直线或平面与投影面垂直时，直线的投影积聚为__________，平面的投影积聚成__________。

2. 工程上常用的投影图包括透视投影图、轴测投影图、标高投影图和__________。

3. 在三投影面体系中，点的投影规律包括点的投影的连线垂直于__________，点的投影到投影轴的距离等于点的__________。

4. 直线的投影特性中，对于一般位置直线，其三个投影都倾斜于投影轴且都__________于直线实长。

5. 三视图的绘图步骤包括确定图幅、比例、选择主视图、__________、画底稿、检查、加深、填写标题栏。

三、问答题

1. 请简述中心投影法和平行投影法的区别，并说明各自在工程上的应用场景是什么？

2. 解释正投影法的存真性和积聚性，并给出一个例子来说明它们在实际投影图中的表现。

3. 在三投影面体系中，如何判断空间两点的相对位置？请描述三面投影体系中 H 面投影、V 面投影和 W 面投影分别反映出的两点之间的关系。

4. 描述一般位置直线的投影特性，并解释为什么这类直线的三个投影都倾斜于投影轴且都小于直线实长。

5. 在平面的投影中，什么是迹线？请举例说明迹线如何用来表示平面，并解释迹线集合点的作用。

四、作图题

1. 已知下列点的两面投影，求作它们的第三投影，如图 2-35 所示。

2. 点 K 在直线 AB 上，已知该点的一个投影，求作其余投影，如图 2-36 所示。

3. 已知 MN 与三角形 ABC 平面平行，完成三角形 ABC 的水平投影，如图 2-37 所示。

4. 根据已知两个视图，并参照物体的立体图，补画第三视图，如图 2-38 所示。

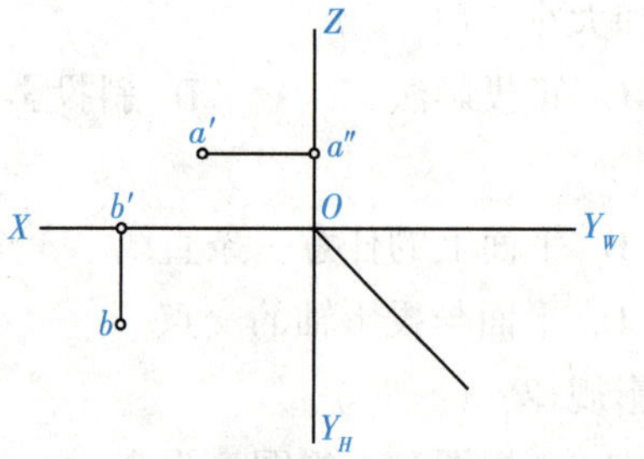

图 2-35　练习 1

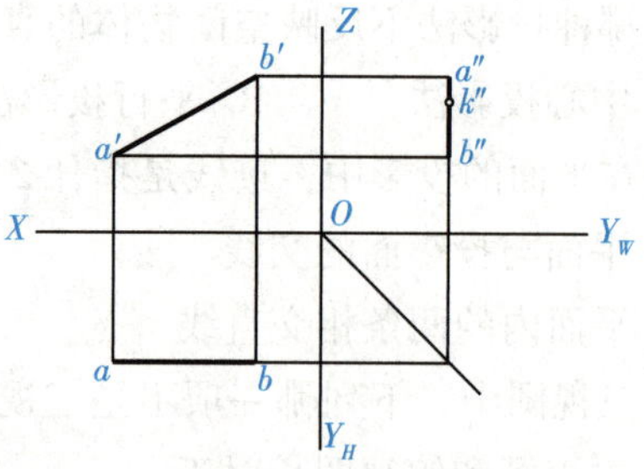

图 2-36　练习 2

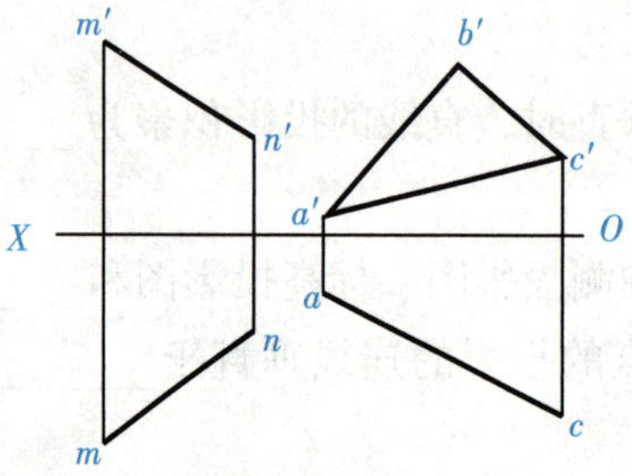

图 2-37　练习 3

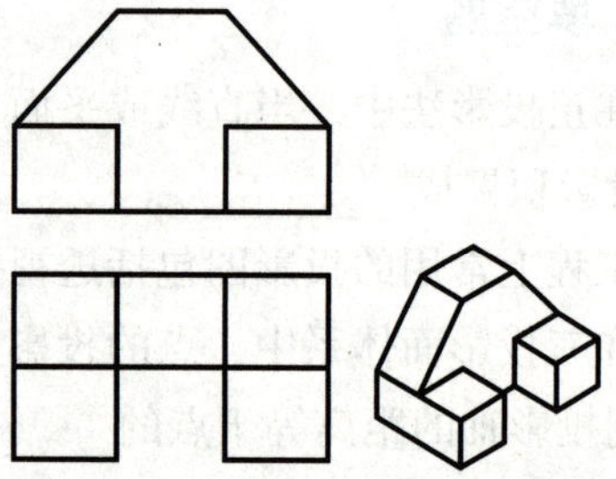

图 2-38　练习 4

项目3

立体的投影及其表面交线

项目导读

工程上常见的立体主要包括平面立体和曲面立体两类。立体是由面围成的封闭几何体，其中，表面均为平面的立体为平面立体，如棱柱、棱锥等；表面为曲面或平面和曲面的立体为曲面立体，如圆柱、圆锥、圆球、圆环等。

学习目标

知识目标

1. 了解棱柱、棱锥的结构特点。
2. 掌握棱柱、棱锥三视图的画法。
3. 掌握回转体的投影特点和表面取点。
4. 掌握平面与平面立体表面相交的画法。
5. 掌握平面与回转体表面相交的画法。
6. 掌握两回转体表面相交的画法。

技能目标

1. 会绘制棱柱、棱锥的三视图。
2. 会绘制回转体的三视图。
3. 会绘制截交线。
4. 会绘制相贯线。

素质目标

1. 通过学习平面立体的相关知识，培养读者的空间几何观念和立体感知能力。
2. 在掌握回转体的知识时，培养读者的审美观念和创新意识。

思政目标

1. 通过学习平面与平面立体表面相交的知识，培养读者的分析能力和解决问题的能力。
2. 在探索平面与回转体表面相交的过程中，培养读者空间想象能力和几何推理能力。
3. 通过学习两回转体表面相交的知识，培养读者的复杂空间关系处理能力。

任务1 平面立体

任务描述

通过对本任务相关知识的学习，读者能够了解棱柱和棱锥的结构特点，掌握棱柱和棱锥的三视图和表面上的点，会绘制平面立体图形的三视图。

任务分析

想要绘制平面立体图形的三视图，首先了解棱柱和棱锥的结构特点；其次掌握棱柱和棱锥三视图的绘制方法；最后确定棱锥和棱柱表面上的点。

任务重点与实施

工程上常用的平面立体主要是棱柱、棱锥（包含棱台）。画平面立体的三视图，就是要画出其底面、棱面、棱线和顶点的投影，用粗实线画出可见轮廓线、用虚线画出不可见轮廓线，当粗实线与虚线重合时，应画粗实线。

3.1.1 棱柱

1. 棱柱的结构特点

棱柱的顶面和底面均为多边形，棱线互相平行。顶面和底面为正多边形的直棱柱为正棱柱，下面主要介绍正棱柱的三视图。

2. 棱柱的三视图

下面以正六棱柱为例进行介绍。图 3-1 为一正六棱柱的立体图，为了便于画图和读图，根据三视图的画法，使正六棱柱的底面和顶面处于水平面的位置，使前后两个棱面为正平面，根据正六棱柱的结构特点可知，其余的四个棱面均为铅垂面。

图 3-2 为正六棱柱的三视图，由于其顶面和底面均为水平面，所以它们的水平投影重合并反映实形；正面投影和侧面投影积聚为一直线段。正六棱柱还有六个侧棱面，其中，前后两个棱面为正平面，它们的正面投影重合并反映实形，水平投影和侧面投影积聚成一直线段；其余四个棱面均为铅垂面，因此，其水平投影分别积聚为一直线段，正面投影和侧面投影均为类似形（矩形）。

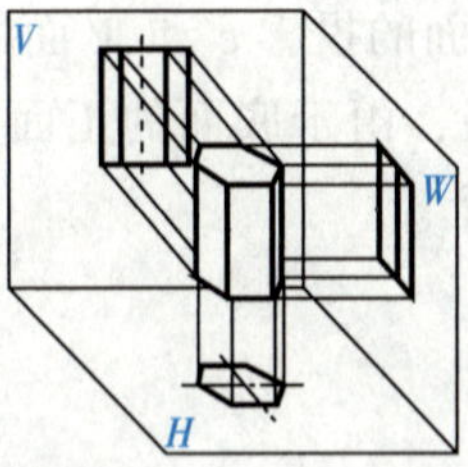

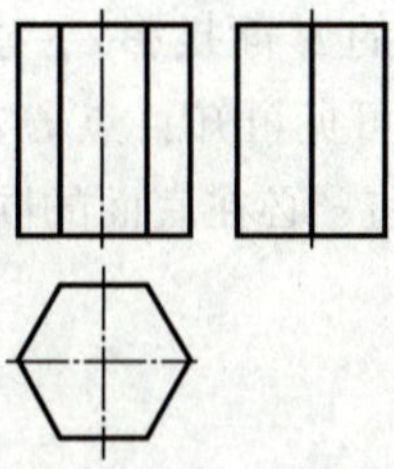

图 3-1　正六棱柱的立体图　　图 3-2　正六棱柱的三视图

3. 棱柱表面上的点

立体表面取点就是已知立体表面上点的一个投影，求它的其余两个投影，其原理和方法与平面取点的原理和方法相同。立体表面取点的方法有两种：一是利用表面投影的积聚性；二是利用辅助线法求点的另外两个投影。正六棱柱的各表面都是特殊位置平面，因此，其表面取点可利用表面投影的积聚性原理作图求解。

【例 3-1】 如图 3-3（a）所示，已知正六棱柱表面上的点 A 的 V 面投影 a'，点 B 的 V 面投影 b'，点 C 的 H 面投影 c，求它们的其余两面投影。

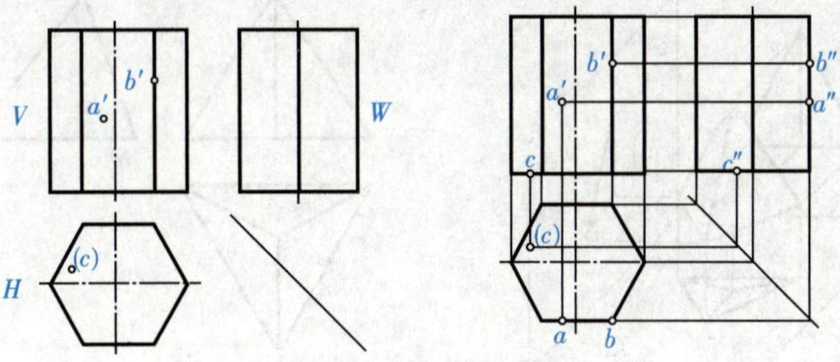

（a）　　（b）

图 3-3　正六棱柱表面上的点

分析：

由给定条件可知，点 A 的正面投影 a' 可见（a' 没加圆括号），由其位置可断定，点 A 必定在正六棱柱的中前表面上。由于该棱面为正平面，其水平投影具有积聚性，所以该棱面上所有点的水平投影必定位于其具有积聚性的投影上。因此，可利用水平投影的积聚性直接求得 H 面投影 a，然后由 a 和 a'，根据点的投影规律，求得点 A 的 W 面投影 a''。

作图：

（1）根据点的投影规律，由 a' 作垂直的投影连线，与正六棱柱前棱面的水平投影的交点即 A 点的水平投影 a，如图 3-3（b）所示。

（2）由正面投影 a' 和水平投影 a 求得点 A 的侧面投影 a''，侧面投影可见，如图 3-3（b）所示。再如，在图 3-3（a）中，已知点 B 的 V 面投影 b'，求它的 H 面的投影 b、W 面的投影 b''。

因为点 B 的 V 面投影 b' 在右前方的棱线的 V 面投影上，根据点线的从属性，很容易求出其水平投影 b 和 W 面的投影 b''。

又如，已知点 C 的 H 面投影 c，求它的 V 面的投影 c'和 W 面的投影 c''。

由 H 面投影 c 不可见可知，点 C 在底面上，由于底面的正面投影和侧面投影都具有积聚性，因此，c'和 c''必在底面的同面投影上。

3.1.2 棱锥

1. 棱锥的结构特点

棱锥是指棱面为等腰三角形、底面为边数大于 3 的正多边形、各棱线汇交于锥顶的正棱锥。下面以正三棱锥为例来介绍棱锥的投影及表面取点。

2. 棱锥的三视图

图 3-4 为一正三棱锥的立体图，锥顶为 S，其底面 $\triangle ABC$ 为一水平面，它的水平投影 $\triangle abc$ 反映实形、正面投影和侧面投影分别积聚为一直线段。棱面 SAB、SAC 是一般位置平面，它们的各个投影均为类似形。棱面 SBC 为侧垂面，其侧面投影为一直线段 $s''b''$或 $s''c''$、正面投影和水平面投影均为类似形。在作图时，可先画出底面的水平投影，再作锥顶 S 的各个投影，然后连接各棱线即得正三棱锥的三面投影。图 3-5 为正三棱锥的三视图。

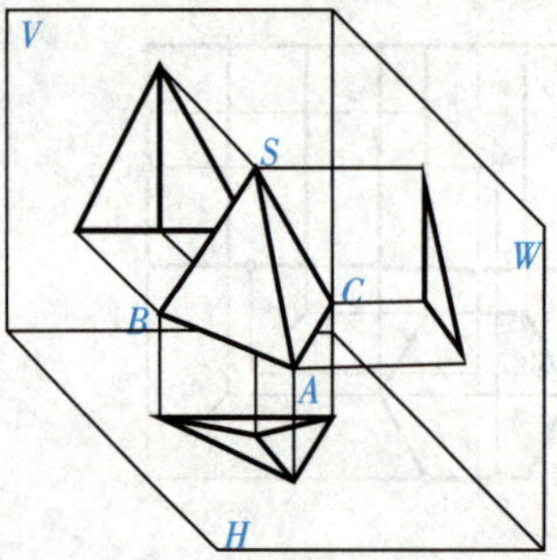

图 3-4　正三棱锥的立体图

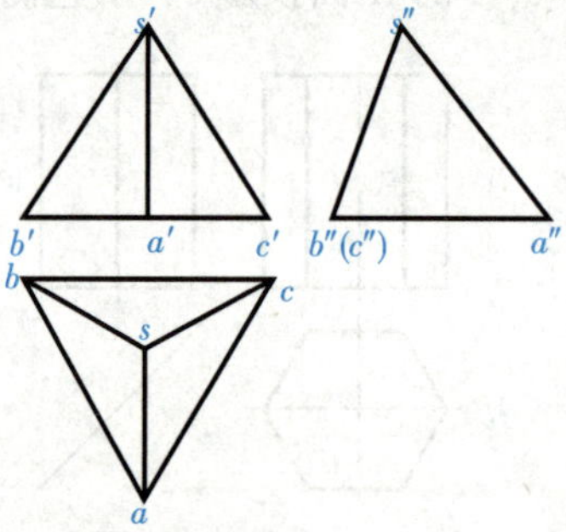

图 3-5　正三棱锥的三视图

3. 棱锥表面上的点

由于组成棱锥的表面有特殊位置平面，也有一般位置平面，针对特殊位置平面上点的投影，可利用平面的积聚性作图。

【例 3-2】如图 3-6（a）所示，已知正三棱锥表面上点Ⅲ的正面投影 3′，求它的其他两面上的投影。

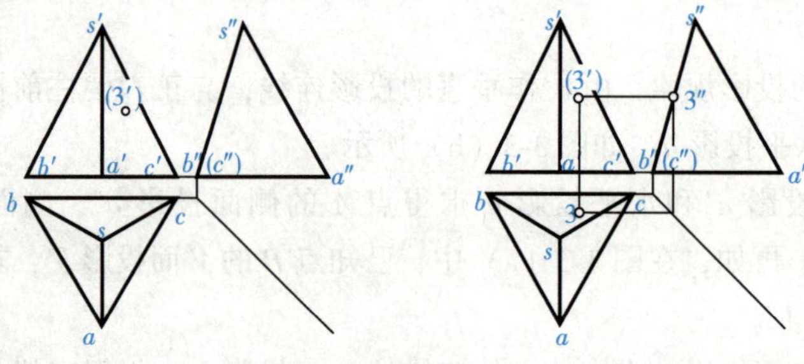

（a）　　（b）

图 3-6　棱锥表面上的点（一）

分析：

如图3-6（a）所示，3′在棱面 *SAB* 或 *SBC* 上，因为3′不可见，说明点Ⅲ应在不可见的棱面上，所以点Ⅲ在棱面 *SBC* 上。由正三棱锥的投影可知，棱面 *SBC* 为侧垂面，其在左视图上的投影具有积聚性，因此，根据投影关系，可直接求出3″，有了点Ⅲ的两面投影，再根据点的投影规律求第三面投影3。

作图：

（1）根据点的投影规律直接求出3″。

（2）由3′和3″求出3，如图3-6（b）所示。

针对一般位置平面上点的投影，可选取适当的辅助线作图，即先在平面内取辅助直线，再在辅助直线上取点。因为直线在平面上，点又在直线上，所以点必在平面上。在棱锥表面取线的方法如下。

（1）过面内两点作线，一般作过锥顶的辅助线。

（2）过面内一点作面内一条直线的平行线。

【例3-3】 如图3-7所示，已知正三棱锥表面上的点Ⅰ的 *V* 面投影1′，求它的 *H* 面投影1和 *W* 面投影1″。

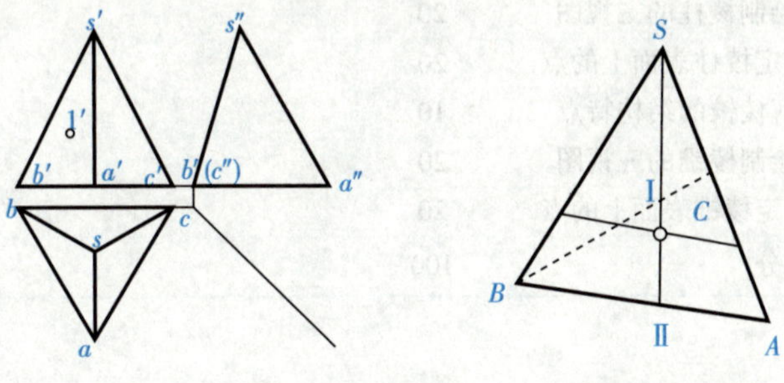

图3-7 棱锥表面上的点（二）

分析：

由点Ⅰ的 *V* 面投影1′可知，点Ⅰ的 *V* 面投影可见，因此点Ⅰ位于棱面 *SAB* 上，由于棱面 *SAB* 属于一般位置平面，所以必须借助辅助线求解1、1″。

作图：

方法一：过面内已知两点（*S* 和Ⅰ）作辅助线求解，如图3-8（a）所示，具体步骤如下。

（1）连接面内已知点 *S*、Ⅰ的已知投影 *s*′、1′，并延长交 *a*′*b*′于2′。

（2）求 *S*Ⅱ的 *H* 面投影 *s*2 和 *W* 面投影 *s*″2″。

（3）根据点线从属性，可求得Ⅰ点的 *H* 面投影1和 *W* 面投影1″。

或者只求 *S*Ⅱ的 *H* 面投影或 *W* 面投影，根据点线的从属性，求得Ⅰ点的 *H* 面投影1或 *W* 面投影1″，再根据点的投影规律求得第三个投影。

方法二：过面内一点Ⅰ作一直线Ⅰ-*K* 平行于面内一已知直线 *AB*，其作图过程如图3-8（b）所示，首先过点Ⅰ的已知投影1′，作1′*k*′//*a*′*b*′；其次求Ⅰ-*K* 的水平投影；

然后根据点Ⅰ在Ⅰ-*K*上，可得点的水平投影在线的水平投影上，由此可求得1；最后根据点的投影规律求第三个投影1″。

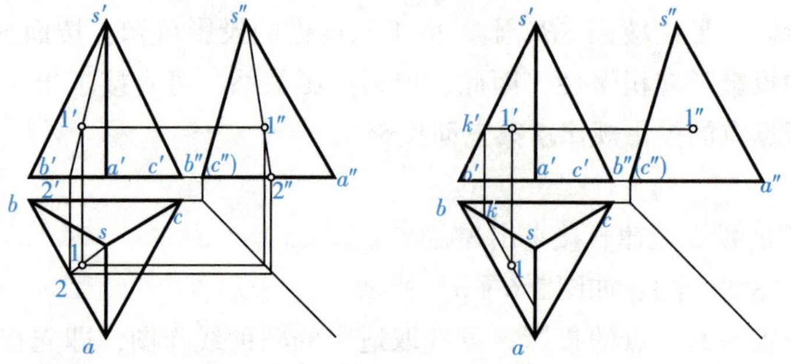

（a）过两点作线　　（b）作平行线

图3-8　过棱锥表面上的点作辅助线

任务评价

评价内容	评价标准	分值	读者自评	教师评估
棱柱	了解棱柱的结构特点	10		
	会绘制棱柱的三视图	20		
	能确定棱柱表面上的点	20		
棱锥	了解棱锥的结构特点	10		
	会绘制棱锥的三视图	20		
	能确定棱锥表面上的点	20		
总分		100		

任务2　回转体

任务描述

通过对本任务相关知识的学习，读者能够掌握圆柱、圆锥以及圆球的投影特点与表面取点，会绘制各种回转体的三视图。

任务分析

想要绘制回转体图形的三视图，首先掌握各种回转体的投影特点；其次掌握各种回转体的表面点的投影。

任务重点与实施

工程上常见的曲面立体为回转体。回转体是由回转面与平面或回转面围成的立体。

回转面是由一动线（或称母线）绕轴线旋转而成的。回转面上任意一位置的母线又称素线。常见的回转体有圆柱、圆锥和圆球等。

3.2.1 圆柱

圆柱

圆柱是由圆柱面及上下底面围成的立体，圆柱面可看成是由一条直线绕与它平行的轴线回转而成的。图 3-9 为轴线垂直于 *H* 面的圆柱的立体图和投影图。

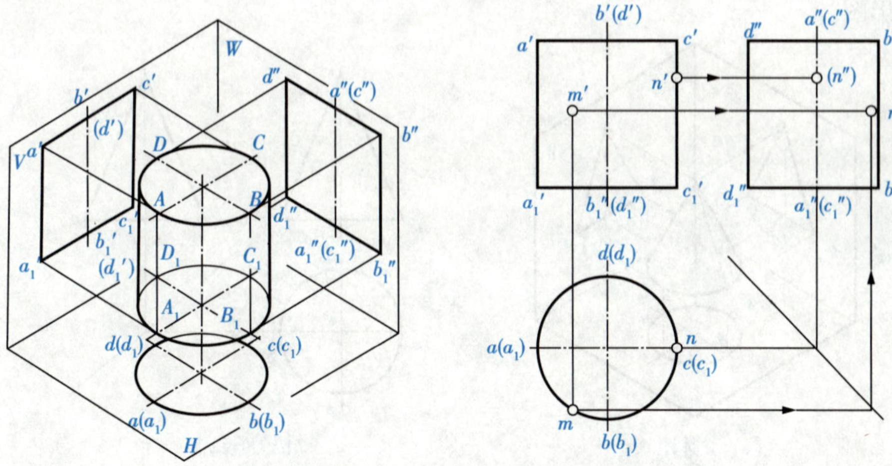

（a）立体图　　（b）投影图

图 3-9 圆柱

1. 投影特点

圆柱的顶面和底面的正面投影都积聚成直线，圆柱的轴线和素线的正面投影、侧面投影都是铅垂线，用细点画线画出轴线的正面投影和侧面投影。圆柱的正面投影的左右两侧是圆柱面的正面投影的转向轮廓线 $a'a_1'$ 和 $c'c_1'$，它们分别是圆柱面上最左侧和最右侧的素线 AA_1、CC_1（正面投影可见的前半圆柱面和不可见的后半圆柱面的分界线）的正面投影；AA_1、CC_1 的侧面投影 $a''a_1''$、$c''c_1''$ 与轴线的侧面投影重合。圆柱的侧面投影的前后两侧是圆柱面的侧面投影的转向轮廓线 $b''b_1''$ 和 $d''d_1''$，它们分别是圆柱面上最前端和最后端的素线 BB_1、DD_1（侧面投影可见的左半圆柱面和不可见的右半圆柱面的分界线）的侧面投影；BB_1、DD_1 的正面投影 $b'b_1'$ 和 $d'd_1'$ 与轴线的正面投影重合。

综上所述，圆柱的投影特性为：在与轴线垂直的投影面上的投影为一圆，在另外两个投影面上的投影均为矩形线框。

2. 表面取点

对于轴线处于特殊位置的圆柱，可利用其积聚性取点；对于位于圆柱转向轮廓线上的点，可利用投影关系直接求出。

【例 3-4】 如图 3-9（b）所示，已知圆柱表面上的点 *M* 和 *N* 的正面投影 m' 和 n'，试求出它们的其他两面投影。

由于 m' 是可见的，所以 m 必位于前半圆周上，再由 m'、m 求得 m''。由于点 M 也位于左半个圆柱面上，故 m'' 可见；由于 n' 位于转向轮廓线上，所以可根据投影关系直接求出 n 和 n''，如图 3-9（b）所示。

3.2.2 圆锥

圆锥

圆锥是由圆锥面和底面围成的立体。圆锥面可看成是由一条直线绕与它相交的轴线回转而成的。图 3-10 为轴线垂直于 H 面的圆锥的立体图和投影图。

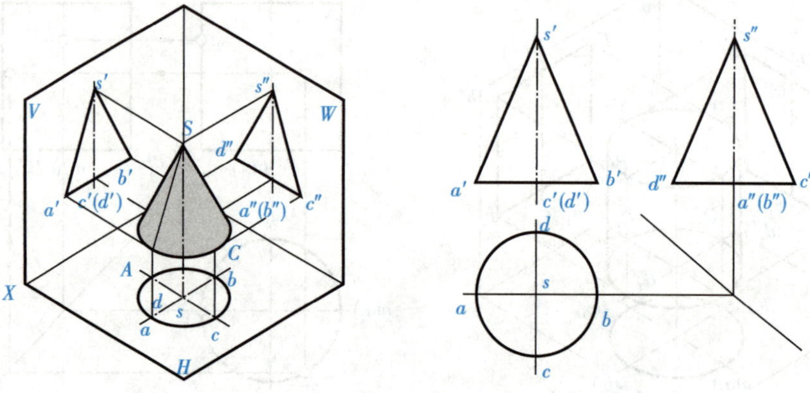

（a）立体图　　（b）投影图

图 3-10 圆锥

1. 投影特点

当圆锥的轴线为铅垂线时，其底面的正面投影、侧面投影都积聚成直线，水平投影反映它的实形，即圆。

用细点画线画出轴线的正面投影和侧面投影；在水平投影中，用细点画线画出对称中心线，对称中心线的交点既是轴线的水平投影，又是锥顶 S 的水平投影 s。

圆锥面的正面投影的转向轮廓线 $s'a'$、$s'b'$ 是圆锥面上最左侧和最右侧的素线 SA、SB（正面投影可见的前半圆锥面和不可见的后半圆锥面的分界线）的正面投影；SA、SB 的侧面投影 $s''a''$、$s''b''$ 与轴线的侧面投影重合。圆锥面侧面投影的转向轮廓线 $s''c''$、$s''d''$ 是圆锥面上最前端和最后端的素线 SC、SD（侧面投影可见的左半圆锥面和不可见的右半圆锥面的分界线）的侧面投影；SC、SD 的正面投影 $s'c'$、$s'd'$ 与轴线的正面投影重合。

综上所述，圆锥的投影特性为：在与轴线垂直的投影面上的投影为一圆，在另外两个投影面上的投影均为三角形线框。

2. 表面取点

由于圆锥面的三个投影均无积聚性，所以除位于圆锥转向轮廓线上的点可直接求出以外，其余各点都需要用辅助线求解。

【例 3-5】 如图 3-11 所示，已知圆锥的三面投影及圆锥面上的点 A 的正面投影 a'，试求出它的其他两面投影。

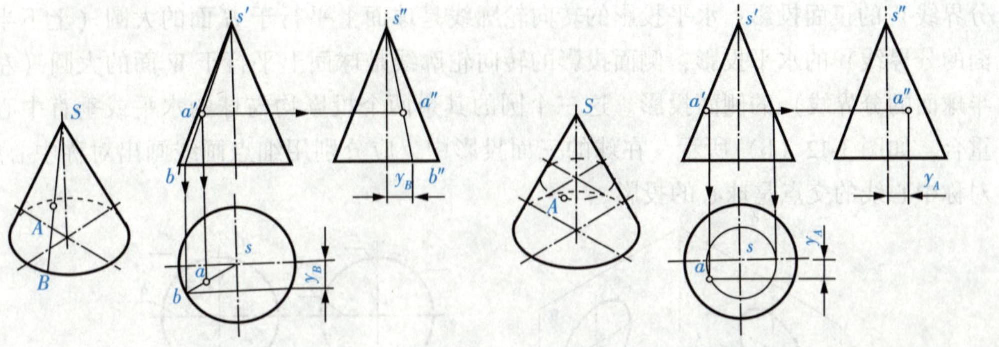

（a）素线法　　（b）纬圆法

图 3-11　圆锥表面上的点的投影

方法一：素线法

如图 3-11（a）中的立体图所示，连接点 S 与 A 并延长，交底圆于点 B，因为 a' 可见，所以素线 SB 位于前半圆锥面上，点 B 也在前半底圆上。具体作图过程如下。

连接 s' 和 a' 并延长，交底圆的正面投影于 b'。由 b' 引铅垂的投影连线，在前半底圆的水平投影上交得 b。按宽相等和前后对应关系，由 b 在底圆的侧面投影上得到 b''。分别连接 s 和 b、s'' 和 b''，即得过点 A 的素线 SB 的三面投影 $s'b'$、sb 和 $s''b''$。

由 a' 分别引铅垂的和水平的投影连线，在 sb 上得到 a、在 $s''b''$ 上得到 a''。由于圆锥面的水平投影可见，所以 a 也可见，又由于点 A 在左半圆锥面上，所以 a'' 也可见。

方法二：纬圆法

如图 3-11（b）中的立体图所示，通过点 A 在圆锥面上作垂直于轴线的水平纬圆，这个圆实际上就是点 A 绕轴线旋转形成的。具体作图过程如下。

过 a' 作垂直于轴线的水平纬圆的正面投影，其长度就是这个纬圆直径的实长，它与轴线的正面投影的交点就是这个纬圆圆心的正面投影，且其圆心的水平投影重合于轴线的有积聚性的水平投影，即与 s 重合。由此就可得到这个圆的水平投影（反映实形）。

因为 a' 可见，所以点 A 应在前半圆锥面上，于是就可由 a' 引铅垂的投影连线，在水平纬圆的前半圆周的水平投影上得到 a。由 a' 引水平的投影连线，再按宽相等和前后对应关系，由 a 即可得到点 A 的侧面投影 a''。

3.2.3　圆球

圆球是由圆球面围成的立体。圆球面可看成是由一圆母线绕其通过圆心的轴线（直径）回转后形成的曲面。图 3-12 为圆球的立体图和投影图。

圆球

1. 投影特点

球的三面投影都是直径与球直径相等的圆，它们分别是这个球面的三个投影的转向轮廓线。其中，正面投影的转向轮廓线是球面上平行于 V 面的大圆（前后半球面的分界线）的正面投影；水平投影的转向轮廓线是球面上平行于 *H* 面的大圆（上下半球面的分界线）的水平投影；侧面投影的转向轮廓线是球面上平行于 *W* 面的大圆（左右半球面的分界线）的侧面投影。这三个圆的其余两个投影均与球的水平或垂直中心线重合，如图 3-12（b）所示。在球的三面投影中，应分别用细点画线画出对称中心线，对称中心线的交点是球心的投影。

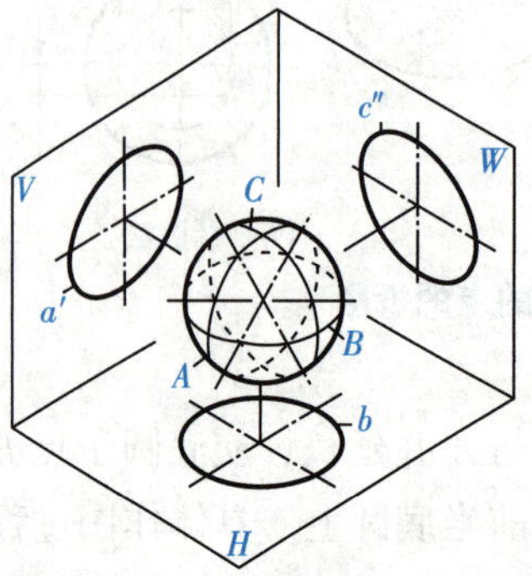

（a）立体图

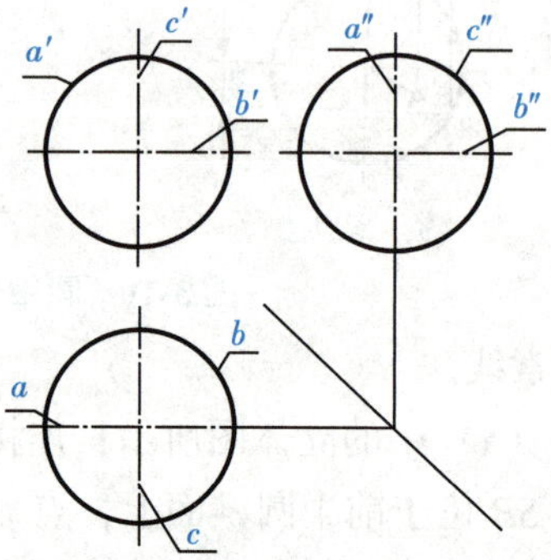

（b）投影图

图 3-12　圆球的立体图和投影图

综上所述，圆球的投影特性为：圆球的三个投影均为圆，其正面投影为最大的正平圆（圆 *A*），水平投影为最大的水平圆（圆 *B*），侧面投影为最大的侧平圆（圆 *C*）。

2. 表面取点

由于球面的三个投影均无积聚性，所以除位于圆球转向轮廓线上的点能直接求出以外，其余都需要用纬圆法求解。

【例 3-6】如图 3-13 所示，已知圆球的三面投影，以及圆球面上的点 *N* 的正面投影 *n′* 和点 *K* 的水平投影 *k*，试求出两点的其他两面投影。

分析：

先根据 *n′* 求 *n* 及 *n″*。分析发现，*n′* 恰在球的正面投影的转向轮廓线即最大的正平圆上（参照图 3-12（b），即在 *a′* 处），因此，*N* 点的水平投影 *n* 在俯视图中的水平中心线上，同理，可求出 *N* 点的侧面投影 *n″* 在左视图的垂直中心线上。

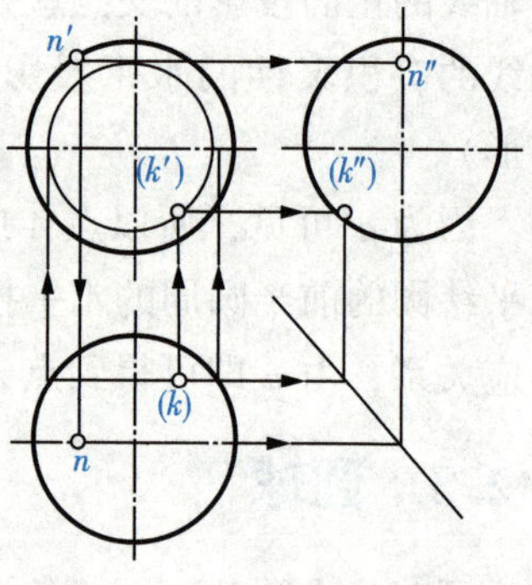

图 3-13　圆球表面上的点

作图：

根据点 *K* 的水平投影 *k* 求 *k′* 及 *k″*。由于 *k* 不可见，所以它必位于下半个圆球面上，过点 *K* 作一平行于 *V* 面的纬圆，可得点 *K* 的投影必位于该纬圆的同面投影上，由此可求出点 *K* 的正面投影 *k′*，由俯视图可知，*K* 点在后半个圆球面上，因此，点 *K* 的正面投影 *k′* 不可见，再根据点的投影规律，即可求得 *k″*，同样，点 *K* 在右半个球面上，所以点 *K* 的侧面投影不可见。

任务评价

评价内容	评价标准	分值	读者自评	教师评估
圆柱	掌握圆柱的投影特点	10		
	会确定圆柱表面上点的位置	20		
圆锥	掌握圆锥的投影特点	10		
	会确定圆锥表面上点的位置	30		
圆球	掌握圆球的投影特点	10		
	会确定圆球表面上点的位置	20		
总分		100		

任务3 平面与平面立体表面相交

任务描述

通过对本任务相关知识的学习，读者能够绘制平面与棱柱、棱锥相交产生的截交线。

任务分析

想要准确求出立体表面截交线的投影，首先了解截交线的基本性质；其次掌握平面与棱柱相交、平面与棱锥相交产生的投影。

任务重点与实施

平面与立体表面的交线称为截交线，该平面称为截平面，由截交线围成的平面图形称为断面，如图 3-14 所示。

研究平面与立体相交的目的是要准确求出立体表面截交线的投影。截交线具有以下两条基本性质。

（1）共有性。截交线既在截平面上，又在立体表面上，因此，截交线是截平面与立体表面的共有线，截交线上的点为截平面与立体表面的共有点。这一特性是求截交线的理论基础。

（2）封闭性。由于立体表面是封闭的，所以截交线也是封闭的。因为截交线具有截平面的“平面”性质，因此截交线是封闭的平面图形。

截交线的形状取决于“截什么”和“怎么截”，即截交线的形状取决于立体的表面形状和截平面与立体的相对位置。

如图3-14（a）所示，平面立体截交线是一个封闭的平面多边形，其各边是截平面与平面立体各相关棱面的交线，多边形的顶点是截平面与各棱线的交点。因此，求平面立体的截交线问题实质上是求平面与平面的交线及平面与直线的交点问题。

求平面立体截交线的作图方法如下。

（1）面面交线法。找到平面立体上参与相交的各棱面与截平面的交线，这些交线即围成所求平面立体截交线。

（2）线面交点法。找到平面立体上参与相交的各棱线与截平面的交点，并将位于平面立体同一棱面上的两交点依次连接起来，即得所求平面立体截交线。

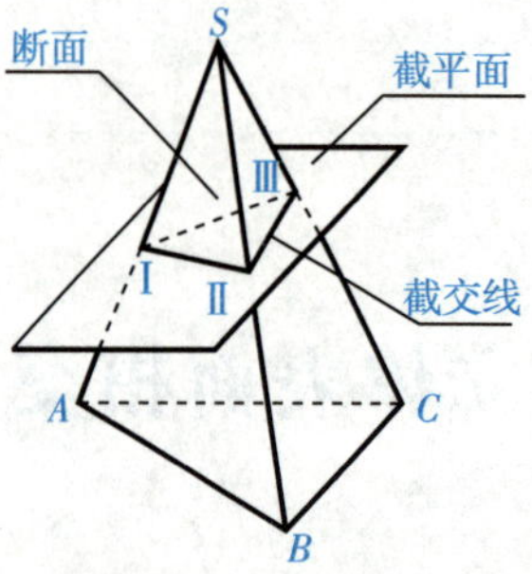

（a）平面与平面立体相交

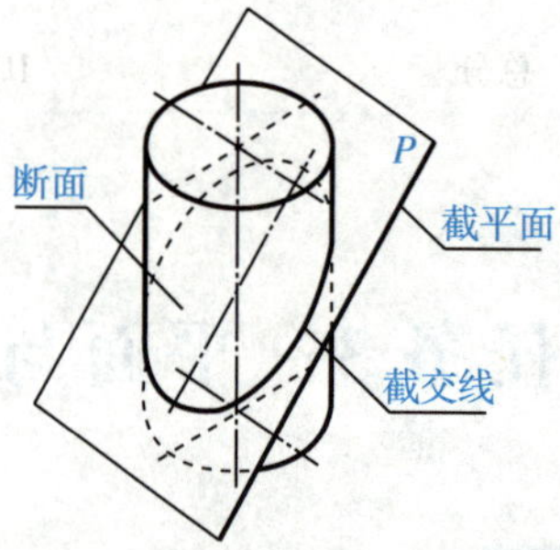

（b）平面与曲面立体相交

图3-14　截交线与截平面

3.3.1　平面与棱柱相交

【例3-7】 如图3-15（a）所示，完成被正垂面截切后的六棱柱的投影。

分析：

结合图3-15（b），由于截平面为正垂面，与六个棱面及顶面都相交，所以截交线为七边形，其正面投影积聚成直线。因此，本例主要求解截交线的水平投影和侧面投影。

作图：

（1）求截交线的水平投影。

截交线为七边形，其中，截平面与顶面的交线为正垂线，截平面与五条棱线交于五个点，设七边形的七个顶点分别为Ⅰ、Ⅱ、Ⅲ、Ⅳ、Ⅴ、Ⅵ、Ⅶ，因为六棱柱的棱线在俯视图中具有积聚性，所以点Ⅰ、Ⅱ、Ⅲ、Ⅳ、Ⅴ的水平投影1、2、3、4、5分别在相应棱线的水平投影上，如图3-15（c）所示。根据投影规律，在俯视图中求出正垂线Ⅵ-Ⅶ的水平投影67，从而得到截交线的水平投影1246753，如图3-15（c）所示。

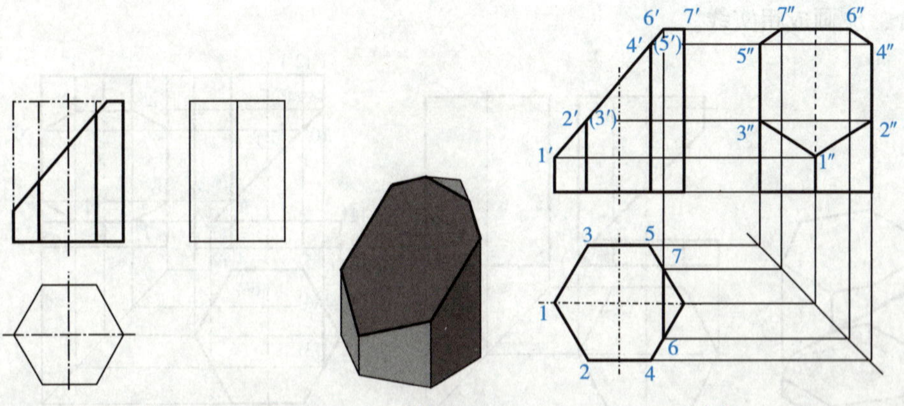

（a）　（b）　（c）

图 3-15　六棱柱被截切后的投影

（2）求截交线的侧面投影。

七边形的七个顶点的正面投影 1′、2′、3′、4′、5′、6′、7′及水平投影 1、2、3、4、5、6、7 如图 3-15（c）所示，根据点的投影规律，并结合六棱柱的投影特点，求出截交线七个顶点的侧面投影 1″、2″、3″、4″、5″、6″、7″。依次连接这七点即得截交线的侧面投影。截交线的侧面投影均可见，画成粗实线；最右侧棱线的侧面投影不可见，画成虚线，但与实线重合部分仍是粗实线，如图 3-15（c）所示。

【例 3-8】 如图 3-16（a）、（b）所示，补全缺口六棱柱的水平投影和侧面投影。

分析：

从正面投影可知，缺口是由一个侧平面、一个正垂面和一个水平面切割六棱柱形成的。三个截平面的正面投影都具有积聚性，即截交线的正面投影已知。因为侧平面的水平投影积聚成线，正垂面与六棱柱各棱面、水平面与六棱柱各棱面的交线都分别积聚在底面六边形的对应边上。所以侧面投影应分别求出侧平面、正垂面、水平面与各个棱面的交线，以及三个截平面之间的交线。

作图：

（1）标出截交线的正面投影中的各顶点。侧平面与六棱柱顶面的交线为正垂线，标记为 1′和（2′）；正垂面与侧平面的交线在主视图上标为 3′和（4′）；正垂面与六棱柱的四条棱的交点标记为（5′）、10′、（6′）和 9′；正垂面与水平面的交线标记为（7′）和 8′；水平面与最左侧棱线的交点的正面投影标记为 11′，如图 3-16（c）中的主视图所示。

（2）根据棱柱表面上点的求法，分别求出各点的水平投影 1、2、3、4、5、6、7、8、9、10 和 11，连接 1 和 2 或 3 和 4，即得侧平面的水平投影；连接 7 和 8，即得正垂面与水平面交线的水平投影，如图 3-16（c）中的俯视图所示。

（3）根据点的投影规律，分别求出各点的侧面投影 1″、2″、3″、4″、5″、6″、7″、8″、9″、10″和 11″并将相应各点相连，即得所求截交线的侧面投影。其中，最右侧棱线的侧面投影不可见，因此，11″以上部分画成虚线，11″以下部分与最左侧棱线的侧面投影重合，应画成粗实线。

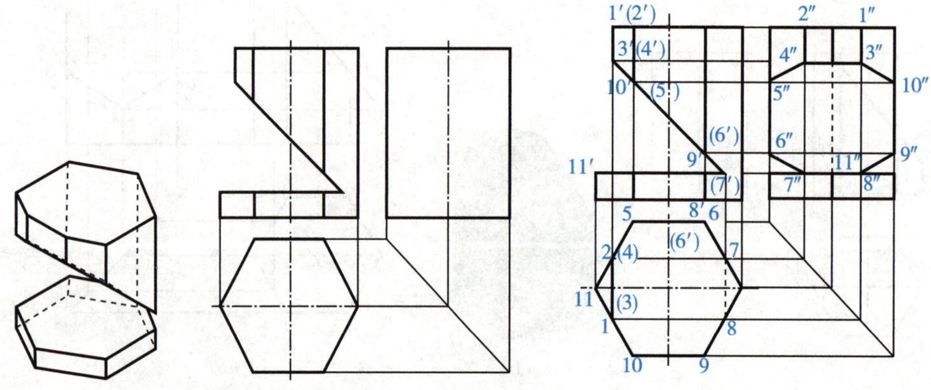

(a)　　(b)　　(c)

图 3-16　缺口六棱柱的投影

3.3.2　平面与棱锥相交

【例 3-9】如图 3-17（a）所示，求正垂面截切五棱柱后的投影。

分析：

如图 3-17（a）、（b）所示，截平面与五棱锥的五个棱面都相交，得到五条交线，即截交线为五边形，其中，顶点Ⅰ、Ⅱ、Ⅲ、Ⅳ、Ⅴ是截平面与棱锥各棱线的交点。由于截平面是正垂面，其正面投影具有积聚性，所以截交线的正面投影已知。因此，本例关键是求截交线的水平投影和侧面投影。

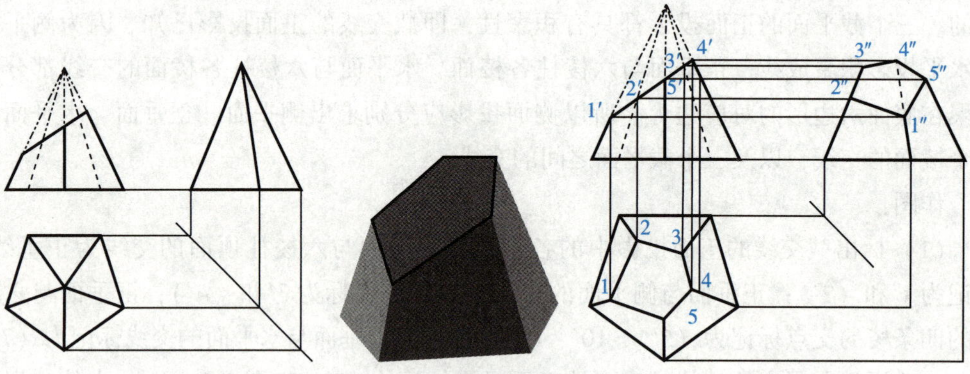

(a)　　(b)　　(c)

图 3-17　五棱锥被截切后的投影

作图：

（1）题中已给出了完整的五棱锥的水平投影和侧面投影，先在正面投影中标注 1′、2′、3′、4′、5′，如图 3-17（c）所示。

（2）根据点的投影规律，点Ⅰ、Ⅱ、Ⅲ、Ⅳ分别属于五棱锥对应的棱线，因此可求出这四个点的水平投影 1、2、3、4 和侧面投影 1″、2″、3″、4″。点Ⅴ的投影不能直接求出，可采用作辅助线的方法，过 5′作平行于相应底边的直线，在俯视图中，由于这两条直线也平行，因此可求出5，然后根据点的投影特点求出5″。

（3）依次连接各点的同面投影并判别可见性。由于最右侧棱线的侧面投影不可见，所以1″、4″之间为不可见线，应画成虚线。同时要注意擦掉被截切掉部分的投影，如图3-17（c）所示。

【例3-10】 如图3-18（a）所示，补全三棱锥被截切后的水平投影和侧面投影。

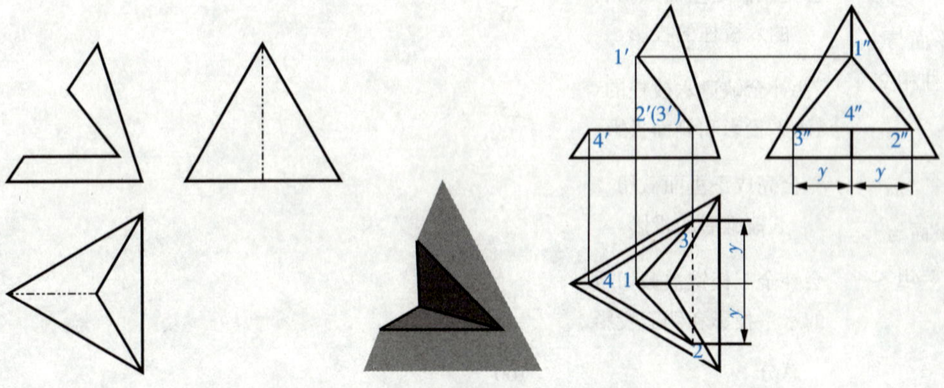

（a）　（b）　（c）

图3-18　三棱锥被截切后的投影

分析：

从正面投影可知，三棱锥被一个正垂面和一个水平面截切，且左侧棱线有一段被截掉，因此，在水平投影和侧面投影中，该棱线的投影暂用细双点画线表示。由于水平截平面平行于底面，所以它与前后棱面的交线应分别平行于相应的底边；正垂截平面也与前后棱面相交，产生两条交线。由于两个截平面都垂直于正平面，所以它们的交线一定是正垂线。截切后的立体图如图3-18（b）所示。因此，本例最终归结为求这些截交线的投影。

作图：

（1）先在主视图中对截交线进行标记（1′、2′、3′、4′），即正垂截平面与左侧棱线的交点为Ⅰ，水平截平面与左侧棱线的交点为Ⅳ，正垂截平面与水平截平面的交线为正垂线Ⅱ-Ⅲ，因此本例的关键是求出这四个点的水平投影和侧面投影，由此即可求出截交线的投影。

（2）因为Ⅰ点和Ⅳ点都在左侧棱线上，所以可直接求出该两点的水平投影1、4和侧面投影1″、4″。

（3）由4作42平行于前底边、作43平行于后底边，再分别由2′、3′在平行线上作2、3。由42、4′2′求出4″2″，由43、4′3′求出4″3″，它们都重合在水平截平面的积聚成直线的侧面投影上。连接12、1″2″及13、1″3″，同时，连接两个截平面的交线的水平投影23。

（4）用粗实线加深左侧棱线剩余部分的侧面投影和水平投影，用细双点画线表示的Ⅰ-Ⅳ段的三面投影实际上是不存在的，不应画出。

由此就补全了三棱锥被截切后的水平投影和侧面投影，如图 3-18（c）所示。

任务评价

评价内容	评价标准	分值	读者自评	教师评估
平面与棱柱相交	会完成被正垂面截切后的六棱柱的投影	25		
	会补全缺口六棱柱的水平投影和侧面投影	25		
平面与棱锥相交	会完成正垂面截切五棱锥后的投影	25		
	会补全三棱锥被截切后的水平投影和侧面投影	25		
总分		100		

任务 4　平面与回转体表面相交

任务描述

通过对本任务相关知识的学习，读者能够绘制平面与圆柱、圆锥以及圆球相交产生的截交线。

任务分析

想要准确求出回转体表面截交线的投影，首先了解平面与回转体相交时，如果截平面与回转体轴线的相对位置不同，则其截交线的性质和形状也不同；其次掌握平面与回转体相交产生的投影。

任务重点与实施

在工程实践中，常常会有平面与回转体表面相交的情况，如图 3-19 所示。当截平面与单个回转体表面相交时，其截交线通常是封闭的平面曲线，或者是由曲线和直线围成的平面图形或多边形，如图 3-19（a）所示。当截平面与复合回转体表面相交时，其截交线是截平面与基本几何体截交线的组合，如图 3-19（b）所示。多个截平面与回转体表面相交所得的截交线是各截平面所得截交线的组合；截交线的结合点是相邻两截平面与回转体表面的共有点，也是两截平面的交线与回转体表面的交点；两截平面的交线是各断面的分界线，如图 3-19（c）所示。

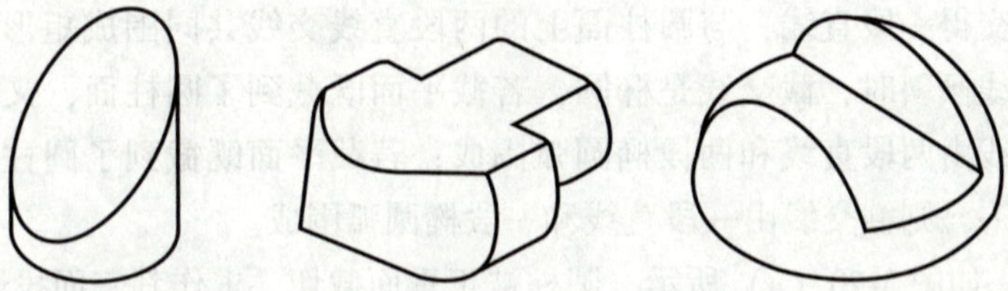

(a)　　(b)　　(c)

图 3-19　平面与回转体表面相交示例

由于截交线属于立体表面上的点和线，所以求截交线的方法与求立体表面上的点的方法一样。利用辅助线等方法求得一系列共有点的投影，再按一定的顺序连点成线。一般步骤如下。

（1）求特殊点，特殊点包括最高点、最低点、最左点、最右点、最前点、最后点、转向轮廓线上的点及特殊曲线的特殊点。

（2）求一般点。

（3）判断可见性，顺次光滑地连接曲线。

在此主要介绍特殊位置平面与回转体表面相交时截交线的特点及画法。

3.4.1　平面与圆柱相交

圆柱

圆柱是由圆柱面及顶面、底面围成的立体。截平面与圆柱轴线的相对位置不同，所得的截交线的形状也不同，如表 3-1 所示。

表 3-1　圆柱的截交线

截平面位置	与圆柱轴线垂直	与圆柱轴线平行	与圆柱轴线倾斜
截交线形状	圆	矩形	椭圆
立体图	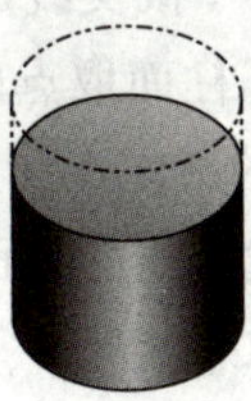	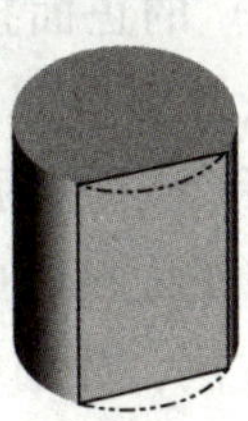	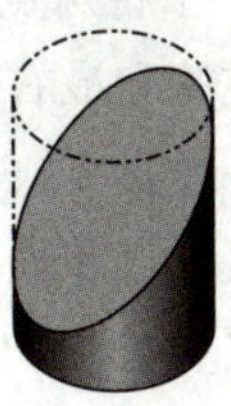
投影图	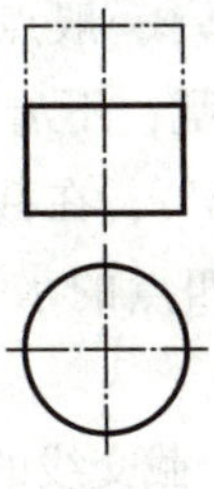	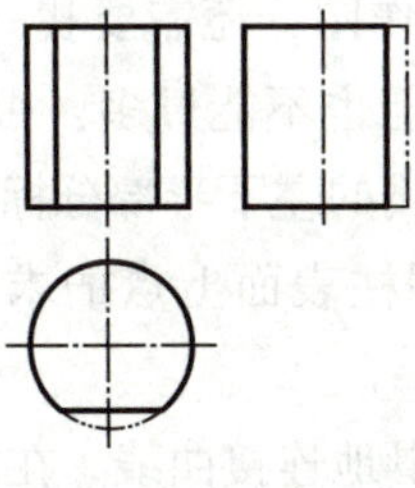	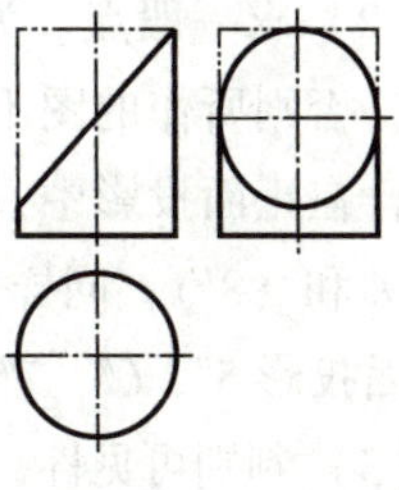

当截平面与圆柱轴线垂直时，截交线为圆。当截平面与圆柱轴线平行时，它与顶面和底面分别交得一段直线，与圆柱面上的两段直线交线共同围成矩形截交线。当截平面与圆柱轴线倾斜时，截交线是椭圆，若截平面既截到了圆柱面，又截到了顶面和底面，则截交线由两段直线和两段椭圆弧围成；若截平面既截到了圆柱面，又截到了顶面或底面之一，则截交线由一段直线和一段椭圆弧围成。

【例 3-11】 如图 3-20（a）所示，圆柱被正垂面截切，求作其三面投影。

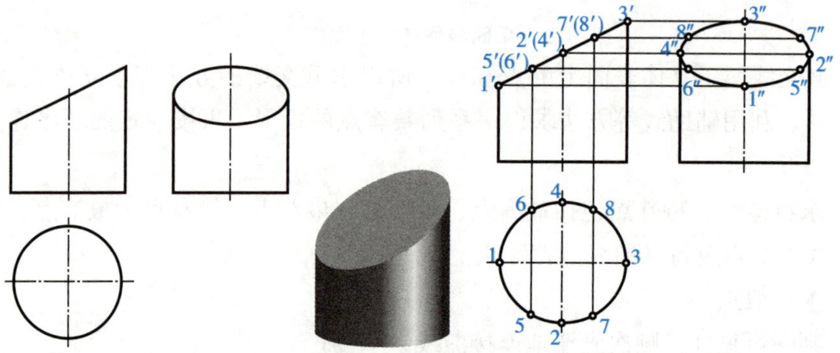

（a）　　（b）

图 3-20　圆柱被正垂面截切后的投影

分析：

由于截平面与圆柱轴线倾斜，所以其截交线为椭圆，并且截交线的正面投影积聚成一条斜线。因为截交线同时在圆柱面上，而圆柱轴线铅垂，圆柱的水平投影具有积聚性，所以截交线的水平投影重合于圆周。因此，截交线的正面投影及水平投影均已知，根据前面所学知识，截交线的侧面投影应为椭圆。因此需要求出椭圆上若干点的侧面投影，然后将其光滑地连接起来，即可得出截交线的侧面投影。

作图：

（1）求特殊点。在图 3-20（a）的正面投影中，斜线（截交线的正面投影）与圆柱的最左侧和最右侧的素线的交点分别为 1′和 3′，根据圆柱面取点的方法，可求出两点的水平投影 1、3 和侧面投影 1″和 3″，这两点为截交线的最左点和最右点，也是截交线上的最低点和最高点。同理，在正面投影中，斜线（截交线的正面投影）与圆柱轴线的交点为 2′和 4′，按照同样的方法，分别求出两点的水平投影 2、4 和侧面投影 2″、4″，这两点为截交线上的最前点和最后点。这四个点也是椭圆的长轴和短轴的端点。

（2）求一般点。为了精确作图，还需要找一些一般点。一般点一定要适量，不能过少，否则所作的图不准确；但也不能过多，否则图面太乱，不清楚。如图 3-20（b）所示，在正面投影中，在截交线的左下半部分标记 5′和（6′），在截交线的右上半部分标记 7′和（8′），同样，按照圆柱表面上点的求法，求出四点的水平投影 5、6、7、8 和侧面投影 5″、6″、7″、8″。

（3）判别可见性，顺次光滑地连接曲线。在左视图中，截交线的侧面投影可见，按水平投影点的顺序依次光滑地连接各点的侧面投影，即得截交线的侧面投影，即椭圆。

最后，还要整理轮廓线，因为圆柱被切掉了一部分，所以，在左视图中，圆柱的侧面投影的转向轮廓线（最前端和最后端的素线）应分别画到2″和4″处，如图3-20（b）所示。

由本例可知，当圆柱被与轴线倾斜的正垂面截切时，其截交线椭圆的长/短轴在侧面投影中不反映其方位，当变动截平面与圆柱轴线的倾角（用α表示）时，椭圆的大小会发生变化，长/短轴的方位也会发生变化，其侧面投影也在变化，如图3-21所示。

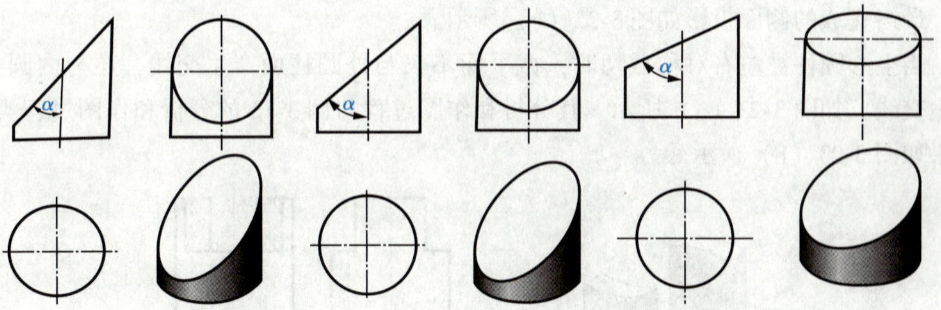

α<45° α=45° α>45°

图3-21 圆柱被与轴线倾斜的正垂面截切后的投影变化

【**例3-12**】如图3-22（a）所示，已知圆柱上部被截切后的正面投影和水平投影，求作其侧面投影。

分析：

由图3-22（a）可知，该圆柱上部是由两个左右对称的侧平面和一个不连续的水平面截切形成的，如图3-22（b）中的立体图所示。对于多个截平面截切同一个圆柱的情况，在求其截交线的投影时，应分别求出每个截平面的截交线，再求出截平面之间的交线。对于本例来讲，圆柱被左右对称截切，因此只需求出一侧，另一侧对称画出即可。

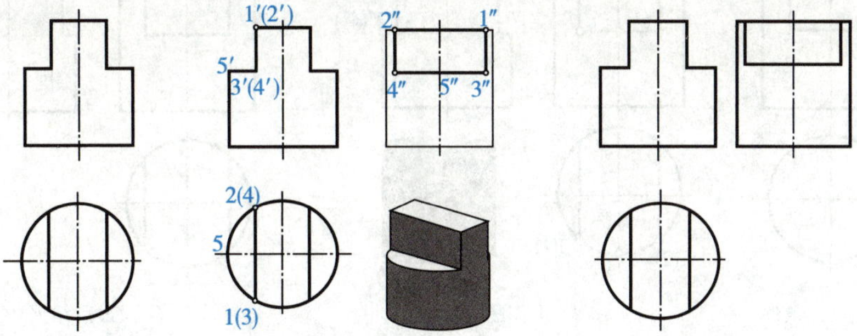

（a）已知条件 （b）作图过程 （c）最后结果

图3-22 圆柱被截切后的投影

作图：

先画出完整圆柱的左视图，再按下面的步骤画图，如图3-22（b）所示。

（1）左侧侧平截平面与圆柱面的交线为两条直线，即Ⅰ-Ⅲ和Ⅱ-Ⅳ，其正面投影1′3′、2′4′反映实长，且投影重合，水平投影积聚成1、3和2、4。这两投影为已知条件，根据投影关系，可直接求出侧面投影 1″3″和 2″4″，侧面投影反映实长和实际位置。

(2) 左侧垂直于轴线的水平截平面与圆柱面的交线为圆的一部分，即圆弧Ⅲ-Ⅵ-Ⅳ，其正面投影积聚成一直线段 3′5′或 4′5′，水平投影为反映实形的圆弧，因水平截平面的侧面投影具有积聚性，故该圆弧的侧面投影积聚成一直线段 3″5″4″。

(3) 求左侧侧平截平面与水平截平面之间的交线，其正面投影为 3′4′，水平投影为 34，侧面投影与水平截平面和圆柱面的交线的侧面投影重合。

最终完成的侧面投影如图 3-22（c）所示。

当空心圆柱被左右对称截切时，截平面不仅与外圆柱面产生交线，还与内圆柱面产生交线，如图 3-23（a）所示。其分析和作图过程与例 3-12 的分析和作图过程类似，结果如图 3-23（b）所示。

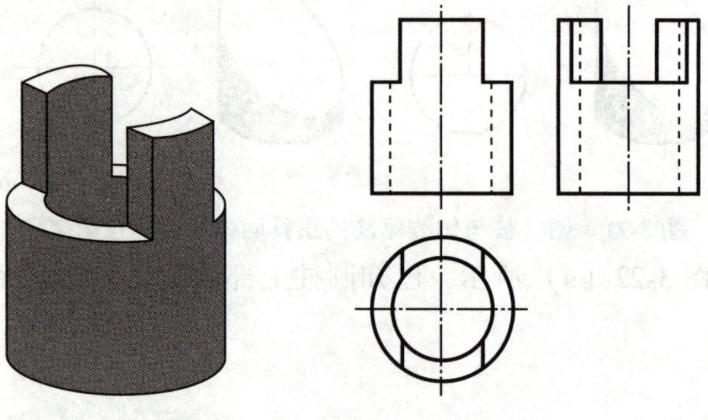

(a)　(b)

图 3-23　空心圆柱上部被左右对称截切后的投影

【例 3-13】如图 3-24（a）所示，完成圆柱上部被开槽后的正面投影和水平投影，并求作其侧面投影。

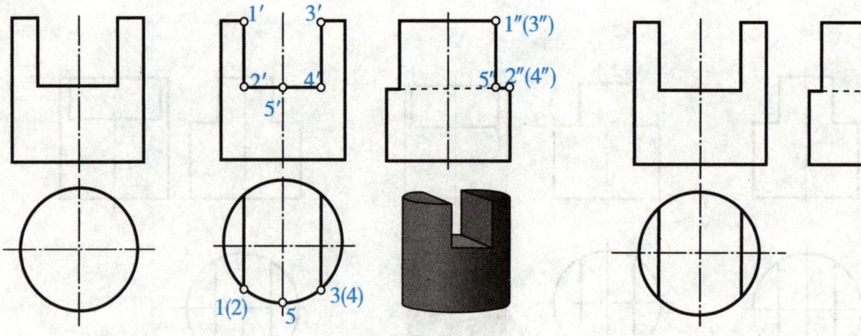

(a) 已知条件　(b) 作图过程　(c) 最后结果

图 3-24　圆柱上部被开槽后的投影

分析：

圆柱上部中间切槽，槽壁为左右对称的侧平面，槽底为水平面，如图 3-24（b）中的立体图所示。三个截平面均与圆柱产生截交线，因为槽为前后通槽，所以截平面会与圆柱前后都产生交线。因此，在求截交线时，可只求出一侧，另一侧对称画出即可。在求多个截平面的截交线时，先求出单个截平面的截交线，再求截平面之间的交线。

作图：

先画出完整圆柱的侧面投影，再求截交线，如图 3-24（b）所示，具体步骤如下。

（1）求侧平截平面与圆柱表面的交线。两个侧平截平面与圆柱表面的交线为两条直素线，由侧平面的投影特点及截交线的基本性质可知，两条直素线的正面投影分别为 1′2′、3′4′，其水平投影积聚成两个点，因此可以求出两条交线的侧面投影 1″2″和 3″4″，它们的侧面投影重合。

（2）求水平截平面与圆柱表面的交线。水平截平面与圆柱表面的交线为圆弧，由水平面的投影特点及截交线的基本性质可知，该圆弧的正面投影为直线段 2′5′4′，与水平截平面的投影重合；水平投影为圆弧 254，反映实形；利用投影规律可求得其侧面投影为一直线段 2″5″或 4″5″。

（3）按对称性求出三个截平面与圆柱后半部分截交线的各面投影。

（4）求截平面之间的交线。三个截平面有两条交线，且两条交线均为正垂线，其正面投影积聚成两个点；水平投影为两条反映实长的直线段；侧面投影为反映实长的直线段，两条直线段投影重合且不可见，应画成一条虚线，如图 3-24（b）所示。

最后还要整理轮廓线，因为圆柱中间被切槽，所以水平截平面（槽底）以上、左右侧平面之间的部分被切掉了。因此，在左视图上，去掉槽底以上的部分圆柱的最前端和最后端的素线，结果如图 3-24（c）所示。

当空心圆柱上部中间被开槽时，如图 3-25（a）所示，截平面不仅与外圆柱面产生交线，还与内圆柱面产生交线，其分析和作图过程与例 3-13 的分析和作图过程类似，结果如图 3-25（b）所示。

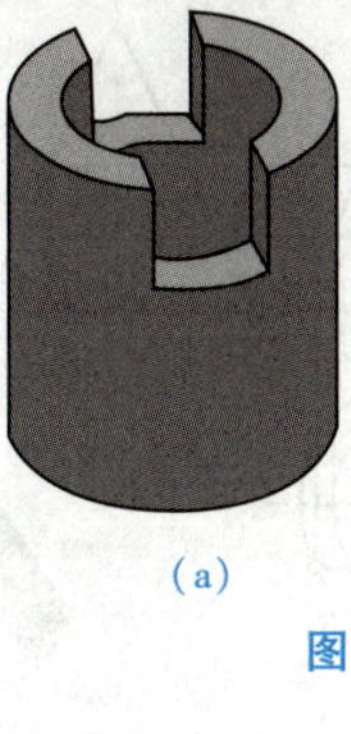

（a）

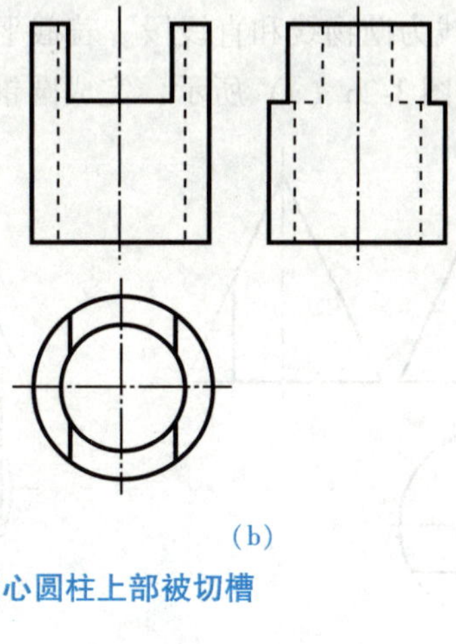

（b）

图 3-25 空心圆柱上部被切槽

3.4.2 平面与圆锥相交

当平面与圆锥相交时，如果截平面与圆锥轴线的相对位置不同，则其截交线的性质和形状也不同，如表 3-2 所示。

表 3-2 圆锥的截交线

截平面位置	垂直于轴线	过锥顶	倾斜于轴线（$\theta<\alpha$）	平行（或倾斜）于轴线（$\theta=90°$或$\theta>\alpha$））	平行于一条素线 $\theta=\alpha$
截交线	圆	等腰三角形	椭圆或椭圆弧和直线段	双曲线和直线段	抛物线和直线段
立体图	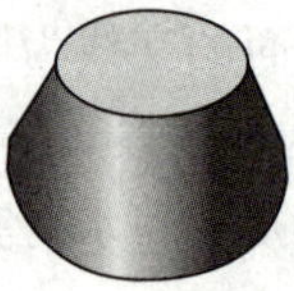	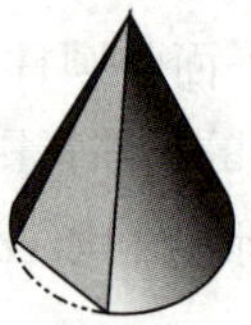	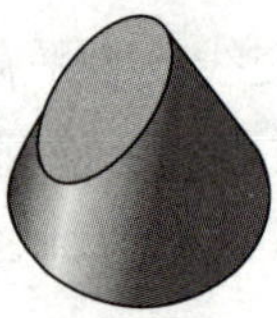	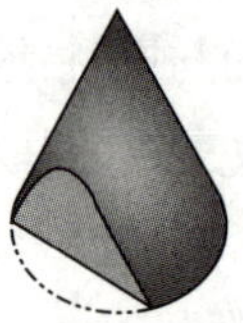	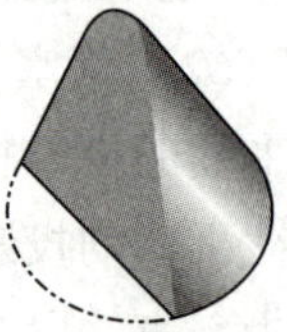
投影图	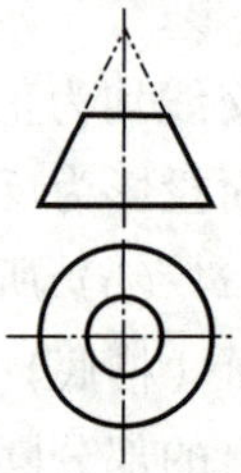	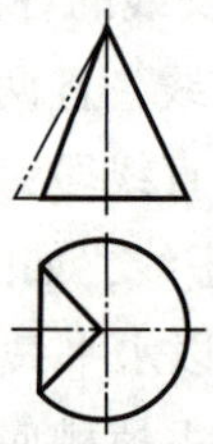	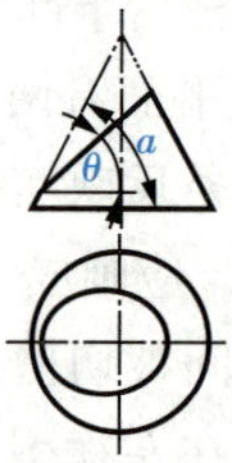	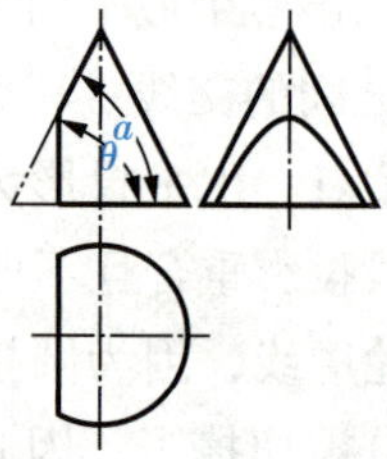	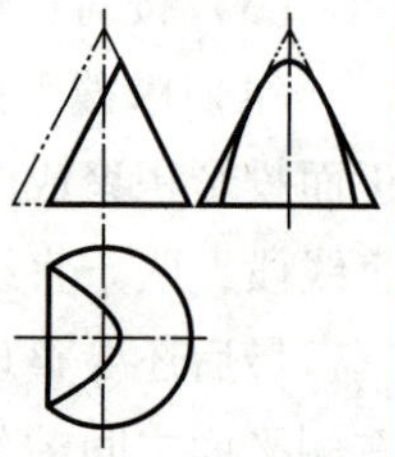

从表 3-2 可以看出，当截平面与圆锥相交时，若截平面垂直于轴线，则截交线为垂直于轴线的圆。若截平面倾斜于轴线（$\theta<\alpha$）且未截到底圆，则截交线为椭圆；当截到底圆时，截交线为椭圆弧和直线段。当 $\theta>\alpha$ 或 $\theta=90°$时，截交线为双曲线和直线段。当 $\theta=\alpha$ 时，截交线为抛物线和直线段。若截平面通过锥顶，则截交线为等腰三角形。

【例 3-14】 如图 3-26（a）所示，完成圆锥被正平面截切后的正面投影。

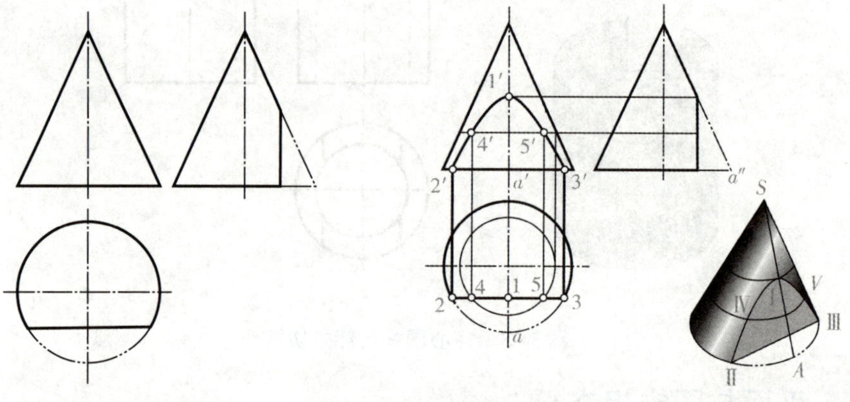

（a）题目　　（b）作图过程

图 3-26 圆锥截交线的投影

分析：

由于截平面为正平面，所以此平面平行与圆锥轴线，由表 3-2 可知，其在圆锥上产生的截交线为双曲线和直线段围成的封闭线框。截交线中的直线段是截平面与圆锥底面的交线，其正面投影积聚到圆锥底面的正面投影上，因此，本例的关键是求双曲线的正面投影。根据该截交线的性质，双曲线的水平投影和侧面投影均为直线段，其正面投影可采用表面取点的方法绘制。

作图：

（1）求特殊点。截平面截切前半个圆锥面，与圆锥面的一条侧面转向轮廓线 *SA* 相交，其交点Ⅰ是双曲线的最高点，因此是特殊点；截平面与圆锥底面相交，其交点Ⅱ、Ⅲ是双曲线的两个端点和两个最低点，因此也是特殊点。Ⅰ点的侧面投影和水平投影已知，可根据投影规律直接求出正面投影 1′；Ⅱ、Ⅲ点在圆锥底面上，可根据底面正面投影的积聚性求出 2′和 3′。

（2）求一般点。在特殊点之间，取左右对称的两个一般点Ⅳ和Ⅴ，根据圆锥面上取点的方法——纬圆法，求得两点的正面投影 4′和 5′。

（3）判别可见性，依次光滑地连接曲线。双曲线在主视图上可见，所以用粗实线光滑地连接各点，完成全图，如图 3-26（b）所示。

【例 3-15】 如图 3-27（a）所示，完成圆锥被截切后的投影。

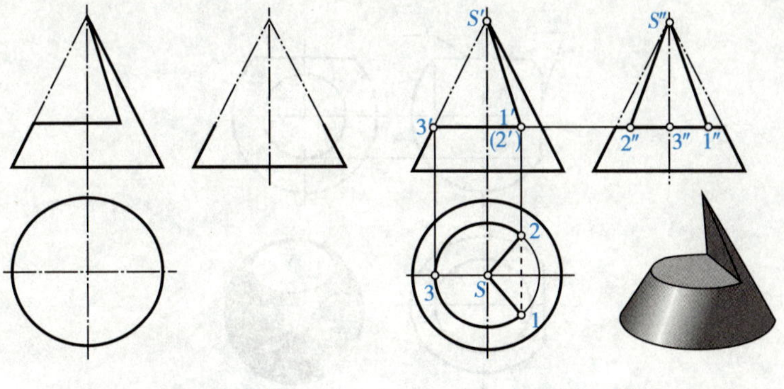

（a）已知条件　　（b）作图过程

图 3-27　圆锥被截切后的投影

分析：

圆锥的切口是由一个水平面和一个正垂面形成的，它们和圆锥的交线分别为圆的一部分和两条素线的一部分。在补画截交线的投影时，应分别求出每个截平面与圆锥的交线，注意不要丢掉截平面之间的交线。

作图：

（1）求正垂截平面与圆锥的交线。通过已知条件可知，该正垂截平面恰好通过圆锥的锥顶，因此，交线为过锥顶的两条直素线的一部分 *S*Ⅰ和 *S*Ⅱ，其正面投影积聚在正垂面的积聚性投影上，即 *s*′1′和 *s*′2′，根据纬圆法求出 1、2，连接 *S*1 和 *S*2 即得到交线的水平投影。根据点的投影规律求出 1″和 2″，连接 *s*″1″和 *s*″2″即得到交线的侧面投影。

（2）求水平截平面与圆锥的交线。水平截平面与圆锥的轴线垂直，其与圆锥面的交线为圆的一部分，圆弧的正面投影积聚在水平面的积聚性投影 3′2′和 3′1′上；水平投影反映圆弧的实形，即圆弧231；侧面投影为2″3″1″，积聚在水平截平面的侧面投影上。

（3）求截平面之间的交线。正垂截平面与水平截平面的交线为正垂线Ⅰ-Ⅱ，其正面投影积聚成一个点；侧面投影与水平面的侧面投影重合；水平投影不可见，应画成细虚线。

最后要注意整理轮廓线，在左视图中，水平面以上的圆锥的最前端和最后端素线都被切掉了，因此应去掉其投影。

3.4.3　平面与圆球相交

当平面与圆球相交时，不论截平面与圆球的相对位置如何，其截交线都为圆。当截平面平行于投影面时，截交线在该投影面的投影为圆，反映实形；当截平面垂直于投影面时，截交线在该投影面的投影为直线段；当截平面倾斜于投影面时，截交线在该投影面的投影为椭圆。

如图3-28所示，球面被水平面 Q 和侧平面 P 截切，其截交线分别为水平圆和侧平圆。截交线的作图方法采用纬圆法，具体步骤参考3.2.3节中的内容。

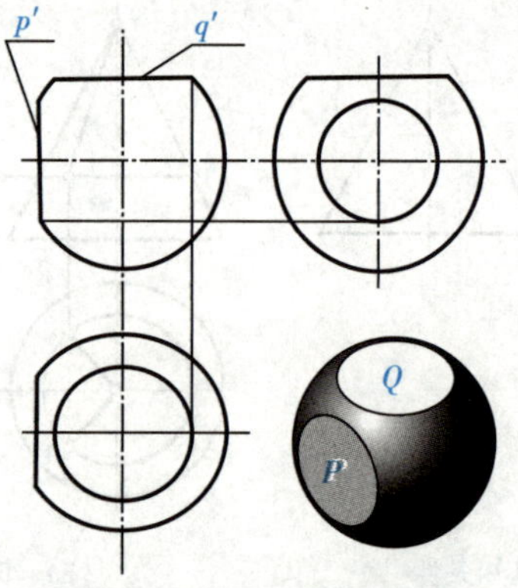

图3-28　球的截交线的投影

【例3-16】 如图3-29（a）所示，完成半球被截切后的投影。

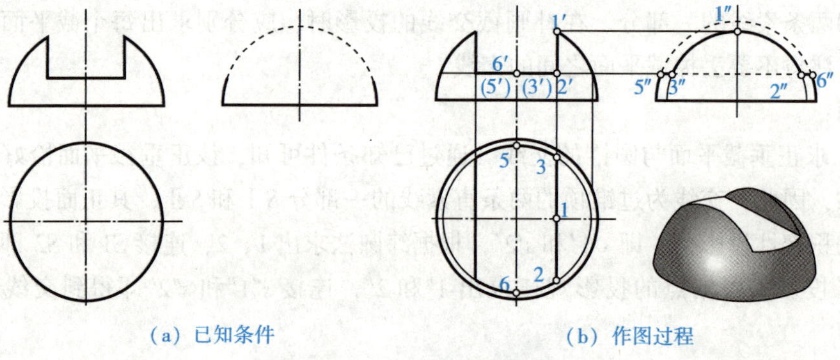

图3-29　半球被截切后的投影

分析：

半球上部的缺口是由两个左右对称的侧平面和一个水平面截切形成的。三个面会和半球产生交线，侧平面截半球得侧平圆的一部分，水平面截半球得水平圆的一部分，同样，还要求侧平面和水平面之间的交线。因为缺口左右对称，所以可以求出一侧的截交线，另一侧再对称画出即可。

作图：

（1）求右侧侧平截平面与半球的交线。右侧侧平截平面与半球的交线Ⅱ-Ⅰ-Ⅲ为侧平圆的一部分，其正面投影具有积聚性，为直线段1′2′和1′3′；根据圆球表面的取点方法求得其侧面投影，即圆弧2″1″3″，该圆弧反映实形；水平投影213积聚在侧平面的积聚性水平投影（直线段）上。

（2）求右侧水平截平面与半球的交线。右侧水平截平面与半球的交线为两段水平圆弧Ⅱ-Ⅵ和Ⅲ-Ⅴ，两段圆弧的正面投影2′6′和3′5′，两者都重合在水平面的积聚性正面投影（直线段）上；水平投影反映实形，分别为圆弧26和35，这里同样需要用到圆球表面取点的方法；侧面投影都具有积聚性，分别积聚为两直线段2″6″和3″5″。

（3）求截平面之间的交线。侧平面和水平面的交线为正垂线Ⅱ-Ⅲ，其正面投影积聚成点，如图3-29（b）所示；水平投影23反映实长，且与侧平面的水平投影重合；侧面投影同样反映实长，但不可见，因此应画成虚线2″3″。

（4）对称求出左侧截交线的各面投影。根据对称性将左侧交线的投影求出来。

最后还要整理轮廓线，因为水平面以上及左、右侧平面之间的部分都被切掉了，所以在左视图中，应去掉水平面以上的最大侧平圆的投影。

任务评价

评价内容	评价标准	分值	读者自评	教师评估
平面与圆柱相交	掌握圆柱各个位置的截交线	10		
	会绘制圆柱被截切后的投影	25		
平面与圆锥相交	掌握圆锥各个位置的截交线	10		
	会绘制圆锥被截切后的投影	25		
平面与圆球相交	掌握圆球各个位置的截交线	10		
	会绘制圆球被截切后的投影	20		
总分		100		

任务5　两回转体表面相交

任务描述

通过对本任务相关知识的学习，读者可以了解相贯线的性质和形式，掌握相贯线投影的方法以及相贯线的特殊情况。

任务分析

想要准确作出两回转体相交处的相贯线，首先了解相贯线的性质和形式；其次相贯线投影的方法；最后掌握相贯线的特殊情况。

任务重点与实施

3.5.1　相贯线概述

在生产实践和日常生活中，经常可以见到由立体和立体相交形成的零件，图3-30所示的零件就是由几个立体相交形成的，这种立体和立体的相交称为相贯，相交立体表面产生的交线称为相贯线。

1. 相贯线的性质

(1) 表面性、共有性。相贯线位于相交立体的表面上，是相交立体表面的分界线。相贯线是相交立体表面的共有线，其上的点是相交立体表面的共有点，这是相贯线作图的理论依据。

(2) 空间封闭性。相贯线一般为封闭的空间曲线，如图3-30 (b) 所示。特殊情况下，相贯线为平面曲线或不封闭的空间曲线，也可能为直线段。例如，在图3-31 (a) 中，相贯线为圆；在图3-31 (b) 中，相贯线为直线段。

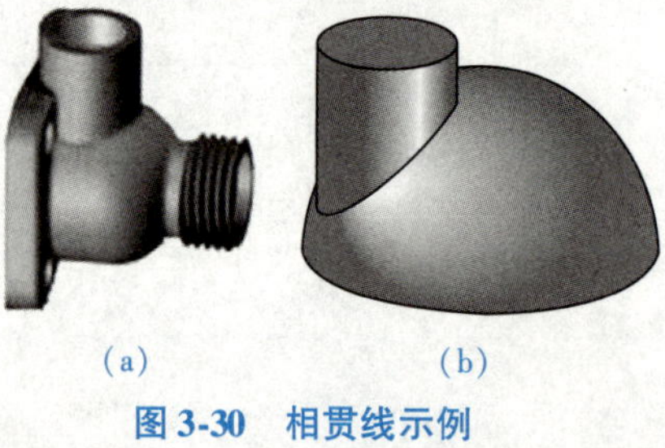

(a)　(b)

图3-30　相贯线示例

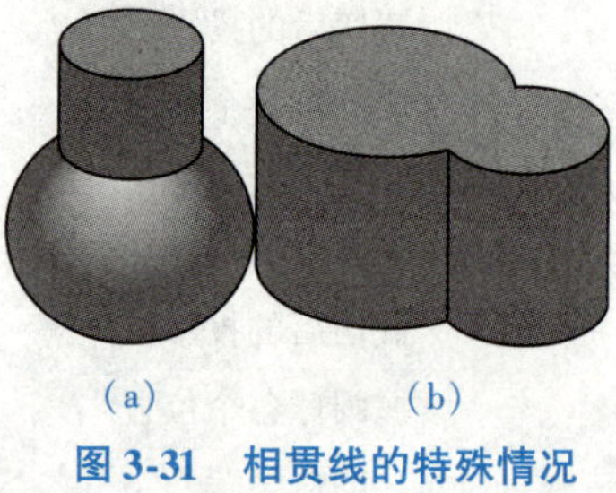

(a)　(b)

图3-31　相贯线的特殊情况

(3) 形状多样性。相贯线的形状多种多样，其形状取决于相交立体的形状及相交位置，如图3-32所示。

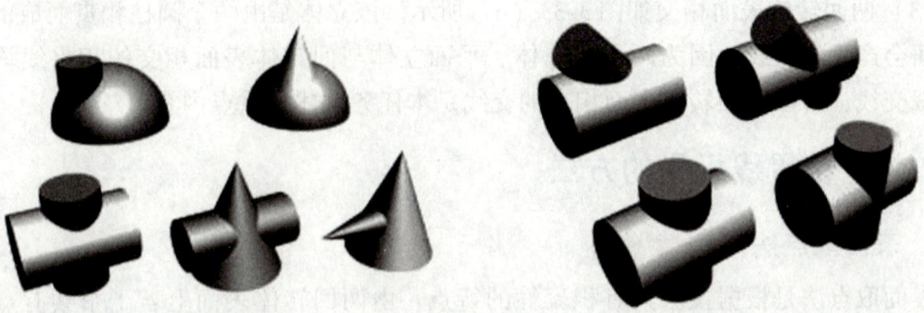

（a）相贯线的形状取决于相交立体的形状　　（b）相贯线的形状取决于相交立体的位置

图 3-32　相贯线形状的决定因素

2. 相贯线的形式

根据立体的表面性质不同，相贯线的形式可分为两平面立体表面相交、平面立体与回转体表面相交、两回转体表面相交，如图 3-33 所示。

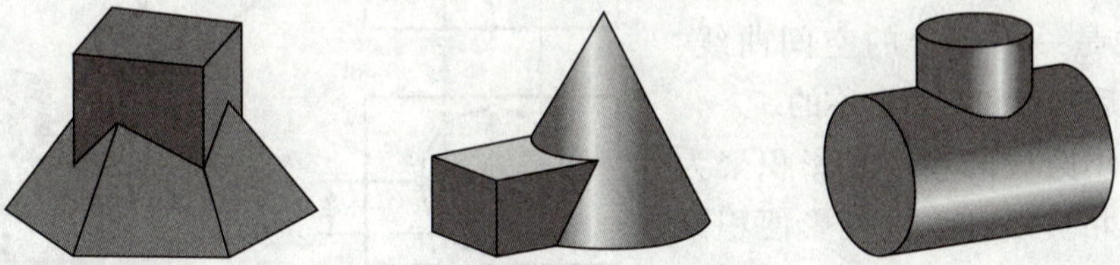

（a）两平面立体表面相交　（b）平面立体与回转体表面相交　（c）两回转体表面相交

图 3-33　相贯线的形式

（1）两平面立体表面相交如图 3-33（a）所示。该立体是由一个六棱锥和一个四棱柱相贯形成的，立体表面相交会产生相贯线，其相贯线可以转化为四棱柱的四个棱面与六棱锥的截交线，求解过程如图 3-34（a）所示。

（2）平面立体与回转体表面相交如图 3-33（b）所示。该立体由一个四棱柱和一个圆锥相贯而成，立体表面会产生相贯线，其相贯线可转化为四棱柱的上表面，以及前、后两表面与圆锥的截交线，求解过程如图 3-34（b）所示。

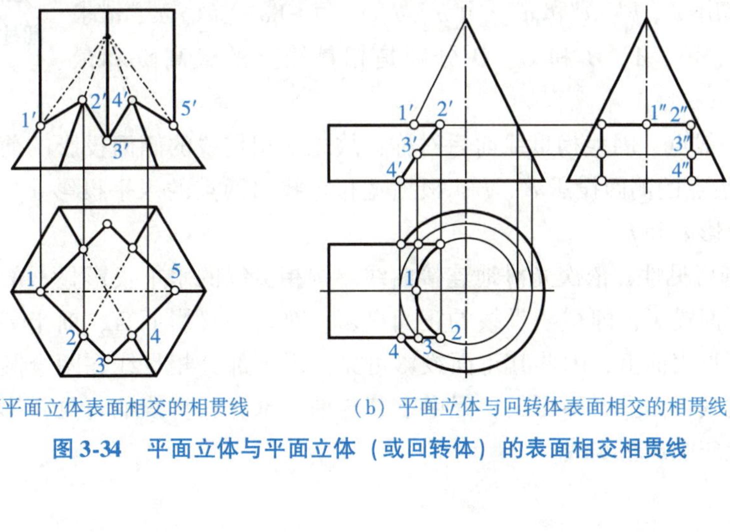

（a）两平面立体表面相交的相贯线　　（b）平面立体与回转体表面相交的相贯线

图 3-34　平面立体与平面立体（或回转体）的表面相交相贯线

（3）两回转体表面相交如图 3-33（c）所示。该立体是由两个圆柱相贯而成的，立体表面会产生相贯线，因为两平面立体、平面立体与回转体表面相交的相贯线均可转化为截交线，所以两回转体表面相交的交线是本任务讲述的重点内容。

3.5.2 求相贯线投影的方法

1. 表面取点法

表面取点法是根据投影具有积聚性的特点，由两回转体表面上若干个共有点的已知投影求出其他未知投影，从而画出相贯线的投影的一种方法。

【例 3-17】 如图 3-35 所示，求作轴线垂直相交的两圆柱的相贯线。

分析：

当轴线垂直的两圆柱相交时，有共同的前后对称面和左右对称面，小圆柱全部穿进大圆柱内，因此，其相贯线是一条闭合的空间曲线，并且是前后对称和左右对称的。

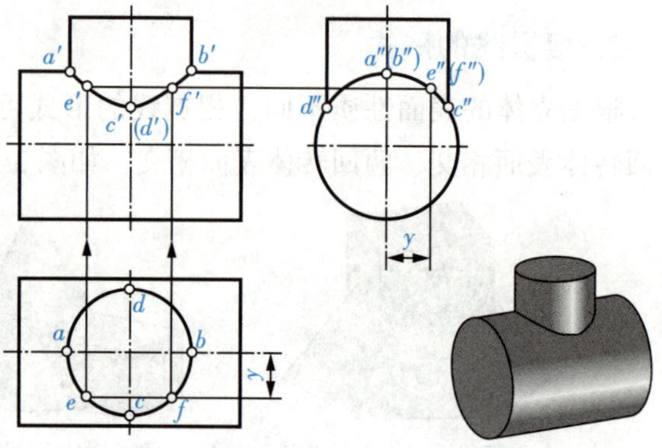

图 3-35　两圆柱垂直相交的相贯线

由于小圆柱的水平投影积聚为圆，因此相贯线的水平投影便积聚在该圆上。同理，大圆柱面的侧面投影积聚为圆，因此相贯线的侧面投影也积聚在小圆柱穿进处的一段圆弧上，且左半部分相贯线和右半部分相贯线的侧面投影重合。因此，该问题就归结为已知相贯线的侧面投影和水平投影，求作它的正面投影。采用圆柱面取点的方法求解。

作图：

（1）求特殊点。先在相贯线的水平投影上定出最左点 A、最右点 B、最前点 C 和最后点 D 的投影 a、b、c 和 d，再在相贯线的侧面投影上相应地求出 a''、b''、c''和 d''。由 a、b、c、d 和 a''、b''、c''、d''求出 a'、b'、c'、d'，A、B 和 C、D 分别是相贯线上的最高点和最低点。

圆柱与圆柱相交

（2）求一般点。因为相贯线前后对称，故先在相贯线的侧面投影的前半部分任取 E、F 两个一般点的侧面投影 e''、f''，根据宽相等找出两点的水平投影 e、f，然后求出两点的正面投影 e'和 f'。

（3）判别可见性，依次光滑地连接曲线。按相贯线的水平投影显示的各点的顺序连接各点的正面投影，即得相贯线的正面投影。对正面投影而言，前半部分相贯线在两个圆柱的可见表面上，因此其正面投影可见；后半部分相贯线在两个圆柱的不可见表面上，因此其正面投影不可见，但由于其与前半部分相贯线的可见投影相重合，因此在主视图上应画成粗实线。

轴线垂直相交的两圆柱在零件上较常见，其相贯线一般有三种形式，如图3-36所示。

（1）图3-36（a）为两实心圆柱相交，小圆柱全部贯穿大圆柱，两圆柱外表面相交，相贯线是上下对称的两条闭合的空间曲线。

（2）如图3-36（b）所示，在大实心圆柱上贯通小圆柱孔，外表面与内表面相交，相贯线是上下对称的两条空间闭合曲线，即孔壁的上下孔口曲线。

（3）如图3-36（c）所示，在长方体内部打通两个圆柱孔，两个内表面相交，相贯线同样是上下对称的两条空间闭合曲线，不同的是应以虚线表示。

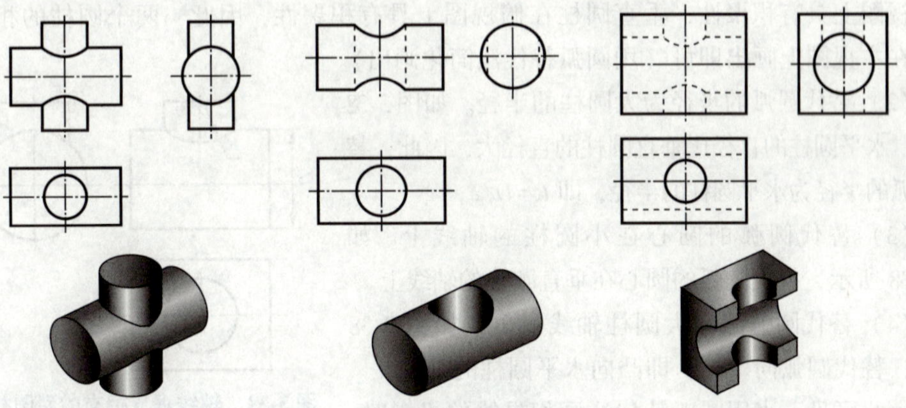

（a）两实心圆柱相交　（b）圆柱孔与实心圆柱相交　（c）两圆柱孔相交

图3-36　两圆柱相贯线的常见情况

轴线垂直相交的两圆柱的直径的相对变化对相贯线的影响如图3-37所示。

从图3-37中可以看出，当垂直圆柱的直径较大时，两圆柱的相贯线为左右对称的两条空间曲线，如图3-37（a）所示；当垂直圆柱的直径较小时，两圆柱的相贯线为上下对称的两条空间曲线，如图3-37（b）所示。由此可知，相贯线的弯曲方向总是朝向直径较大的圆柱的轴线。当两圆柱的直径相等，即公切于一个球面时，相贯线为平面曲线——椭圆，且椭圆所在的平面垂直于两圆柱轴线决定的平面，如图3-37（c）所示。

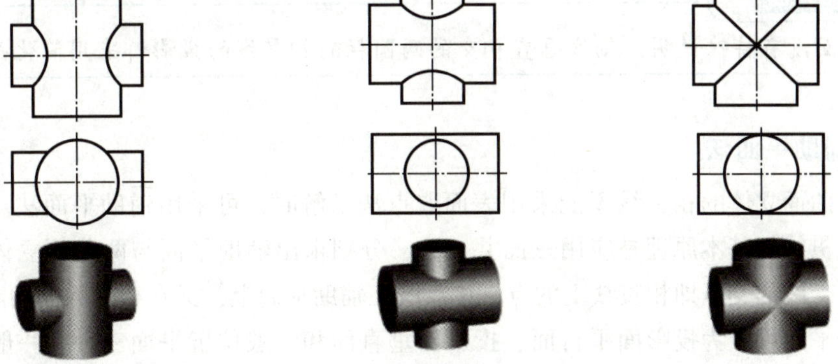

（a）垂直圆柱的直径较大　（b）垂直圆柱的直径较小　（c）两圆柱直径相等

图3-37　轴线垂直相交的两圆柱的直径的相对变化对相贯线的影响

在工程上，轴线垂直相交的两圆柱的相贯线往往是自然形成的，因此，大多数情况下没有必要精确地画出，遇到此种情况，可用简化画法画出相贯线的投影。

如图 3-38 所示，轴线垂直相交的两个圆柱相贯，两个圆柱的直径不相等，其相贯线的投影可用简化画法即圆弧替代法画出。圆弧替代法有以下四个特点。

（1）替代圆弧画在两圆柱的投影都没有积聚性的视图上。因为在两圆柱的投影具有积聚性的视图中，相贯线的投影积聚在两圆柱面的投影上，所以相贯线的投影只需在两个圆柱面的投影都没有积聚性的视图上单独画出即可。如图 3-38 所示，水平圆柱在左视图上具有积聚性，垂直圆柱在俯视图上具有积聚性，因此，两个圆柱的相贯线只需在主视图上画出即可（用圆弧替代法简化画出）。

（2）替代圆弧的半径为大圆柱的半径。如图 3-38 所示，水平圆柱的直径比垂直圆柱的直径大，因此，替代圆弧的半径为水平圆柱的半径，即 $R=D/2$。

（3）替代圆弧的圆心在小圆柱的轴线上。如图 3-38 所示，替代圆弧的圆心在垂直圆柱的轴线上。

（4）替代圆弧凸向大圆柱轴线一侧。如图 3-38 所示，替代圆弧向下凸，即凸向水平圆柱的轴线。

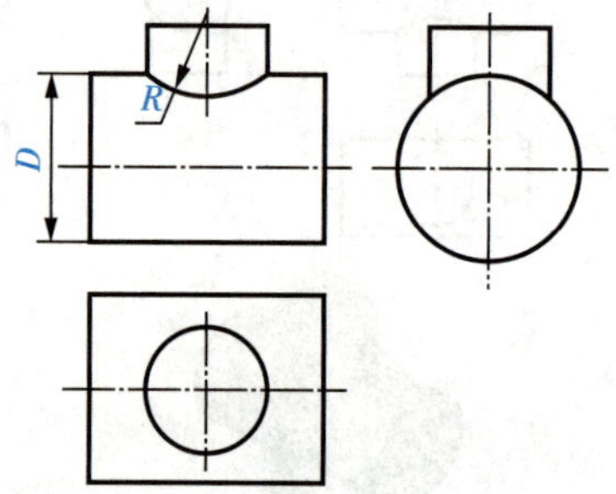

图 3-38　轴线垂直相交的两圆柱的相贯线投影的简化画法

由此可见，当用圆弧替代法画相贯线的投影时，特殊点的投影都是准确的，只有一般点的投影不准确，但这并不影响相贯线的直观性。

若两个圆柱轴线垂直相交，且这两个圆柱的直径相等，则其相贯线为椭圆，其投影特性为：在两个圆柱面的投影具有积聚性的视图中，相贯线的投影积聚在圆柱面的投影上，不必单独画出，如图 3-37（c）所示，在俯视图（或左视图）中，相贯线的投影不必单独画出；在两个圆柱面的投影都不具有积聚性的视图中，相贯线的投影为直线段，画图时只需连接两个圆柱转向轮廓线的交点与轴线的交点即可，如图 3-37（c）中的主视图所示。

注意

下面没有特殊说明，轴线垂直相交的两圆柱的相贯线的投影都采用简化画法。

2. 辅助平面法

当两曲面立体的相贯线不能采用表面取点法求解时，可采用辅助平面法。辅助平面法求相贯线的基本原理是应用三面共点法，分别求出辅助平面与两曲面立体表面的交线，两交线的交点即相贯线上的点，该点既在辅助平面上，又在相交的曲面立体上。

辅助平面可分为投影面平行面、投影面垂直面和一般位置平面三种，一般多取投影面平行面为辅助平面。当为了作图方便而选择辅助平面时，应使截切两曲面的交线的投影尽可能为简单的直线段或圆。作图时要注意确定两曲面轮廓线上的特殊点，用以判断两曲面和相贯线的可见性。辅助平面的选择示例如图 3-39 所示。

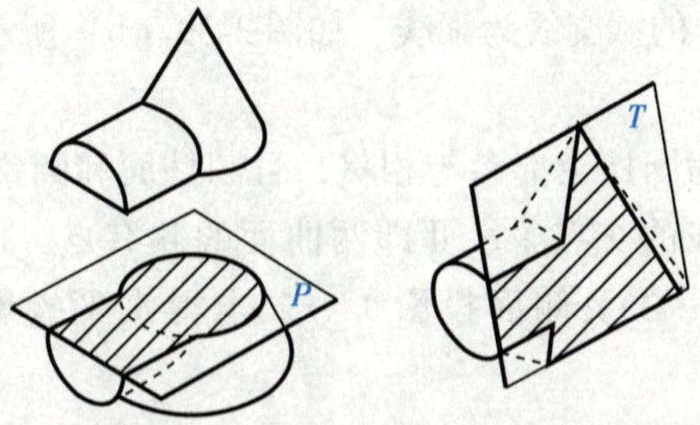

（a）　　（b）

图 3-39 辅助平面的选择示例

前面讲述的例 3-16 是利用表面取点法来求相贯线的，也可以用辅助平面法求解，但用表面取点法较简单。

【例 3-18】如图 3-40（a）所示，求作圆柱和圆锥的相贯线。

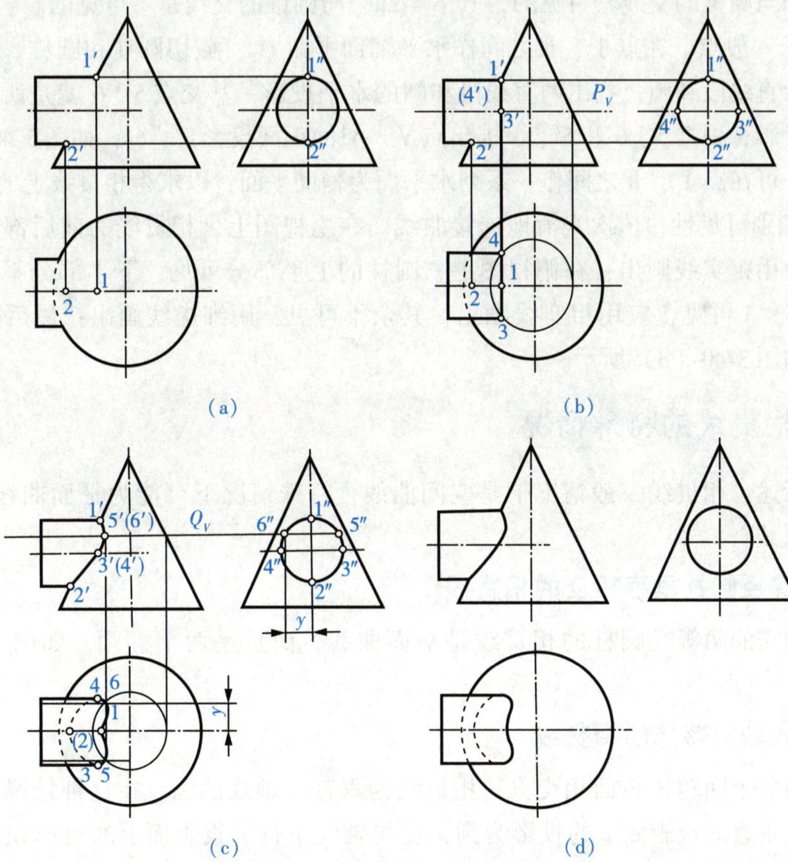

图 3-40 利用辅助平面法求相贯线

分析：

当以水平面作为辅助平面时，作图最简单，它与两个曲面的截交线都很简单：与圆柱面的截交线为两条平行直线段；与圆锥面的截交线为纬圆，如图 3-39（a）所示。

当然，也可以用过圆锥锥顶的正平面作为辅助平面，这样，它与圆柱面的截交线为两条平行直线段，与圆锥面的截交线为素线，如图3-39（b）所示。

作图：

（1）求特殊点。因为圆柱全部参与相贯，且圆柱面和圆锥面的轴线相交，故两曲面的正面投影转向轮廓线的交点Ⅰ、Ⅱ即两曲面的共有点，也是相贯线上的最高点、最低点，由正面投影1′、2′及侧面投影1″、2″求得水平投影1、2，如图3-40（a）所示。

相贯线上的最前点、最后点Ⅲ、Ⅳ可通过圆柱轴线作水平辅助平面P_V求得，水平辅助平面P_V截切圆柱面所得的交线的水平投影为圆柱水平投影的转向轮廓线；水平辅助平面P_V截切圆锥面所得交线的水平投影为圆，两者的交点即Ⅲ、Ⅳ点的水平投影3、4，然后根据3″、4″求出3′和4′，如图3-40（b）所示。

点Ⅲ、Ⅳ也是交线的水平投影可见与不可见的分界点，当从上向下投射时，圆柱的上半部分与圆锥的交线是可见的，其下半部分与圆锥的交线是不可见的。

（2）求一般点。在点Ⅰ、Ⅲ之间作水平辅助平面Q_V，截切圆柱和圆锥，分别得交线为两平行直线段和圆，找出两直线段和圆的水平投影，其交点5、6就是所求交线上点的水平投影，根据5、6和5″、6″求出点Ⅴ、Ⅵ的正面投影5′、6′，如图3-40（c）所示。同理，可在点Ⅰ、Ⅱ之间作一系列水平面为辅助平面，以求得相贯线上的若干点。

（3）判别可见性，依次光滑地连接曲线。在主视图上，相贯线的前后部分投影重合，因此应用粗实线画出；在俯视图上，圆柱的上半部分可见、下半部分不可见，故4、6、1、5、3可见，应用粗实线画出，其余不可见，用细虚线画出；最后整理轮廓线，结果如图3-40（d）所示。

3.5.3 相贯线的特殊情况

如前所述，相贯线一般情况下是空间曲线，特殊情况下可能为平面曲线（椭圆、圆等）或直线。

1. 两等径圆柱垂直相交的相贯线

垂直相交的两等径圆柱的相贯线是平面曲线，而且是两个椭圆，如图3-37（c）所示。

2. 两同轴回转体的相贯线

同轴的两个回转体表面相交，其相贯线为垂直于轴线的圆。在这种情况下，相贯线在与轴线垂直的投影面上的投影为圆，在与轴线平行的投影面上的投影积聚成直线段，如图3-41所示。

3. 轴线平行的两圆柱和两共顶圆锥相贯

当轴线平行的两圆柱相贯时，其相贯线是平行于轴线的直线段，如图3-42（a）所示。当两共顶圆锥相贯时，其相贯线是过锥顶的直线，如图3-42（b）所示。

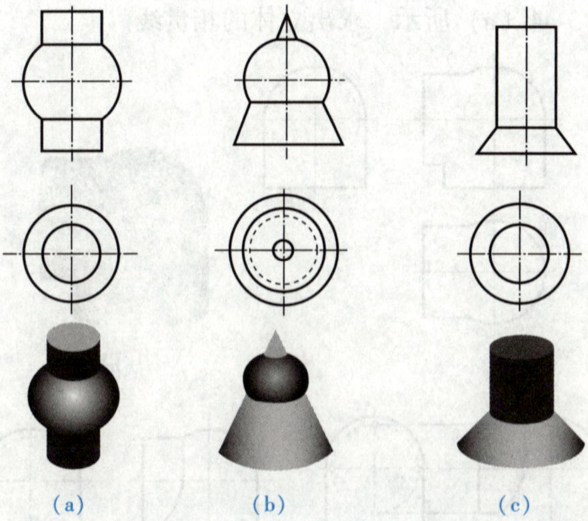

图 3-41　两同轴回转体的相贯线

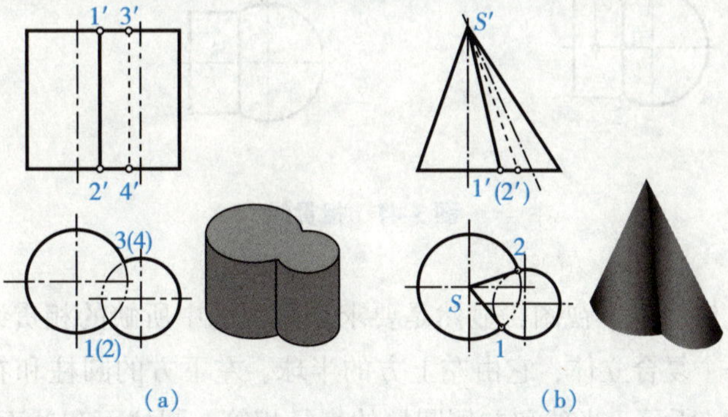

图 3-42　轴线平行的两圆柱相贯和两共顶圆锥相贯的投影

4. 内切于同一球面的两回转体相贯

当相交的两回转体同时外切于一个球面时，其相贯线为两个椭圆，并且这两个椭圆在与相交的两回转体轴线平行的投影面上的投影为两回转体转向轮廓线交点相连的两直线段，如图 3-43 所示。

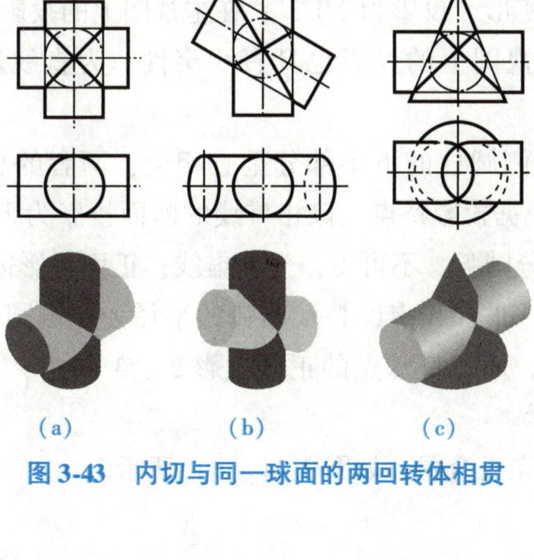

图 3-43　内切与同一球面的两回转体相贯

【**例3-19**】如图3-44（a）所示，求出立体的相贯线。

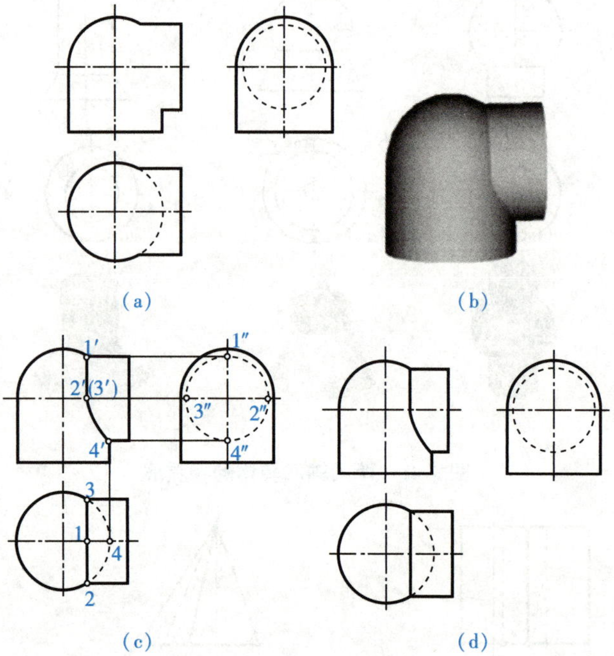

图3-44　相贯线

分析：

本例给出了立体的三个视图，显然是要求补画视图中所缺的相贯线的投影。通过分析可知，该立体是个复合立体，它由左上方的半球、左下方的圆柱和右侧圆柱三部分组成，如图3-44（b）所示。半球和左侧圆柱的直径相等，圆柱面和球面之间没有分界线；半球与右侧圆柱的上半部分相交，二者的相贯线属于同轴回转体的相贯线；左侧圆柱和右侧圆柱的下半部分相交，两个圆柱轴线垂直相交，故相贯线可用简化画法画出。

作图：

（1）半球与右侧圆柱的上半部分相交，二者的相贯线属于同轴回转体的相贯线，即垂直于轴线的圆，因为是半球与半圆柱相贯，所以相贯线为半个侧平圆Ⅱ-Ⅰ-Ⅲ，该侧平圆在左视图上反映实形，投影为2″1″3″；在主视图上的投影反映出了积聚性，为直线段1′2′和1′3′；在俯视图上的投影也具有积聚性，为直线段213，如图3-44（c）所示。

（2）左侧圆柱与右侧圆柱的下半部分垂直相交，两者的相贯线可通过简化画法（圆弧替代法）求出。根据投影特点，该相贯线的侧面投影为下半圆弧（细虚线）；水平投影为俯视图中的部分圆弧，不可见，为细虚线；正面投影需要用圆弧替代法求出。该圆弧上的特殊点为Ⅱ、Ⅲ和Ⅳ点，替代圆弧的半径为左侧圆柱的半径，其圆心在右侧圆柱的轴线上，这样，通过特殊点的正面投影2′、3′和4′，即可将该替代圆弧画出来，如图3-44（c）所示。

（3）整理轮廓线，完成全图，如图3-44（d）所示。

任务评价

评价内容	评价标准	分值	读者自评	教师评估
概述	了解相贯线的性质	5		
	了解相贯线的形式	5		
求相贯线投影的方法	掌握表面取点法	15		
	掌握辅助平面法	15		
相贯线的特殊情况	掌握两等径圆柱垂直相交的相贯线	15		
	掌握两同轴回转体的相贯线	15		
	掌握轴线平行的两圆柱和两共顶圆锥相贯	15		
	掌握内切于同一球面的两回转体相贯	15		
总分		100		

项目小结

本项目主要介绍了平面立体与回转体的投影特点、表面取点方法以及平面与这些立体相交时产生的截交线和相贯线的绘制技巧。通过对棱柱、棱锥、圆柱、圆锥和圆球等基本几何体的三视图绘制练习，读者掌握了这些立体在不同方向上的投影规律。同时，本项目强调了截交线和相贯线在工程制图中的重要性，并通过丰富的实例分析，培养了空间想象能力和几何推理能力。

项目习题

一、选择题

1. 正六棱柱的三视图中，其顶面和底面的投影会（　　）。

A. 积聚成一点　　B. 积聚成一直线段　　C. 反映实形　　D. 成为类似形

2. 在回转体中，圆柱的截交线如果是由两段直线和两段椭圆弧围成，那么截平面与圆柱轴线的位置关系是（　　）。

A. 垂直　　B. 平行　　C. 倾斜　　D. 重合

3. 平面与圆锥相交时，如果截平面通过锥顶，截交线的形状是（　　）。

A. 圆　　B. 椭圆　　C. 双曲线　　D. 等腰三角形

4. 相贯线在工程制图中的特性不包括以下哪一项？(　　)

A. 表面性　　B. 空间封闭性　　C. 形状多样性　　D. 平面性

5. 当两回转体相交形成相贯线时，如果两个回转体同时外切于一个球面，其相贯线的形状是（　　）。

A. 圆　　B. 椭圆　　C. 双曲线　　D. 抛物线

二、填空题

1. 正棱锥的三视图中，其底面为边数大于 3 的正多边形，各棱线汇交于锥顶，这种结构特点称为__________。

2. 圆柱的投影特性中，与轴线垂直的投影面上的投影为__________，在另外两个投影面上的投影均为__________。

3. 当平面与圆球相交时，不论截平面与圆球的相对位置如何，其截交线都为______。

4. 相贯线的形式根据立体的表面性质不同，可分为两平面立体表面相交、平面立体与回转体表面相交、__________。

5. 在求相贯线投影的方法中，如果两曲面立体的相贯线不能采用表面取点法求解时，可采用__________法。

三、问答题

1. 正六棱柱的结构特点有哪些？

2. 绘制回转体三视图时，需要掌握哪些投影特点？

3. 在平面与平面立体相交时，截交线的基本性质包括哪些？

4. 简述平面与圆柱相交时，根据截平面与圆柱轴线的相对位置不同，截交线的形状有哪些变化？

5. 当平面与圆锥轴线垂直相交时，截交线的形状是什么？

四、作图题

1. 求出回转体表面上各点的其余两投影，如图 3-45 所示。

2. 补全被正垂面截切后的六棱柱的投影，如图 3-46 所示。

3. 已知正面投影和水平投影，补画侧面投影，如图 3-47 所示。

4. 完成相交圆柱的相贯线投影，如图 3-48 所示。

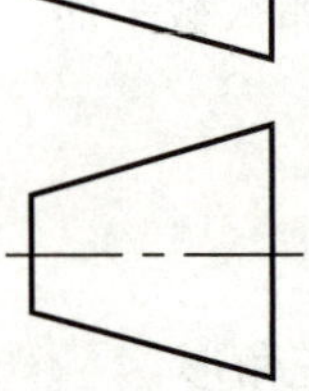

图 3-45　练习 1

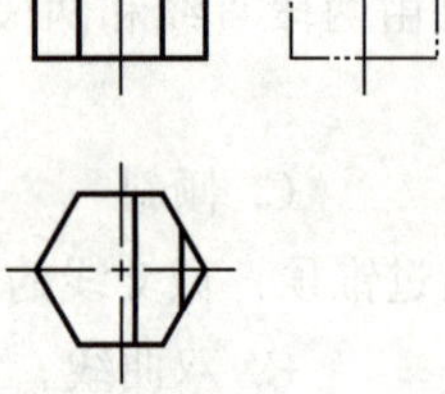

图 3-46　练习 2

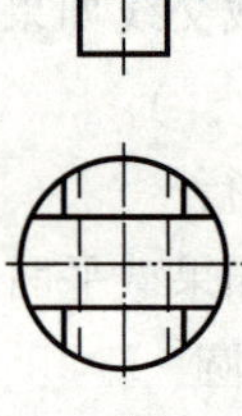

图 3-47　练习 3

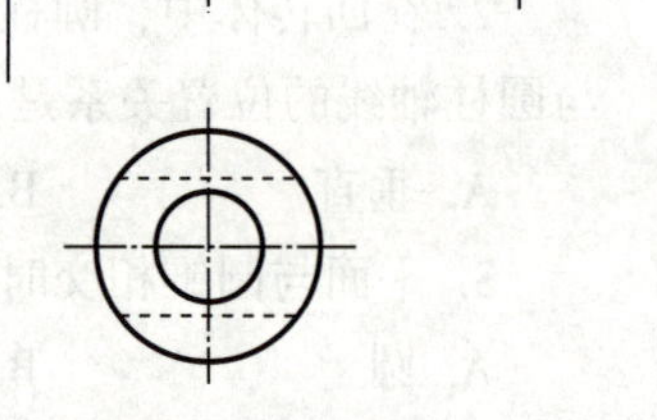

图 3-48　练习 4

项目4

组　合　体

项目导读

前面介绍了基本体、切割体及相贯体的三视图，这些立体都是简单体，但是，在工程实践中，大部分机件并不是简单体，而是由简单体组合而成的。组合体可以看作不考虑工艺结构的机械零件的几何模型，研究组合体的画图、读图及尺寸标注是学习零件图的画图、读图及尺寸标注的重要基础。

学习目标

知识目标

1. 了解组合体的组合方式、表面连接关系。
2. 掌握组合体视图的画法。
3. 掌握读组合体视图的方法。
4. 掌握组合体的尺寸标注方法。

技能目标

1. 会画组合体视图。
2. 会读组合体视图。
3. 会标注组合体的尺寸。

素质目标

1. 通过认识组合体的学习，培养读者的系统思维和整体观念。
2. 在阅读组合体视图的过程中，提高读者空间想象力和逻辑思维能力，培养读者的耐心和专注力。

思政目标

1. 通过学习组合体的尺寸标注，让读者理解精确性和规范性在工程领域中的重要性。
2. 通过学习培养读者的实践能力，从而提高学习与工作的效率。

任务1　认识组合体

任务描述

通过对本任务相关知识的学习，读者能够了解组合体的组合方式和表面连接关系，掌握形体分析法，会画组合体视图。

任务分析

想要绘制组合体视图，首先了解组合体的组合方式和表面连接关系；其次掌握形体分析法；最后掌握画组合体视图的方法和步骤。

任务重点与实施

组合体是由底座、U 型立板和方形立板三个简单体组合而成的，如图 4-1 所示。

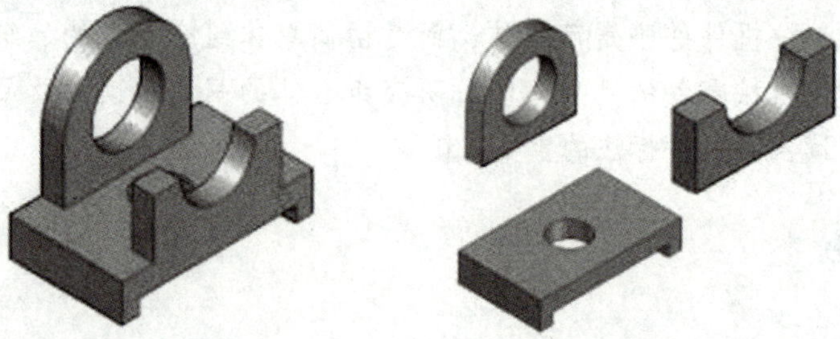

（a）轴测图　　（b）分解图

图 4-1　组合体

4.1.1　组合体的组合方式

组合体常见的组合方式有叠加式、切割式和综合式三种。

组合形式

1. 叠加式组合体

叠加式组合体是由若干简单体按一定的位置关系叠加而成的。图 4-2（a）所示的组合体可以看成是由两个四棱柱叠加而成的。

叠加

2. 切割式组合体

切割式组合体是由一个基本体根据功能需要挖切而成的复杂形体。图 4-2（b）所示的组合体是从四棱柱上切割掉两个三棱柱和一个圆柱形成的。

切割

3. 综合式组合体

综合式组合体是叠加式和切割式两种组合体的综合形式，一般形状较复杂，其应用广泛。图 4-2（c）所示的组合体就是由一个 U 形耳板和一个底座叠加而成的，并且 U 形耳板被切掉了一个小圆柱；底座是一个大四棱柱，但被切掉了两个小圆柱、一个小四棱柱及两个圆角。

（a）叠加式　（b）切割式　（c）综合式

图 4-2　组合体的组合方式

4.1.2　组合体的表面连接关系

为了正确绘制组合体的三视图，必须分析组合体的各简单体之间的相对位置和相邻表面之间的连接关系。无论是哪种形式构成的组合体，其相互结合的两个简单体表面之间有平齐、相切、相交三种连接关系。

1. 平齐

如图 4-3（a）所示的组合体是由一个带孔的 U 形耳板和一个四棱柱底座叠加形成的。耳板和底座等宽，耳板与底座的前表面和后表面都平齐，即共面，因而它们之间不存在分界线。因此，在主视图中，耳板与底座的前表面和后表面的连接处不应画线。但在图 4-3（b）中，耳板与底座不等宽，两简单体仅前表面平齐，即前表面共面、后表面不共面。因此，在主视图中，要画出两简单体后表面的分界线，即要画细虚线。再如，在图 4-3（c）中，由于耳板与底座的前表面和后表面均不平齐，即不共面，所以要画出耳板与底座的前表面和后表面的分界线。因此，在主视图中要画粗实线。

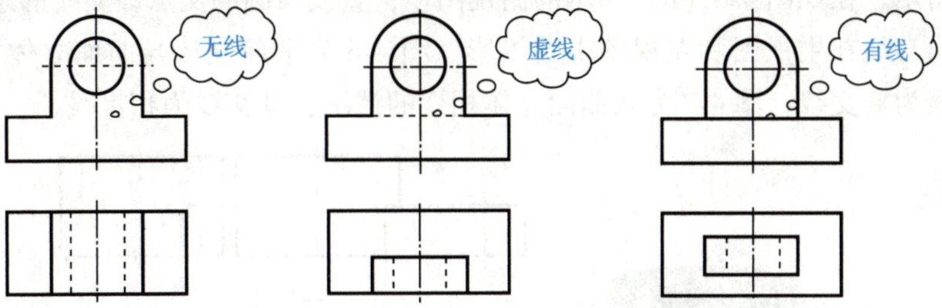

（a）前表面和后表面都平齐　（b）仅前表面平齐　（c）前表面和后表面均不平齐

图 4-3　平齐表面连接关系

2. 相切

当两立体表面相切时，由于相切处是光滑的，故在视图中不画切线。如图 4-4（a）所示的组合体由底板和空心圆柱组成，底板的前侧面和后侧面与圆柱面相切，如

图4-4（a）中的箭头所示。因此，在主视图和左视图中均不画出切线，如图4-4（b）所示。表面相切的投影位置应由俯视图中的切点位置度量确定，如图4-4（b）中切点a的投影。

（a）轴测图

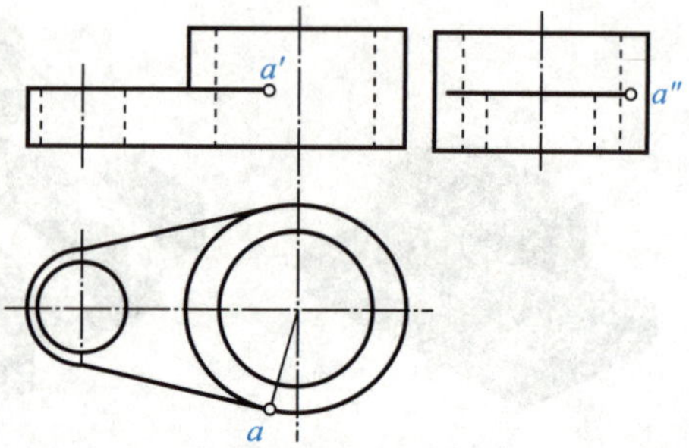

（b）三视图

图4-4　相切表面连接关系举例（一）

在图4-5中，组合体由四棱柱和圆柱组合而成，四棱柱的前表面和后表面与圆柱面相切，因此，相切处应光滑过渡，而不应画线。

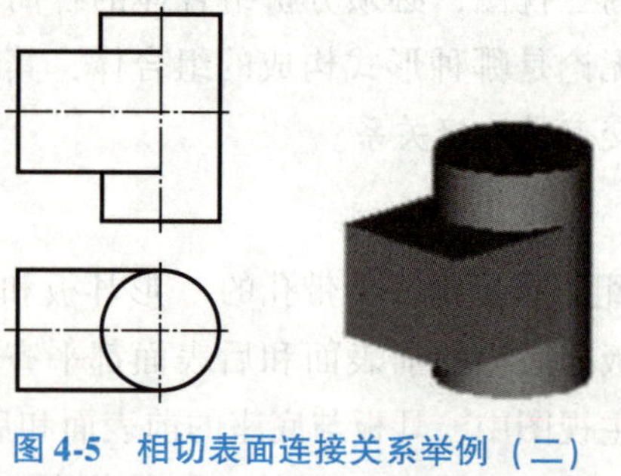

图4-5　相切表面连接关系举例（二）

3. 相交

当两简单体相交时，其表面产生的交线应画出。如图4-6（a）所示的组合体由底座和空心圆柱组成，底座的前表面和后表面与圆柱面相交，产生交线，如图4-6（a）中的箭头所示。在如图4-6（b）所示的俯视图中，直线与圆的交点即交线的水平投影，由此可求出交线在主视图和左视图中的投影。图4-6为平面立体与曲面立体相交的情况，其交线为截交线；图4-7为两曲面立体相交的情况，其交线为相贯线。

（a）轴测图

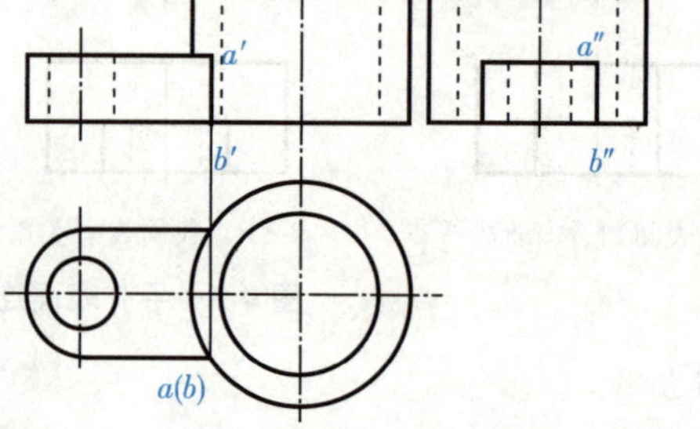

（b）三视图

图4-6　相交表面连接关系举例（一）

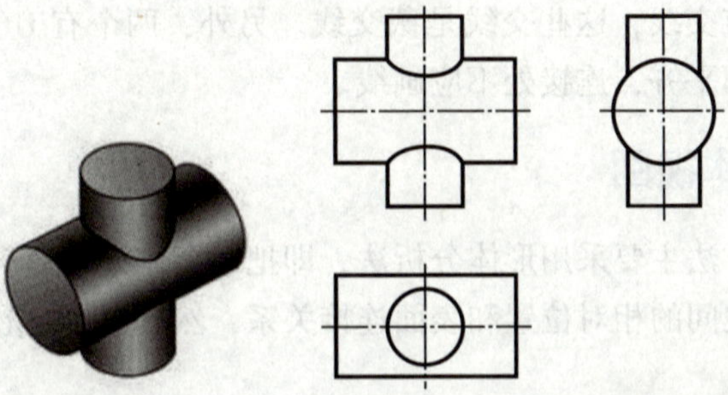

图 4-7 相交表面连接关系举例（二）

4.1.3 形体分析法

假设把复杂的组合体分解成由若干简单体，进而分析各简单体之间的相对位置和表面连接关系，这将使得组合体的画图和读图问题得以简化，这种思维方法称为形体分析法。形体分析法实质上是“化整为零”到“积零为整”的过程，它是分析和处理复杂问题的思维方法。形体分析法是画组合体视图的基本方法，也是读组合体视图及组合体尺寸标注的基本方法。

形体分析法

形体分析的内容包括以下三方面。

1. 各简单体的形状

图 4-8（a）所示的组合体由带上、下孔的半圆柱筒、小圆柱凸台和两个有 U 形槽的耳板组成，其分解图如图 4-8（b）所示。

（a）轴测图

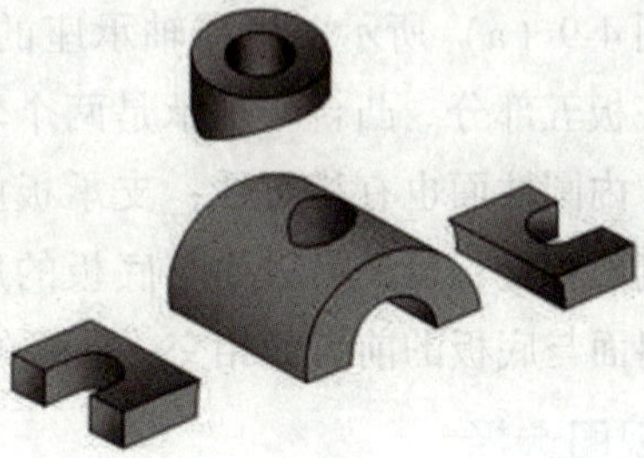

（b）分解图

图 4-8 形体分析法

2. 各简单体的相对位置

以带上、下孔的半圆柱筒为基准，小圆柱凸台在其正上方并与其正交；两个有 U 形槽的耳板对称地位于半圆柱筒的左右。

3. 各简单体之间的表面连接关系

如图 4-8 所示，小圆柱凸台的圆柱面与半圆柱筒的圆柱面相交，应有相贯线，同时，小圆柱凸台的上、下孔与半圆柱筒的前、后孔相交，也该有相贯线，这些相贯线均应符合正交圆柱相贯线的画法；两个有 U 形槽的耳板的上表面和前、后表面分别与半圆柱筒相交，应有交线，这些交线是截交线。另外，两个有 U 形槽的耳板的下表面与半圆柱筒的下表面平齐，连接处不应画线。

4.1.4 画组合体视图

组合体的画图方法主要采用形体分析法，即把组合体分解为若干简单体，并了解它们之间的相对位置和表面连接关系，然后逐个按形体进行作图。

画组合视图

以如图 4-9 所示的轴承座为例，阐述画组合体视图的方法和步骤。

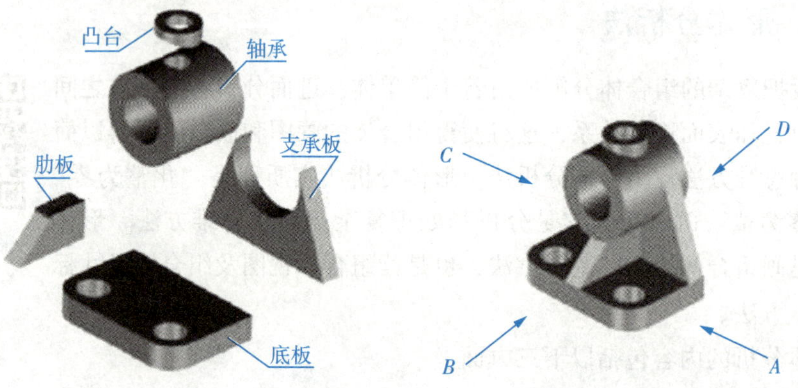

（a）形体分析　　（b）视图选择

图 4-9 轴承座的形体分析与视图选择

1. 形体分析

如图 4-9（a）所示，根据轴承座的形状特征，将其分解成凸台、轴承、支承板、肋板及底板五部分。凸台与轴承是两个轴线垂直相交的圆柱，因此两者的外圆柱面有相贯线，内圆柱面也有相贯线；支承板的两个斜侧面与轴承的外圆柱面相切，与底板的两个侧面相交，且其后表面与底板的后表面平齐；肋板的两个侧面与轴承的外圆柱相交，斜面与底板的前表面相交；底板的顶面与肋板和支承板互相叠合。

2. 视图选择

主视图是主要的视图，因此在三个视图中，主视图的选择至关重要。主视图应能尽量反映机件的主要形状特征。如图 4-9（b）所示，当轴承座处于自然安放位置时，主视图有 *A*、*B*、*C*、*D* 四个方向的视图可供选择。在图 4-10 中，若以 *D* 向视图为主视图，则主视图虚线较多，显然不如以 *B* 向视图为主视图的方案简单；*A* 向视图与 *C* 向视图相比，虽然内外轮廓完全相同，但若以 *C* 向视图为主视图，则 *D* 向视图便为左视图，其虚线较多，因此不如选 *A* 向视图作为主视图，此时 *B* 向视图为左视图，此方案简单。然后根据形状特征比较以 *A* 向视图为主视图和以 *B* 向视图为主视图两个方案，发现以 *B* 向视图为主视图更能反映轴承座各部分的轮廓特征，因此，本例以 *B* 向视图为轴承座的主视图。主视图选择完成后，俯视图和左视图即可随之确定。

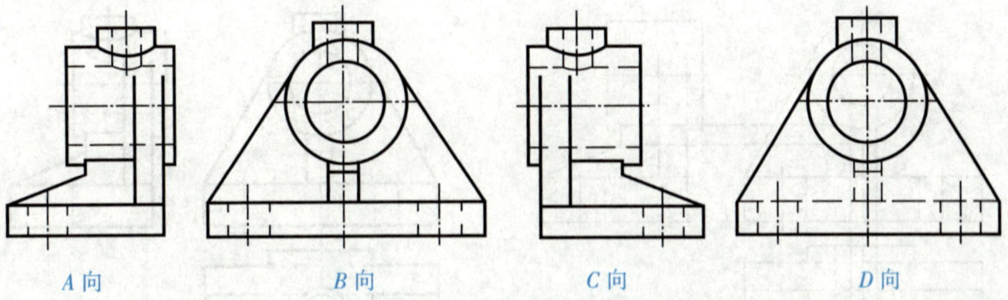

图 4-10 轴承座主视图的选择

3. 画三视图

在画组合体视图时，首先要根据机械形体的真实大小和复杂程度选定画图比例，在可能的情况下，尽量选取 1 : 1 的比例。然后按图幅布置视图的位置，画出作图基准线，基准线一般是轴线、中心线或较大的端面。按形体分析的结果画出各个简单体的三视图，注意处理好相切、相交等各情况。必须注意的是，在逐个画简单体时，应同时画出其三视图，这样既能保证各简单体之间的相对位置和投影关系，又能提高绘图速度，还能减少画图过程中的疏漏。底稿完成后要仔细检查，检查无误后即可描深，描深的一般步骤是先曲后直、先细后粗、先上后下、先左后右。轴承座的作图过程如图 4-11 所示。

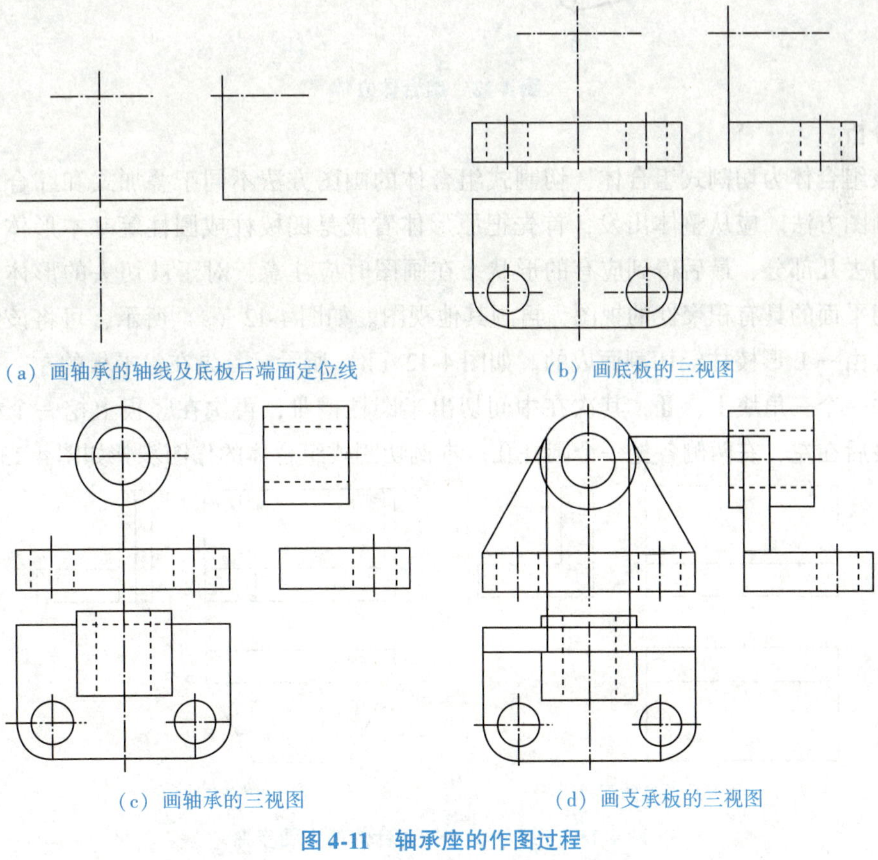

（a）画轴承的轴线及底板后端面定位线　（b）画底板的三视图

（c）画轴承的三视图　（d）画支承板的三视图

图 4-11 轴承座的作图过程

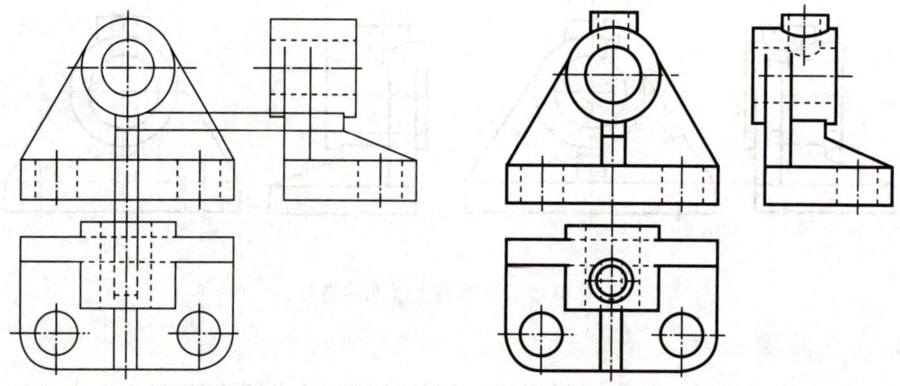

（e）画肋板的三视图　　　（f）画凸台的三视图，校核，加深

图 4-11　轴承座的作图过程（续）

【例 4-1】根据如图 4-12 所示的组合体立体图，画出其三视图。

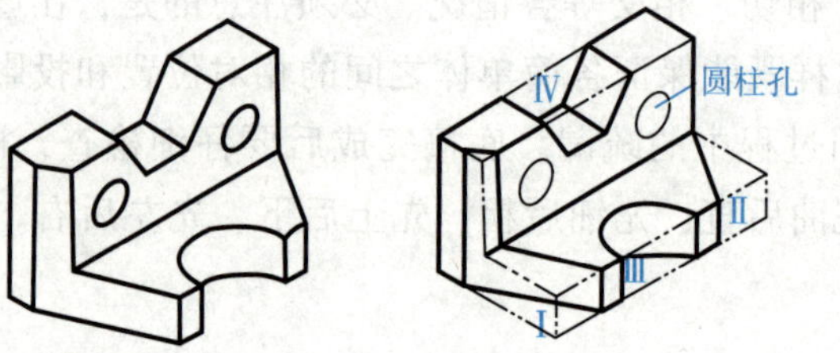

（a）　　　（b）

图 4-12　组合体立体

分析：

该组合体为切割式组合体，切割式组合体的画图方法不同于叠加式和综合式组合体的画图方法。应从整体出发，首先把原形体看成是四棱柱或圆柱等基本形体，其次逐次切去几部分，最后得到应有的形状。在画图时应注意：对于被切去的形体，应先画出切平面的具有积聚性的视图，再画其他视图。如图 4-12（a）所示，可将该组合体看成是由一 L 形棱柱经切割而成的。如图 4-12（b）所示，首先在水平板的左、右两边各切去一个三角块Ⅰ、Ⅱ，其次在中间切出半圆柱槽Ⅲ，再次在竖板上挖一个梯形槽Ⅳ，最后在左、右两侧各挖一个圆柱孔。本例切割式组合体的作图步骤如图 4-13 所示。

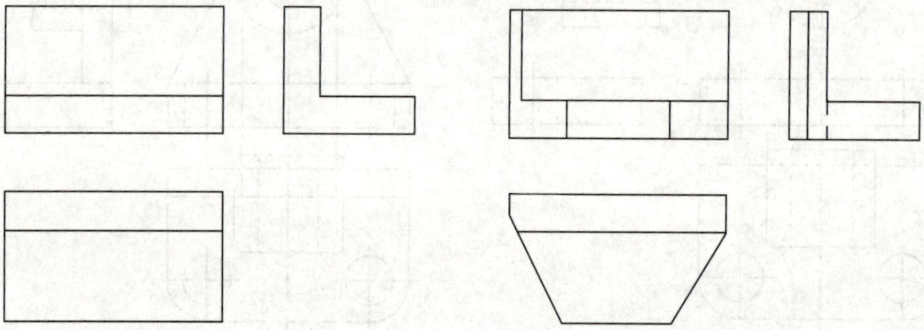

（a）画 L 形棱柱的三视图　　　（b）切去左右角

图 4-13　例 4-1 切割式组合体的作图步骤

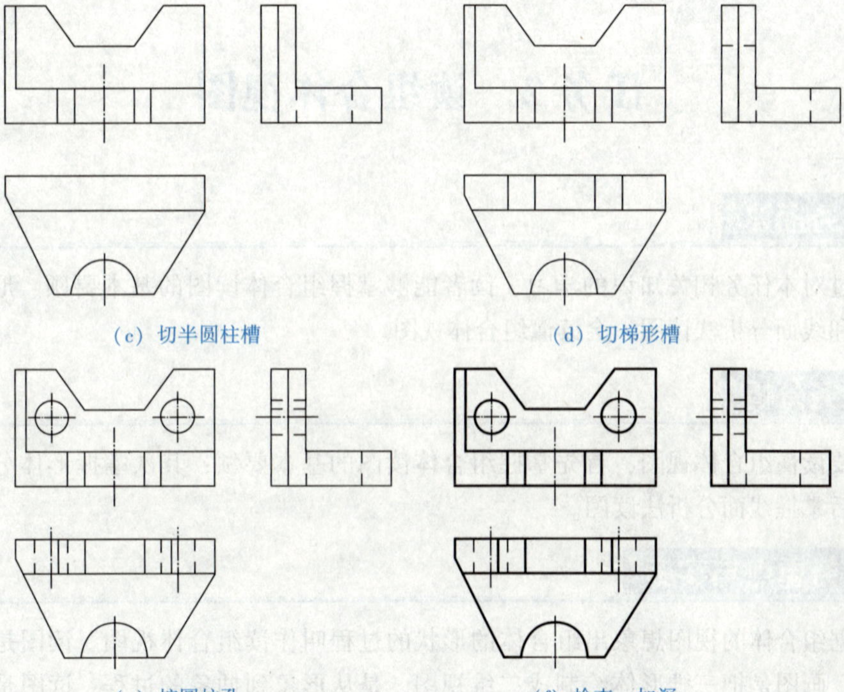

（c）切半圆柱槽　（d）切梯形槽

（e）挖圆柱孔　（f）检查、加深

图 4-13 例 4-1 切割式组合体的作图步骤（续）

任务评价

评价内容	评价标准	分值	读者自评	教师评估
组合体的组合方式	了解叠加式组合体	5		
	了解切割式组合体	5		
	了解综合式组合体	5		
组合体的表面连接关系	掌握平齐连接关系	10		
	掌握相切连接关系	10		
	掌握相交连接关系	10		
形体分析法	掌握各简单体的形状	10		
	掌握各简单体的相对位置	10		
	掌握各简单体之间的表面连接关系	10		
画组合体视图	掌握画组合体视图的方法和步骤	25		
总分		100		

任务2　读组合体视图

任务描述

通过对本任务相关知识的学习，读者能够掌握组合体读图的基本要领、形体分析法读图和线面分析法读图，会读懂组合体视图。

任务分析

想要读懂组合体视图，首先掌握组合体读图的基本要领；其次掌握形体分析法读图，最后掌握线面分析法读图。

任务重点与实施

根据组合体的视图想象出组合体的形状的过程叫作读组合体视图。读图是画图的逆过程，画图是把三维形体绘制成二维视图，是从形象到抽象的过程；读图是由二维视图想象出三维形体，是从抽象到形象的过程。相比之下，读图比画图难得多，必须经过反复地练习和实践，读图能力才能得到提高。

4.2.1　组合体读图基本要领

要想能够正确、快速地读懂视图，首先必须夯实基础，掌握读图的基本要领。

1. 熟悉简单体的视图

组合体是简单体以一定的组合方式组合而成的，因此，要想读懂组合体视图，熟悉简单体视图是基础。对于前面学过的各种简单体，包括基本体、切割体及相贯体的视图，要在熟记的基础上加以理解，明确三视图与立体之间的关系，这是形体分析法读图的基础。

2. 联系几个视图对照分析

在读组合体视图时，要把几个视图联系起来对照分析，切忌只看一个或两个视图就判断其形状。因为组合体的形状是由一组视图共同确定的，所以只有将一组视图联系起来，互相对照着看，才能确定物体各部分的结构形状。一般情况下，一个视图往往不能确定组合体的形状。例如，在图4-14中，五个组合体的主视图相同，但它们代表五个不同的组合体。两个视图有时也不能完全确定组合体的形状。例如，在图4-15中，三个组合体的主视图和俯视图都相同，但它们代表三个不同的组合体。因此，在读图时，一定要联系几个视图对照分析。

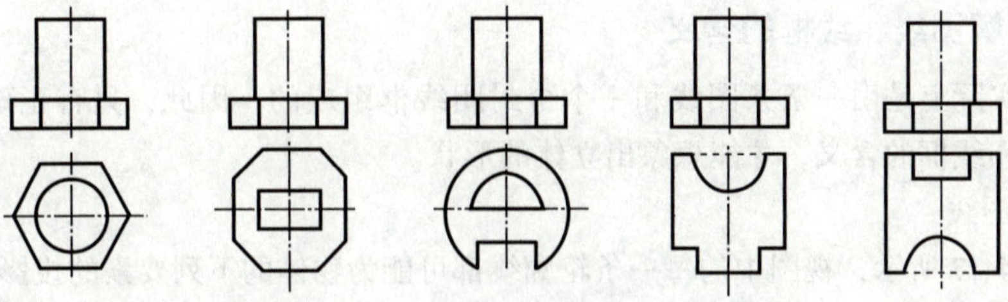

图 4-14 一个视图不能确定组合体的形状

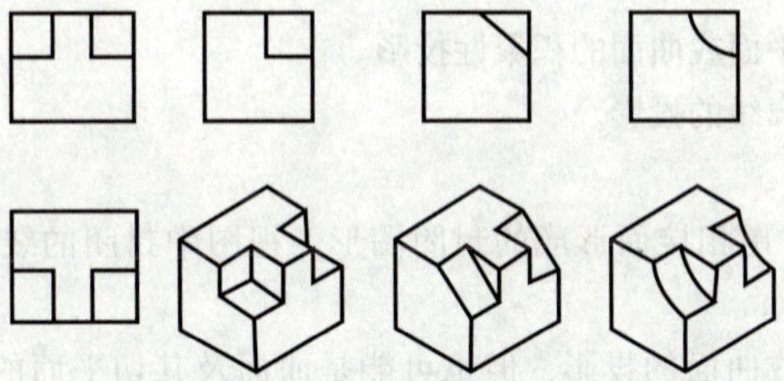

图 4-15 两个视图有时也不能确定组合体的形状

3. 善于利用特征视图

组合体的形状由一组视图确定，这几个视图是相互联系、不可分割的，但是，这几个视图在表达物体时所起的作用并不相同。如图 4-16（a）所示，通过主视图和左视图分析得知，这个组合体是由一个四棱柱切槽形成的，但是槽的具体形状（圆形或方形）需要通过俯视图才能一目了然。这里，俯视图对表达物体的形状起决定性作用，这种对表达物体的形状起决定性作用的视图就称为形状特征视图。除了形状特征视图，还有一种特征视图，如图 4-16（b）所示，通过主视图和俯视图分析得知，这个组合体的主体结构是一个 U 形块，主视图上有一个圆和一个矩形，但是，圆和矩形都与俯视图中的矩形和两条虚线相对应，即一个为孔，一个为凸台，但并不能确定哪个形体是孔，哪个形体是凸台；而在左视图中，圆和矩形对应的结构非常明显。这里，左视图对表达这两个局部结构的位置起决定性作用，这种最能反映物体位置的视图称为位置特征视图。利用特征视图抓表达物体的关键所在，这是读组合体视图必须具备的基础技能。

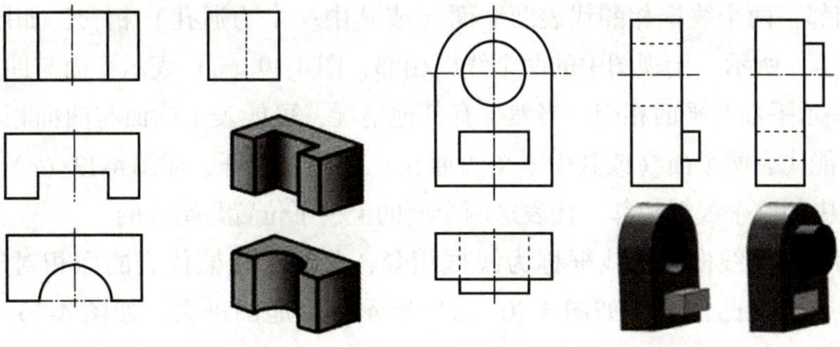

（a）形状特征视图　　（b）位置特征视图

图 4-16 特征视图

4. 理解图线和线框的含义

视图实际上是由一条条图线和一个个封闭线框组成的，因此，只有正确分析出视图中图线和线框的含义，才能想象出立体的形状。

（1）图线

如图 4-17 所示，视图中的每一条轮廓线都可能为物体的下列要素的投影。

① 交线的投影：可能是平面与平面的交线、平面与曲面的交线，也可能是曲面与曲面的交线。

② 面的投影：平面或曲面的积聚性投影。

③ 曲面转向轮廓线的投影。

（2）线框

线框是由图线首尾相接而形成的封闭图形。视图中封闭的线框一般是面的投影，但也可能是孔的投影。

① 一般是平面或曲面的投影，但也可能是曲面及其切平面的投影。如图 4-17 所示，a'为曲面的投影，b'为平面的投影；而在图 4-18 中，粗实线框 c'为曲面及其切平面的投影。

② 孔的投影。如图 4-18 所示，左视图中的两个小圆线框是圆柱孔的投影。

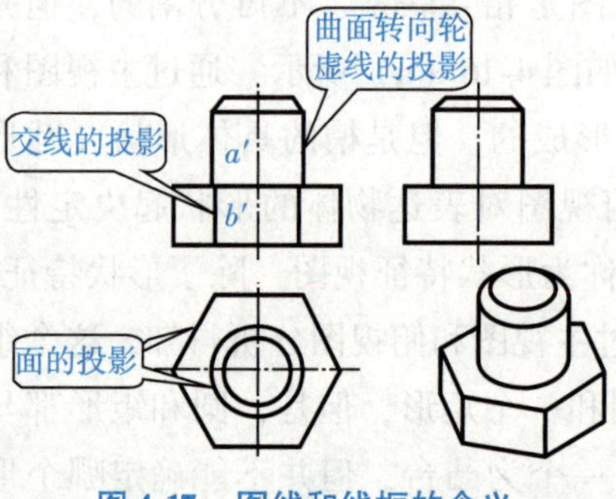

图 4-17　图线和线框的含义

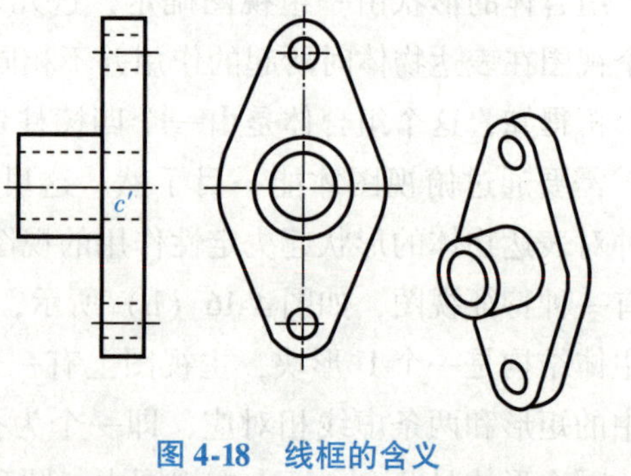

图 4-18　线框的含义

视图中的线框并不是孤立的，线框和线框可能相邻，也可能相套，分析线框相邻和线框相套的含义，对读懂组合体视图具有重要的作用。

线框相邻：两个线框相邻代表两个面（或其中一个为通孔）相交，如图 4-19（a）和图 4-19（b）所示。俯视图中的两个线框相邻，图 4-19（a）表示平面与曲面相交；图 4-19（b）表示平面与平面相交，当然也有其他情况，可能表示曲面与曲面相交；两个线框相邻也可能代表两个面（或其中一个为通孔）的位置错开，如图 4-19（c）和（d）所示，俯视图中的两个线框相邻，代表这两个面的上、下位置是错开的。

线框相套：大线框套小线框称为线框相套，此时小线框代表的面相对于大线框代表的面来说，可能凸出来，如图 4-20（a）所示；可能凹进去，如图 4-20（b）所示；也可能是通孔，如图 4-20（c）所示。

图线、线框、线框相邻、线框相套能构成复杂多样的视图，可以表达形状各异的形体，掌握这些知识点，能为读组合体视图夯实牢固的基础。

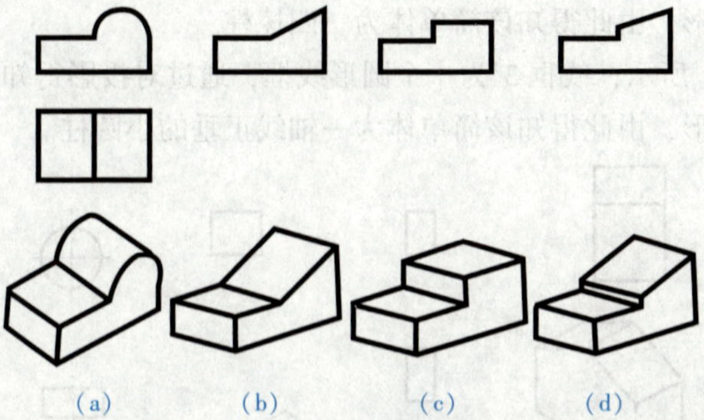

图 4-19　线框相邻

4.2.2　形体分析法读图

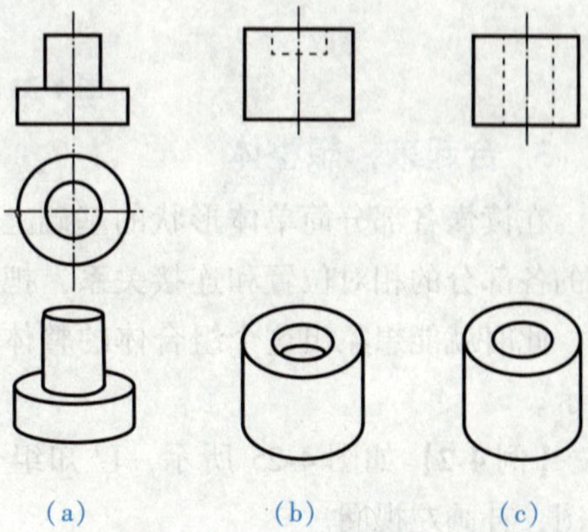

图 4-20　线框相套

形体分析法是最基本的看图方法。一般从最能反映物体特征的视图入手，按实线线框数量将视图划分成几部分；再根据投影关系在其他视图上逐个找出它们的投影，分别判断各部分的形状；最后综合各部分的位置关系，想象出整个物体的形状。下面以如图 4-21 所示的三视图为例，具体说明形体分析法读图的方法和步骤。

1. 按线框，分部分

在表达该组合体形状特征较明显的视图中划分线框，将组合体分成几个简单体，一般从主视图入手。如图 4-22 所示，将组合体按线框分为三部分，可以认为该组合体是由三个简单体组成的。

形体分析法读图

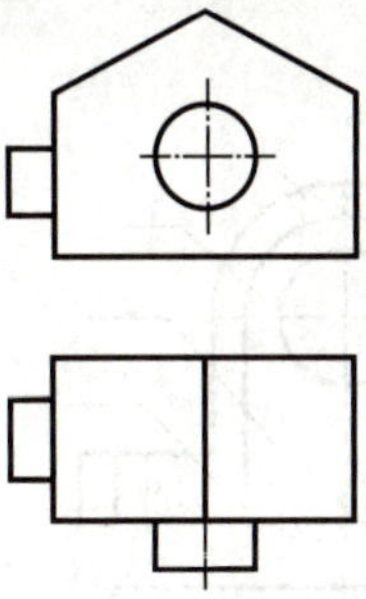

图 4-21　用形体分析法读图

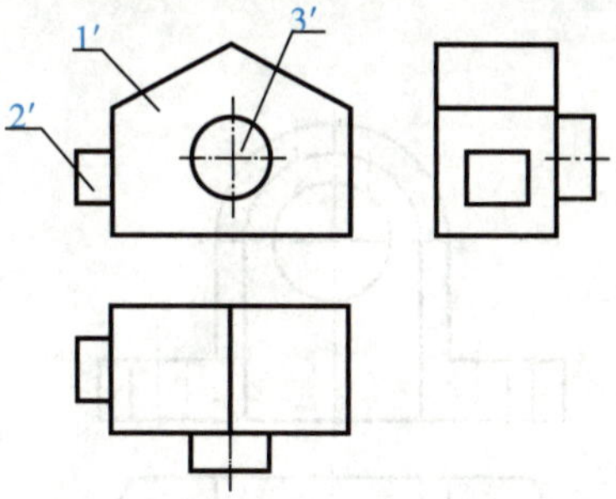

图 4-22　按线框，分部分

2. 对投影，识形体

找出各个线框对应的其他投影，想象出各部分的形状。如图 4-23（a）所示，主视图中的线框 1′是一个五边形线框，与俯视图和左视图对投影得知，该简单体为一五棱柱。

如图 4-23（b）所示，线框 2′为一个矩形线框，通过对投影得知，其分别对应俯视图和左视图中的矩形，由此得知该简单体为一四棱柱。

如图 4-23（c）所示，线框 3′为一个圆形线框，通过对投影得知，其分别对应俯视图和左视图中的矩形，由此得知该简单体为一轴线正垂的小圆柱。

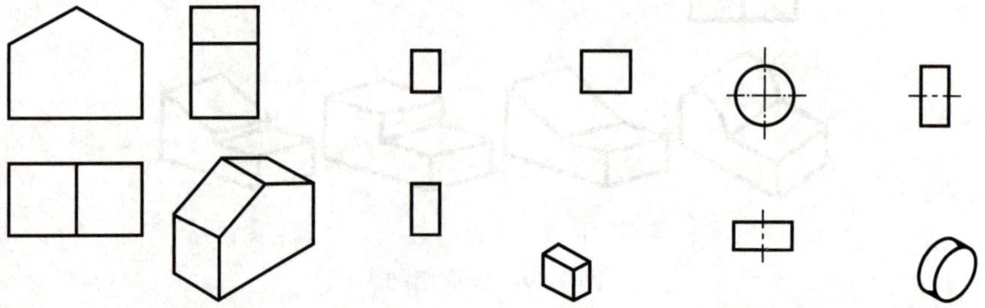

（a）　　（b）　　（c）

图 4-23　对投影，识形体

3. 合起来，想整体

在读懂各部分简单体形状的基础上，根据该组合体显示的各部分的相对位置和连接关系，把三部分构成一个整体，此时就能想象出这个组合体的整体形状了，如图 4-24 所示。

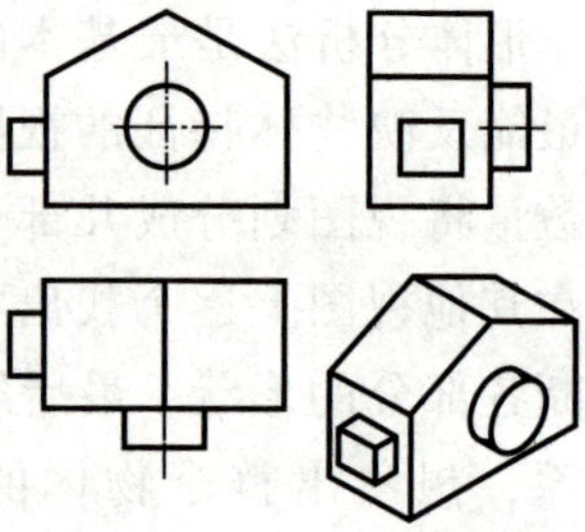

图 4-24　合起来，想整体

【例 4-2】如图 4-25 所示，已知组合体的主视图和俯视图，补画左视图。

分析：

按照形体分析法读图的方法和步骤，从主视图入手，将其按线框分成四部分，如图 4-26 所示。1′是一个 U 形与矩形的组合线框；2′是一个小的 U 形线框；3′是个圆线框；4′是个包含两条细虚线的线框。对照俯视图，逐个想象各个简单体的形状，同时补画左视图，然后分析它们之间的相对位置和表面连接关系，综合想象出整个组合体的形状。

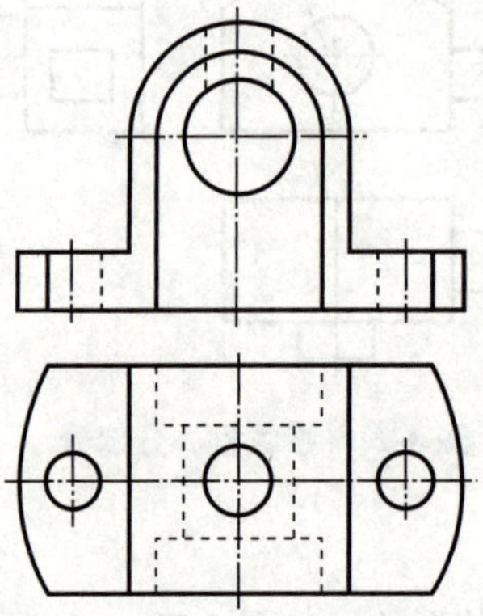

图 4-25　组合体的主视图和俯视图

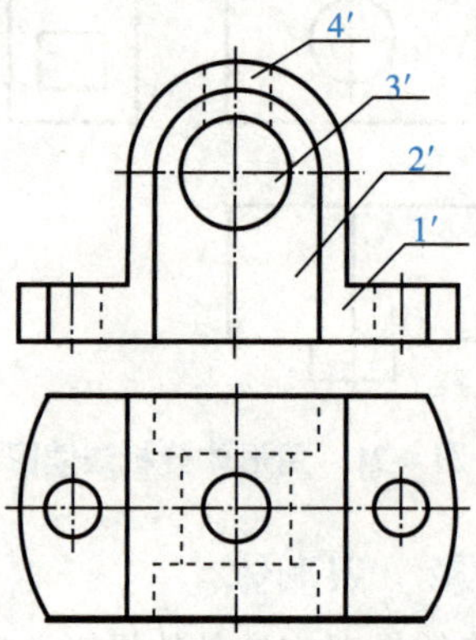

图 4-26　将组合体按线框分成四部分

作图：

（1）在主视图上分离线框 1′。由主视图和俯视图对投影，可以看出，这个简单体是该组合体的主体结构，它是由一个大圆柱经过平面及圆柱面切割后形成的，画出其左视图，如图 4-27（a）所示。

（2）在主视图上分离线框 2′。根据俯视图中的相应投影可知，这个简单体是两个 U 形块，即在主体结构的基础上挖去了两个 U 形块（从主体结构的前、后两表面各挖了一个 U 形槽），画出其左视图，如图 4-27（b）所示。

（3）在主视图上分离线框 3′。这个简单体很简单，它在主视图上的投影是一个圆线框，根据它在俯视图中的投影可知，它是一个小圆柱，即在主体结构上挖了两个 U 形槽之后，又在两个槽之间挖了一个圆柱孔，画出该圆柱孔的左视图，如图 4-27（c）所示。

（4）在主视图上分离线框 4′。根据俯视图中的相应投影可知，同圆柱孔Ⅲ一样，这个简单体也是一个小圆柱，即在主体结构的基础上挖了一个圆柱孔，该孔的轴线铅垂，从主体结构的上表面一直与圆柱孔Ⅲ挖通，这样，该孔与主体结构的圆柱面有相贯线，与圆柱孔Ⅲ也有相贯线，画出该简单体的左视图，如图 4-27（d）所示。

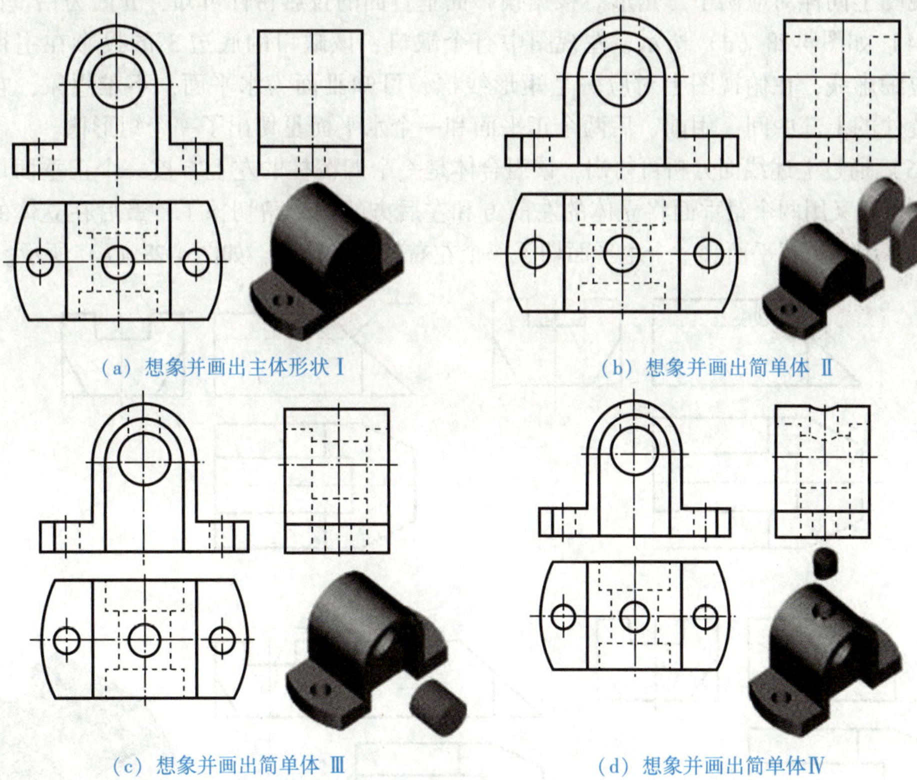

（a）想象并画出主体形状 I　（b）想象并画出简单体 Ⅱ

（c）想象并画出简单体 Ⅲ　（d）想象并画出简单体Ⅳ

图 4-27　想象组合体的形状并补画左视图

4.2.3　线面分析法读图

形体分析法是从“体”的角度将组合体分析为一些简单体。但是，对于挖切而成的组合体，用形体分析法就不方便了。每个立体都是由面（平面或曲面）围成的，而面又是由线段（直线或曲线）构成的。因此，可以从“面”和“线”的角度去分析组合体。这种通过分析组合体表面的面、线的形状和相对位置得到整体形状的方法就叫线面分析法。线面分析法适合于以切割为主的组合体，是形体分析法的补充。在读图时，通常将形体分析法和线面分析法配合起来使用，这样效果更好。

下面以如图4-28（a）所示的三视图为例，说明线面分析法在读图中的应用。

线面分析法读图

（1）由于图4-28（a）中的组合体的三个视图的外形轮廓都是长方形，所以该组合体的主体结构是四棱柱。其中，主视图和俯视图有缺角，左视图有缺口，可以想象出该组合体是四棱柱经过切割形成的。

（2）如图4-28（b）所示，主视图中有一个缺角，即斜线1′的左上方被切掉了，该斜线应为一个面的投影。该斜线1′的投影在俯视图上对应一个十边形1，在左视图上也对应一个类似的十边形1″。根据投影面垂直面的投影特性可判断出Ⅰ面为一个正垂面。

（3）如图4-28（c）所示，俯视图中有两个缺角，即斜线2的前角和后角都被切掉了，因此斜线2应为面的投影。该斜线2的投影在主视图上对应重合的两个三角形，在左视图上同样对应两个三角形。根据投影面垂直面的投影特性可知，Ⅱ面为铅垂面。

（4）如图4-28（d）所示，左视图中有个缺口，该缺口的底边3″的投影在主视图上对应细虚线，在俯视图上对应一个矩形线框，可知Ⅲ面为水平面，不难想象，它是在四棱柱的上部中间，用前、后两个正平面和一个水平面Ⅲ切出了一个矩形槽。

（5）通过上述线面分析可得出，该组合体是一个四棱柱的左上方被一个正垂面切掉了一个角；又用两个铅垂面将立体的左前方和左后方的两个角切掉了；最后在立体的上方中间，用两个正平面和一个水平面切了一个左右的矩形通槽，如图4-28（e）所示。

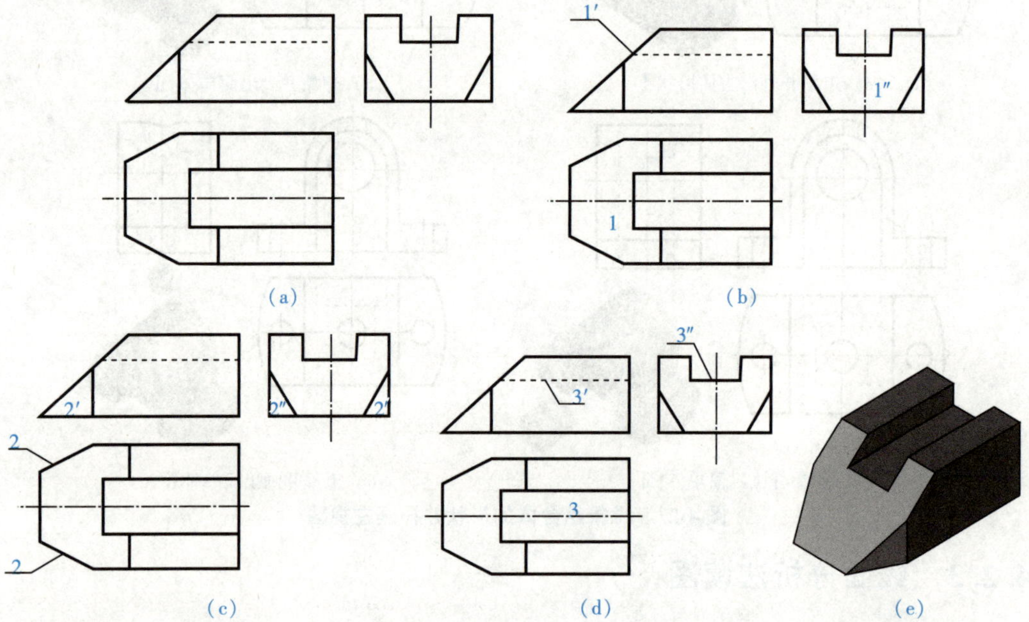

图4-28　线面分析法读组合体视图

【例 4-3】如图 4-29（a）所示，补画组合体三视图中所缺的图线。

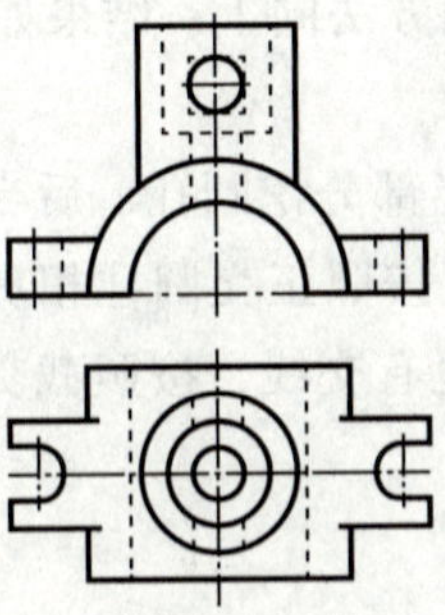

（a）三视图

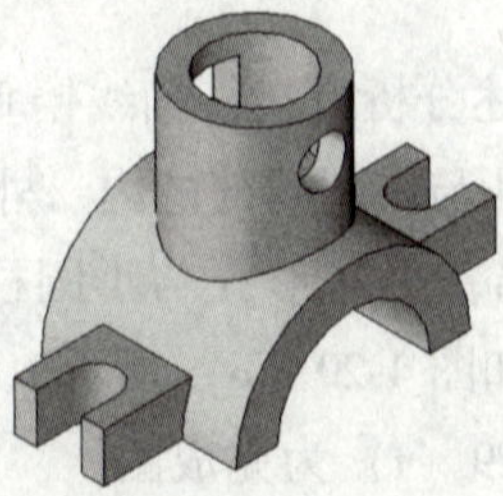

（b）立体图

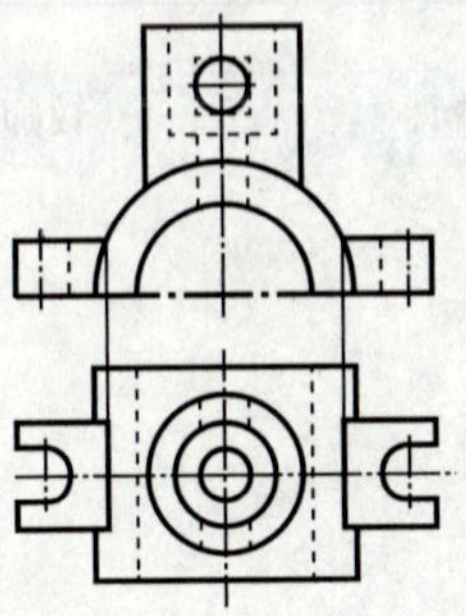

（c）补画图线 1

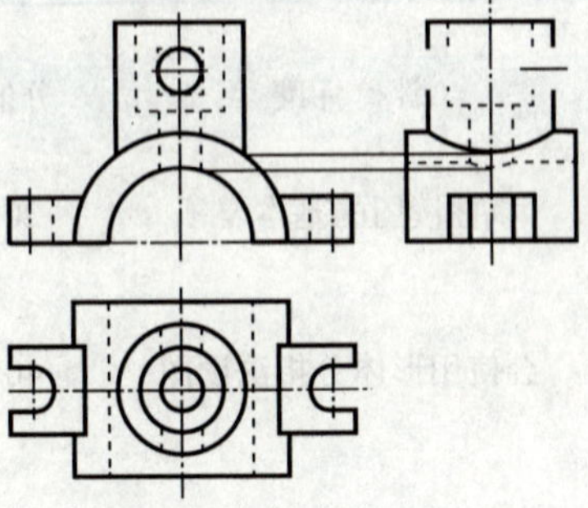

（d）补画图线 2

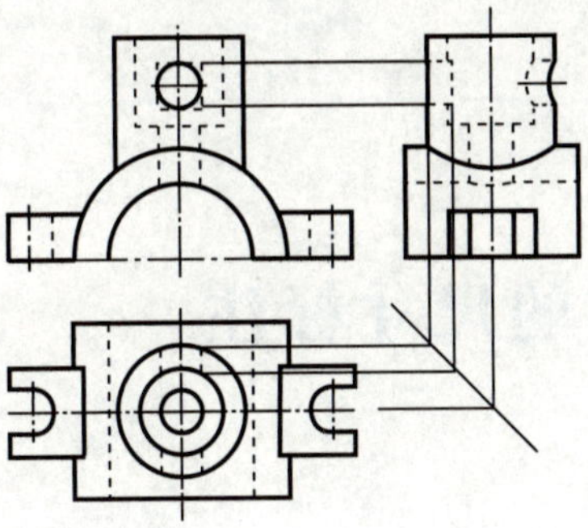

（e）补画图线 3

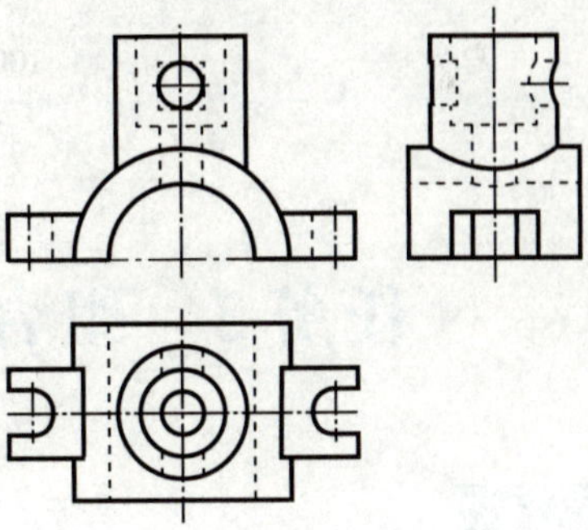

（f）完成图

图 4-29 补画视图中所缺的图线

分析：从已知的三视图入手，按照投影规律进行分析，可知该组合体是综合式组合体，由三部分组合而成。其中，半圆柱筒轴线正垂，其上是一个轴线铅垂的圆柱筒，从主视图得知，该圆柱筒上面有孔，因为圆孔可见、矩形孔不可见，所以该圆柱筒前半部分挖圆孔，后半部分挖矩形孔，然后按要求补画视图或图线。

作图：

（1）通过分析得知，小四棱柱与半圆柱筒相交，因此有交线。根据截交线的特点，从主视图入手，按照长对正的关系，在俯视图中将交线的投影补画出来，如图 4-29（c）所示。

（2）轴线正垂的半圆柱筒与轴线铅垂的小圆柱筒相交，因此两者外表面有相贯线。

按照正交圆柱相贯线的简化画法，在左视图中将外表面的相贯线补画出来。同理，半圆柱筒的内表面与小圆柱筒的内表面也有相贯线，作图方法同上，结果如图4-29（d）所示。

（3）由上述分析得知，轴线铅垂的小圆柱筒的前半部分挖圆孔、后半部分挖矩形孔。这样，圆孔与小圆柱筒的内、外表面均有相贯线，按照正交圆柱相贯线的简化画法作图；后半部分的矩形孔与小圆柱筒的内、外表面也有交线，按照截交线的作图方法画出，结果如图4-29（e）所示。

（4）图4-29（f）为完成图。

任务评价

评价内容	评价标准	分值	读者自评	教师评估
组合体读图基本要领	掌握读图的基本要领	20		
形体分析法读图	会使用形体分析法读图	40		
线面分析法读图	会使用线面分析法读图	40		
总分		100		

任务3　组合体的尺寸标注

任务描述

通过对本任务相关知识的学习，读者可以掌握尺寸标注的基本要求、尺寸基准和尺寸分类，掌握基本形体、常见板的尺寸标注，会标注组合体的尺寸。

任务分析

想要正确标注组合体的尺寸，首先要了解尺寸标注的基本要求、尺寸基准和尺寸分类；其次掌握基本形体、具有切口的简单体、常见板的尺寸标注方法；最后掌握尺寸标注的注意事项。

任务重点与实施

视图只能表达物体的形状，而其真实大小及其各组成部分的相对位置则需要通过标注尺寸来确定。尺寸标注是机械图样中的一项重要内容。国标中明确规定，机件的真实大小以图上标注的尺寸为准，与图样的大小及绘图的准确程度无关。也就是说，尺寸是确定机件真实大小的唯一依据。

4.3.1 尺寸标注的基本要求

在组合体上标注尺寸的基本要求是正确、完整、清晰。正确是指所注尺寸要符合《机械制图》国标中对尺寸注法的规定；完整是指所注尺寸要齐全，既无遗漏，又不重复；清晰是指所注尺寸在排列和布局上要清晰、整齐，便于读图。

4.3.2 尺寸基准和尺寸分类

1. 尺寸基准

确定尺寸位置的几何要素称为尺寸基准。尺寸基准通常是标注尺寸的起点，如组合体较重要的端面、底面、对称平面或回转体的轴线。在每个方向上都有一个主要尺寸基准，还可能有一个或几个辅助尺寸基准。如图4-30所示，高度方向上的尺寸基准为组合体的底面*A*，长度方向上的尺寸基准为底座的右端面*B*，宽度方向上的尺寸基准为组合体的前后对称面*C*。

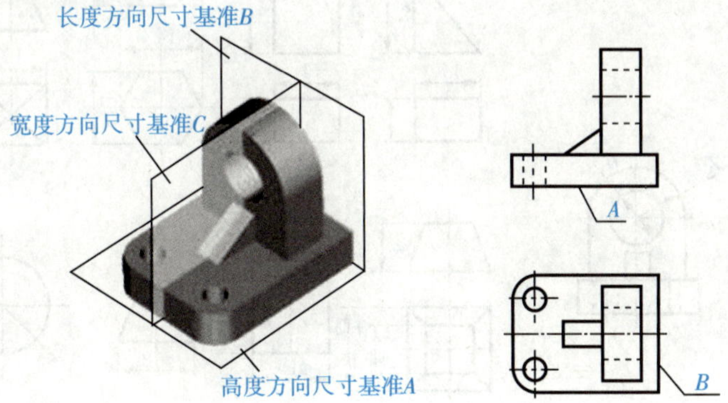

图4-30 组合体的尺寸基准

2. 尺寸分类

（1）定形尺寸：表明形体形状大小的尺寸。如图4-31所示，底座的长、宽、高尺寸分别为52、40、11，圆角和圆孔尺寸*R*8和2×ϕ8；肋板的长、宽、高尺寸分别为14、8、9；竖板的半圆头半径尺寸*R*16，圆孔的直径尺寸ϕ18（其高度尺寸可通过计算得出，因此不必标注）都是定形尺寸。

（2）定位尺寸：确定各形体之间相对位置的尺寸。通常先标注简单体本身的各细部的定位尺寸。在图4-31中，底座上的两个小圆孔在长度方向上需要定位，以底座右端面为基准，标注尺寸44；宽度方向上以底座前后对称面为基准，标注定位尺寸24；高度方向上不必标注定位尺寸。由于竖板的底面即底座的顶面，所以高度方向上不必标注定位尺寸；在前后方向上，由于底座与竖板具有共同的前后对称面，所以宽度方向上也不必标注定位尺寸。因此，只在长度方向上注出了竖板的右表面与底座右表面的距离尺寸 6。为了读图及画图方便，可将尺寸 31 看作竖板对底座的定位尺寸，也可看作竖板上圆孔的定位尺寸。

（3）总体尺寸：表示组合体总长、总高、总宽的尺寸。该组合体的总长和总宽尺寸为 52 和 40，总高尺寸应为 31 加上竖板半圆头的半径 *R*16，即 47，但如果标注 47，则尺寸 31、*R*16 与 47 将首尾相接，形成封闭的尺寸链，因此保留了 31 和 *R*16，不标注 47。

值得注意的是，有时为了画图方便、读图清晰、便于加工，虽然有些尺寸可以通过计算获得，但仍都注出。例如，底座的宽度方向的定形尺寸 40 等于两个圆孔的定位尺寸 24 加上两个圆角的定形尺寸 *R*8；长度方向的定形尺寸 52 等于圆孔的定位尺寸 44 加上一个圆角的定形尺寸 *R*8，都全部注出。

4.3.3 基本形体的尺寸标注

基本形体一般只需直接或间接地给出长、宽、高三个方向的定形尺寸，即可完全确定其大小。图 4-32 给出了几种常见的基本形体的尺寸标注示例。

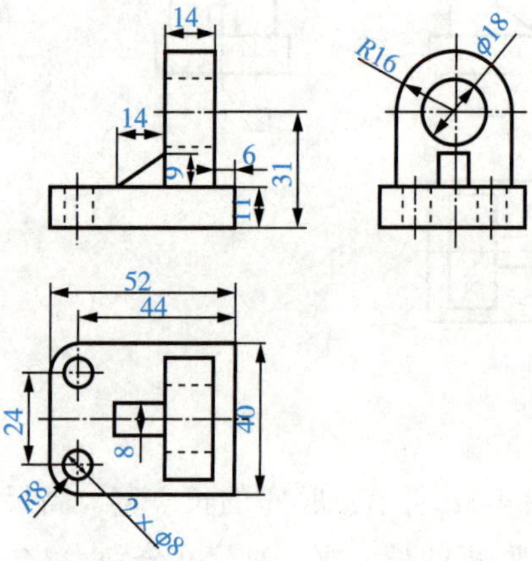

图 4-31 组合体的尺寸分类

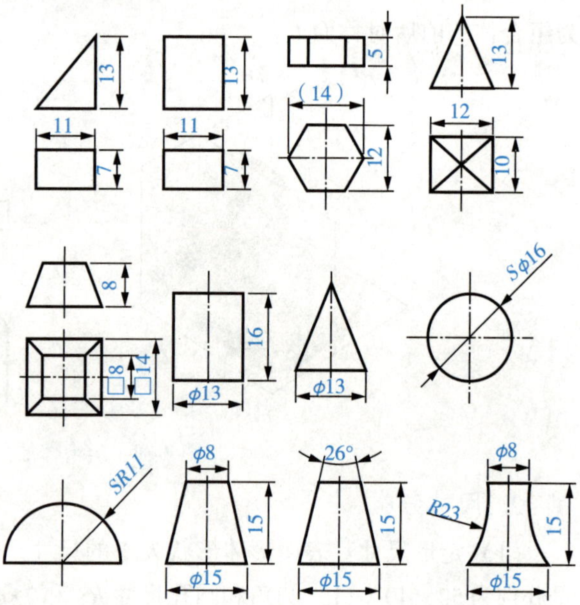

图 4-32 基本形体的尺寸标注示例

正六棱柱的尺寸有两种标注形式：一种是标注对角尺寸；另一种是标注对边尺寸。只需注出两者之一即可，若两个尺寸都注出，则应将其中一个作为参考尺寸，加上圆括号。对于圆柱、圆锥和圆球等回转体，当完整地标注了它们的尺寸后，只用其中一个视图就能确定其形状和大小，其他视图可省略不画。

4.3.4 具有切口的简单体的尺寸标注

对于带有切口的简单体，除了要给出形体的长、宽、高三个方向上的定形尺寸，还要给出切口尺寸。因为切口形状是由被截立体的表面形状和立体与截平面的相对位置决定的，切口处的截交线是在加工切口时自然形成的，所以应避免直接标注截交线的尺寸，而应在立体形状已确定的情况下，标注确定截平面与立体相对位置的定位尺寸，如图 4-33 所示。

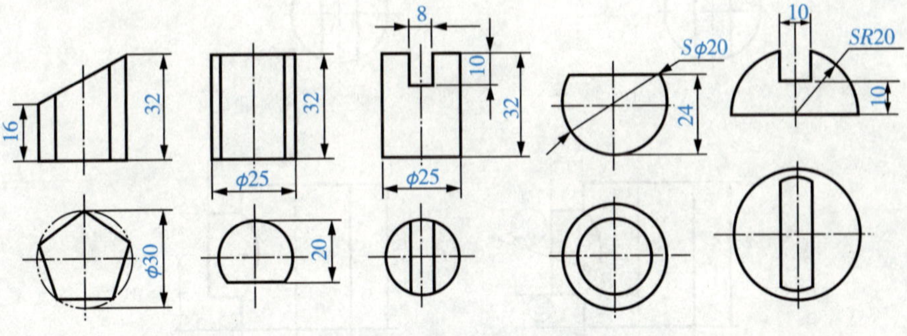

图 4-33 具有切口的简单体的尺寸标注示例

4.3.5 常见板的尺寸标注

图 4-34 给出了一些常见的、不同形状的板的尺寸注法，要特别注意图中的对称和均布结构的尺寸标注方法。

4.3.6 尺寸标注的注意事项

标注尺寸除了要求正确、完整，为了便于看图，还要求标注清晰、合理。标注组合体尺寸的注意事项如下。

(1) 对于截交线、相贯线，不应直接标注其尺寸。

截交线的尺寸并不是独立的，它受立体形状及截平面与立体的相对位置的制约。因此，在标注尺寸时，不应直接标注截交线的尺寸，图 4-35 (a) 是错误的标注形式，应标注截平面的位置尺寸，正确的标注形式如图 4-35 (b) 所示。同样，也不能直接标注相贯线的尺寸，而只能标注产生相贯线各形体的定

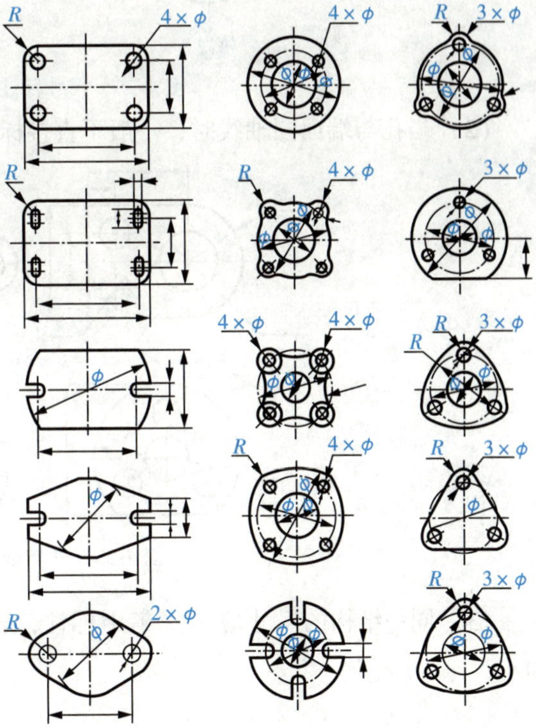

图 4-34 常见板的尺寸标注示例

形尺寸和定位尺寸，图 4-35（c）是错误的标注形式，正确的标注形式如图 4-35（d）所示。

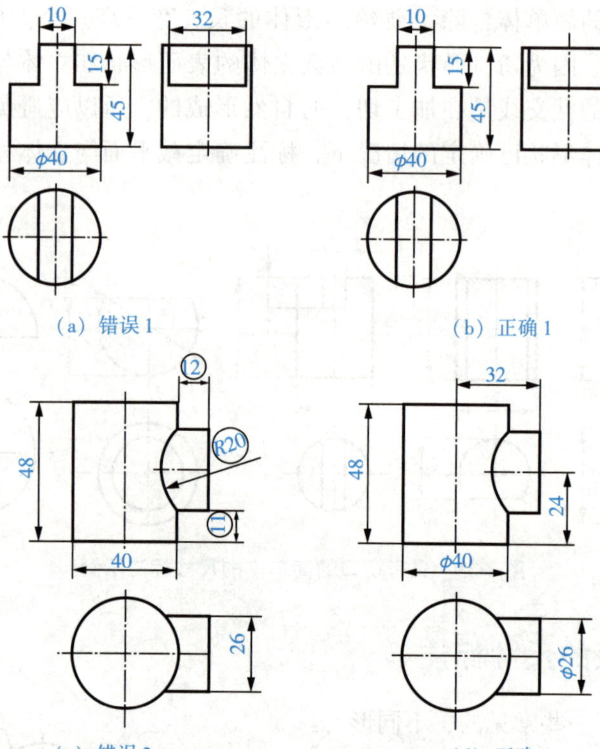

（a）错误 1　（b）正确 1

（c）错误 2　（d）正确 2

图 4-35　尺寸标注的注意事项

（2）当孔与端面同轴线时，一般不直接标注总体尺寸，如图 4-36 所示。

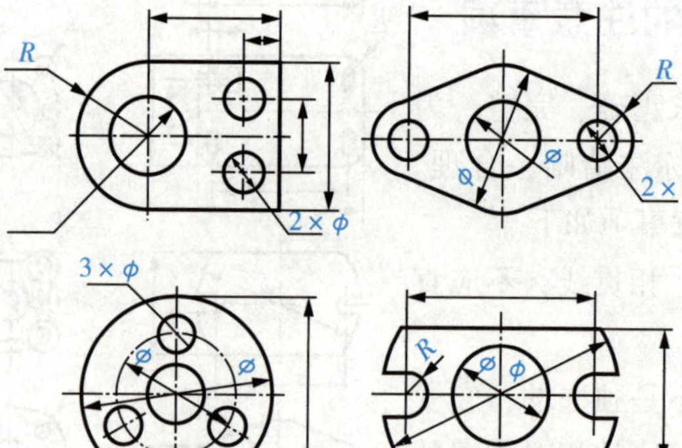

图 4-36　孔与端面同轴线

（3）同一结构的尺寸应尽量集中标注，相关尺寸放置在两视图之间，如图 4-37 所示。

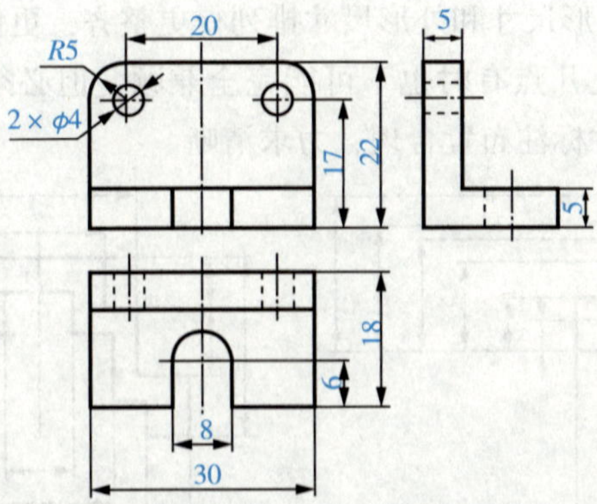

图 4-37 同一结构的尺寸应尽量集中标注

（4）尺寸应该标注在反映形体特征的视图上，如图 4-38 所示。

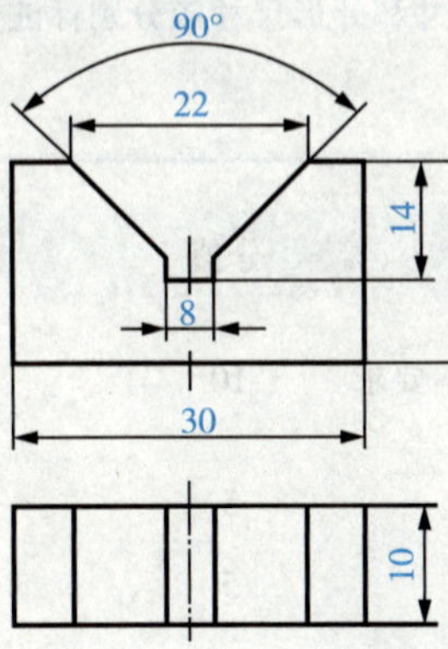

图 4-38 尺寸应该标注在反映形体特征的视图上

（5）同轴回转体的直径应尽量标注在非圆视图上，如图 4-39 所示。

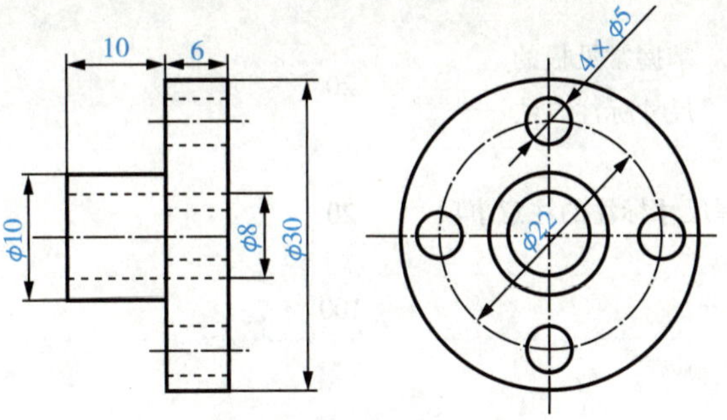

图 4-39 同轴回转体的直径应尽量标注在非圆视图上

（6）尺寸排列要清晰，平行的尺寸应按“大尺寸在外、小尺寸在内”的原则排列，如图 4-37 所示，在主视图和左视图中，尺寸排列均应遵循该原则。

（7）内形尺寸和外形尺寸应分别标注在视图的两侧。与图 4-40（a）相比，

图 4-40（b）中标注的内形尺寸和外形尺寸排列得更整齐，更便于读图。

在标注尺寸时，以上几点有时也不可能完全兼顾，但必须保证在正确、完整的前提下，灵活掌握，使尺寸标注布置合理，力求清晰。

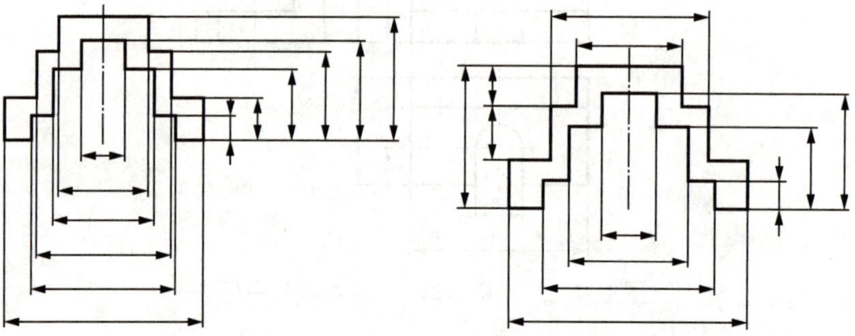

（a）　　（b）

图 4-40　内形尺寸和外形尺寸应分别标注在视图的两侧

任务评价

评价内容	评价标准	分值	读者自评	教师评估
尺寸标注的基本要求	了解尺寸标注的基本要求	10		
尺寸基准和尺寸分类	了解尺寸基准	5		
	了解尺寸分类	5		
基本形体的尺寸标注	掌握形体的尺寸标注方法	20		
具有切口的简单体的尺寸标注	掌握具有切口的简单体的尺寸标注方法	20		
常见板的尺寸标注	掌握常见板的尺寸标注方法	20		
尺寸标注的注意事项	掌握尺寸标注的注意事项	20		
总分		100		

项目小结

组合体画图和读图是培养形体想象能力的重要环节，形体分析法、线面分析法是画图、读图的重要方法。掌握这些方法可为后续识读和绘制零件图、装配图打下坚实基础。

绘制组合体的三视图时，首先应进行形体分析；其次按照正确的绘图步骤完成组合体三视图的绘制，标注组合体的尺寸时，也应先进行形体分析，选择尺寸基准；最后依次标注定形尺寸、定位尺寸及总体尺寸，所标注尺寸应正确、完整、清晰。在进行组合体视图的识读时，要充分利用投影规律，熟练运用形体分析法，必要时还可采用线面分析法来分析视图中难以读懂的图线与线框，两种分析法应有机地结合使用。

通过本项目的学习，读者能够更加准确地绘制和理解组合体的三视图，为学习更高级的机械制图和零件图打下了坚实的基础。

项目习题

一、选择题

1. 组合体的常见组合方式不包括以下哪一项？(　　)

A. 叠加式　　B. 切割式　　C. 综合式　　D. 分离式

2. 在组合体的表面连接关系中，以下哪一项不是表面连接关系？(　　)

A. 平齐　　B. 相切

C. 相交　　D. 覆盖

3. 形体分析法在读组合体视图时不包括以下哪一步？(　　)

A. 按线框，分部分　　B. 对投影，识形体

C. 合起来，想整体　　D. 直接画出立体图

4. 组合体的尺寸标注中，以下哪一项不是尺寸分类？(　　)

A. 定形尺寸　　B. 定位尺寸

C. 总体尺寸　　D. 参考尺寸

二、填空题

1. 组合体的三种基本组合方式包括叠加式、切割式和__________。

2. 在组合体的表面连接关系中，当两立体表面相切时，视图中不画__________线。

3. 形体分析法在读组合体视图时，首先按__________分部分，然后对投影识形体，最后合起来想整体。

4. 组合体的尺寸标注中，总体尺寸表示组合体的__________、__________、__________。

三、问答题

1. 组合体的常见组合方式有哪些？

2. 解释组合体中平齐、相切、相交这三种表面连接关系。

3. 形体分析法在画组合体视图时主要包括哪些内容？

4. 组合体读图的基本要领有哪些？

四、作图题

1. 根据立体图补画图线，如图 4-41 所示。
2. 根据立体图，画组合体的三视图，如图 4-42 所示。

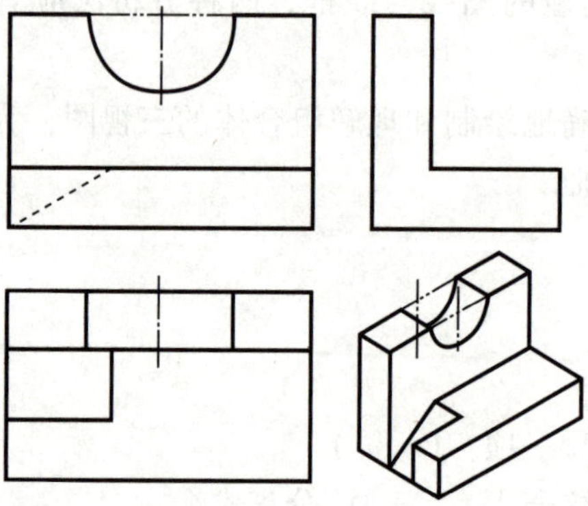

图 4-41　练习 1

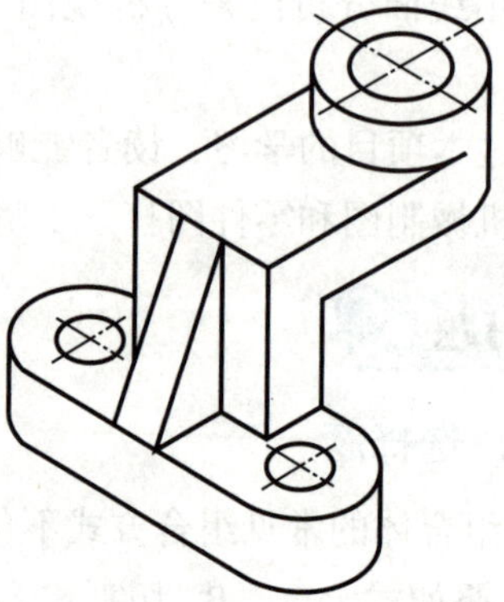

图 4-42　练习 2

3. 已知两投影，求第三投影，如图 4-43 所示。
4. 标注组合体的尺寸（数值按 1∶1 从图中量取，并取整数），如图 4-44 所示。

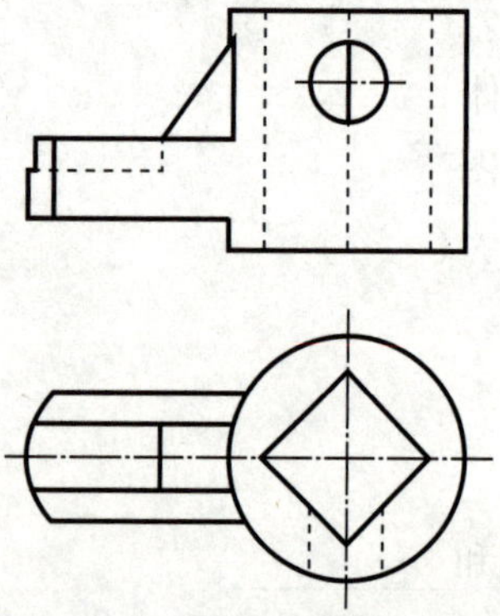

图 4-43　练习 3

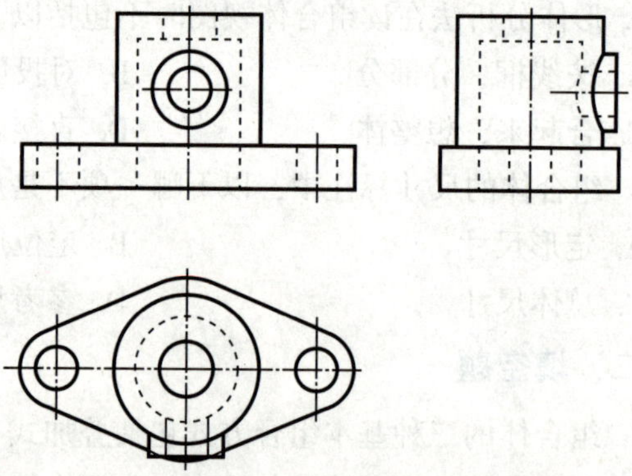

图 4-44　练习 4

项目5

轴 测 图

项目导读

轴测图是将物体投射到单一投影面上得到的图形，与工程上常用的多面正投影图相比，轴测图能同时反映物体长、宽、高三个方向上的尺度，立体感强。因此，轴测图常作为读图的辅助性图样。

学习目标

知识目标

1. 了解轴测图的形成、投影特性以及分类。
2. 理解正等测的轴间角和轴向伸缩系数。
3. 掌握平面立体、回转体和组合体的正等测的画法。
4. 掌握斜二测的画法。

技能目标

1. 能够绘制平面立体、回转体和组合体的正等测图。
2. 能够绘制斜二测图。

素质目标

1. 通过学习轴测图的基础知识，培养读者的空间想象能力和创新意识，让读者理解在三维空间中表达物体的重要性。

2. 在掌握正等测的绘制技巧时，教育读者理解对称美和比例美在工程制图中的体现，培养读者的审美观念和艺术鉴赏能力。

思政目标

1. 通过斜二测的学习，让读者理解不同视角下的物体表达，培养读者的多角度思考问题的能力。

2. 培养读者的创新能力，激发读者的好奇心和求知欲。

任务1 轴测图的基础知识

任务描述

通过对本任务相关知识的学习，读者可以了解轴测图的形成和分类，掌握轴测的投影特性。

任务分析

想要绘制好轴测图，首先要了解轴测图的形成；其次掌握轴测的投影特性；最后了解轴测图的分类。

任务重点与实施

工程上常用的图样是多面正投影图，如图 5-1（a）所示，它通常能较完整、较确切地表达出零件各部分的形状，具有作图简单、度量性好和实形性好等优点，但缺乏立体感，只有具有一定读图能力的人才能看懂。为了帮助读图，工程上还采用轴测投影图（简称轴测图），如图 5-1（b）所示，它能在一个投影上同时反映物体的正面、顶面和侧面的形状，因此富有立体感。但物体上原来的长方形平面在轴测图上变成了平行四边形，圆也变成了椭圆。因此，轴测图不能确切地表达出物体原来的形状和大小，而且作图复杂，在工程上常作为辅助性图样。

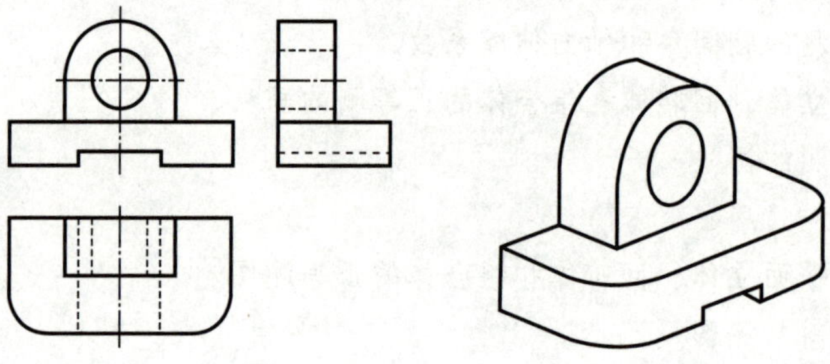

（a）多面正投影图　　（b）轴测图

图 5-1　多面正投影图与轴测图的比较

5.1.1　轴测图的形成

图 5-2 表明了轴测图的形成方法。轴测投影是将物体连同其参考直角坐标系，沿不平行于任一坐标面的方向，用平行投影法将其投射在单一投影面上所得的图形。如图 5-2 所示，P 面称为轴测投影面；空间直角坐标系 OX、OY、OZ 在轴测投影面上的投影 O_1X_1、O_1Y_1、O_1Z_1 称为轴测投影轴（简称轴测轴）；轴测轴之间的夹角 $\angle X_1O_1Y_1$、$\angle X_1O_1Z_1$、$\angle Y_1O_1Z_1$ 称为轴间角；直角坐标轴的轴测投影的单位长度与相应直角坐标

轴上的单位长度的比值称为轴向伸缩系数，分别用 p_1、q_1、r_1 表示，简化伸缩系数分别用 p、q、r 表示。对于常用的轴测图，三条轴的轴向伸缩系数都是已知的。这样，就可以在轴测图上按轴向伸缩系数来度量长度了。

轴测图有以下两种基本形成方法。

（1）将物体倾斜放置，使轴测投影面与物体上的三个坐标面都处于倾斜位置，用正投影法得到的轴测投影称为正轴测图，如图5-2（b）所示。

（2）不改变物体和轴测投影面的相对位置，用斜投影法得到的轴测投影称为斜轴测图，如图5-2（c）所示。

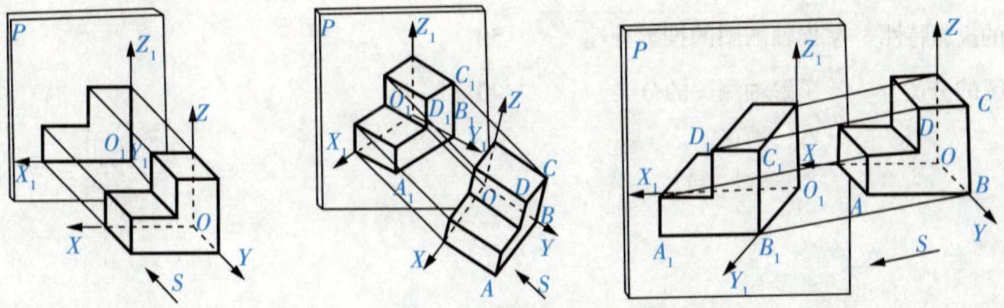

（a）正投影　　（b）正轴测图　　（c）斜轴测图

图5-2　轴测图的形成方法

5.1.2　轴测图的投影特性

轴测图是用平行投影法得到的一种投影图，由立体几何可以证明，与投射方向不一致的两平行直线段的平行投影仍保持平行，且各线段的平行投影与原线段的长度比相等，由此可得出轴测图的以下投影特性。

1. 平行性

在轴测图中，物体上平行于坐标轴的直线段的轴测投影仍与相应的轴测轴平行。

2. 定比性

物体上平行于坐标轴的直线段的轴测投影与原线段的长度比等于该轴的轴向伸缩系数。

由此可知，凡是平行于原坐标轴的线段，其长度乘以相应的轴向伸缩系数，就是该线段的轴测投影长度。换言之，在轴测图中，只有沿轴测轴方向测量的长度才与原坐标轴方向的长度有一定的对应关系，这就是“轴测”二字的含义。

5.1.3　轴测图的分类

轴测图分为正轴测图和斜轴测图两大类。当投射方向垂直于轴测投影面时，称为正轴测图，当投射方向倾斜于轴测投影面时，称为斜轴测图。每类轴测图按轴向伸缩系数的不同又分为以下三种。

（1）正（或斜）等轴测图（简称正等测或斜等测）：$p_1=q_1=r_1$。

(2) 正(或斜)二等轴测图(简称正二测或斜二测):$p_1=q_1\neq r_1$ 或 $p_1\neq q_1=r_1$ 或 $p_1=r_1\neq q_1$。

(3) 正(或斜)三等轴测图(简称正三测或斜三测):$p_1\neq q_1\neq r_1$。

工程中用得较多的是正等测和斜二测,本项目主要介绍这两种轴测图。

任务评价

评价内容	评价标准	分值	读者自评	教师评估
轴测图的形成	了解轴测图的形成	30		
轴测图的投影特性	掌握轴测图的投影特性	50		
轴测图的分类	了解轴测图的分类	20		
	总分	100		

任务2　正　等　测

任务描述

通过对本任务相关知识的学习,要求读者了解正等测的轴间角和轴向伸缩系数,掌握平面立体、回转体以及组合体的正等测的画法。

任务分析

想要绘制好正等测图,首先要了解正等测的轴间角和轴向伸缩系数;其次掌握平面立体的正等测的画法,掌握回转体的正等测的画法;最后掌握组合体的正等测的画法。

任务重点与实施

5.2.1 正等测的轴间角和轴向伸缩系数

1. 正等测的轴间角

根据理论分析,正等测的轴间角相等,均为120°,即$\angle X_1O_1Y_1=\angle X_1O_1Z_1=\angle Y_1O_1Z_1=120°$,作图时,一般使 O_1Z_1 轴处于铅垂位置,O_1X_1 轴和 O_1Y_1 轴分别与水平线成30°,如图5-3所示。

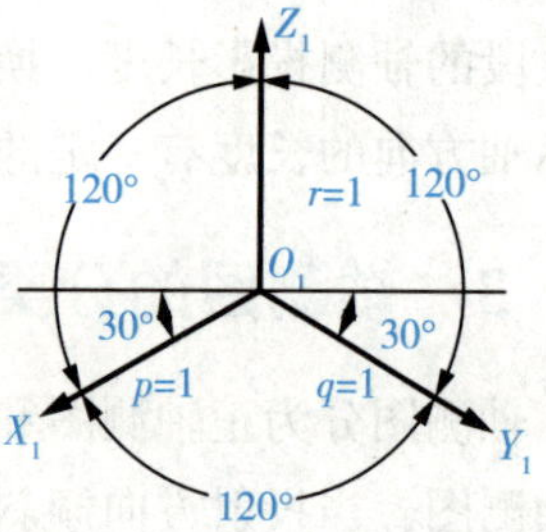

图5-3　正等测的轴间角和简化伸缩系数

2. 正等测的轴向伸缩系数

根据计算，正等测的轴向伸缩系数 $p_1=q_1=r_1\approx0.82$。为了作图简便，常用简化伸缩系数，取 $p=q=r=1$，如图5-3所示。用简化伸缩系数画的正等测，其形状不变，只是其三个轴向尺寸是用轴向伸缩系数（0.82）所画的正等测的三个轴向尺寸的 $1/0.82=1.22$ 倍。

5.2.2 平面立体的正等测的画法

画平面立体轴测图的基本方法是坐标法，即根据立体表面各顶点的坐标，分别画出各顶点的轴测投影，然后顺次连接各顶点的轴测投影（可见的棱线画成粗实线）。此外，根据立体的结构特点，还可以采用切割法。为了使图形清晰，轴测图上通常不画出不可见轮廓线。

【例5-1】 如图5-4（a）所示，已知正六棱柱的主视图和俯视图，绘制正六棱柱的正等测。

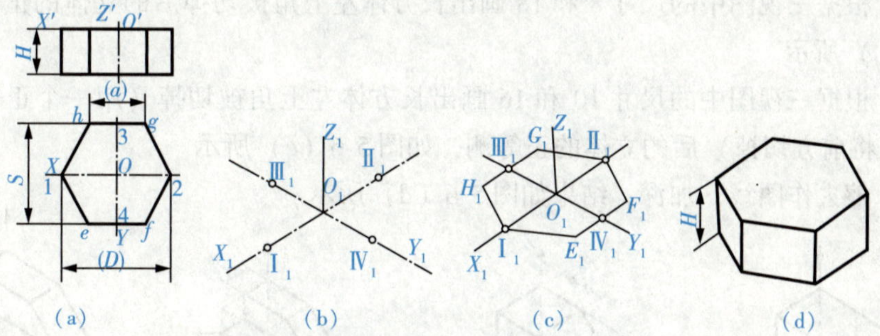

图5-4 用坐标法画正六棱柱的正等测

分析：

形体分析，确定坐标轴。在正投影图中选坐标轴时，应考虑作图简便。如图5-4（a）所示，正六棱柱的顶面和底面是处于水平位置的正六边形，因此取顶面中心为坐标原点，并确定如图5-4（a）所示的坐标轴，为了便于画轴测图，设正六边形的边长为 a，正六棱柱的长、宽、高分别为 D、S、H。

作图：

（1）画轴测轴。在 O_1X_1 轴上取 $O_1\text{I}_1=O_1\text{II}_1=D/2$，在 O_1Y_1 轴上取 $O_1\text{III}_1=O_1\text{IV}_1=S/2$，如图5-4（b）所示。

（2）画顶面的轴测投影。过点 III_1、IV_1 作 O_1X_1 轴的平行线，取 $\text{III}_1G_1=\text{III}_1H_1=\text{IV}_1E_1=\text{IV}_1F_1=a/2$，连接各顶点，得到顶面的轴测投影，如图5-4（c）所示。

（3）过各顶点向下作 O_1Z_1 的平行线，取长度为棱柱的高度 H，连接底面各点，擦去作图线，加深可见棱线的投影，即完成正六棱柱的正等测，如图5-4（d）所示。

【**例 5-2**】求作如图 5-5 所示的立体的正等测。

分析：

形体分析，确定坐标轴。

如图 5-5 所示的立体三视图，利用形体分析法和线面分析法可知，该立体是由一个长方体经过切割形成的，它先被一个正垂面切掉了左上角，然后被一个正平面和一个水平面将前方切掉。通过分析可知，该立体的正等测可采用切割法求出，先画出长方体的正等测，然后按照切割过程，将长方体上需要切掉的部分逐个切掉，即可完成该立体的正等测的绘制。分析后，先确定坐标轴。

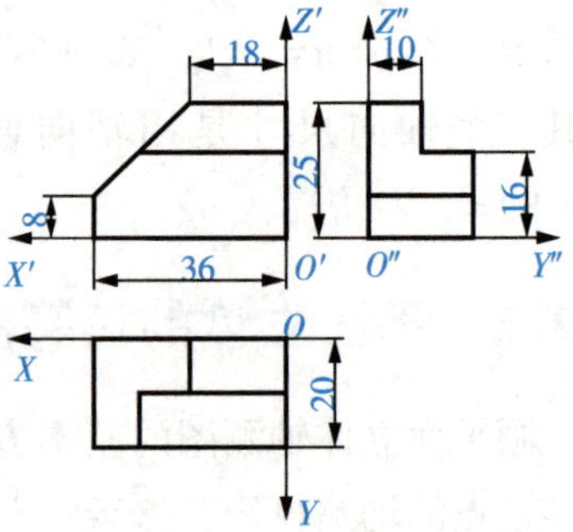

图 5-5　立体三视图

作图：

（1）画轴测轴。按长方体的长（36 mm）、宽（20 mm）和高（25 mm）画出未切割的长方体的正等测，如图 5-6（a）所示。

（2）根据三视图中的尺寸 8 和 18 画出长方体左上角被切掉后的立体的正等测，如图 5-6（b）所示。

（3）根据三视图中的尺寸 10 和 16 画出长方体左上角被切掉（用一个正平面和一个水平面将前方切掉）后的立体的正等测，如图 5-6（c）所示。

（4）擦去作图线，加深，结果如图 5-6（d）所示。

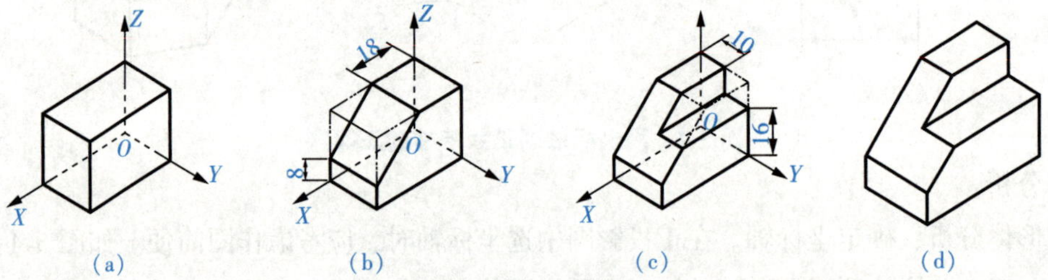

图 5-6　具体作图过程

5.2.3　回转体的正等测的画法

回转体的正等测的关键是回转体端面的正等测，即椭圆画法。

1. 平行于坐标面的圆的正等测

平行于任一坐标面的圆因与轴测投影面都不平行，所以其正等测都是椭圆。为了作图简便，正等测中的椭圆常采用四心法（或菱形法）简化画出。

作图时，把平行于坐标面或坐标面上的圆看作正方形的内切圆，先画出正方形的正等测——菱形，因为圆的正等测（椭圆）内切于该菱形，且在圆上分别平行于两个坐标轴的一对直径（过内切圆四个切点），所以其在轴测图中的投影仍分别平行于相应的轴测轴。然后用四段圆弧分别与菱形相切并光滑连接成椭圆。现以水平面上的圆的正等测为例，说明作图方法，如图 5-7 所示。

平行于其他坐标面的圆的正等测的画法与水平面上的圆的正等测的画法一样，它们的形状大小相同，只是长/短轴方向不同。

（a）画轴测轴，按直径 d 量取 A_1、B_1、C_1、D_1 点　（b）作菱形，连 $1A_1$、$1C_1$、$3D_1$ 和 $3B_1$，得交点 2、4

（c）以点 1、3 为圆心、$1A_1$ 为半径作两大圆弧　（d）以点 2、4 为圆心、$2A_1$ 为半径作两小圆弧

图 5-7　水平面上的圆的正等测的画法

根据理论分析，与坐标面平行的圆的正等测（椭圆）的长轴与该坐标面垂直的轴测轴垂直，短轴与该轴测轴平行，如图 5-8 所示。当圆位于 XOY 面内时，它的正等测（椭圆）的长轴与 O_1Z_1 轴垂直，短轴平行于 O_1Z_1 轴。同理，位于 YOZ 面内的圆的正等测（椭圆）的长轴垂直于 O_1X_1 轴，短轴平行于 O_1X_1 轴；位于 XOZ 面内的圆的正等轴测图（椭圆）的长轴垂直于 O_1Y_1 轴，短轴平行于 O_1Y_1 轴。正等测中的椭圆的长轴为 d，短轴为 $0.58d$，如图 5-8（a）所示。当按简化伸缩系数作图时，其长/短轴均被放大为原来的 1.22 倍，如图 5-8（b）所示。

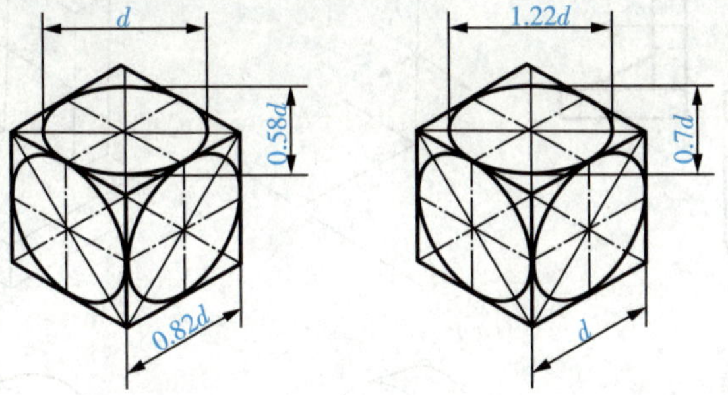

（a）　（b）

图 5-8　平行于坐标面的圆的正等测的画法

2. 回转体的正等测的具体绘制过程

在画回转体的正等测时，首先用四心法画出回转体中平行于坐标面的圆的正等测，其次画出整个回转体的正等测。

图 5-9 为圆柱的正等测的画法，具体的作图过程如下。

（1）在正投影图中选定坐标原点和坐标轴，如图 5-9（a）所示。

（2）画轴测轴。按四心法画顶圆的轴测投影坐标轴，原点为顶圆圆心，如图 5-9（b）所示。

（3）由点 O_1、O_2、O_3、O_4 作 Z_1 轴的平行线，沿 Z_1 轴量取圆柱的高度 h，得 O_5、O_6、O_7、O_8 点，以其为四心作底圆的轴测投影，如图 5-9（c）所示。

（4）作两椭圆的公共切线，去掉不可见部分并加深，结果如图 5-9（d）所示。

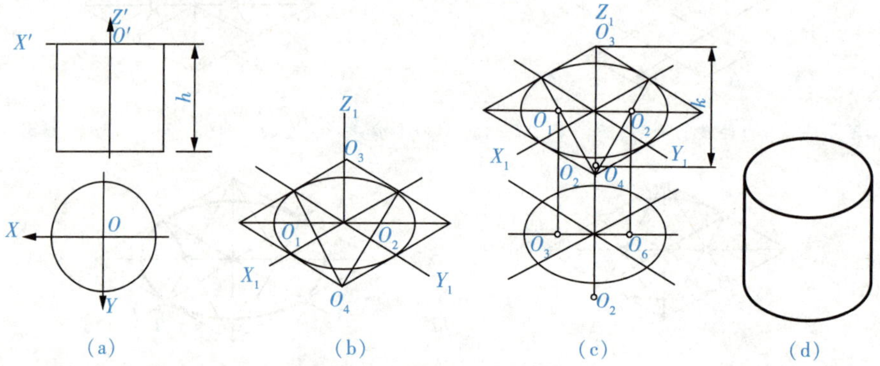

图 5-9 圆柱的正等测的画法

5.2.4 组合体的正等测的画法

在画组合体的正等测时，只需按各组成部分的相对位置分别画出各个简单体的轴测图即可。

如图 5-10（a）所示，此支架由带圆角的底板、半圆板和肋板三部分组成。作图时可分别画出这三部分的轴测图，最后完成全图。具体作图步骤如图 5-10（b）至（f）所示。

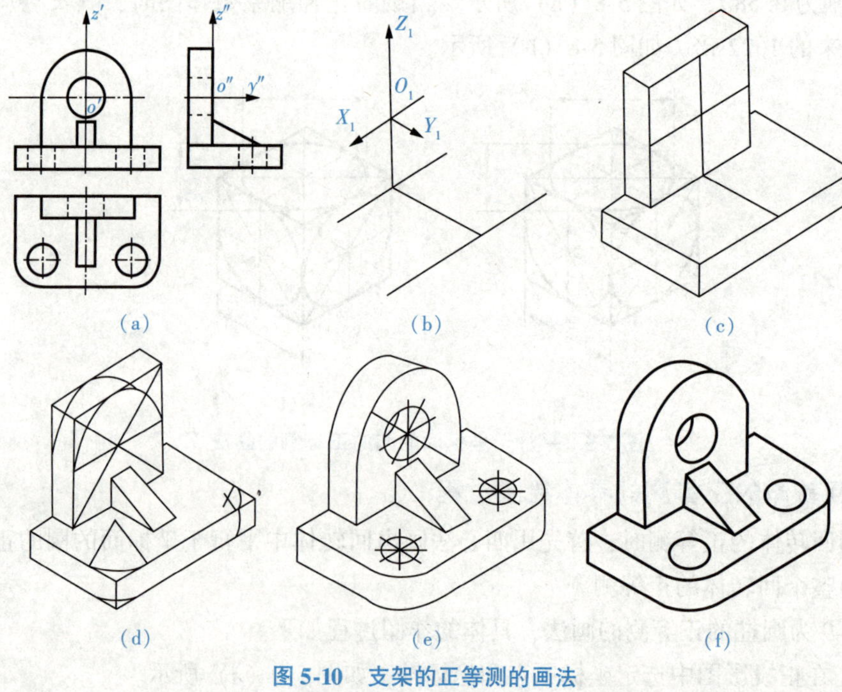

图 5-10 支架的正等测的画法

关于连接直角的圆弧，如图 5-11（a）所示，其正等测圆的简化画法与圆的正等测（椭圆）的画法相同。只需在所作圆角的边上量取圆角半径 R，自量取的点开始作边线的垂线即可，如图 5-11（b）所示。然后以两垂线的交点为圆心、垂线长为半径画弧，所画弧即轴测图上的圆角，如图 5-11（c）所示。

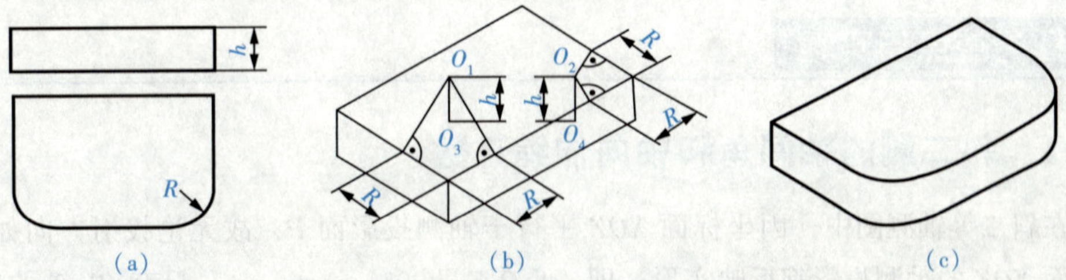

图 5-11 圆角的正等测的画法

任务评价

评价内容	评价标准	分值	读者自评	教师评估
正等测的轴间角和轴向伸缩系数	了解正等测的轴间角和轴向伸缩系数	10		
平面立体的正等测的画法	掌握平行于坐标面的圆的正等测的画法	15		
	掌握回转体的正等测的具体绘制过程	15		
回转体的正等测的画法	掌握回转体的正等测的画法	30		
组合体的正等测的画法	掌握组合体的正等测的画法	30		
总分		100		

任务3 斜 二 测

任务描述

通过对本任务相关知识的学习，读者可以了解斜二测的轴间角和轴向伸缩系数，掌握斜二测图的画法。

任务分析

想要绘制好斜二测图，首先要了解斜二测的轴间角和轴向伸缩系数，其次掌握平行于坐标面的圆的斜二测的画法，最后掌握斜二测的画法。

任务重点与实施

5.3.1　斜二测的轴间角和轴向伸缩系数

在斜二等轴测图中，因坐标面 *XOZ* 平行于轴测投影面 *P*，故无论投射方向如何，坐标面 *XOZ* 的轴测投影都反映实形，即 $\angle X_1O_1Z_1=90°$，$p_1=r_1=1$。只有 *OY* 轴的伸缩系数和轴间角随投射方向的不同而变化。为了使图形更接近视觉效果和简化作图，常取 $\angle X_1O_1Y_1=\angle Y_1O_1Z_1=135°$，$q_1=0.5$，如图 5-12 所示。

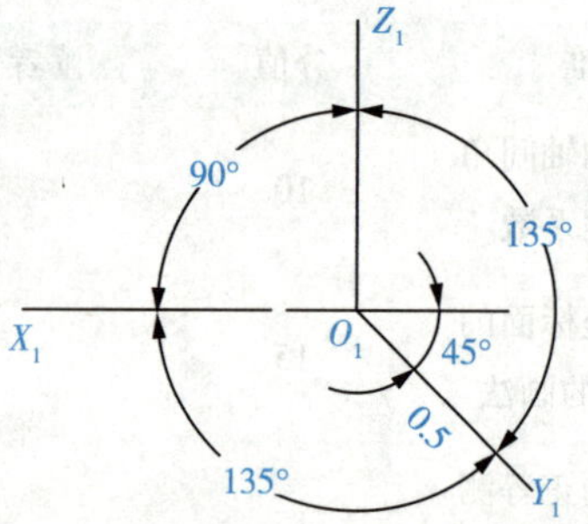

图 5-12　斜二测的轴间角和轴向伸缩系数

5.3.2　平行于坐标面的圆的斜二测

平行于坐标面的圆的斜二测的画法如图 5-13 所示。从图 5-13 中可看出，平行于 *XOZ* 坐标面的圆的斜二测反映实形，平行于 *XOY* 和 *YOZ* 坐标面的圆的斜二测都是椭圆，它们的形状相同，作图方法也一样，只是椭圆的长/短轴的方向不同。

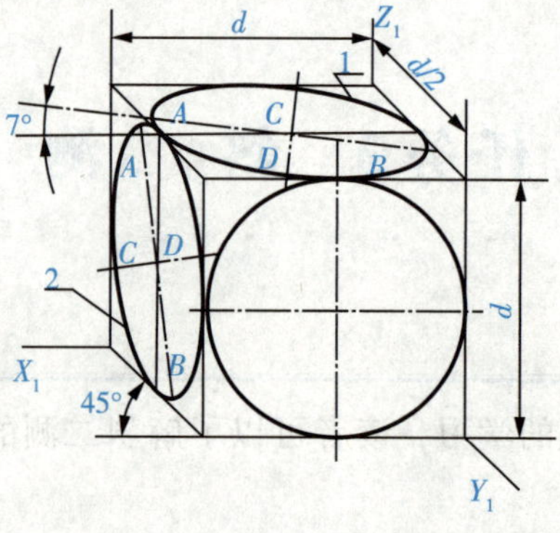

图 5-13　平行于坐标面的圆的斜二测的画法

平行于 XOY 坐标面的圆的斜二测（椭圆）的近似画法如图5-14所示，具体作图步骤如下。

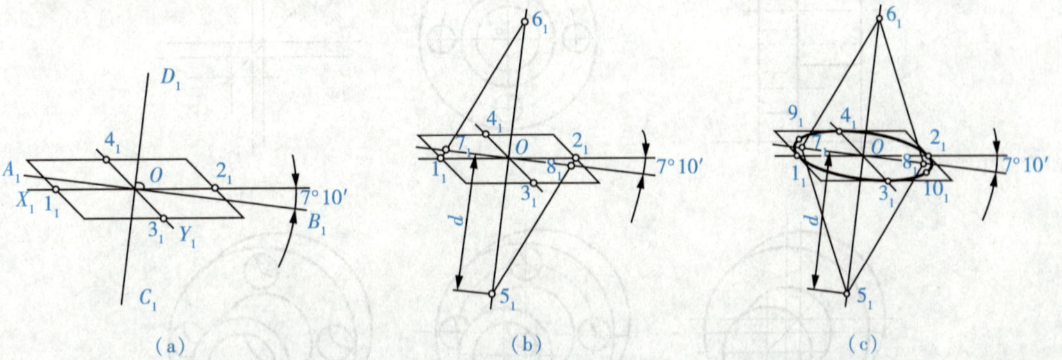

图5-14　平行于XOY坐标面的圆的斜二测（椭圆）的近似画法

（1）以圆心 O 为坐标原点，作轴测轴 OX_1、OY_1 及四条边均平行于坐标轴的圆的外切正方形的斜二测，四条边的中点分别为11、21、31、41。再作 A_1B_1，与 OX_1 轴成7°10′，即椭圆的长轴方向；作 $C_1D_1 \perp A_1B_1$，即椭圆的短轴方向，如图5-14（a）所示。

（2）在短轴 C_1D_1 的延长线上取 $O5_1 = O6_1 = d$（圆的直径），分别连接点 5_1 与 2_1、6_1 与 1_1，连线 5_12_1、6_11_1 与长轴相交于点 8_1、7_1，点 5_1、6_1、7_1、8_1 即圆弧的圆点，如图5-14（b）所示。

（3）以点 5_1、6_1 为圆心，5_12_1、6_11_1 为半径，画圆弧 9_12_1、10_11_1，与圆心连线 5_17_1、6_18_1 的延长线相交于点 9_1、10_1；以点 7_1、8_1 为圆心，7_11_1、8_12_1 为半径，作圆弧 1_19_1、2_110_1。由此连成近似椭圆，切点为 1_1、9_1、2_1、10_1，如图5-14（c）所示。

由于斜二测能反映 XOZ 坐标面及其平行面的实形，所以特别适合用于绘制只在一个方向上有圆或圆弧的物体。

5.3.3　斜二测的画法

斜二测的基本作图方法和正等测的作图方法一样。图5-15所示的端盖就适合用斜二测来表达，具体作图步骤如下。

（1）选择坐标系，如图5-15（a）和图5-15（b）所示。

（2）画轴测轴。经 O_1Y_1 轴量取尺寸0.5L和0.5S，定出各圆圆心，如图5-15（c）所示。

（3）分别画出前、后两圆柱的端面圆，并画出各圆柱的轮廓切线，如图5-15（d）所示。

（4）画出两圆柱上的圆孔，如图5-15（e）所示。

（5）擦去多余图线，加深，完成作图，如图5-15（f）所示。

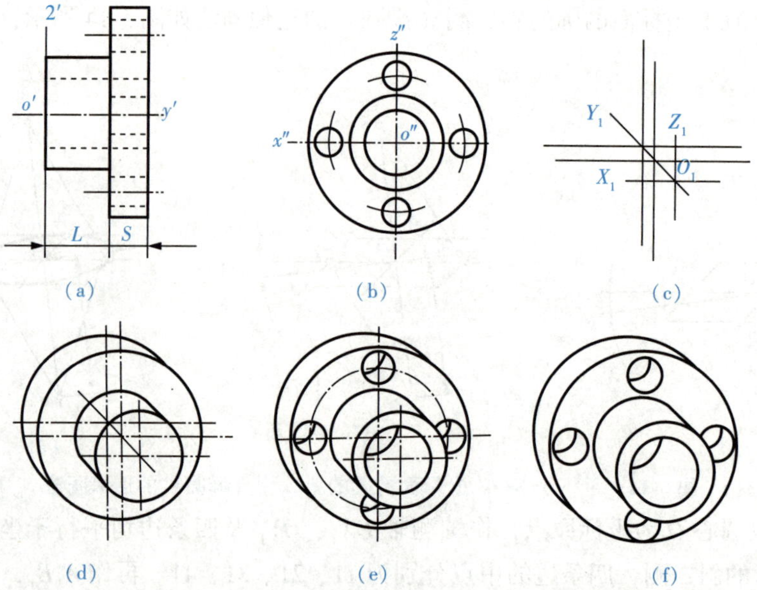

图 5-15　端盖的斜二测的画法

任务评价

评价内容	评价标准	分值	读者自评	教师评估
斜二测的轴间角和轴向伸缩系数	了解斜二测的轴间角和轴向伸缩系数	20		
平行于坐标面的圆的斜二测	掌握平行于坐标面的圆的正等测的画法	40		
斜二测的画法	掌握斜二测的画法	40		
总分		100		

项目小结

轴测图是一种能反映物体三维空间形状的单面投影图，在表达机器的操纵机构、空间管路的布置、机器外观的形状时，比多面正投影更加形象、易懂，常作为三视图的辅助图样来帮助读图。

轴测投影方向垂直于轴测投影面的投影图，称为正轴测图；轴测投影方向倾斜于轴测投影面的投影图，称为斜轴测图。工程上多采用正等轴测图（轴间角及各轴的轴向伸缩系数全相同）及斜二轴测图（有一个坐标面与轴测投影面平行，三个轴向伸缩系数中的二个相等）。通过本项目的学习，读者能够掌握轴测图的绘制，提升空间立体感。

项目习题

一、选择题

1. 轴测图通常用于表达物体的哪个方面？(　　)

A. 平面形状　　B. 立体效果

C. 详细尺寸　　D. 材料特性

2. 在正等测中，轴间角通常是多少度？(　　)

A. 90°　　B. 120°

C. 135°　　D. 180°

3. 斜二测图中，平行于 XOZ 坐标面的圆的斜二测会如何表现？(　　)

A. 反映实形　　B. 成为一条直线

C. 成为一个椭圆　　D. 不可见

4. 绘制轴测图时，哪个特性说明物体上平行于坐标轴的直线段的轴测投影与原线段的长度比等于该轴的轴向伸缩系数？(　　)

A. 平行性　　B. 定比性

C. 积聚性　　D. 从属性

二、填空题

1. 轴测图的形成需要物体、__________和__________三个要素。

2. 在轴测图中，物体上平行于坐标轴的直线段的轴测投影仍与相应的__________平行。

3. 正等测的轴向伸缩系数通常取为__________，简化伸缩系数取为__________。

4. 绘制组合体的正等测时，需要按各组成部分的相对位置分别画出各个________的轴测图。

三、问答题

1. 简述多面正投影图相比轴测图的优缺点。

2. 轴测图的投影特性有哪些？

3. 正轴测图与斜轴测图的区别是什么？

4. 正等测的轴间角是多少度？

四、作图题

1. 根据视图画出正等轴测图，如图 5-16 所示。

2. 根据视图画出斜二等轴测图，如图 5-17 所示。

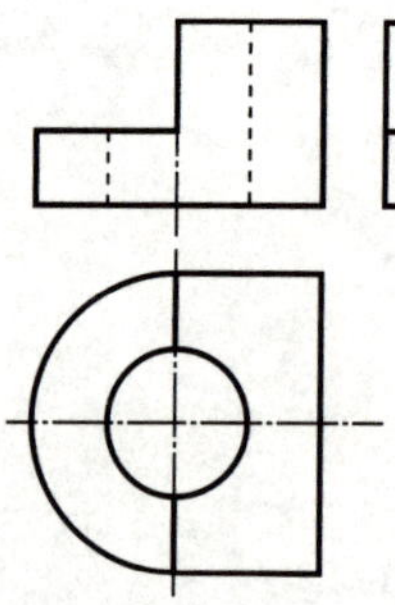

图 5-16　练习 1

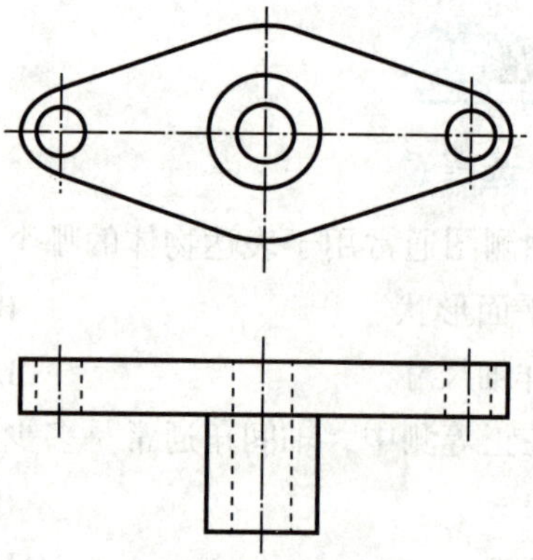

图 5-17　练习 2

3. 根据已给视图补画第三视图，并绘制斜二等轴测图，如图 5-18 所示。

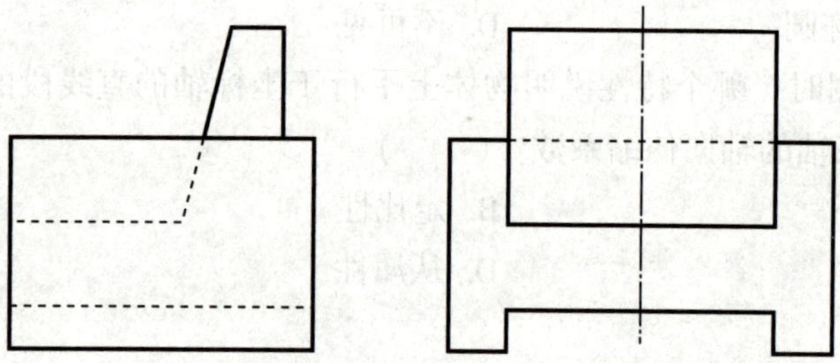

图 5-18　练习 3

项目6

机件常用的表达方法

项目导读

前面学习过把一个空间物体用三视图表达出来；根据三视图想象出一个物体的空间形状。但是，并不是所有的物体都只能用三视图来表达，也并不是所有的三视图都能把一个物体表达清楚。在工程实践中，机件的形状多种多样，如何根据机件的结构特点选择合理的表达方案是工程技术人员必须具备的基本技能之一。

学习目标

知识目标

1. 了解各种视图的基本概念。
2. 掌握各种视图的画法。
3. 掌握各种视图的标注方法。

技能目标

1. 能够绘制和标注局部视图。
2. 能够绘制和标注斜视图。
3. 能够绘制和标注剖视图。
4. 能够绘制和标注移出断面图。
5. 能够绘制局部放大图。

素质目标

1. 通过学习视图，培养读者的空间想象能力和逻辑思维能力，强调从不同角度观察和分析问题的重要性。
2. 在掌握剖视图的技巧时，培养读者的深入探究精神和细致观察能力。

思政目标

1. 通过断面图的学习，培养读者的分析和综合能力。
2. 在局部放大图的学习中，培养读者对细节的关注和重视。
3. 在综合应用各种表达方法时，培养读者的创新思维和综合运用知识的能力。

任务1 视　　图

任务描述

通过对本任务相关知识的学习，要求读者了解基本视图的基本形成与配置，掌握基本视图的投影规律及方位关系，了解向视图、局部视图以及斜视图的概念，掌握向视图、局部视图以及斜视图的画法。

任务分析

想要绘制好视图，首先要了解基本视图的基本形成与配置，其次掌握基本视图的投影规律及方位关系，了解向视图的概念和掌握向视图的标注，了解局部视图的概念和掌握局部视图的画法、标注及配置；最后了解斜视图的概念和掌握斜视图的画法、标注及配置。

任务重点与实施

图 6-1 是一个物体的三视图及其对应的轴测图。不难发现，这个物体是由一个大四棱柱切割掉若干小四棱柱形成的，但是，到底切割掉了七个小四棱柱还是八个小四棱柱，仅根据三视图，无法确定大四棱柱右后下方的那个角有没有被切掉。这个例子说明，有些物体仅用三视图是表达不清楚的，因此需要用其他的表达方法。

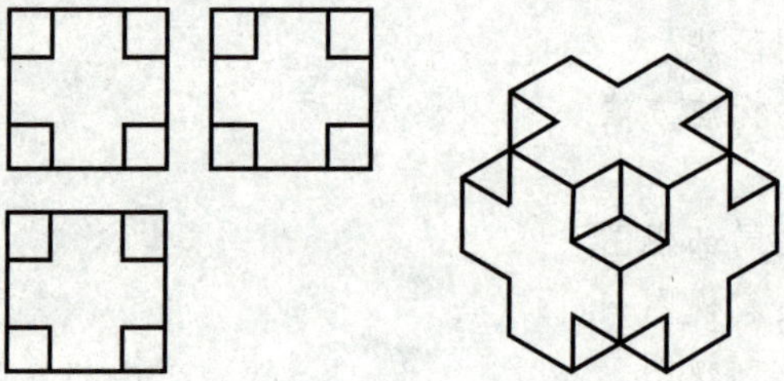

图 6-1　物体的三视图及轴测图

国标规定，视图主要用来表达物体的外部结构和形状，在视图中，一般只画出物体的可见部分，只有在必要时才用虚线画出其不可见部分。视图有基本视图、向视图、局部视图和斜视图四种，可按需要进行选择，现分别介绍如下。

6.1.1　基本视图

1. 基本视图的形成与配置

三视图是把空间物体放到三投影面体系中，利用正投影的方法得到的，但是，主视图只能使物体的前方可见，而后方不可见。同样，俯视图和左视图也只能使物体的上方和左方可见，而物体的下方和右方不可见，这就使得三视图在表达物体时受到一定的限制，为了多角度、全方位地表达物体，国标规定，在物体的上方放置一个和 *H* 面相平行的投影面，把物体从下向上投射所得到的视图称为仰视图；在物体的右方放置一个和 *W* 面相平行的投影面，把物体从右向左投射所得到的视图称为右视图；同样，在物体的后方放置一个和 *V* 面相平行的投影面，把物体从后向前投射所得到的视图称为后视图。这样，主视图、俯视图、左视图、仰视图、右视图和后视图这六个视图就称为基本视图，相应的六个投影面称为基本投影面。实际上，基本投影面就是从正六面体的六个面进行拍摄，如图 6-2（a）所示。

六个基本视图在展开时，国标规定，主视图保持不动，其他视图按如图 6-2（b）所示的方向（箭头）进行旋转，使其与主视图共面。基本视图的配置如图 6-2（c）所示，以主视图为基准，俯视图配置在主视图的正下方，左视图配置在主视图的正右方，仰视图配置在主视图的正上方，右视图配置在主视图的正左方，后视图配置在左视图的正右方。这种位置配置就是按投影面的展开摆放的，称为按投影关系配置。在同一张图纸内，当按此位置配置视图时，一律不标注视图的名称，如图 6-2（d）所示。

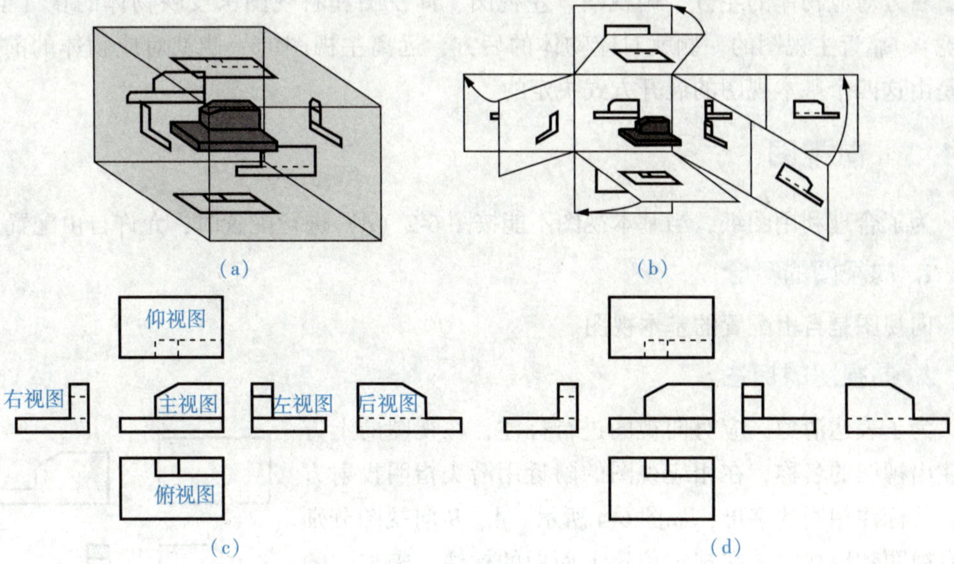

图 6-2　基本视图

2. 基本视图的投影规律及方位关系

（1）投影规律

六个视图之间仍然满足长对正、高平齐、宽相等的投影关系，如图 6-3 所示。由图 6-3 可知，每四个基本视图反映物体的同一方向的尺寸，每个基本视图都能反映物体的两个方向上的尺寸。主视图、俯视图、仰视图和后视图都反映物体的长，但是，只有主视图、俯视图和仰视图保持长对正，这是因为后视图在基本视图展开时旋转了 180°；主视图、左视图、右视图和后视图共同反映物体的高，四个基本视图之间保持高平齐；俯视图、左视图、右视图和仰视图都反映物体的宽，四个基本视图之间保持宽相等。

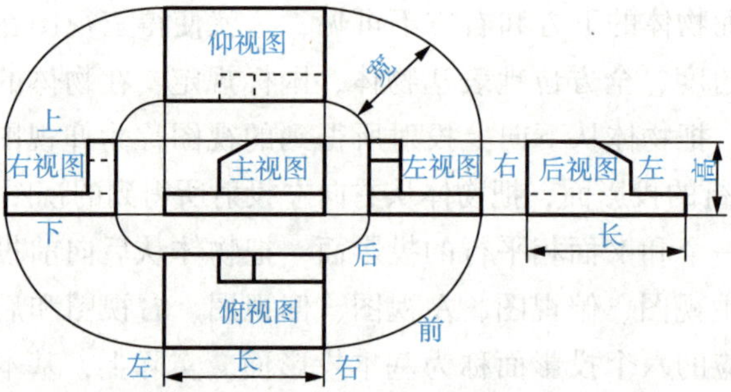

图 6-3　基本视图的投影规律及方位关系

(2) 方位关系

主视图、左视图、右视图和后视图都反映物体的高（上下为高），如图 6-3 所示。因此，视图的上方就对应物体的上方，视图的下方就对应物体的下方；主视图、俯视图、仰视图和后视图都反映物体的长（左右为长），主视图、俯视图和仰视图的左方对应物体的左方，视图的右方就对应物体的右方，而对于后视图，其左方对应物体的右方，右方对应物体的左方；俯视图、左视图、仰视图和右视图都反映物体的宽（前后为宽），靠近主视图的一侧就对应物体的后方，远离主视图的一侧就对应物体的前方，这是由这四个基本视图的展开方式决定的。

6.1.2　向视图

为了合理利用图纸，当基本视图不能按图 6-2（d）进行配置时，允许自由配置。

1. 向视图的概念

向视图是自由配置的基本视图。

2. 向视图的标注

为了表达清楚，应对向视图进行标注，在视图的上方标注出视图的名称，在相应视图的附近用箭头指明投射方向，并标注相同的字母，如图 6-4 所示。*A*、*B* 向视图分别是右视图和后视图未在规定位置上而做的标注，未加注的四个基本视图按投影关系配置在规定的位置上。向视图表示投射方向的箭头应四周正射地指向主视图，以便使向视图与基本视图一致，如图 6-4 中的 *A* 向视图；表示后视图投射方向的箭头应配置在左视图或右视图上，如图 6-4 中的 *B* 向视图。

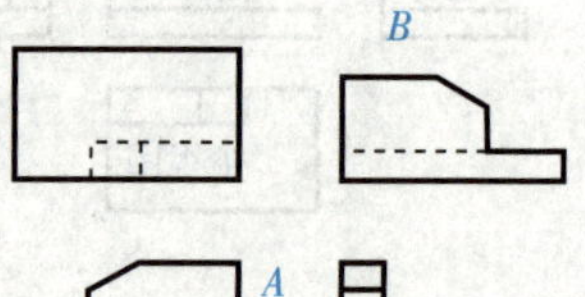

图 6-4　向视图

实际上，向视图是基本视图的平移，向视图和基本视图之间仅仅是位置上的差别，视图之间的投影关系和方位关系仍保持不变。

虽然物体的外形用六个基本视图来表达，但在实际应用中，并非所有的物体都需要用六个基本视图，应根据物体的形状和结构特点，选用必要的基本视图，对于已经表达清楚的形状，在其他视图上的虚线可以省略。例如，在图6-5（a）中，*A*、*B*向视图及仰视图中的细虚线均可省略。另外，在完整表达物体的前提下，视图数量越少越好，如图6-5（b）所示。该物体只需用主视图和俯视图就可以表达清楚，因此不需要其他的视图。

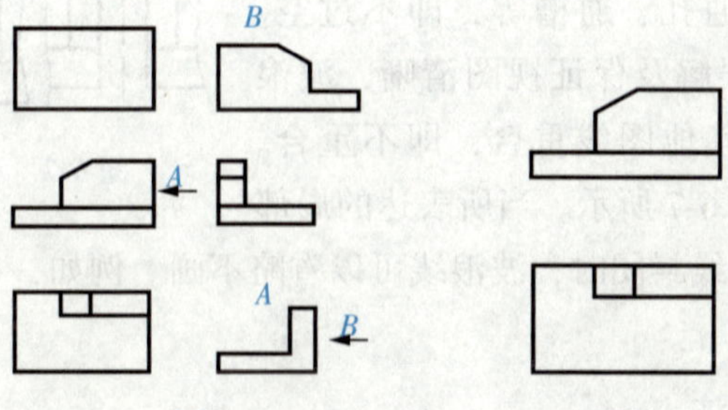

图6-5　基本视图和向视图

6.1.3　局部视图

当采用一定数量的基本视图后，机件上仍有部分结构形状尚未表达清楚，而又没有必要画出完整的基本视图时，可采用局部视图。

1. 局部视图的概念

将机件的某一部分向基本投影面进行投射所得的视图称为局部视图。

当用主视图和俯视图表达如图6-6所示的机件时，构成物体的大圆筒和底板的外形，以及组成这个物体的各个形体之间的相对位置关系都表达清楚了，但是左侧凸台和右侧凸缘的形状均未表达出来。在此基础上，增加机件的左视图和右视图，就可以将它们两个的形状表达出来了。但是，这样表达物体，左视图和右视图会对圆筒和底板部分进行重复表达，作图既烦琐又多余，违背了作图简便的原则。此时，可以对左侧凸台和右侧凸缘采用局部视图进行表达，这样可以做到重点突出、简单明了。

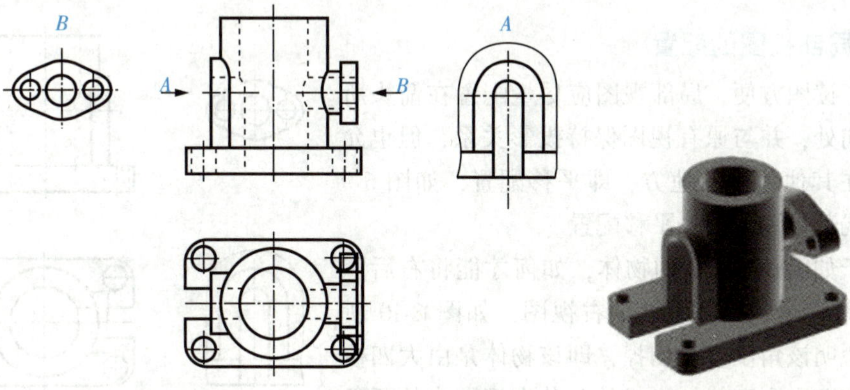

图6-6　局部视图

2. 局部视图的画法

在局部视图里，波浪线表示物体的断裂边界。断裂边界只能发生在物体的实体部分上，因此，波浪线不能超越视图轮廓线的边界，即不越界。同理，波浪线不能过通孔、通槽等，即不过空。另外，为了避免引起误解及保证视图清晰，波浪线也不应与视图中的其他图线重合，即不重合。波浪线的错误画法如图 6-7 所示。当所表达的局部结构是完整的且外轮廓线封闭时，波浪线可以省略不画。例如，在图 6-6 中，*B* 向局部视图的波浪线省略不画。

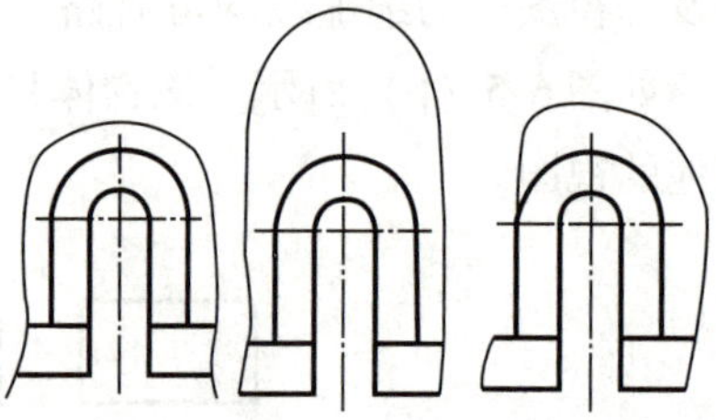

图 6-7　波浪线的错误画法

3. 局部视图的标注

局部视图的标注方法是在视图上方用大写字母标注出视图名称，同时在相应视图附近用箭头标注出投射方向，并标注上相同的字母。为了读图方便，局部视图应尽量与原有视图满足投影关系配置。当局部视图按投影关系配置且中间又没有其他图形隔开时，可省略标注，如图 6-8 所示，这两个局部视图的标注均可省略。

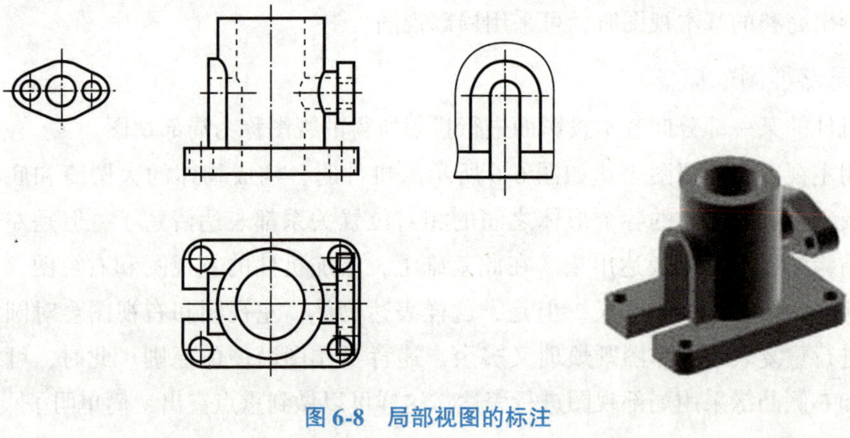

图 6-8　局部视图的标注

4. 局部视图的配置

为了读图方便，局部视图应尽量配置在箭头所指的方向处，并与原有视图保持投影关系，但也允许配置在其他适当的地方，即平移配置，如图 6-9 所示，局部视图 *A* 就是平移配置。

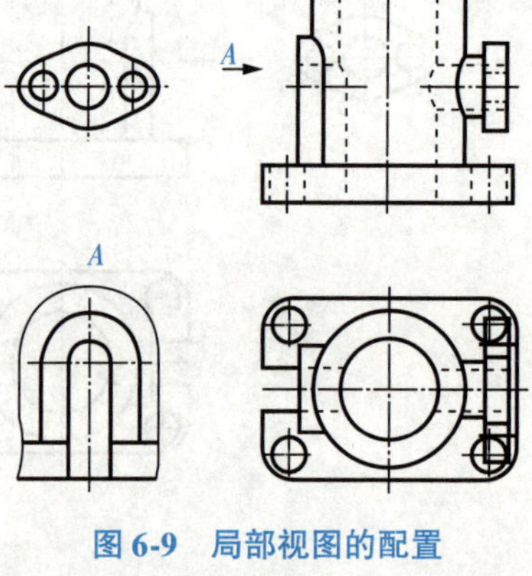

图 6-9　局部视图的配置

对于如图 6-1 所示的物体，如何才能将右后下角表达清楚呢？可增加一个右视图，如图 6-10 所示，以说明该角没有被切掉，即该物体是由大四棱柱被切掉七个小四棱柱形成的；若右视图中的两条细虚线变为实线，则说明该角被切掉了，即该物体是由大四棱柱被切掉八个小四棱柱形成的；根据前面的内容，若该物体是由大四棱柱被切掉七个小四棱柱形成的，则右视图中的两条细虚线可以省略。

根据需要，还可以将右视图平移到其他位置，如图6-11所示，这时，原来的右视图就变成了向视图（向视图需要标注）。

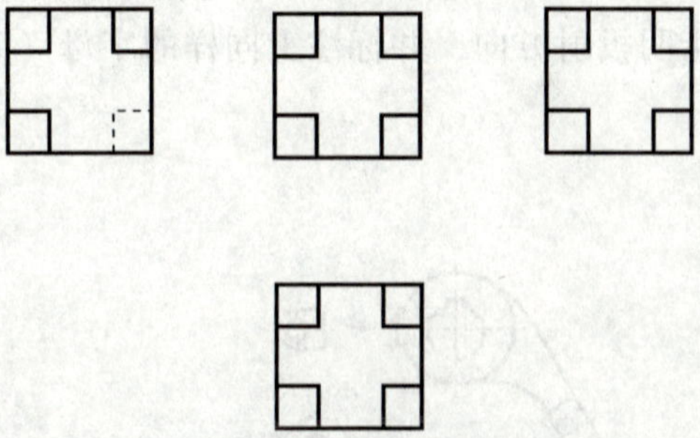

图 6-10　用右视图表达

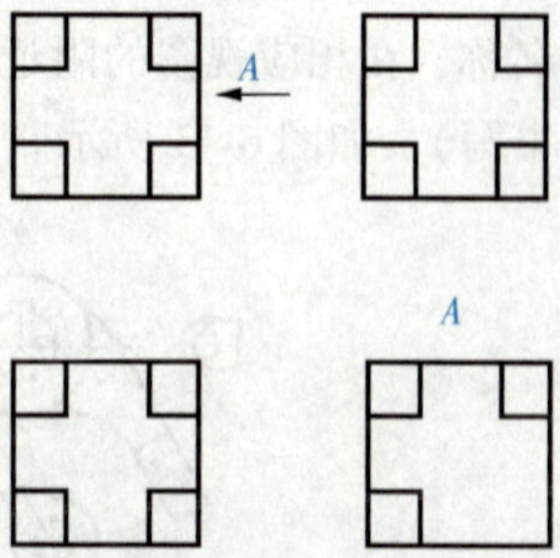

图 6-11　用向视图表达

6.1.4　斜视图

图6-12（a）是用基本视图表达压紧杆，由于压紧杆上有倾斜耳板，所以其视图不反映实形，表达得不够清楚，给画图及读图带来了不便。为了清楚地表达物体上的倾斜结构，增设一个新投影面，此投影面平行于倾斜结构（耳板），并垂直于 *V* 投影面。将倾斜结构向新的投影面进行投射，可得到反映其实形的视图，即斜视图，如图6-12（b）所示。

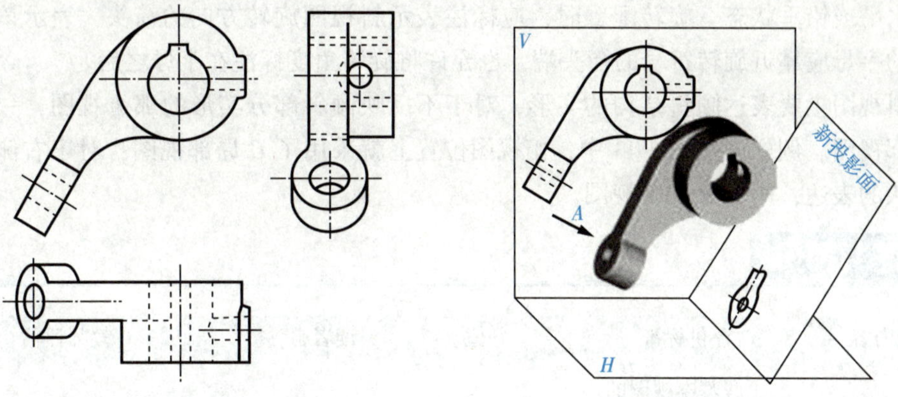

（a）用基本视图表达压紧杆　　（b）压紧杆斜视图的形成

图 6-12　用基本视图表达压紧杆及其斜视图的形成

1. 斜视图的概念

向不平行于任何基本投影面的平面投射所得的视图称为斜视图。

2. 斜视图的画法

增画斜视图只是为了表达物体倾斜结构的局部形状，因此，在画出倾斜结构的实形后，就可以用波浪线将其与物体的其他部分断开，从而成为一个局部的斜视图。波浪线的含义及画法如前所述，与局部视图一样，当所表示的局部结构是完整的且外形轮廓线封闭时，波浪线可省略不画。

3. 斜视图的标注

斜视图必须标注，其标注形式同向视图的标注形式：必须在斜视图的上方标注出视图的名称，在相应视图的附近用箭头指明投射方向，并标注上同样的字母（字母一律水平书写），如图 6-13 所示。

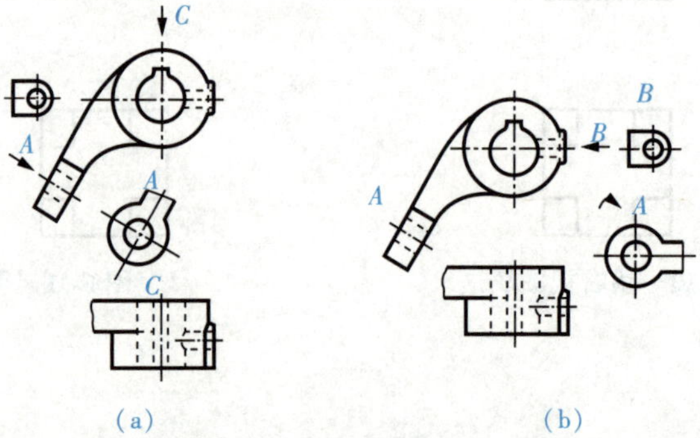

图 6-13　斜视图的标注及配置

4. 斜视图的配置

斜视图一般按投影关系进行配置，必要时也可配置在其他适当的位置上，如图 6-13（a）所述。为了绘图和读图方便，在不致引起误解的情况下，允许将斜视图旋转配置，如图 6-13（b）所示。一般使图形旋转的角度不大于 90°，应使斜视图的主要轮廓线呈水平或铅垂状态。旋转配置时，应标注表示斜视图旋转方向的箭头，表示该视图名称的字母应靠近旋转符号的箭头端，也允许将旋转角度标注在字母之后。

斜视图主要表达倾斜结构的实形，对于不反映倾斜部分实形的那个视图，一般采用局部视图。例如，在图 6-13 中，俯视图位置上就采用了 *C* 局部视图；对于右侧的凸台形状的表达，用了 *B* 局部视图。

任务评价

评价内容	评价标准	分值	读者自评	教师评估
基本视图	了解基本视图的形成与配置	5		
	掌握基本视图的投影规律及方位关系	10		
向视图	了解向视图的概念	5		
	掌握向视图的标注	10		

（续表）

评价内容	评价标准	分值	读者自评	教师评估
局部视图	了解局部视图的概念	5		
	掌握局部视图的画法	10		
	掌握局部视图的标注	10		
	掌握局部视图的配置	10		
斜视图	了解斜视图的概念	5		
	掌握斜视图的画法	10		
	掌握斜视图的标注	10		
	掌握斜视图的配置	10		
	总分	100		

任务2 剖视图

任务描述

通过对本任务相关知识的学习，读者可以绘制全剖视图、半剖视图以及局部剖视图。

任务分析

想要绘制好剖视图，首先要了解剖视图的概念；其次掌握剖视图的画法及标注，了解各种剖视图的概念，各种剖视图的应用场合和注意事项；最后单一剖切面和多个剖切面创建的剖视图。

任务重点与实施

剖视图主要用来表达机件的内部结构形状，是一种重要的机件结构表达方法。

6.2.1 剖视图的基础知识

视图主要用于表达机件的外部结构形状，当机件的内部形状较复杂时，视图上将出现许多虚线。例如，在图6-14（摇杆的立体图和两面视图）中，主视图中表示内、外结构的细虚线与细虚线、细虚线与粗实线重叠相交，既影响视图的清晰度，又不便于画图、读图和标注尺寸。为了完整、清晰地表达机件的内部结构形状，国标规定用剖视图。

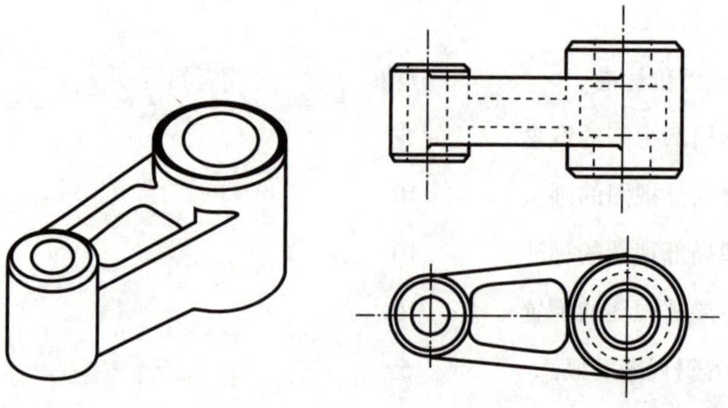

（a）立体图　　（b）两面视图

图 6-14　摇杆

1. 剖视图的概念

假想用剖切面剖开机件，将处在观察者和剖切面之间的部分移去，将其余部分向投影面进行投射所得的图形称为剖视图，简称剖视。理解剖视图的概念注意抓住“剖”“移”“投”这三个动词。如图 6-15（a）所示，假想用一个剖切面沿摇杆的前后对称面将摇杆“剖”开，“移”去剖切面和观察者之间的那一部分，将剖切面与摇杆接触部分及剖切面后方可见的部分一起向 V 投影面进行“投”射，即得如图 6-15（b）所示的剖视图。

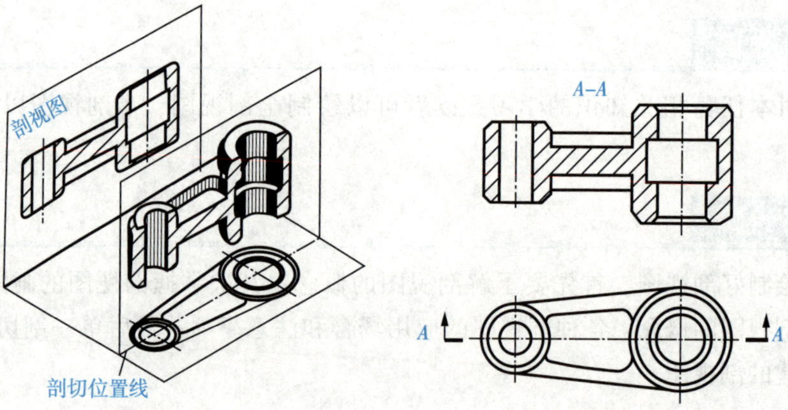

（a）　　（b）

图 6-15　摇杆的剖视图

2. 剖视图的画法

（1）确定要取剖视的视图及剖切面的位置

一般情况下，若在某个视图中取剖视，则剖切面的位置必须在另两个视图中确定。例如，在主视图中取剖视，此时剖切面的位置必须在俯视图或左视图中确定。

（2）画剖视图

假想剖开物体后，确定将哪部分移走、哪部分向投影面进行投射。在画剖视图时，一般先画出外形轮廓，再将假想剖切后看得见的内部结构及剖切面后面的可见轮廓一并用粗实线画出。

（3）画剖面符号

在物体和剖切面接触的实心部分画出剖面符号。国标中规定了不同材料的剖面符号，如表6-1所示。其中常用的是金属材料的剖面符号。金属材料的剖面符号用与水平线成45°且互相平行、间隔相等的细实线（称剖面线）绘制。当图形中的主要轮廓线与水平线成45°时，该图形的剖面线应画成30°或60°的平行线，其倾斜方向仍与其他图形的剖面线的倾斜方向一致，如图6-16所示。

表6-1　剖面符号

材料	符号	材料	符号
金属材料（已有规定剖面符号者除外）	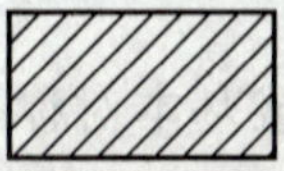	木质胶合板（不分层数）	
线圈绕组元件	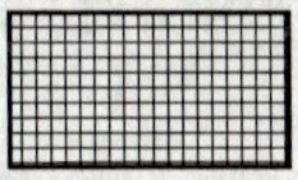	基础周围的泥土	
转子、电枢、变压器和电抗器等的叠钢片	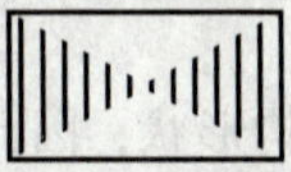	混凝土	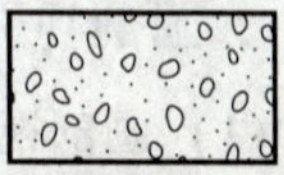
非金属材料（已有规定剖面符号者除外）	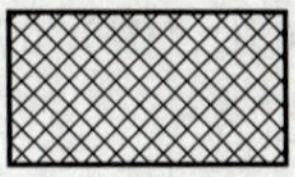	砖	
型砂、填砂、粉末冶金、砂轮、陶瓷刀片、硬质合金刀片		钢筋混凝土	
玻璃及供观察用的其他透明材料		格网（筛网、过滤网等）	
木材　纵剖面	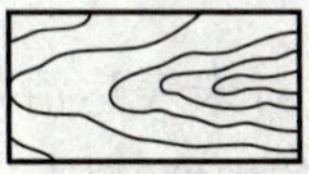	液体	
木材　横剖面	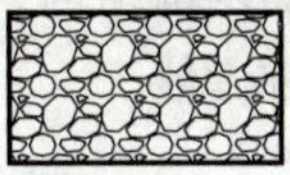		

注：1. 剖面符号仅表示材料的类别，材料的名称和代号必须另行注明。

2. 叠钢片的剖面线方向应与束装中叠钢片的方向一致。

3. 液面用细实线绘制。

（4）标注

按规定对剖视图的名称和剖切面的位置、投射方向进行标注。

3. 剖视图的标注

完整的剖视图标注包括剖切面的位置、剖视图的投射方向和剖视图的名称三方面的内容。

（1）剖切面的位置

一般用粗短画线表示剖切面的位置，如图6-15（b）所示。

（2）剖视图的投射方向

用箭头表明剖视图的投射方向。箭头应位于粗短画线的两侧且与其垂直，如图 6-15（b）所示。

（3）剖视图的名称

用大写拉丁字母标出剖视图的名称，形如“*A*-*A*”，并在剖切位置处标出相同的字母，如图 6-15（b）所示。

当符合一定的条件时，剖视图的标注可部分或全部省略。

① 当剖视图按投影关系配置且中间没有其他图形隔开时，箭头可以省略，如图 6-16 所示。

② 当单一的剖切面通过物体的对称面（或基本对称平面），剖视图按投影关系配置且中间没有其他图形隔开时，标注可以全部省略，如图 6-15（b）所示。

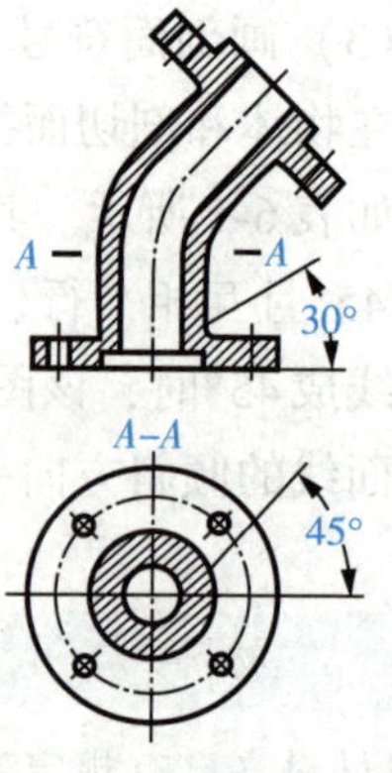

图 6-16　剖面线的画法及标注省略

4. 画剖视图时的注意事项

（1）画剖视图的目的是表达物体的内部结构形状，因此，应使剖切面平行于剖视图所在的投影面，且尽量通过较多的内部结构（孔、槽）的对称平面或轴线等。例如，在图 6-15 中，剖切面通过了摇杆的前后对称平面。

（2）剖视图是假想用剖切面剖切物体所得的图形，因此，当某个视图用剖视图表达后，并不影响其他的视图，即其他视图应完整画出。例如，在图 6-15 中，主视图采用的是剖视图，但俯视图仍为完整物体的投影。

（3）机件被剖切后，剩下部分的可见轮廓线必须画全，不能漏线，如图 6-17 所示。

（4）在剖视图中，一般不画细虚线，只有对未表达清楚的结构才用细虚线画出，如图 6-18 所示。在其他视图上，凡已表达清楚的内部结构，其细虚线均可省略。例如，在图 6-19 中，左视图中省略了表达孔的投影的细虚线。

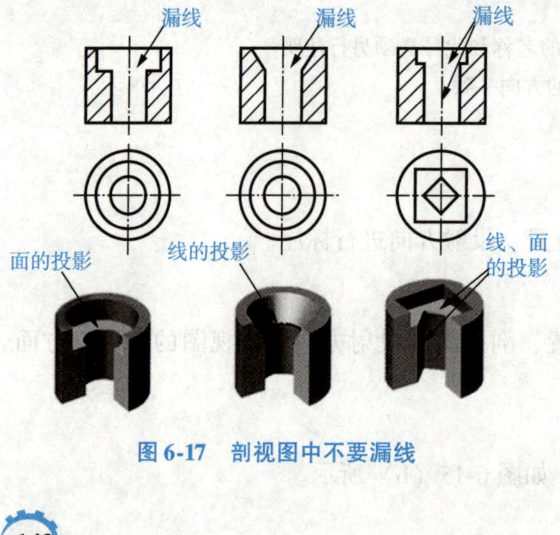

图 6-17　剖视图中不要漏线

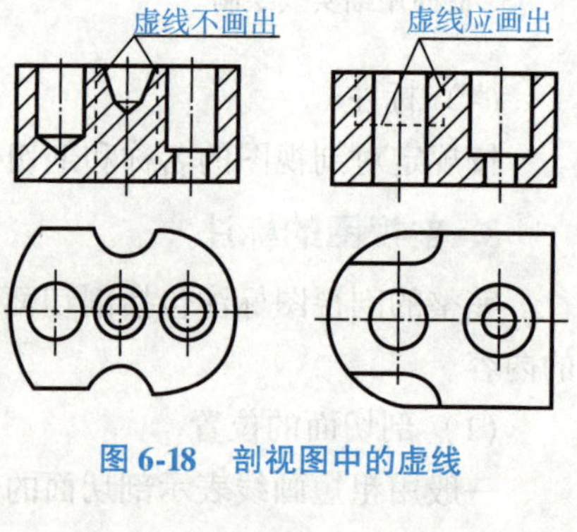

图 6-18　剖视图中的虚线

(5) 对于表示同一机件的各个剖视图，其剖面线的方向及间距均应一致。如图 6-20 所示，该物体的主视图和左视图均采用了剖视图，但这几个视图表达的是同一个物体，因此这两个剖视图的剖面线应该一致。

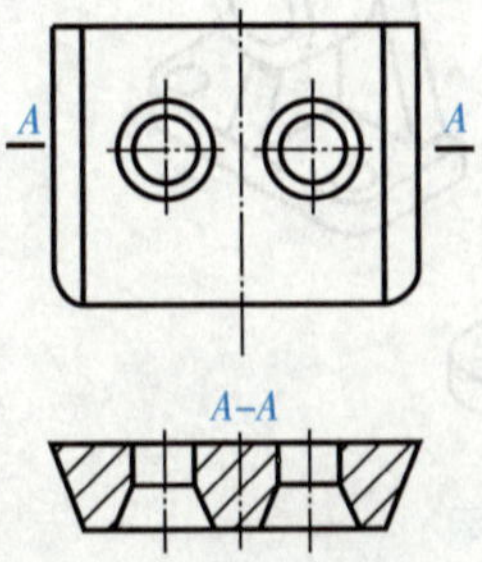

图 6-19　其他视图中的虚线

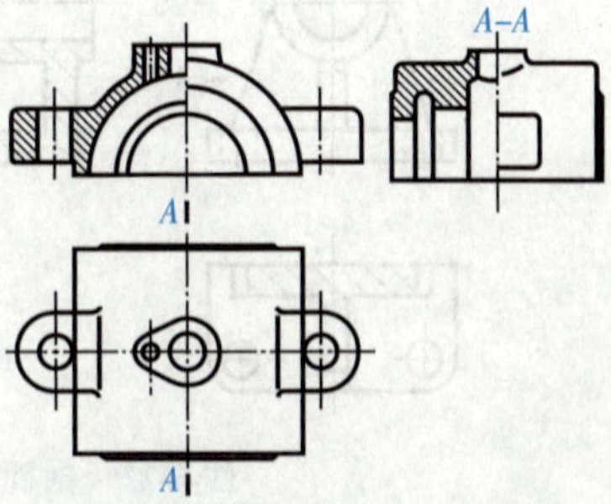

图 6-20　剖面线一致

6.2.2　剖视图的种类

国标规定，按照剖切范围的大小（移走部分的多少），剖视图分为全剖视图、半剖视图和局部剖视图。

1. 全剖视图

(1) 全剖视图概述

用剖切面完全剖开物体所得的剖视图称为全剖视图，所谓完全剖开，实际上就是指将剖切面与观察者之间的部分全部移走，如图 6-21 所示。图 6-15 至图 6-19 所示的剖视图均为全剖视图。

全剖视图

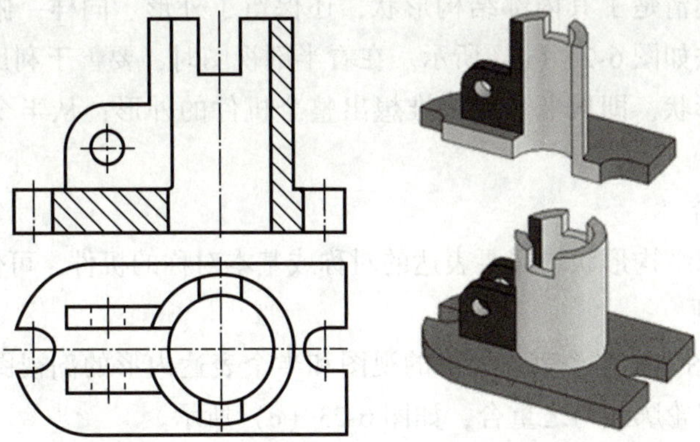

图 6-21　全剖视图

(2) 应用场合

全剖视图主要应用于内繁外简或内外均繁但外形在其他视图已表达清楚的形体。

图 6-22 为一个轴承座，从图中可见，主视图采用视图表达外形，俯视图采用 *A-A* 全剖视图，左视图采用的是以左右对称面为剖切面的全剖视图。国标规定，对于机件的肋板、轮辐及薄板等，如果按纵向剖切，则这些结构通常按不剖绘制，即不画剖面

符号，而用粗实线将它与邻接部分分开。在图6-22左视图中，肋板纵剖，就是按上述规定画法画出的；而俯视图的全剖视图，肋板横剖，按普通剖视图的画法画出。

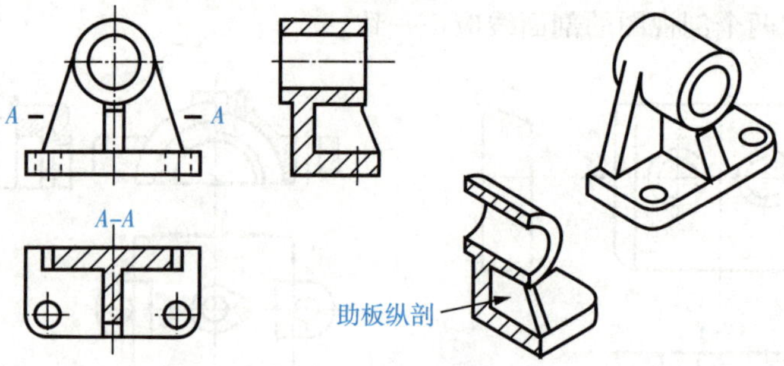

图6-22　剖视图中肋板的规定画法

2. 半剖视图

（1）半剖视图概述

当机件具有对称平面时，在垂直于对称平面的投影面上投射所得的图形，可以对称中心线为界，一半画成剖视图，另一半画成视图，这样画出的图形称为半剖视图。半剖视图实际上就是指剖切面剖开物体后，将剖切面和观察者之间的一半移走，如图6-23（a）所示。

半剖视图

图6-23（b）为支架的两视图，从图中可知，该机件的内、外部结构形状都比较复杂，但是在结构上是前后和左右都对称的。为了清楚地表达这个支架，主视图可以采用剖视图，若采用全剖视图，则支架的外形（顶板、顶板上四个小孔及顶板下的凸台）不能表达清楚，为此，采用如图6-23（a）所示的剖切方法，将主视图画成半剖视图，这种方法不仅表达清楚了其内部结构形状，还保留了外形。同样，俯视图也采用了半剖视图，剖切方法如图6-23（a）所示。在看半剖视图时，要善于利用对称性推想机件的内、外部结构形状，即从半个视图推想出整个机件的外形；从半个剖视推想出整个机件的内部结构。

（2）应用场合

对于内、外部结构形状均需要表达的对称或基本对称的机件，可使用半剖视图。

（3）注意事项

① 在半剖视图中，半个表达外形的视图和半个表达内形的剖视图的分界线必须为点画线，且不能有轮廓线与之重合，如图6-23（c）所示。

② 半剖视图能同时表达物体的内、外部结构形状，因此，当剖视图将物体的内部结构表达清楚时，在表达外形的那一半视图中，表达内部结构的虚线一般不再画出。

③ 剖视图的配置和标注方法与全剖视图的配置和标注方法完全相同，如图6-23（c）所示。

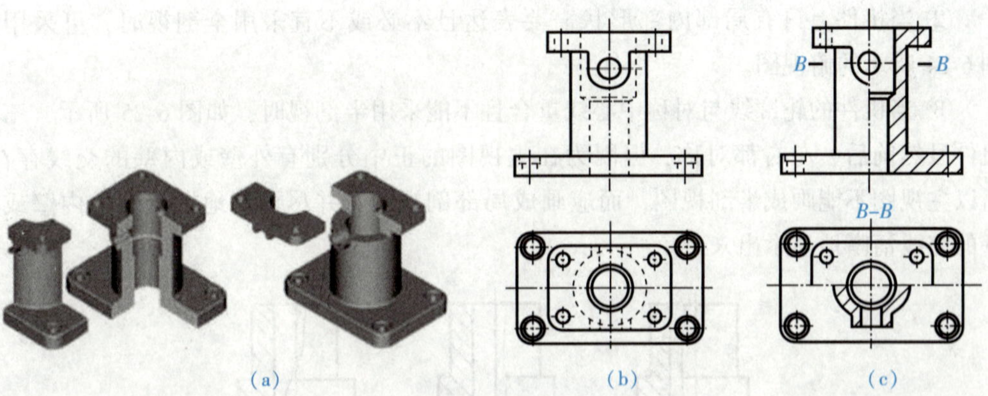

图 6-23 半剖视图

3. 局部剖视图

（1）局部剖视图概述

用剖切面局部地剖开物体所得的剖视图称为局部剖视图。所谓局部地剖开，就是指在用剖切面剖开物体后，将剖切面和观察者之间的一部分移走。

如图 6-24 所示，在主视图中，需要表达左侧圆柱及右侧底座上的孔的内形，但这些孔的轴线并不处在一个剖切面上，同时，该机件前面的水平圆柱也需要在主视图上表达其形状和位置。这样，采用全剖视就不合适了，采用半剖视又不具备条件，因此只能用剖切面分别将机件局部剖开，画成两个局部剖视图，这样表达既清晰又简洁。同样，在俯视图上采用局部剖视图表达前面的水平圆柱的内形。

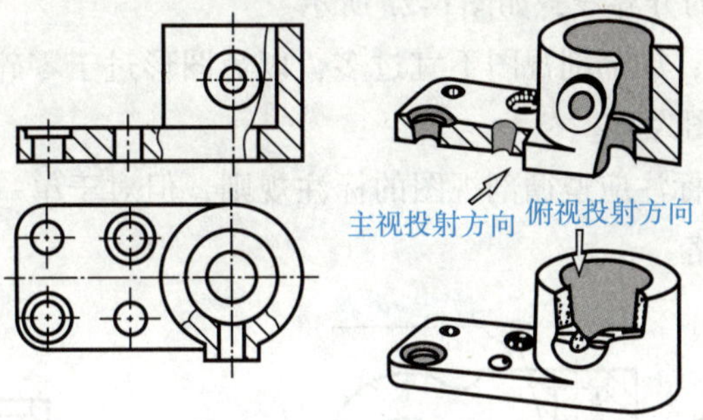

图 6-24 局部剖视图

局部剖视图的画法以波浪线为界，一部分画成视图以表达外形；另一部分画成剖视图以表达内部结构。局部剖视图的波浪线的画法同前面的局部视图的波浪线的画法一样，即不能过空、不能越界、不能重合。局部剖视图兼顾表达内形和外形，它采用的剖切面的位置和剖切范围的大小可根据物体的形状及具体表达需要而定。

（2）应用场合

局部剖视图在表达物体时是非常灵活的，一般适用于以下场合。

① 当机件内外形均需要表达，但机件不对称而不能采用半剖视或不宜采用全剖视时，可采用如图 6-24 所示的主视图。

② 当机件上只有局部内部形状需要表达且不必或不宜采用全剖视时，可采用如图 6-24 所示的俯视图。

③ 当机件的轮廓线与对称中心线重合且不能采用半剖视时，如图 6-25 所示，三个机件虽然前后、左右都对称，但因为在主视图的正中分别有外壁或内壁的交线存在，所以主视图不能画成半剖视图，而应画成局部剖视图，并尽可能地把机件的内壁或外壁的交线清晰地显示出来。

图 6-25　用局部剖视图代替半剖视图

（3）注意事项

① 在局部剖视图中，视图与剖视图的分界线为波浪线，可将它视为机件断裂痕迹的投影。因此，在使用局部剖视图时，一定要注意波浪线的画法，不能过空、不能越界、不能重合，如图 6-26 所示。当被剖切结构为回转体时，允许将该结构的中心线作为局部剖视图与视图的分界线，如图 6-27 所示。

② 在同一视图中，局部剖视图不宜过多，以免图形过于零碎。一般一个视图中以不多于三个局部剖视图为宜。

③ 局部剖视图的标注应遵循剖视图的标注规则，但对于单一剖切位置明显的局部剖视图，其标注应省略。

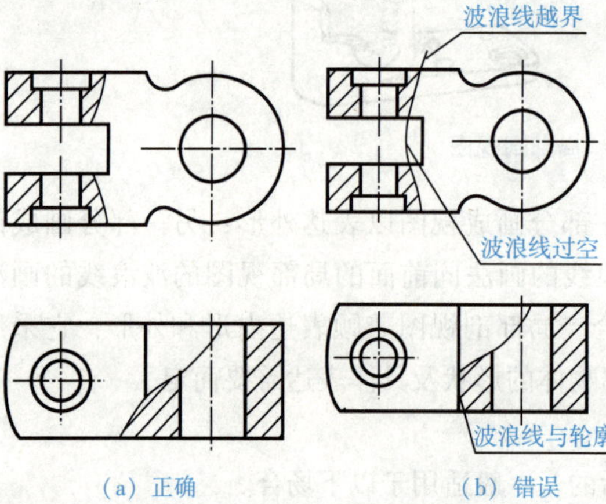

图 6-26　局部剖视图中波浪线的画法

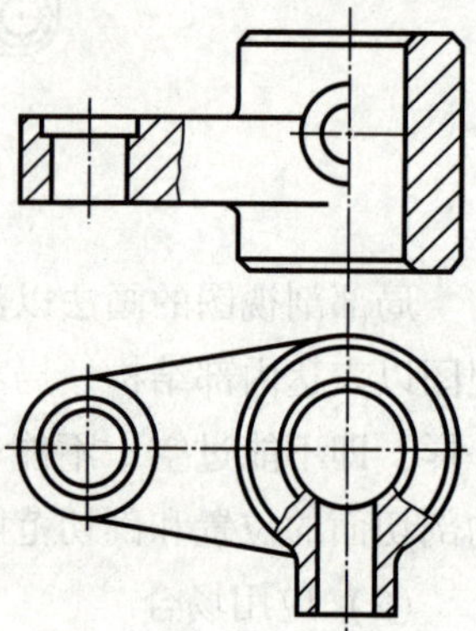

图 6-27　将中心线作为局部剖视图与视图的分界线

6.2.3　剖切面的种类

在工程实践中，机件的形状各种各样，复杂多变，仅用一个平行于投影面的剖切面剖切得到剖视图远远不能满足表达物体内形的需要。在画剖视图时，应根据所要表达物体的结构特点确定采用单一剖切面，还是选用几个剖切面。不论采用哪种剖切面及其相应的剖切方法，均可根据剖切范围的不同画成全剖视图、半剖视图和局部剖视图。

1. 单一剖切面

（1）用平行于投影面的单一剖切面剖切

前面所讲的全剖视图、半剖视图和局部剖视图，都是用平行于某一基本投影面的剖切面剖开机件后得到的，用平行于某一基本投影面的剖切面剖切机件的方法是最常用的方法。

（2）用不平行于任何基本投影面的剖切面剖切

用不平行于任何基本投影面的剖切面剖切机件的方法通常称为斜剖视图，简称斜剖。斜剖是将剖视图投射到与该倾斜结构平行的辅助投影面上，使物体上倾斜部分的内、外结构反映实形，因此，斜剖主要用于表达机件上具有倾斜结构的内、外部结构形状。如图 6-28 所示，*B–B* 全剖视图就是用斜剖画出的，它主要表达弯管及其顶部凸缘、凸台与通孔。

斜剖可以看作斜视图的剖视，因此，斜剖的配置及标注等与斜视图的配置及标注等有类似之处。在采用斜剖时，可以将斜剖按投影关系配置在与剖切符号相对应的位置，也可以将它平移至图纸的适当位置。在不致引起误解的情况下，允许将图形旋转配置，但旋转后的图名应加表示旋转方向的箭头，一般图名应靠近箭头端，如图 6-28 所示。

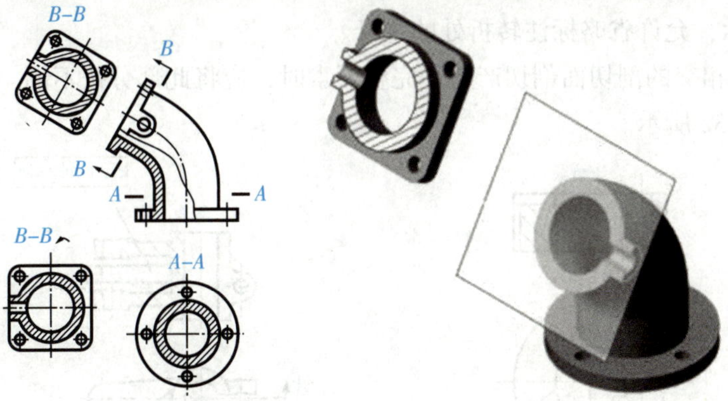

图 6-28　斜剖

2. 几个剖切面

（1）几个剖切面相交（交线垂直于某一投影面）。如图 6-29 所示，该盘状机件需要表达的内形包括四个沿圆周均匀分布的小孔、中间的大孔及上部的阶梯孔，若采用通过轴线的单一剖切面剖开机件，则四个小孔表达不清楚。

假想用正平面（通过上部阶梯孔的轴线和中间大孔的轴线）和侧垂面（通过中间大孔的轴线和右下部小孔的轴线）剖开机件（两剖切面的交线通过机件的轴线），并将侧垂面剖切的部分绕机件的轴线旋转至与正面平行后进行投射，画出 *A-A* 全剖视图。

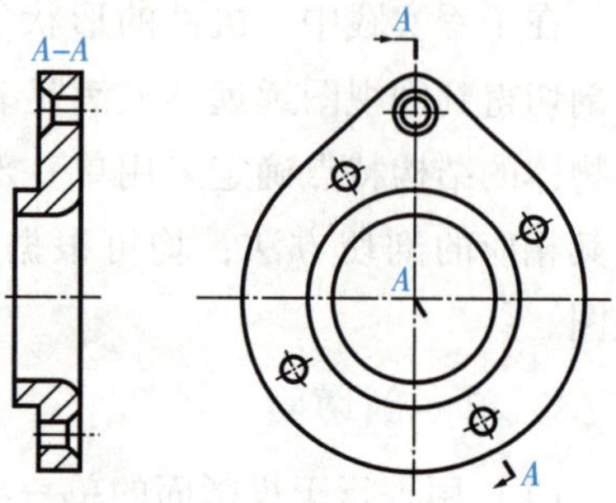

图 6-29　几个相交的剖切面 1

又如，在图 6-30（a）中，摇杆的 *A-A* 剖视图也是用两个相交的剖切面剖切得到的，它是将倾斜剖切面剖开的结构及有关部分旋转到与选定的水平投影面平行后进行投射得到的 *A-A* 全剖视图。应该注意的是，剖切面后的其他结构需要按原位置进行投射，如图 6-30（b）所示。

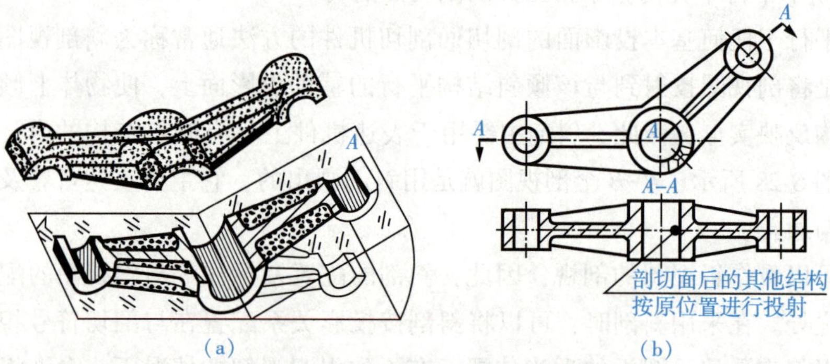

图 6-30　几个相交的剖切面 2

当几个相交的剖切面剖切机件得到剖视图时，应如图 6-29 所示，画出剖切面的位置、投射方向及相应的名称，并在剖视图上方注明剖视图的名称，也可如图 6-31 所示，允许省略标注转折处的字母。

当用几个相交的剖切面剖切产生不完整要素时，应将此部分按不剖绘制，如图 6-32 所示。

旋转剖视图

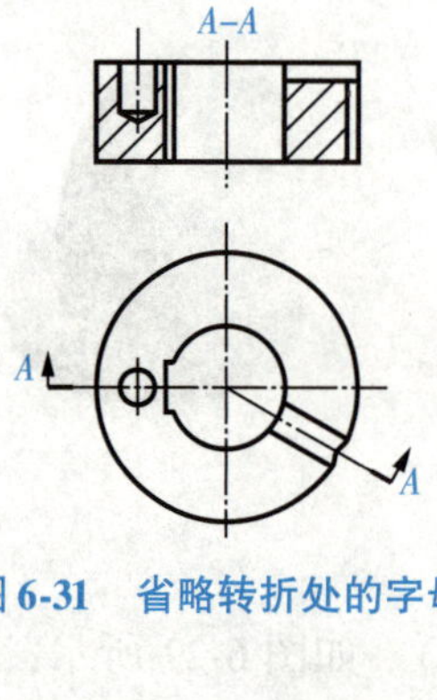

图 6-31　省略转折处的字母

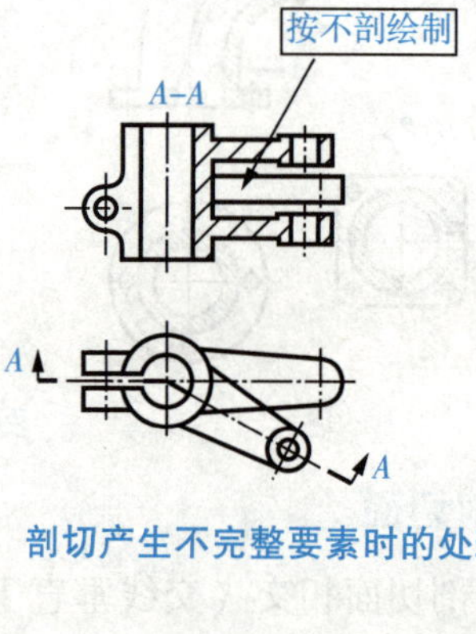

图 6-32　剖切产生不完整要素时的处理方法

用几个相交的剖切面剖开物体得到剖视图的方法多用于轮盘类机件（图 6-29）及具有明显回转轴的机件，如图 6-30（b）所示。

（2）几个剖切面相互平行。如图 6-33（a）所示，当用三个相互平行的剖切面剖切机件时，将处于剖切面和观察者之间的部分全部移走，再向 V 面进行投射，就能清楚地表达出机件的左侧、中部及右侧孔的结构了，画出的 *A-A* 全剖视图如图 6-33（b）所示。

复合剖

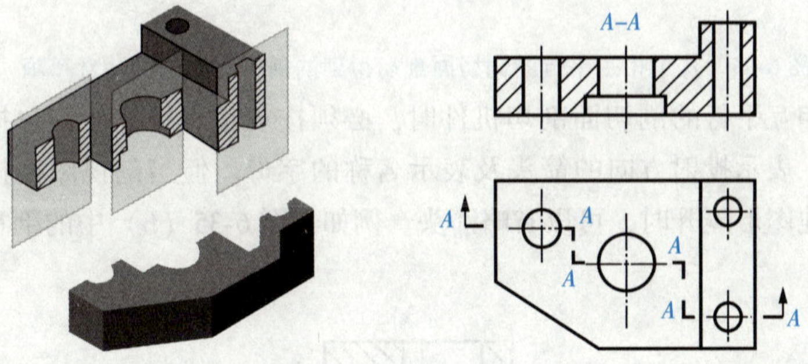

（a）　　（b）

图 6-33　几个剖切面平行

当机件的内、外形处于几个互相平行的对称平面内时，应采用这种几个相互平行的剖切面进行剖切的方法。

如图 6-34 所示，该底板有三种不同形状和大小的孔、槽，它们的中心又不在同一平面内。此时可按如图 6-34（a）所示的那样，用两个互相平行的剖切面（侧平面），分别通过孔或槽的中心线将底板剖开，画出剖视图，如图 6-34（b）所示。

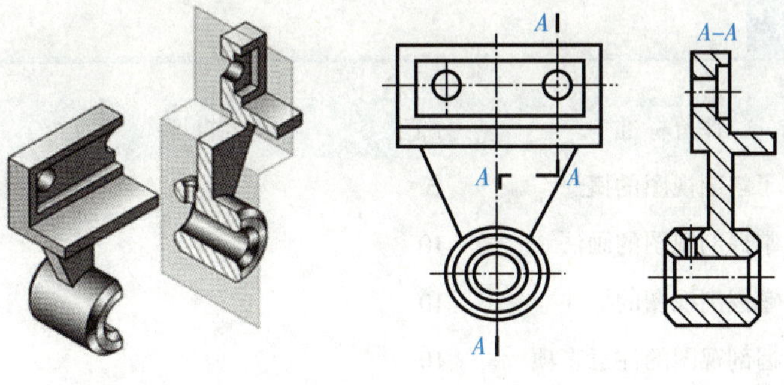

（a）　　（b）

图 6-34　剖切面相互平行的剖视图

当用几个相互平行的剖切面剖切机件时，各剖切面剖切后所得的剖视图是一个图形，在剖切平面转折处，转折平面的投影不应画出，如图 6-35（a）所示。

当用几个相互平行的剖切面剖切机件时，剖切面的转折处不应与视图中的轮廓线重合，如图 6-35（b）所示。

当用几个相互平行的剖切面剖切机件时，在剖视图中不应出现不完整的要素，如图 6-35（c）所示。只有当两个要素在图形上具有公共对称中心线或轴线时，才可以各画一半，此时应以对称中心线或轴线为界，如图 6-36 所示。

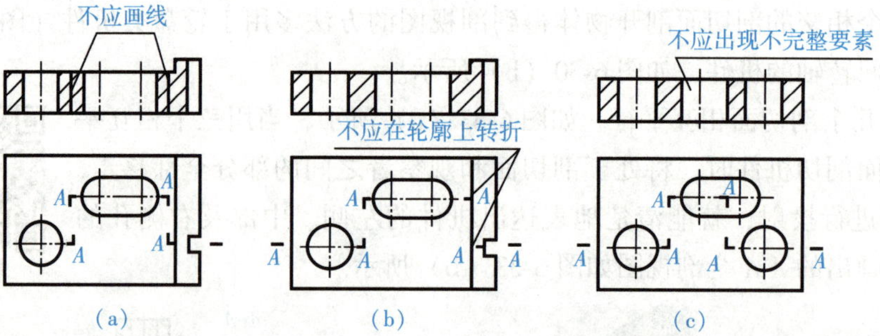

图 6-35　几个相互平行的剖切面剖切得到的剖视图画法的注意事项

当用几个相互平行的剖切面剖切机件时，必须按规定进行标注，包括表示剖切位置的粗短画线、表示投射方向的箭头及表示名称的字母。但当剖视图按投影关系配置且中间没有其他图形隔开时，可以省略箭头。例如，图 6-35（b）中的剖视图就省略了箭头。

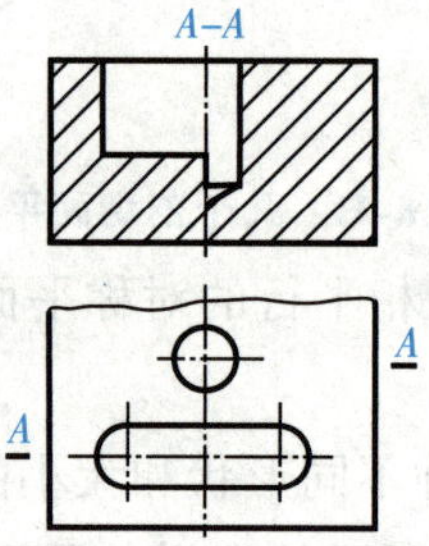

图 6-36　允许出现不完整要素的情况

任务评价

评价内容	评价标准	分值	读者自评	教师评估
剖视图的基础知识	了解剖视图的概念	5		
	掌握剖视图的画法	10		
	掌握剖视图的标注	10		
	掌握剖视图的注意事项	10		
剖视图的种类	了解全剖视图的概念	5		
	掌握全剖视图的应用场合	10		
	了解半剖视图的概念	5		
	掌握半剖视图的应用场合及注意事项	10		
	了解局部剖视图的概念	5		
	掌握局部剖视图的应用场合及注意事项	10		

（续表）

评价内容	评价标准	分值	读者自评	教师评估
剖切面的种类	掌握单一剖切面剖切	10		
	掌握几个剖切面剖切	10		
	总分	100		

任务3 断面图

任务描述

通过对本任务相关知识的学习，读者可以绘制移出断面图和重合断面图。

任务分析

想要绘制好断面图，首先要了解断面图的概念、断面图与剖视图的区别以及断面图的分类；其次掌握移出断面图的画法、配置及标注；最后掌握重合断面图的画法、配置及标注。

任务重点与实施

断面图主要用来表达机件个别部分的结构形状。

6.3.1 断面图的基础知识

1. 断面图的概述

假想用一个剖切面将物体从某处剖开，仅画出该断面（剖切面与物体的接触部分）的图形，这个图形就叫作断面图，简称断面。

图6-37（a）是一根轴的立体图，为了得到键槽处和销孔处的断面的清晰形状，假想在键槽处和销孔处分别用垂直于轴的剖切面将轴切断，并画出这两处的断面图，如图6-37（b）所示。

断面图常用来表达机件某一部分的断面形状，如机件上的肋板、轮辐、键槽、销孔及各种型材的断面等。

2. 断面图与剖视图的区别

图6-37（b）和图6-37（c）分别为键槽处的断面图和剖视图，由图可知，断面图与剖视图的区别在于：断面图仅画出了剖切处断面的形状，是“面”的投影；剖视图除了画出剖切处断面的形状，还画出了断面后面的机件轮廓，是“体”的投影。也就

是说，剖视图=断面图+断面后面的所有可见轮廓。

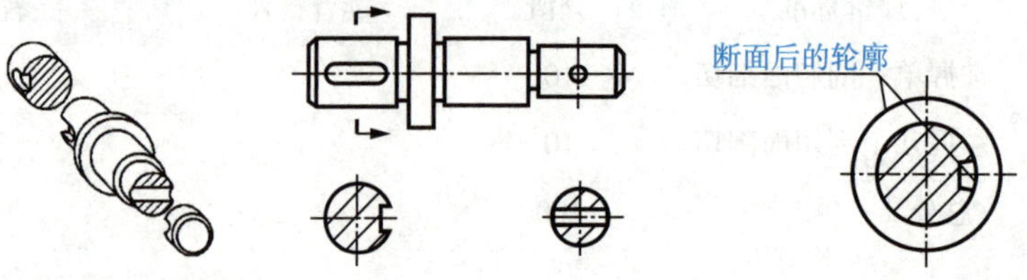

（a）立体图　　（b）断面图　　（c）剖视图

图 6-37　轴

3. 断面图的分类

根据断面图的配置位置，可将其分为移出断面图和重合断面图。配置在视图之外的断面图称为移出断面图；画在视图内的断面图称为重合断面图。通常简称它们为移出断面和重合断面。

6.3.2　移出断面图的画法、配置及标注

移出断面图配置在视图之外，是使用较多的一种断面图。

移出断面

1. 移出断面图的画法

移出断面图的轮廓线必须用粗实线绘制。

（1）一般情况下，画出断面的真实形状，如图 6-38（a）所示。

（2）特殊情况下，被剖切结构按剖视图绘制。

当剖切面通过回转面形成的孔或凹坑的轴线时，这些结构按剖视图绘制，如图 6-38（a）所示，该断面包括两个结构，即凹坑和通孔，剖切面通过这两个回转面形成的孔和凹坑。因此，在绘制这两个结构时，都应按剖视图绘制；在图 6-38（b）中，该断面上也有两个结构，分别为键槽和锥面凹坑，但是只有锥面凹坑符合按剖视图绘制的要求；图 6-37（b）中的断面图也采用了该画法。

当剖切面通过非圆孔时，会导致出现完全分离的两个断面的情况，此时这些结构应按剖视图绘制，如图 6-39 所示。

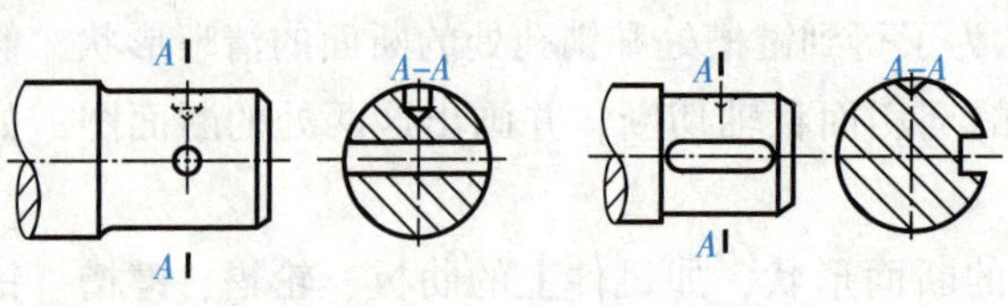

（a）　　（b）

图 6-38　移出断面图按剖视图绘制 1

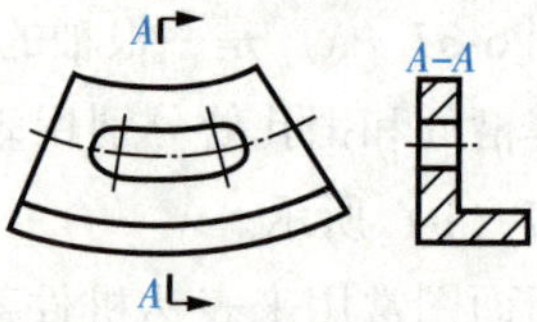

图 6-39　移出断面图按剖视图绘制 2

（3）剖切面必须与被剖切处的主要轮廓线垂直，必要时可用相交的两个分别垂直于轮廓线的相交平面来剖切，这时画出的移出断面图中间应断开绘制，如图 6-40 所示。

2. 移出断面图的配置及标注

（1）移出断面图的配置

移出断面图的配置位置一般有三种：平移配置（图 6-41（a））、剖切线的延长线上（图 6-41（b））和按投影关系配置（图 6-41（c））。但是，当断面图形对称时，也可以将其画在视图的中断处，如图 6-42 所示。另外，在不致引起误解的情况下，允许将图形进行旋转，如图 6-43 所示，但是移出断面图在旋转后，需要加注旋转方向的符号，并使符号的箭头端靠近图名。

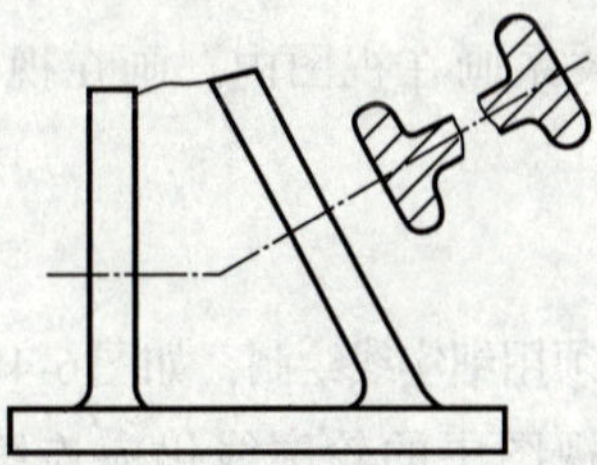

图 6-40　移出断面图的画法

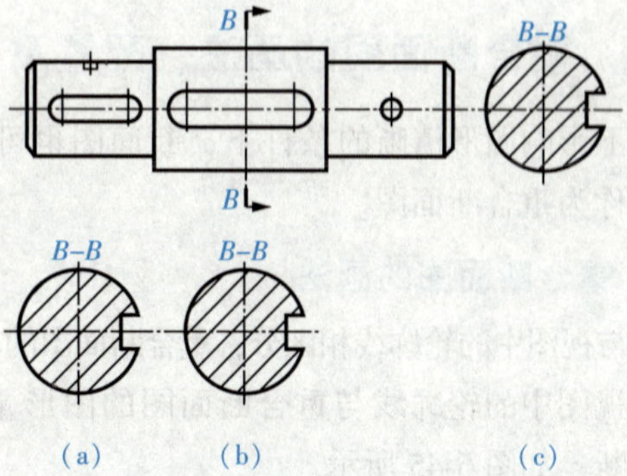

图 6-41　移出断面图的配置

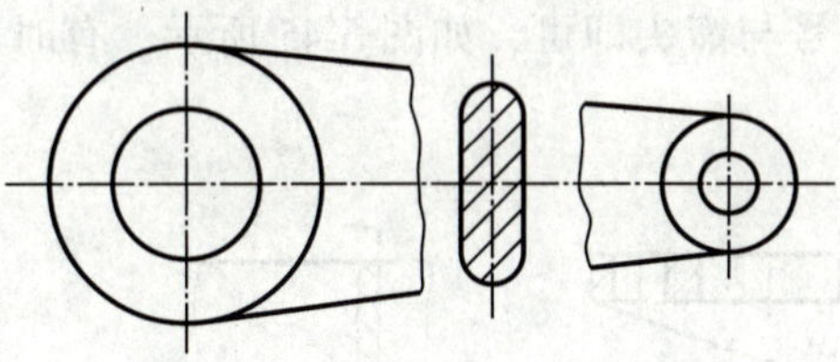

图 6-42　移出断面图对称时的配置

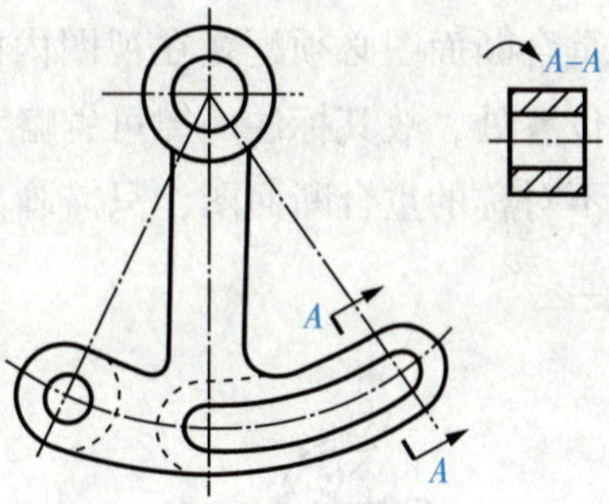

图 6-43　旋转移出断面图

（2）移出断面图的标注

移出断面图完整的标注内容包括三方面：用粗短画线表示剖切面的位置、用箭头表示投射方向、用字母表示名称，如图 6-41 所示。

当满足一定的条件时，标注内容可以省略。

① 配置在剖切线延长线上的移出断面图，其剖切位置明确，可省略名称，如图 6-37（b）所示。

② 不配置在剖切线延长线上的对称移出断面图（平移配置或按投影关系配置），以及按投影关系配置的移出断面图，均可省略箭头。例如，在图 6-38（a）中，断面图是按投影关系配置的对称移出断面图，可省略箭头；在图 6-38（b）中，断面图是不对称移出断面图，当其按投影关系配置时，也可省略箭头。

③ 配置在剖切线延长线上的对称结构的断面图可不标注。

④ 形状对称的断面图可配置在视图中断处，标注均可省略，如图 6-42 所示。移出断面图的标注省略情况如表 6-2 所示。

表 6-2　移出断面图的标注省略情况

移出断面图的配置位置	剖切线延长线上	平移配置	按投影关系配置
断面图形对称	全省略	省略箭头	省略箭头
断面图形不对称	省略名称	不能省略	省略箭头

6.3.3　重合断面图的画法、配置及标注

在不影响图形清晰的条件下，断面图也可按投影关系画在视图内。画在视图内的断面图称为重合断面图。

1. 重合断面图的画法

为与视图中的轮廓线相区分，重合断面图的轮廓线必须用细实线绘制，如图 6-44 所示。

当视图中的轮廓线与重合断面图的图形重叠时，视图中的轮廓线仍应连续画出，不可间断，如图 6-45 所示。

2. 重合断面图的配置及标注

重合断面图必须配置在视图内的剖切位置处。因为重合断面图就配置在视图内的剖切位置处，故其标注一律可省略字母。对称的重合断面图可不标注，如图 6-44 所示。对于不对称的重合断面图，只需画出剖切符号与箭头即可，如图 6-45 所示，有时也可不标注。

图 6-44　重合断面图 1

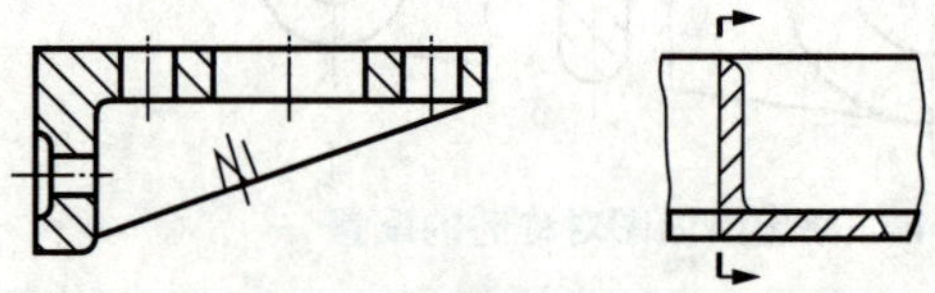

图 6-45　重合断面图 2

任务评价

评价内容	评价标准	分值	读者自评	教师评估
断面图的基础知识	了解断面图的概念	5		
	了解断面图和剖视图的区别	10		
	了解断面图的分类	5		
移出断面图的画法、配置及标注	掌握移出断面图的画法	20		
	掌握移出断面图的配置及标注	20		

（续表）

评价内容	评价标准	分值	读者自评	教师评估
重合断面图的画法、配置及标注	掌握重合断面图的画法	20		
	掌握断面图的配置及标注	20		
总分		100		

任务4 局部放大图

任务描述

通过对本任务相关知识的学习，要求读者会绘制局部放大图。

任务分析

想要绘制好局部放大图，首先要了解局部放大图的定义以及注意事项；其次掌握局部放大图的简化画法及其他规定画法。

任务重点与实施

6.4.1 局部放大图的基础知识

1. 概述

将机件的部分结构采用大于原图形所用的比例画出的图形称为局部放大图，如图6-46所示。局部放大图主要用于表达物体在原图形中尚未被表达清楚的结构形状，或者因图形太小不便于标注尺寸的某些细小结构。

2. 注意事项

（1）局部放大图可画成视图、剖视图、断面图，它与被放大部分的表达方式无关，如图6-47所示。

（2）在画局部放大图时，除螺纹牙型、齿轮和链轮的齿形外，均应用细实线圈出被放大的部位。

（3）对于同一机件上不同部位的局部放大图，当图形相同或对称时，只需画出其中一个即可，如图6-48所示。必要时可用几个图形同时表达同一个被放大部分的结构，如图6-49所示。

（4）当机件上被放大的部位仅有一处时，在局部放大图的上方只需注明所采用的比例即可，如图 6-47 所示。当同一机件上有几个被放大的部位时，必须用罗马数字依次标明被放大的部位，并在局部放大图的上方标注出相应的罗马数字和所采用的比例，如图 6-46 和图 6-48 所示。

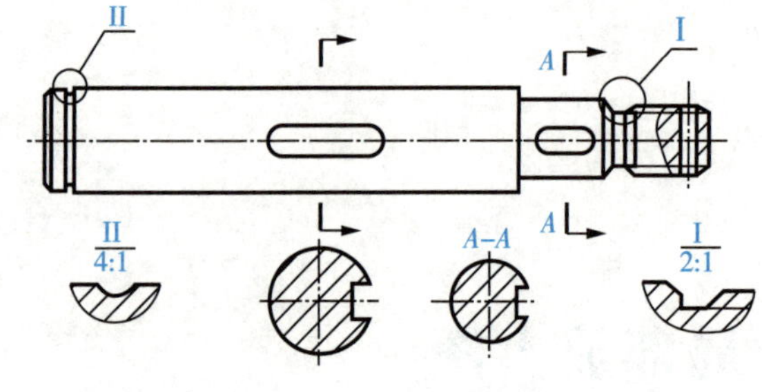

图 6-46　局部放大图 1

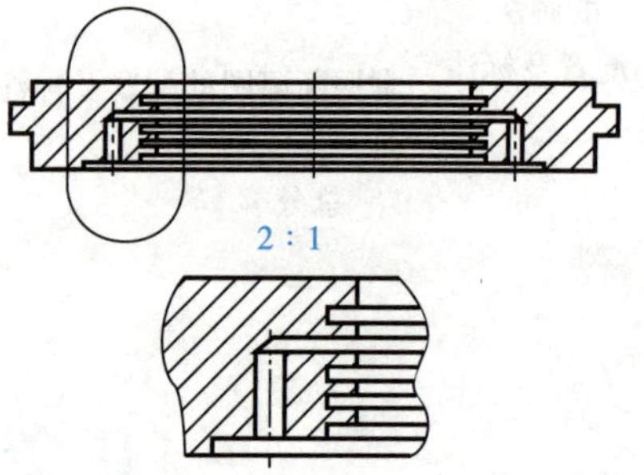

图 6-47　局部放大图 2

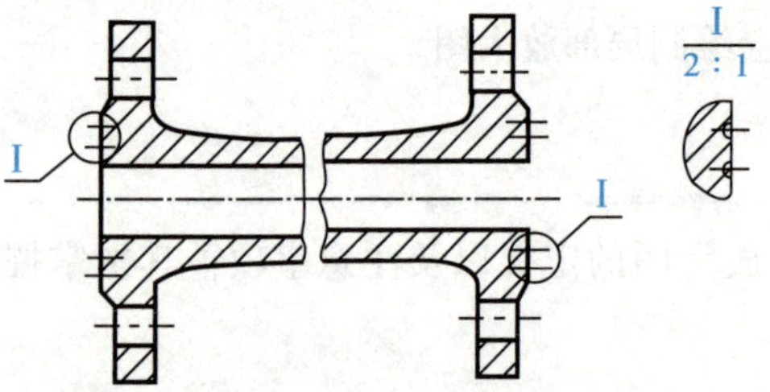

图 6-48　局部放大图 3

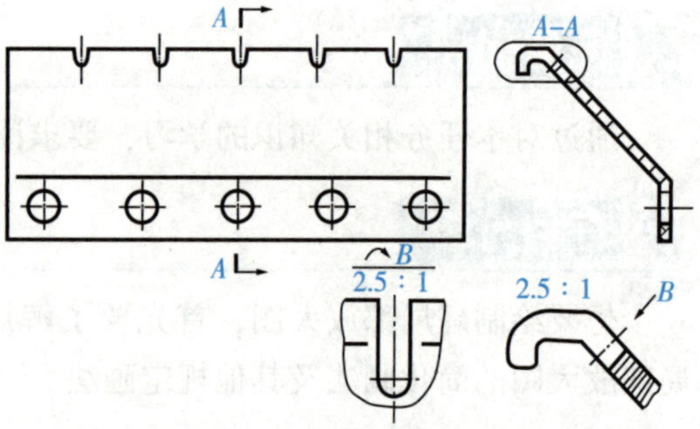

图 6-49　局部放大图 4

6.4.2　局部放大图的简化画法及其他规定画法

在不影响完整清晰表达机件各部分形状的前提下，为力求制图简便，《机械制图》规定了一些简化画法。图样简化画法的基本原则如下。

（1）避免不必要的视图和剖视图，尽可能使用有关标准中的规定符号来表达设计要求，如机械图中的尺寸标注应尽可能使用尺寸标注符号和缩写词等。

（2）在不致引起误解的情况下，对其他视图已表达清楚的不可见的结构形状，不再用细虚线表示。

（3）尽可能减少相同结构要素的重复绘制。

常用的简化画法介绍如下。

（1）在不致引起误解的情况下，零件图中的移出断面图允许省略剖面符号，但剖切位置和断面图的标注必须遵照有关规定，如图 6-50 所示。

（2）在不致引起误解的情况下，对于对称机件的视图，可只画一半或四分之一，并在对称中心线的两端画出两条与其垂直的平行细实线，如图 6-51 所示。

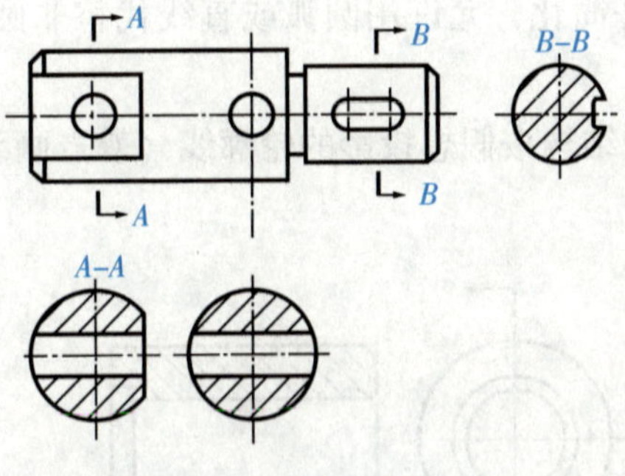

图 6-50　省略剖面符号

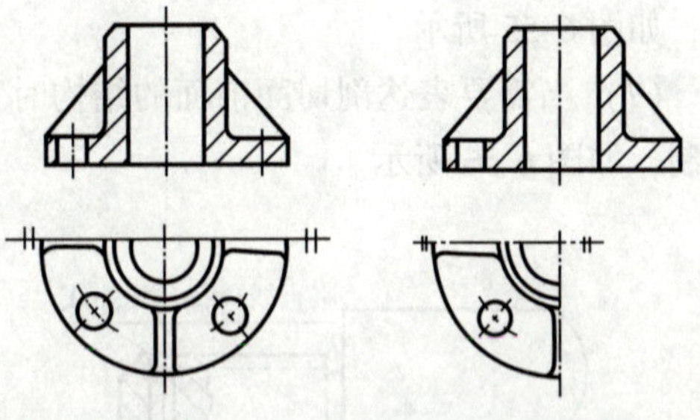

图 6-51　对称机件的视图的简化画法

（3）当机件具有若干相同结构（齿、槽等）并按一定规律分布时，只需画出几个完整的结构，其余用细实线连接即可，但必须在零件图中注明结构的总数，如图 6-52 所示。

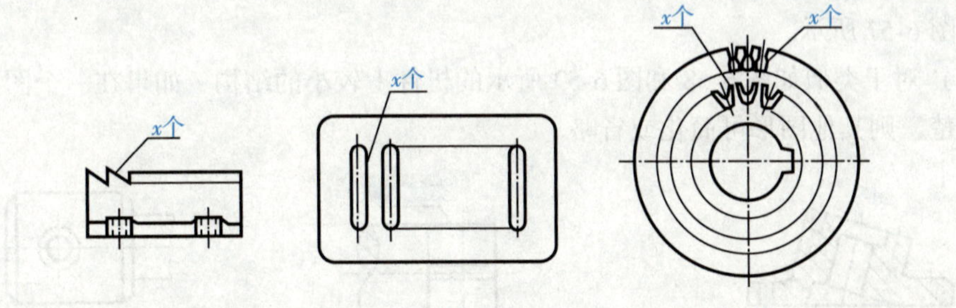

（a）　　（b）　　（c）

图 6-52　齿、槽的简化画法

（4）对于若干直径相同且按一定规律分布的孔（圆孔、螺孔、沉孔等），可以仅画出其中一个或几个，其余只需用点画线表示出其中心位置即可，但在零件图中应注明孔的总数，如图 6-53 所示。

（a）　　（b）

图 6-53　重复孔结构的简化画法

（5）当平面在图形中不能被充分表达时，可用平面符号（相交的两细实线）表示，如图 6-54 所示。

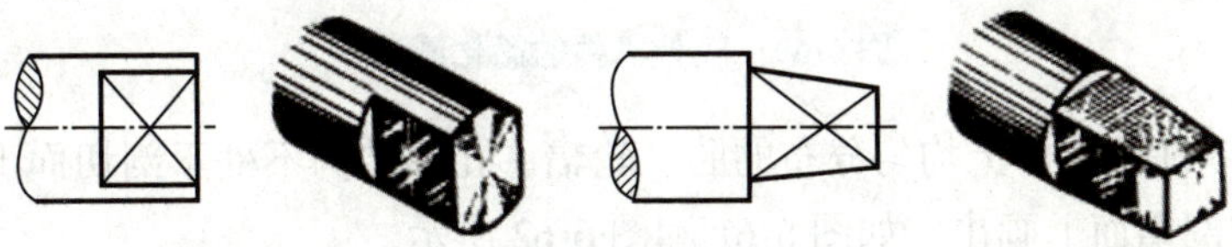

图 6-54　用平面符号表示平面

（6）在不致引起误解的情况下，相贯线允许简化，允许用圆弧或直线代替非圆曲线，如图 6-55 所示。

（7）当需要表达剖切面前面的结构时，这些结构按假想投影的轮廓线（双点画线）绘制，如图 6-56 所示。

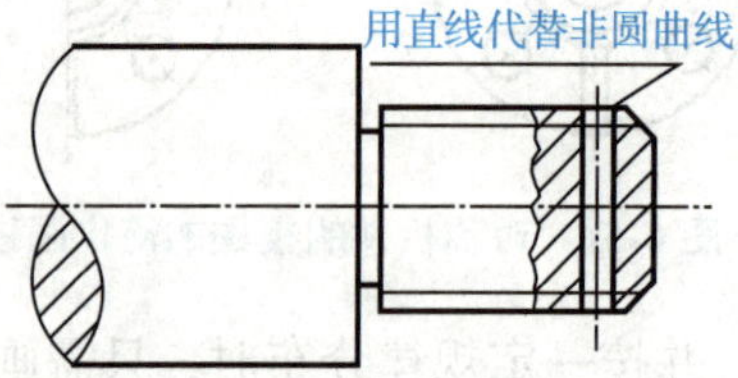

图 6-55　相贯线的简化画法

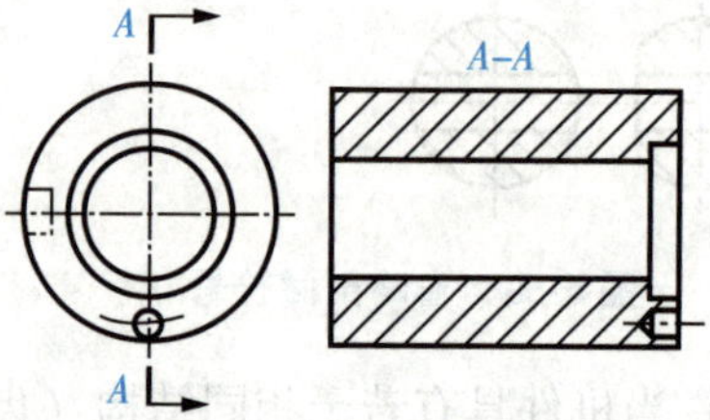

图 6-56　位于剖切面前面的结构的假想画法

（8）对于与投影面的倾斜角度小于或等于 30°的圆或圆弧，其投影可用圆或圆弧代替，如图 6-57 所示。

（9）对于类似如图 6-58 和图 6-59 所示的机件上较小的结构，如果在一个图形中已表达清楚，则其他图形可简化或省略。

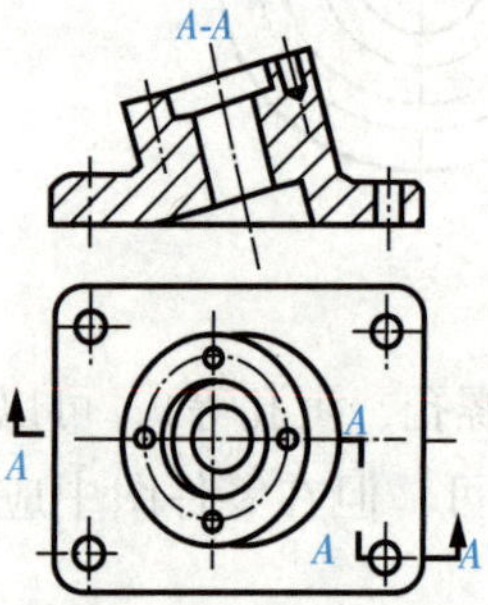

图 6-57　斜度不大的圆或圆弧的投影画法

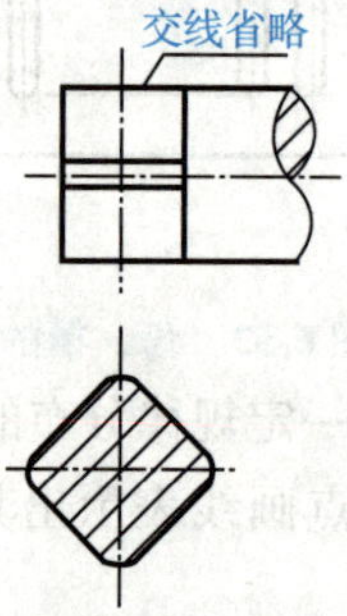

图 6-58　较小结构简化画法 1

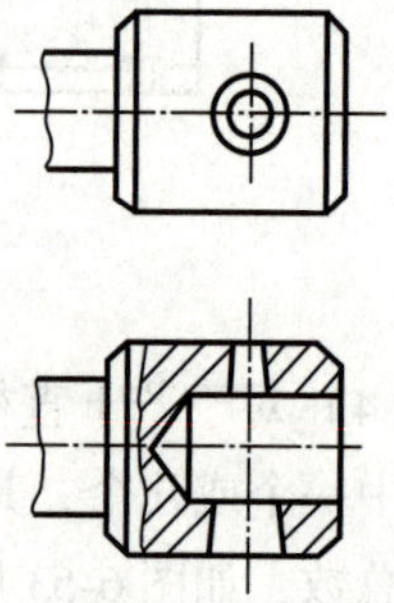

图 6-59　较小结构简化画法 2

（10）当较长的机件（轴、杆、型材、连杆等）沿长度方向的形状一致或按一定规律变化时，可断开后缩短绘制，但尺寸仍按实际长度标注，如图 6-60 所示。

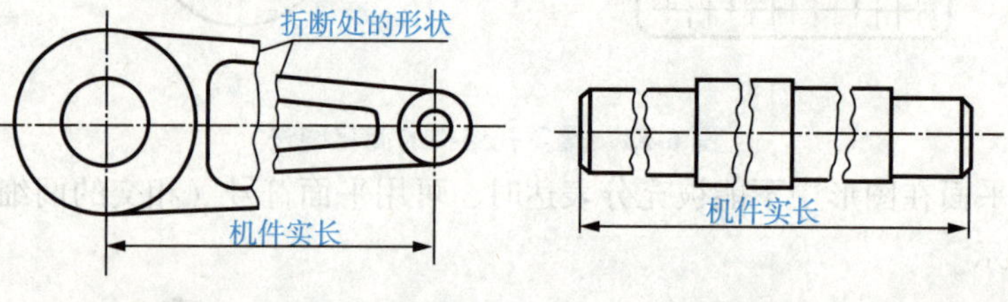

图 6-60　较长机件的简化画法

（11）当零件回转体上均匀分布的肋、轮辐、孔等结构不处于剖切面上时，可将这些结构旋转到剖切面上画出，如图 6-61 和图 6-62 所示。

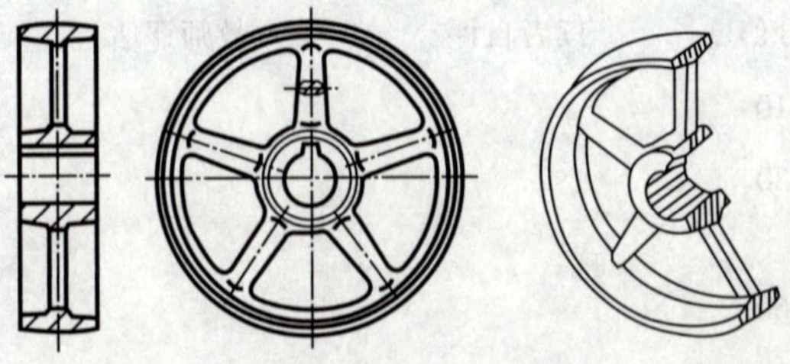

图 6-61　轮辐的剖切画法

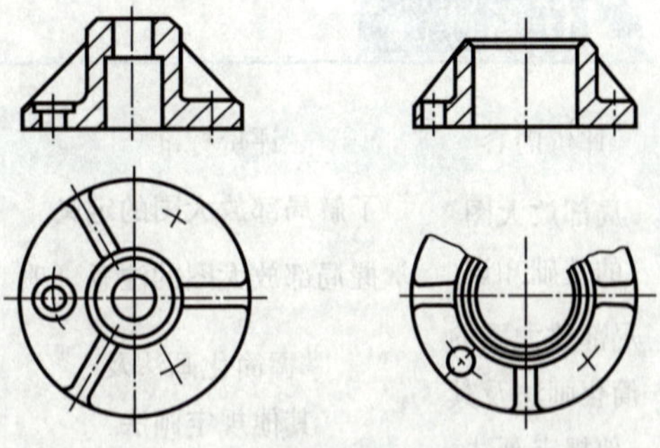

图 6-62　肋、均匀分布孔的简化画法

（12）在不致引起误解的情况下，零件图中的小圆角、锐边的小倒角或 45° 小倒角允许省略不画，但必须注明尺寸或在技术要求中加以说明，如图 6-63 所示。

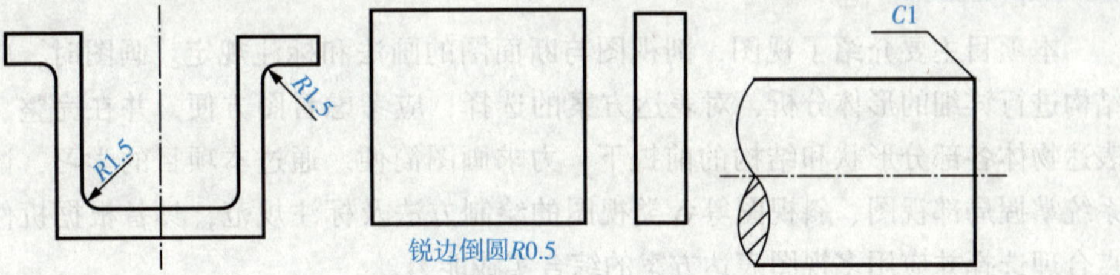

（a）　（b）　（c）

图 6-63　小倒角、小圆角的简化画法

（13）圆柱法兰盘和类似零件上的均布孔可按如图 6-64 所示的画法绘制。

（14）在剖视图的剖面中，可再作一次局部剖，当采用这种表达方法时，两个剖面线应同方向、同间隔，但要互相错开，并用指引线标注其名称，当剖切位置明显时也可以省略，如图 6-65 所示。

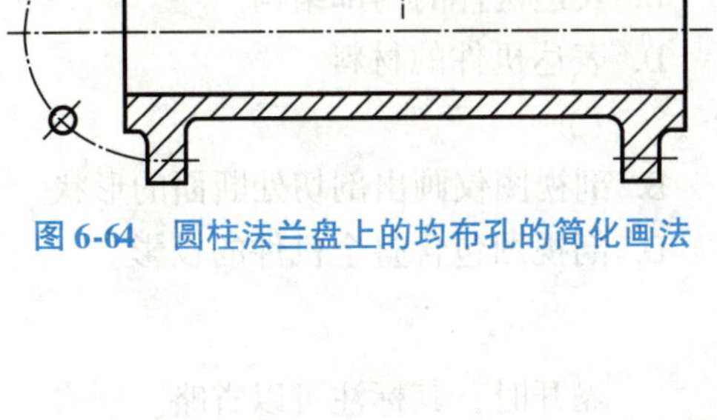

图 6-64　圆柱法兰盘上的均布孔的简化画法

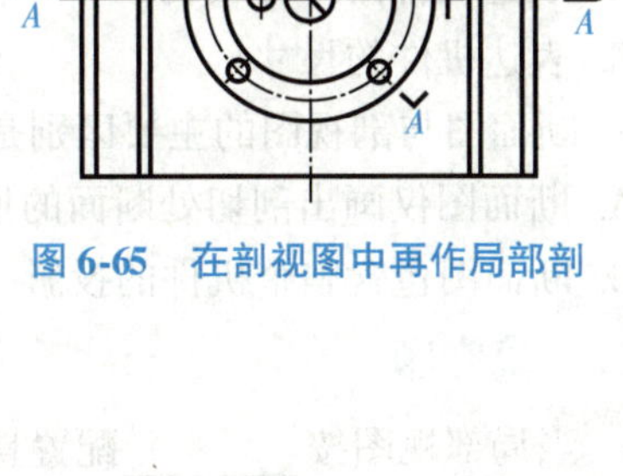

图 6-65　在剖视图中再作局部剖

任务评价

评价内容	评价标准	分值	读者自评	教师评估
局部放大图的基础知识	了解局部放大图的定义	10		
	掌握局部放大图的注意事项	30		
局部放大图的简化画法及其他规定画法	掌握简化画法及其他规定画法	60		
总分		100		

项目小结

本项目主要介绍了视图、剖视图与断面图的画法和标注规定。画图时，应对物体结构进行详细的形体分析，对表达方案的选择，应考虑看图方便，并在完整、清晰地表达物体各部分形状和结构的前提下，力求画图简便。通过本项目的学习，读者能够系统掌握局部视图、斜视图等各类视图的绘制方法及标注规范，具备根据机件结构特点合理选择并应用多视图表达方案的综合实践能力。

项目习题

一、选择题

1. 基本视图的配置中，俯视图通常配置在主视图的哪个方向？(　　)

A. 正上方　　B. 正下方　　C. 正左方　　D. 正右方

2. 向视图与基本视图的主要区别是什么？(　　)

A. 向视图需要标注　　B. 向视图不需要画波浪线

C. 向视图总是画在图纸的右侧　　D. 向视图可以自由配置

3. 局部视图主要用于表达机件的哪个部分？(　　)

A. 整体外形　　B. 局部外形　　C. 内部结构　　D. 外部结构

4. 剖视图的主要目的是什么？(　　)

A. 表达机件的外部结构　　B. 表达机件的内部结构

C. 表达机件的尺寸　　D. 表达机件的材料

5. 断面图与剖视图的主要区别是什么？(　　)

A. 断面图仅画出剖切处断面的形状　　B. 剖视图仅画出剖切处断面的形状

C. 断面图包含整个机件的投影　　D. 剖视图包含整个机件的投影

二、填空题

1. 当局部视图按________配置且__________隔开时，其标注可以省略。

2. 斜视图主要用于表达机件倾斜部分的__________。

3. 剖视图中，如果剖切面完全剖开机件，得到的剖视图称为________。
4. 移出断面图的配置位置一般有三种：平移配置、剖切线的延长线上和________。
5. 局部放大图主要用于表达物体在原图形中尚未被表达清楚的________。

三、问答题

1. 机件的常用表达方法有哪些？
2. 向视图和基本视图之间的区别是什么？
3. 斜视图主要用于表达机件的哪些部分？
4. 剖视图的主要目的是什么，它的画法包括哪些步骤？
5. 断面图与剖视图的主要区别是什么？

四、作图题

1. 补全视图中漏画的图线，如图 6-66 所示。
2. 根据已知视图，在空白处将主视图改画成全剖视图，如图 6-67 所示。

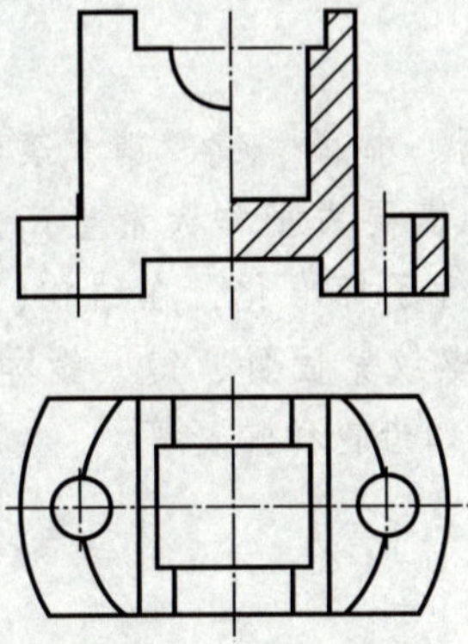

图 6-66　练习 1

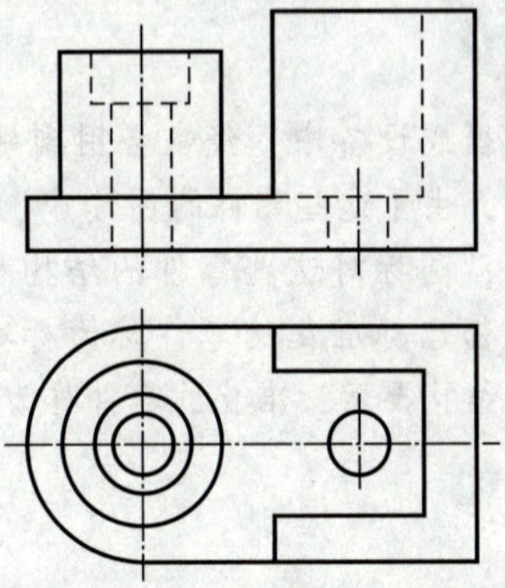

图 6-67　练习 2

3. 根据已知视图，将视图改画成局部剖视图，如图 6-68 所示。
4. 已知俯视图和左视图，将主视图绘制成 *A-A* 全剖视图，并在指定位置绘制出 *B-B* 断面图，如图 6-69 所示 。

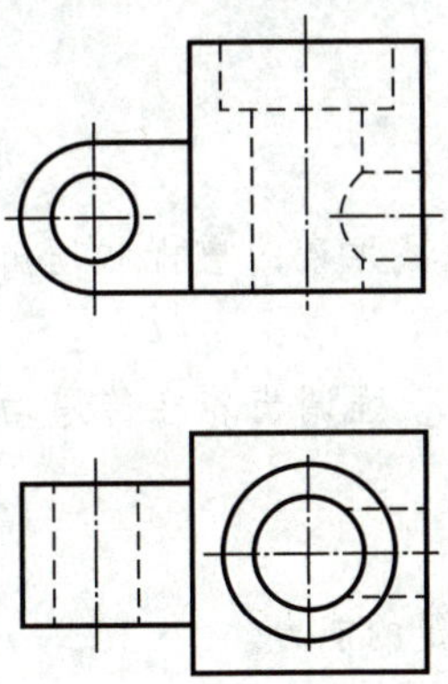

图 6-68　练习 3

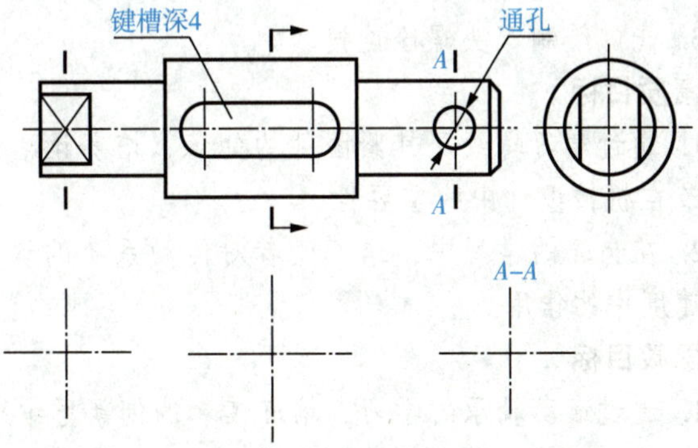

图 6-69　练习 4

项目7

标准件和常用件

项目导读

在各种机器或设备中，经常会用到螺栓、螺母、垫圈、键、销、滚动轴承、弹簧和齿轮等零件，由于这些零件的用途广、用量大，需要成批和大量生产，所以为了便于制造和选用，国标对这些零件的结构和尺寸实行了标准化，在结构、尺寸、画法、标记等各方面都已标准化的零件称为标准件，如螺纹紧固件、键、销和滚动轴承等；仅将部分重要结构要素标准化的零件称为常用件，如齿轮和弹簧等。

学习目标

知识目标

1. 了解螺纹的形成。
2. 掌握螺纹紧固件的应用场合和画法。

技能目标

1. 能够绘制和标注螺纹。
2. 能够绘制螺栓连接。
3. 能够绘制双头螺栓连接。

素质目标

1. 通过学习螺纹及其紧固件的知识，培养读者对基础机械元素的重视和理解，强调细节在机械设计中的重要性。
2. 在齿轮的学习中，培养读者对传动系统的认识和理解，强调齿轮在传递动力和改变速度中的作用。

思政目标

1. 通过滚动轴承的学习，培养读者的创新思维和解决问题的能力。
2. 通过弹簧的学习，培养读者的适应能力和灵活性。
3. 在掌握键和销的工作原理和应用时，培养读者的系统思维和整体观念。

任务1 螺纹及其紧固件

任务描述

通过对本任务相关知识的学习，读者能够绘制螺纹以及紧固件。

任务分析

想要绘制好螺纹以及紧固件，首先要了解螺纹的形成，掌握螺纹的要素、结构、画法以及标注；其次掌握螺栓连接、螺钉连接、双头螺栓连接的应用场合和画法。

任务重点与实施

螺纹及其紧固件是工程应用中较常见也较实用的紧固连接零件，具有广泛的应用。

7.1.1 螺纹

车内螺纹 车外螺纹

1. 螺纹的形成

螺纹是在圆柱、圆锥等回转面上，沿着螺旋线所形成的具有相同轴向断面的连续凸起和沟槽。在圆柱、圆锥等外表面上形成的螺纹称为外螺纹；在圆柱、圆锥等内表面上形成的螺纹称为内螺纹。

螺纹的加工方法很多，图 7-1 为在车床上车削螺纹的示意加工图。圆柱螺旋线是通过一动点沿圆柱的素线方向做等速直线运动，同时，该素线又绕圆柱的轴线作等角速旋转运动，从而在圆柱面上形成的曲线。在车床上加工螺纹正是利用了螺旋线的形成原理，如图 7-1 所示，工件绕轴线做等速回转运动，刀具沿轴线做等速移动且切入工件一定的深度，即可切削出螺纹。这里，动点的等速旋转运动是由车床的主轴带动工件的转动来实现的；动点沿圆柱素线方向的等速直线运动是由刀具的移动实现的。对于直径较小的内螺纹，应先用钻头加工出光孔，再用丝锥加工出内螺纹，如图 7-2（a）所示；对于直径较小的外螺纹，一般用板牙套扣，如图 7-2（b）所示。

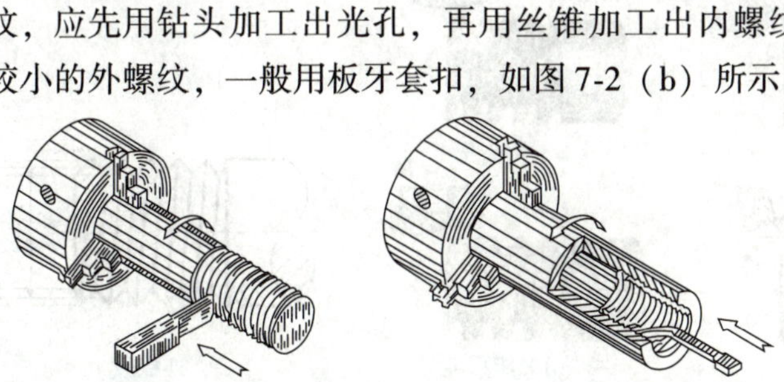

（a）车削外螺纹　　（b）车削内螺纹

图 7-1　在车床上车削螺纹

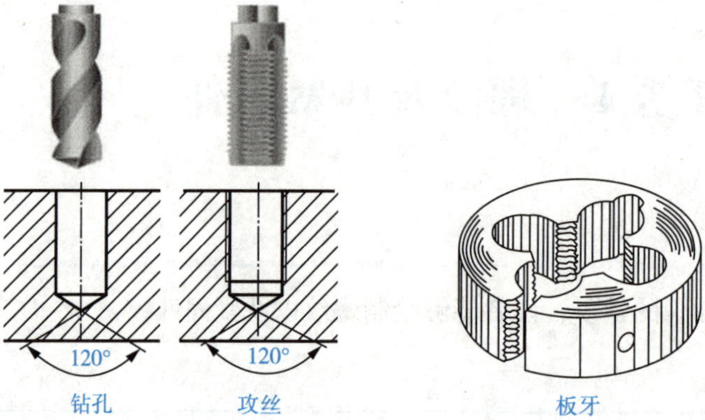

（a）直径较小的内螺纹　（b）直径较小的外螺纹

图 7-2　直径较小的螺纹加工

攻内螺纹

螺旋线

2. 螺纹的要素

内、外螺纹是互相配合使用的。内、外螺纹要能旋合在一起，下列五个要素必须一致。

（1）牙型

可将螺纹看作一个平面图形沿着圆柱螺旋线运动而形成，这个平面图形就是螺纹的牙型。因此，沿螺纹的轴线方向剖开所得到的螺纹剖面形状即螺纹的牙型。常见的螺纹牙型有三角形、梯形、锯齿形、矩形等，如图 7-3 所示。

（2）直径

螺纹的直径分为大径、中径和小径，如图 7-4 所示。其中，螺纹的大径是代表螺纹规格尺寸的直径，称为公称直径，是螺纹的最大直径，即与外螺纹的牙顶或内螺纹的牙底相重合的假想圆柱面的直径，用 d（外螺纹）或 D（内螺纹）表示；螺纹的小径是与外螺纹的牙底和内螺纹的牙顶相重合的假想圆柱面的直径，用 d_1（外螺纹）或 D_1（内螺纹）表示；螺纹的中径是一个假想圆柱的直径，该圆柱的素线通过牙型上的沟槽和凸起宽度相等处，这一假想圆柱面的直径即中径，用 d_2（外螺纹）或 D_2（内螺纹）表示，它是控制螺纹精度的重要参数之一。

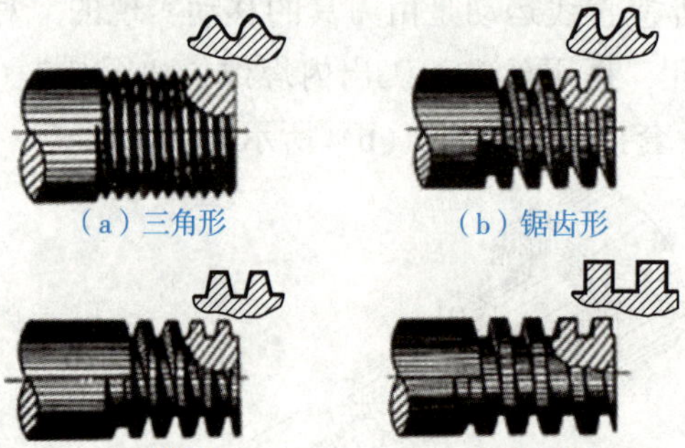

（a）三角形　（b）锯齿形

（c）梯形　（d）矩形

图 7-3　螺纹的牙型

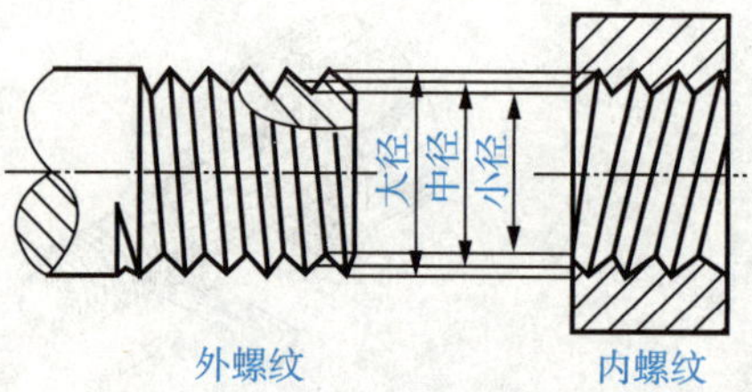

图 7-4　螺纹的直径

(3) 线数 n

螺纹有单线和多线之分，线数用 n 表示。沿一条螺旋线形成的螺纹称为单线螺纹；沿两条或两条以上螺旋线形成的螺纹称为多线螺纹，如图 7-5 所示。

(4) 螺距 P 和导程 P_h

螺纹相邻两牙在中径线上对应两点间的轴向距离称为螺距，用 P 表示。同一条螺旋线上的相邻两牙在中径线上对应两点间的轴向距离称为导程，用 P_h 表示，实际上，导程是沿同一条螺旋线转一周时轴向移动的距离。因此，单线螺纹的导程等于螺距，多线螺纹的导程等于螺距和线数的乘积，即 $P_h=P\times n$，如图 7-5 所示。

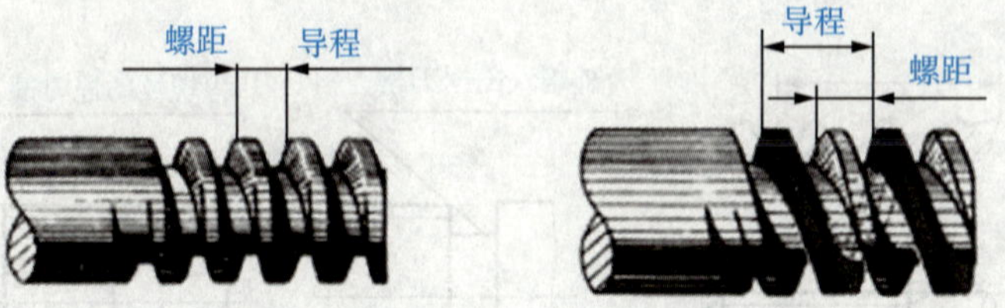

(a) 单线螺纹，$P_h=P$　　(b) 多线螺纹，$P_h=P\times n$

图 7-5　螺纹的线数、螺距和导程

(5) 旋向

螺纹旋入时的转动方向称为旋向，有左旋和右旋之分。顺时针旋转时，旋入的螺纹是右旋螺纹；逆时针旋转时，旋入的螺纹是左旋螺纹。与螺旋线一样，如果将螺纹竖起来看，则螺纹可见部分向右上升的是右旋螺纹，向左上升的是左旋螺纹，如图 7-6 所示，一般常用右旋螺纹。

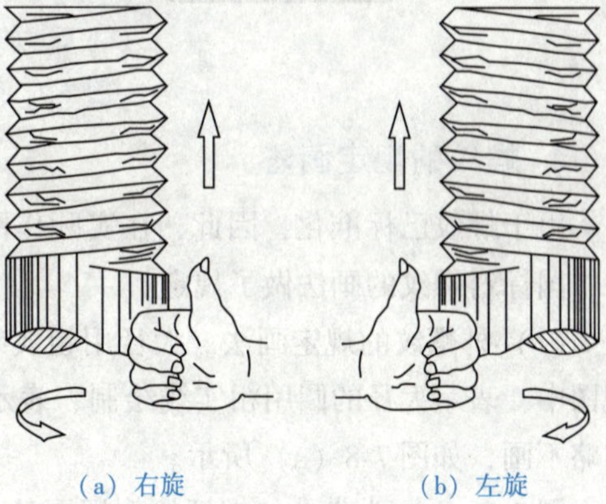

(a) 右旋　　(b) 左旋

图 7-6　螺纹的旋向

螺纹的三要素——牙型、直径和螺距是决定螺纹的最基本的要素。其中，三要素符合国标的称为标准螺纹；仅牙型符合国标，而直径或螺距不符合的称为特殊螺纹；牙型不符合国标的，如矩形螺纹（图 7-3），称为非标准螺纹。

3. 螺纹的结构

图 7-7 画出了螺纹的末端、收尾和退刀槽。关于普通螺纹的倒角和退刀槽可查阅相关国标。

(1) 螺纹末端

为了在安装时防止螺纹端部损坏，将螺纹的起始处加工成锥形的倒角或球形的倒圆。如图 7-7（a）所示。

(2) 螺纹的收尾和退刀槽

在车削螺纹时，当刀具接近螺纹末尾处时，要逐渐离开工件，因此，螺纹收尾部分的牙型是不完整的，螺纹的这种具有不完整牙型的收尾部分称为螺尾。因此，为了避免产生螺尾，可以预先在螺纹终止处加工出退刀槽，再车削螺纹，如图 7-7（b）所示。

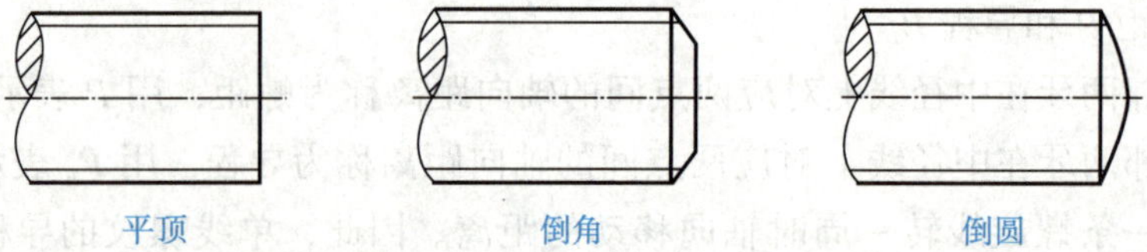

（a）螺纹末端的倒角和倒圆

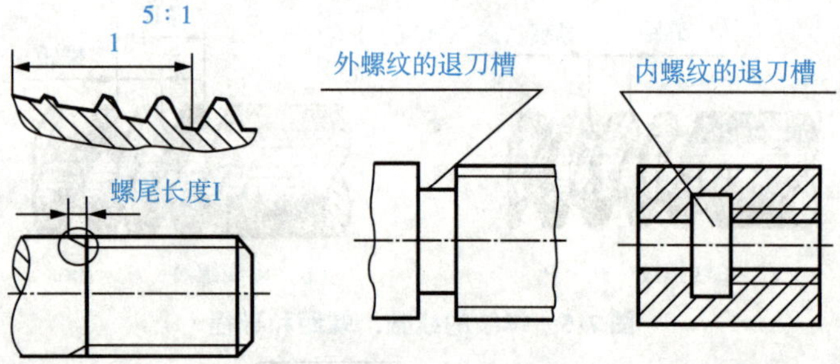

（b）螺纹的收尾和退刀槽

图 7-7　螺纹的结构

4. 螺纹的规定画法

由于螺纹已标准化，因此，在实际作图时，没有必要将其真实形状按正投影画出来，国标对螺纹的画法做了规定。

（1）外螺纹的规定画法。大径用粗实线绘制、小径用细实线绘制。在投影为圆的视图中，表示大径的圆用粗实线绘制、表示小径的圆用细实线绘制 3/4 圈、倒角的圆省略不画，如图 7-8（a）所示。

图 7-8（b）为带孔的螺杆的剖视画法。当需要表达螺纹的螺尾时，如图 7-8（c）所示，螺尾部分的牙底与轴线成 30°。

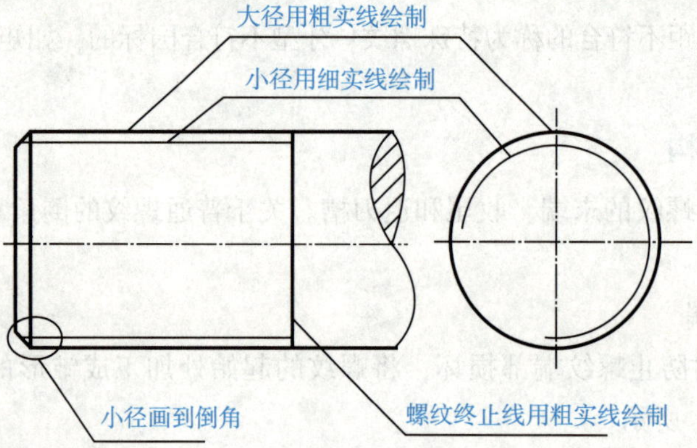

（a）外螺纹的不剖画法

图 7-8　外螺纹的规定画法

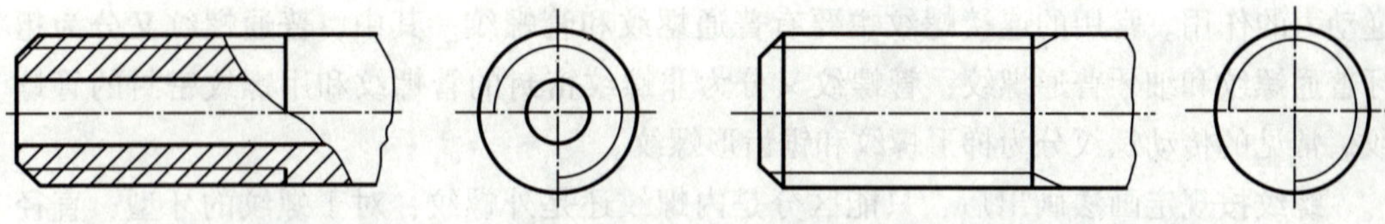

（b）带孔的螺杆的剖视画法　　（c）需要表达螺尾时的画法

图 7-8　外螺纹的规定画法（续）

（2）内螺纹的规定画法。内螺纹一般采用剖视图，螺纹牙顶所在的轮廓线即小径，用粗实线绘制，螺纹牙底所在的轮廓线即大径，用细实线绘制，如图 7-9 所示。

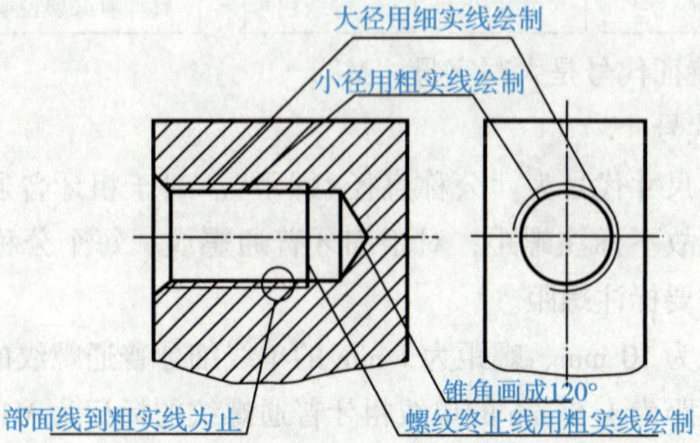

图 7-9　内螺纹的规定画法

（3）非标准螺纹的画法。对于标准螺纹，只需注明代号，不必画出牙型；而对于非标准螺纹，如矩形螺纹，则需要在零件图上作局部剖视表示牙型，或者在图形附近画出螺纹的局部放大图，如图 7-10 所示。

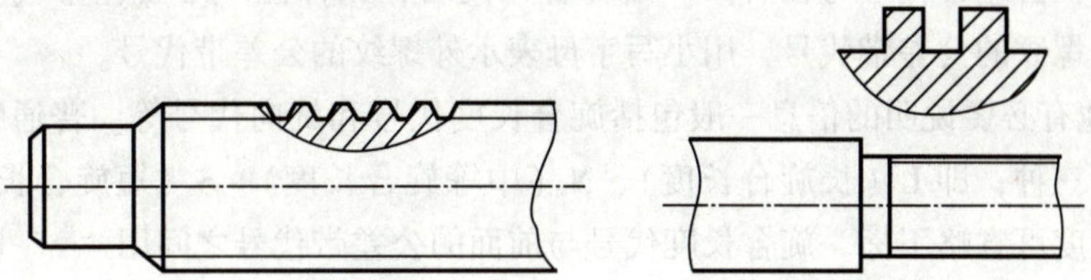

（a）局部剖视图　　（b）局部放大图

图 7-10　螺纹牙型的表示方法

（4）内、外螺纹旋合的规定画法。当用剖视图表示内、外螺纹旋合时，其旋合部分应按外螺纹的规定画法绘制，其余部分仍按各自的规定画法绘制，表示大径、小径的粗实线和细实线应分别对齐（与倒角的大小无关），如图 7-11 所示。

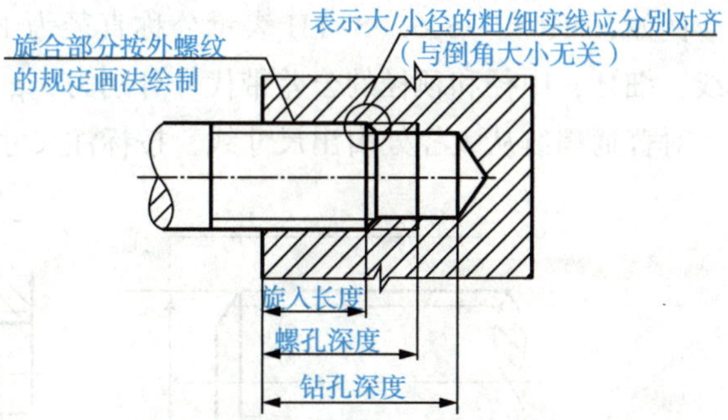

图 7-11　内、外螺纹旋合的规定画法

5. 螺纹的标注

螺纹按用途分为连接螺纹和传动螺纹两类。连接螺纹起连接作用，传动螺纹起传递动力的作用。常用的连接螺纹主要有普通螺纹和管螺纹。其中，普通螺纹又分为粗牙普通螺纹和细牙普通螺纹；管螺纹又分为非螺纹密封的管螺纹和用螺纹密封的管螺纹。常见的传动螺纹分为梯形螺纹和锯齿形螺纹。

螺纹按规定画法画出后，只能区分是内螺纹还是外螺纹，对于螺纹的牙型、直径等要素，需要用标注代号或标记的方式来说明。

（1）普通螺纹

最新的国标规定，完整的普通螺纹的标记由下列几部分构成。

螺纹特征代号 尺寸代号 - 公差等级代号 - 其他有必要说明的信息

① 普通螺纹的特征代号是大写字母“M”。

② 螺纹的尺寸代号。

单线普通螺纹的尺寸代号为“公称直径×螺距”。对于粗牙普通螺纹，每个公称直径对应唯一的螺距，故不标注螺距；对于细牙普通螺纹，每个公称直径有几个不同的螺距可供选择，故需要标注螺距。

例如，公称直径为 10 mm、螺距为 1 mm 的单线细牙普通螺纹的标记为 M10×1；公称直径为 10 mm、螺距为 1.5 mm 的单线粗牙普通螺纹的标记为 M10。

多线普通螺纹的尺寸代号为“公称直径×Ph 导程值 P 螺距值”。

例如，公称直径为 10 mm、螺距为 1.5 mm、导程为 3 mm 的双线普通螺纹的标记为 M10×Ph3P1.5。

③ 螺纹的公差带代号包括中径公差带代号和顶径公差带代号，中径公差带代号写在前面，顶径公差带代号写在后面。当二者相同时，只标注一个公差带代号。用大写字母表示内螺纹的公差带代号，用小写字母表示外螺纹的公差带代号。

④ 其他有必要说明的信息一般包括旋合长度代号和旋向代号等。普通螺纹的旋合长度代号有三种，即 L（长旋合长度）、N（中等旋合长度）、S（短旋合长度），其中中等旋合长度可省略不标。旋合长度代号与前面的公差带代号之间用“-”隔开；旋向代号在旋合长度代号后面标注，用“-”隔开。右旋螺纹不标注旋向代号；对于左旋螺纹，在旋合长度代号之后标注“LH”。

例如，M10×1-5g6g-S-LH 表示公称直径为 10 mm、螺距为 1 mm 的普通外螺纹，单线，细牙，中径和顶径的公差带代号分别为 5 g 和 6 g，短旋合长度，左旋。

对普通螺纹从大径处引出尺寸线，按标注尺寸的形式进行标注，如图 7-12 所示。

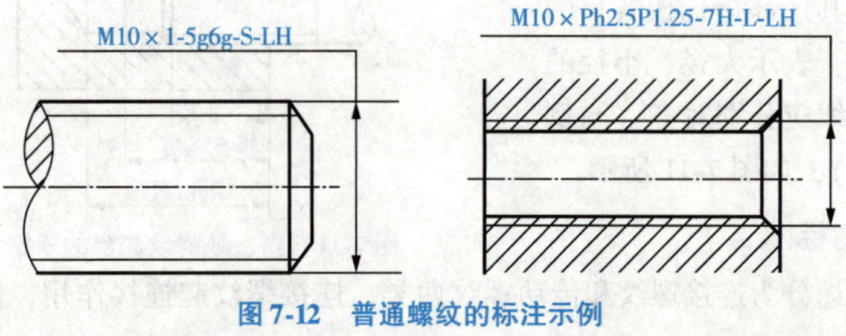

图 7-12　普通螺纹的标注示例

(2) 管螺纹

管螺纹的标记形式如下。

螺纹特征代号	尺寸代号	公差带代号	-	旋向

管螺纹分为55°非密封管螺纹和55°密封管螺纹两种。55°非密封管螺纹是指螺纹副本身不具有密封性质的管螺纹；55°密封管螺纹的内、外螺纹特征代号均为G，它本身具有密封性，分圆锥内螺纹与圆锥外螺纹或圆柱内螺纹与圆柱外螺纹两种连接形式。其中，与圆锥外螺纹旋合的圆柱内螺纹的特征代号为Rp，与圆锥外螺纹旋合的圆锥内螺纹的特征代号为Rc，与圆柱内螺纹旋合的圆锥外螺纹的特征代号为R1，与圆锥内螺纹旋合的圆锥外螺纹的特征代号为R2。

管螺纹的尺寸代号不是螺纹的大径，而是管子孔径的近似值。管螺纹的大径、小径和螺距可查阅相关国标。

55°非密封管螺纹的外螺纹的公差等级有A级和B级两种，需要标记在尺寸代号之后。55°非密封管螺纹的内螺纹和55°密封管螺纹不标注公差等级，当为左旋螺纹时，在尺寸代号或公差等级代号之后加注"LH"。例如，尺寸代号2、右旋、55°非密封管螺纹的内螺纹的标记为G2；尺寸代号3/4、左旋、与圆锥外螺纹旋合的圆锥内螺纹的标记是Rc3/4-LH。

对于管螺纹的标注，在图样上采取由螺纹大径斜向引出标注法，如图7-13所示。

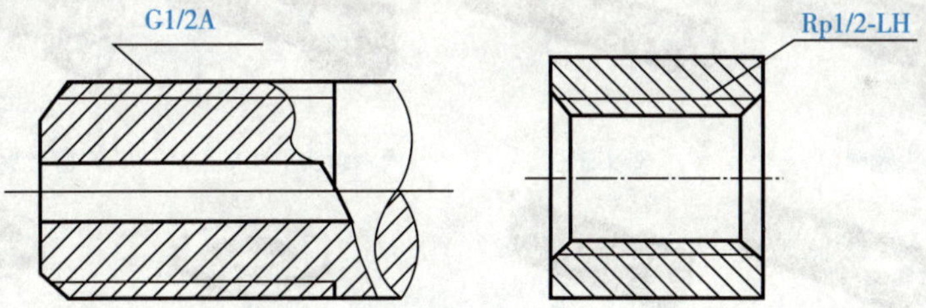

图7-13 管螺纹的标注示例

(3) 梯形螺纹和锯齿形螺纹

梯形螺纹主要用来传递双向动力，如机床的丝杠；锯齿形螺纹主要用来传递单向动力，如千斤顶中的螺杆。

梯形螺纹和锯齿形螺纹的完整标记形式如下。

螺纹特征代号	公称直径	×螺距	旋向代号	-	公差带代号	-	旋合长度代号

梯形螺纹的特征代号是"Tr"，锯齿形螺纹的特征代号为"B"。如果是单线螺纹，则只标注螺距；如果是多线螺纹，则标注"导程（P螺距）"。梯形螺纹和锯齿形螺纹的公差带代号只标注螺纹中径的公差带代号。梯形螺纹旋合长度分为中等旋合、长旋合两种，相应的旋合长度代号分别为N和L。当梯形螺纹的旋合长度为中等旋合时，不标注旋合长度代号；当梯形螺纹的旋合长度为长旋合时，应标注旋合长度代号"L"。例如，梯形螺纹，公称直径为40 mm，导程为14 mm，螺距为7 mm，左旋，中径的公差带代号为6H，其标记为Tr40×14（P7）LH-6H。

梯形螺纹和锯齿形螺纹在图样上的标注与普通螺纹在图样上的标注类似，均是标注在螺纹大径的尺寸线上或尺寸线的延长线上，如图 7-14 所示。

对于非标准螺纹，必须标注其全部尺寸，如图 7-15 所示。

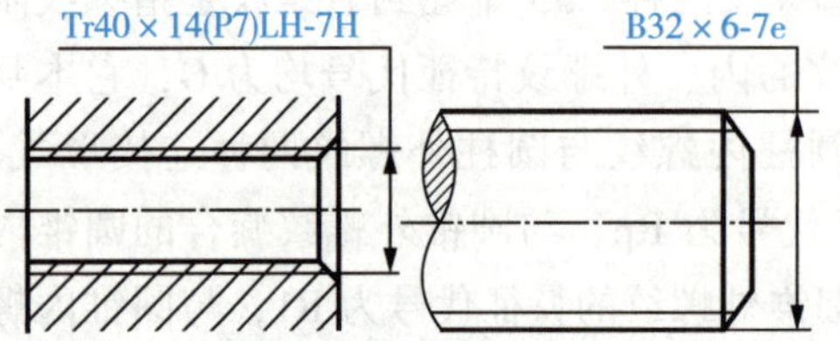

图 7-14　梯形螺纹和锯齿形螺纹的标注示例

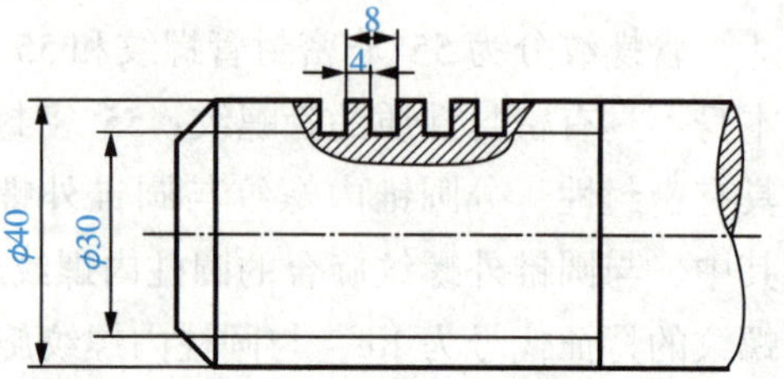

图 7-15　非标准螺纹的标注示例

7.1.2　螺纹紧固件

用螺纹将被连接件紧固在一起的螺栓、螺柱、螺钉、螺母、垫圈等称为螺纹紧固件，如图 7-16 所示。它们在各种机器产品、武器装备等上面都得到了广泛的应用。螺纹紧固件的结构、尺寸都已经标准化，并由有关专业工厂大量生产。根据规定的标记，可以在相应的标准中查出有关尺寸。因此，对符合标准的螺纹紧固件，不需要详细画出它们的零件图。

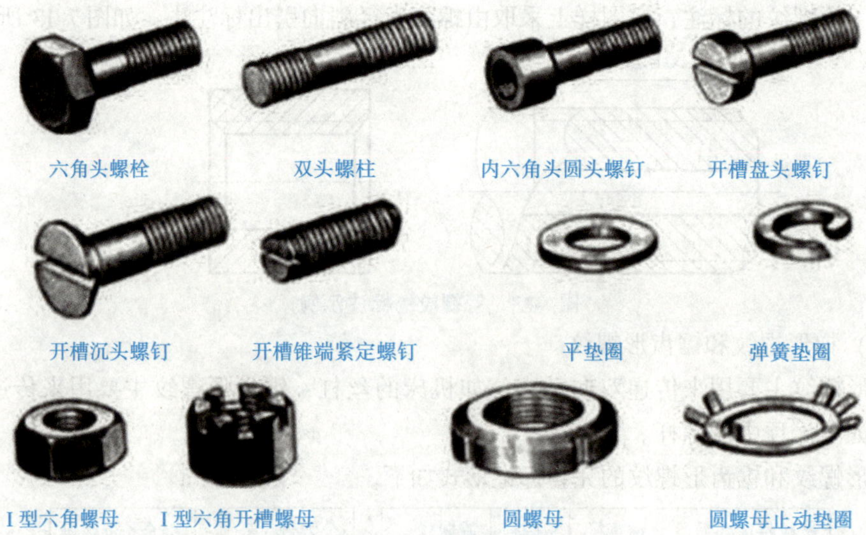

图 7-16　常用螺纹紧固件

螺纹紧固件完整的标记内容及顺序为类别（产品名称）、标准编号、螺纹规格或公称尺寸、其他直径或特性、公称长度（规格）、螺纹长度或杆长、产品形式、性能等级或硬度材料、产品等级、扳拧形式、表面处理。根据标记的简化原则，螺纹紧固件的标记采用简化标记，允许省略标准的年代号（以现行标准为准）和仅有一种的产品形式、性能等级、产品等级、表面处理等内容。常用螺纹紧固件的标注示例及说明如表 7-1 所示。

表 7-1 常用螺纹紧固件的标记示例及说明

名称及标准编号	图例	标记示例	标记示例的说明
六角头螺栓 GB/T 5782—2016	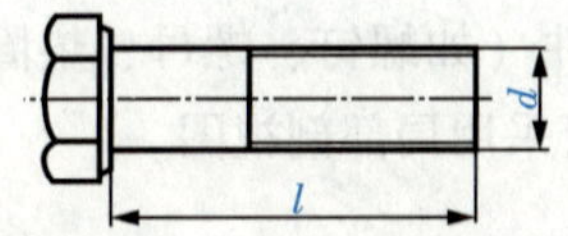	螺栓 GB/T 5782 M12×80	螺纹规格为 M12、公称长度 l = 80 mm、性能等级为 8.8 级、表面氧化、产品等级为 A 级的六角头螺栓
双头螺柱 GB 898—1988 (b_m = 1.25d)	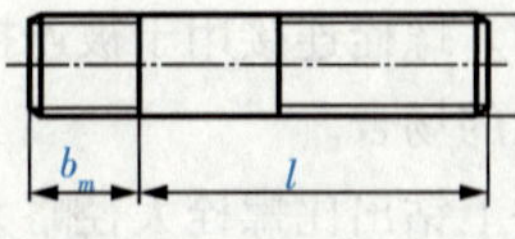	螺柱 GB 898 M12×60	螺纹规格为 M12、公称长度 l = 60 mm、性能等级为常用的 4.8 级、不经表面处理、b_m = 1.25d、两端均为粗牙普通螺纹的 B 型双头螺柱
开槽圆柱头螺钉 GB/T 65—2016	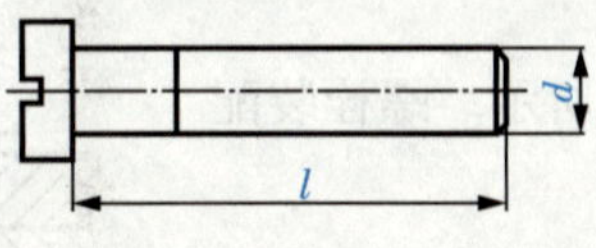	螺钉 GB/T 65 M10×60	螺纹规格为 M10、公称长度 l = 60 mm、性能等级为常用的 4.8 级、不经表面处理、产品等级为 A 级的开槽圆柱头螺钉
开槽长圆柱端紧定螺钉 GB/T 75—2018	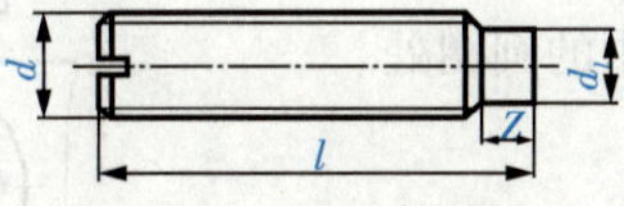	螺钉 GB/T 75 M5×12	螺纹规格为 M5、公称长度 l = 12 mm、性能等级为常用的 14H 级、表面氧化的开槽长圆柱端紧定螺钉
1 型六角螺母 GB/T 6170—2015	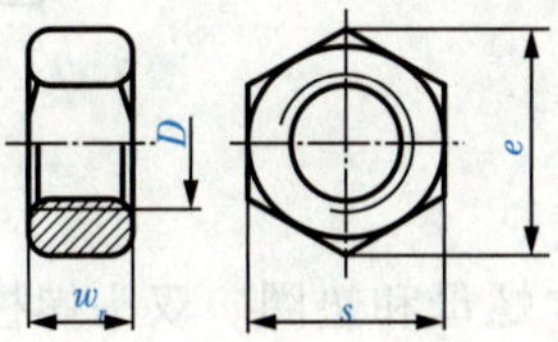	螺母 GB/T 6170 M16	螺纹规格为 M16、性能等级为常用的 8 级、不经表面处理、产品等级为 A 级的 1 型六角螺母
平垫圈 A 级 GB/T 97.1—2002	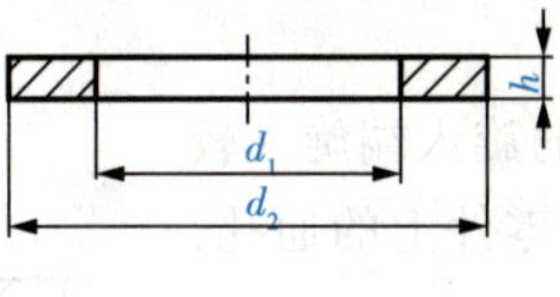	垫圈 GB/T 97.1 10	标准系列、规格为 10 mm、性能等级为常用的 200HV 级、表面氧化、产品等级为 A 级的平垫圈
标准型弹簧垫圈 GB 93—1987	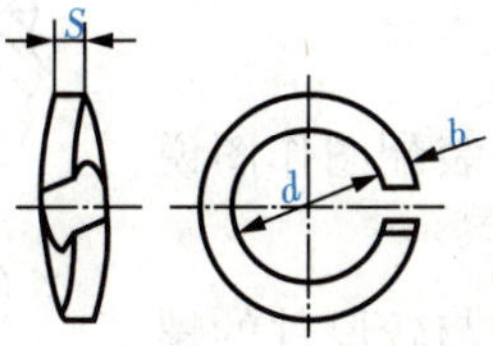	垫圈 GB 93—87 16	规格为 16 mm、材料为 65Mn、表面氧化的标准型弹簧垫圈

螺纹紧固件的基本连接形式有螺栓连接、双头螺柱连接和螺钉连接三种。螺纹紧固件的连接画法均应符合国标中装配画法的规定，规定如下。

(1) 两零件的接触面或配合表面只画一条轮廓线，不接触面或非配合表面画两条线。

(2) 当两零件连接时，不同零件的剖面线方向应相反，或者方向一致、间隔不等。

(3) 当剖切面经过各种紧固件及实心零件（如螺钉、螺母、垫圈、轴等）的轴线时，它们按不剖绘制，仍可画外形，需要时可采用局部剖视图。

1. 螺栓连接

(1) 应用场合

螺栓连接常用的连接件有螺栓、螺母和垫圈。螺栓连接用于被连接件都不太厚，能加工成通孔，且要求连接力较大的场合。

螺柱连接

当用螺栓连接时，首先在被连接的两个零件上钻出比螺栓大径略大的通孔；其次将螺栓穿过这两个孔，并在螺栓上端套上垫圈；最后用螺母拧紧。

(2) 连接画法

螺栓连接通常采用简化画法，如图 7-17 所示。螺栓装配图作图说明如下。

① 在被连接工件上钻光孔时，为装配方便，光孔孔径为 $1.1d$。

② 在孔中可见处不要漏线，如图 7-17 中的圆圈处。

③ 螺栓头部和螺母的倒角都省略不画。

④ 螺栓的螺纹终止线必须画到垫圈之下（应在被连接两零件接触面的上方），否则螺母可能拧不紧。

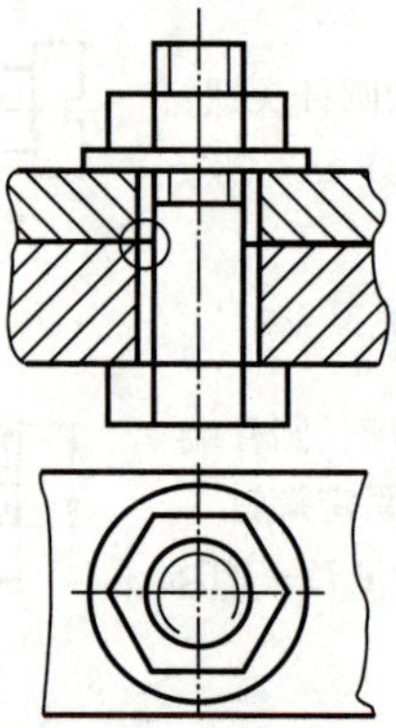

图 7-17　螺栓连接的简化画法

2. 双头螺柱连接

(1) 应用场合

双头螺柱连接常用的连接件有双头螺柱、螺母和垫圈。双头螺柱连接一般用于被连接件之一较厚，不适合加工成通孔，且要求连接力较大的场合，其上部较薄零件加工成通孔。

当用双头螺柱连接时，首先将双头螺柱的旋入端旋入较厚零件的螺孔中；其次让其另一端穿过较薄零件上的通孔，套上垫圈；最后用螺母拧紧。

(2) 连接画法

螺柱连接的画法如图 7-18 所示。双头螺柱装配图作图说明如下。

① 在画双头螺柱装配图时，螺纹终止线应与较厚件的螺孔表面平齐。

② 螺母端的螺纹终止线应在垫圈下的光孔内。

③ 弹簧垫圈的开口处可简化为线宽为 $2d$ 的 $60°$ 斜线。

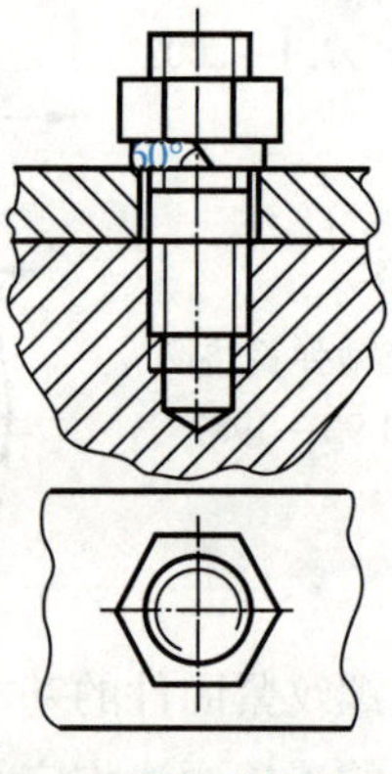

图 7-18　螺柱连接的画法

3. 螺钉连接

(1) 应用场合

当被紧固件尺寸较小、受力不大且不需要经常拆卸或被连接件之一较厚而不便加工通孔时，通常采用螺钉连接，其紧固作用与双头螺柱连接的紧固作用相似，但不用螺母，而是将螺钉直接旋入螺纹孔内，靠螺钉头部压紧两个被连接件。

(2) 连接画法

螺钉连接的画法如图 7-19 所示。螺钉装配图作图说明如下。

① 螺钉的螺纹终止线不可低于较厚件的螺孔表面。

② 在画螺钉头部的一（或十）字槽时，在主视图上画出槽口，在俯视图上一律画成 45°的斜线（或交线），当槽口过小时，可画成线宽为 2*d* 的实线。

图 7-20 为几种常见的螺钉连接的画法。

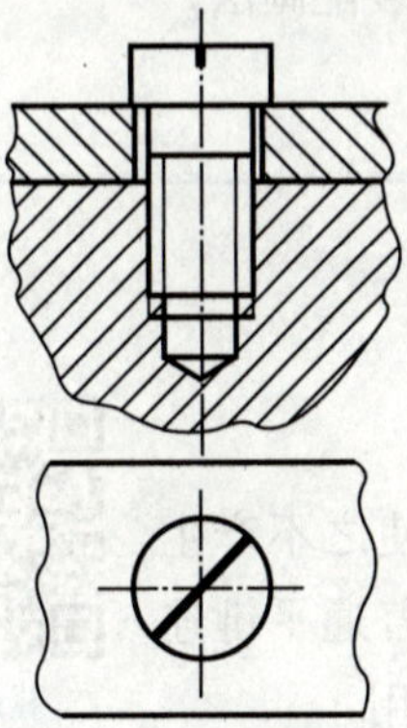

图 7-19　螺钉连接的画法

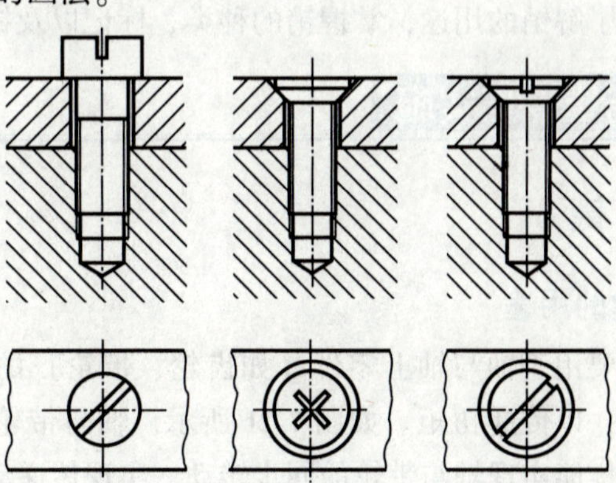

图 7-20　几种常见的螺钉连接的画法

任务评价

评价内容	评价标准	分值	读者自评	教师评估
螺纹	了解螺纹的形成	5		
	掌握螺纹的要素	10		
	掌握螺纹的结构	10		
	掌握螺纹的规定画法	15		
	掌握螺纹的标注	15		
螺纹紧固件	掌握螺栓连接的应用场合及画法	15		
	掌握双头螺柱连接的应用场合及画法	15		
	掌握螺钉连接的应用场合及画法	15		
总分		100		

任务2 键和销

任务描述

通过对本任务相关知识的学习，要求读者会绘制键以及键连接，会绘制销以及销连接。

任务分析

想要绘制好键和销，首先要了解销的用途，掌握键的种类、标记以及键连接的画法；其次了解销的用途，掌握销的种类、标记以及销连接的装配画法。

任务重点与实施

7.2.1 键

1. 键的用途

键主要用于轴与轴上零件（如齿轮、带轮）的连接，使之不产生相对运动，以传递扭矩。如图 7-21 所示，轴与带轮是依靠普通平键连接的，这样能实现轴与带轮的同步转动，实现传递动力的作用。

键连接

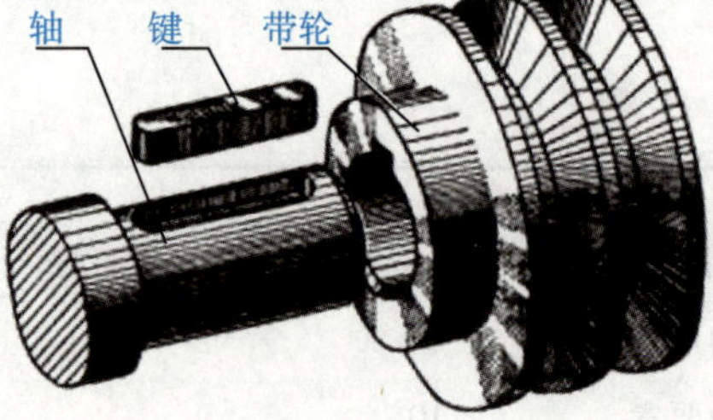

图 7-21 键连接

2. 键的种类及标记

键的种类较多，常用的键有普通平键、半圆键和钩头楔键，如图 7-22 所示。键是标准件，常用的普通平键的尺寸和键槽的断面尺寸可按轴径查阅相关的国标。同样，半圆键和钩头楔键的尺寸、标记等也可查阅相关的国标。

普通平键的型式有 A 型、B 型、C 型三种，其形状和尺寸如图 7-23 所示。在标记时，A 型普通平键省略 A 字，B 型和 C 型应写出字母 B 或 C。

例如，b = 18 mm、h = 11 mm、L = 100 mm 的圆头普通平键，应标记为：

GB/T 1096—2003 键 18×11×100

又如，b = 18 mm、h = 11 mm、L = 100 mm 的单圆头普通平键，应标记为：GB/T 1096—2003 键 C18×11×100

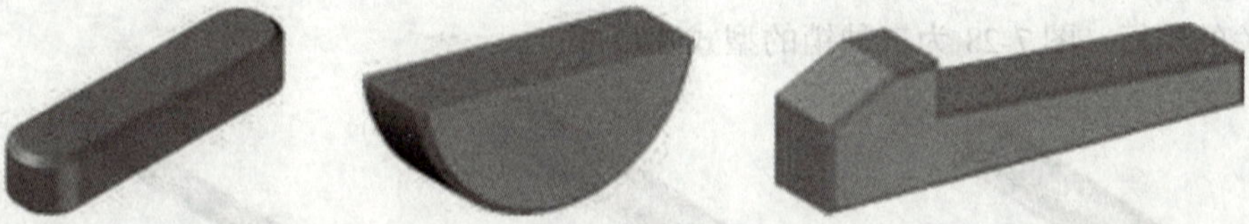

普通平键　　　　半圆键　　　　钩头楔键

图 7-22　常见的几种键

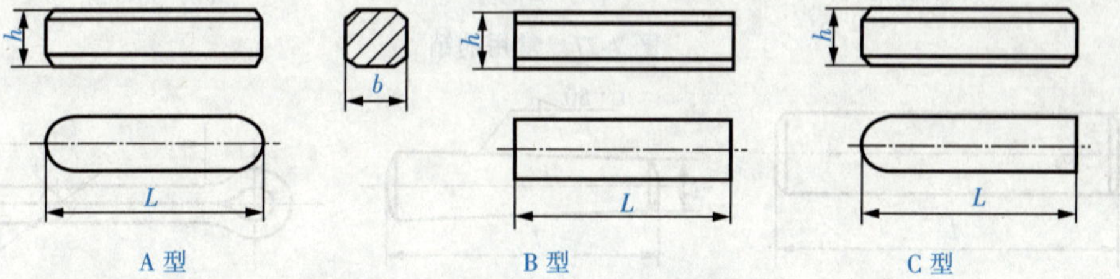

A 型　　　　B 型　　　　C 型

图 7-23　普通平键的形状和尺寸

3. 键连接的画法

（1）普通平键。普通平键的两侧面为工作面，因此，在连接时，平键的两侧面与轴和轮毂键槽侧面之间相互接触，没有间隙，只画一条线；键与轮毂的键槽顶面之间是非工作面，不接触，应留有间隙，画两条线，如图 7-24 所示。

（2）半圆键。半圆键一般用在载荷不大的传动轴上，它的连接情况与普通平键的连接情况相似，如图 7-25 所示。

（3）钩头楔键。楔键顶面是 1∶100 的斜度，在装配时，沿轴向将键打入键槽内，直至打紧，因此，它的上、下面为工作面，两侧面为非工作面。但侧面与键槽侧面之间是过盈配合，因此，在画图时，侧面不留间隙，应画一条线，如图 7-26 所示。

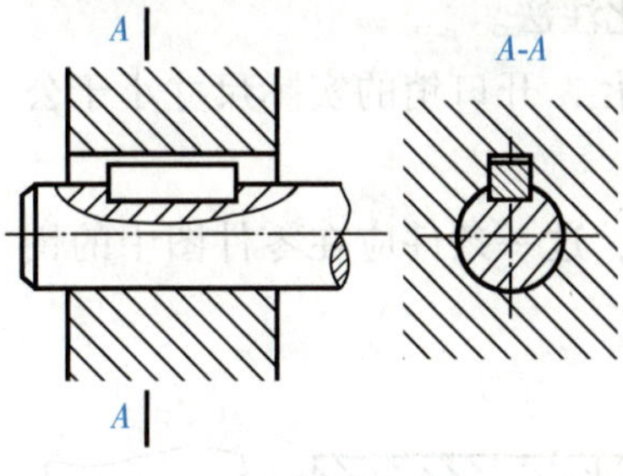

图 7-24　普通平键连接

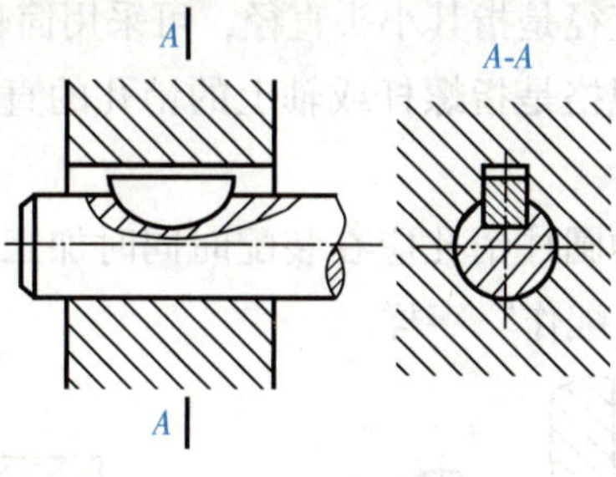

图 7-25　半圆键连接

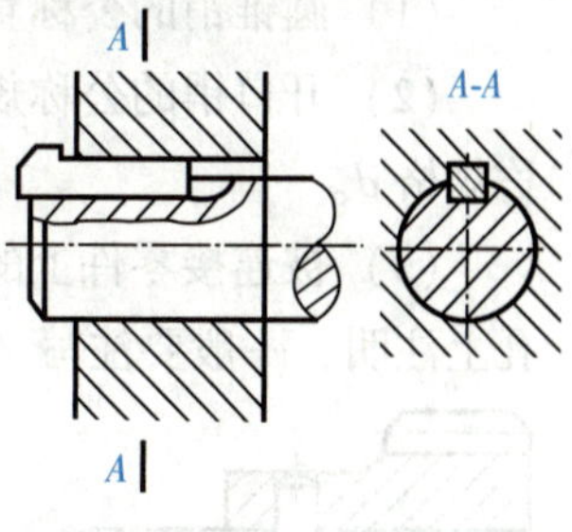

图 7-26　钩头楔键联接

7.2.2　销

1. 销的用途

销通常用于零件间的连接和定位。

2. 销的种类及标记

常用的销有圆柱销、圆锥销和开口销，如图 7-27 所示。圆柱销和圆锥销主要用于零件间的连接与定位，开口销用来防止螺母松脱。销是标准件，它的型式与尺寸可参阅相关的国标。图 7-28 为三种销的型式及尺寸。

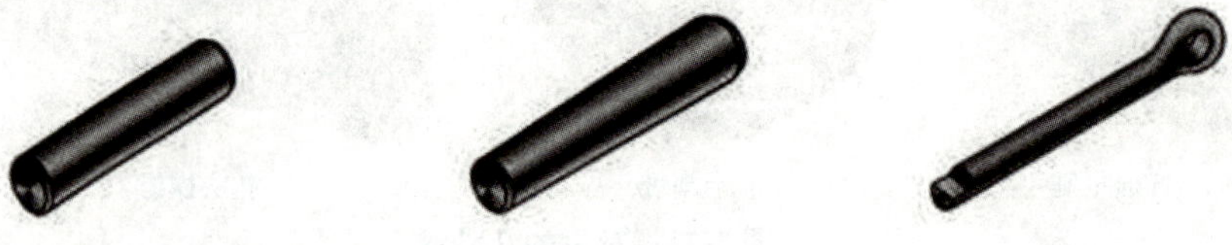

(a) 圆柱销　　(b) 圆锥销　　(c) 开口销

图 7-27　常用的销

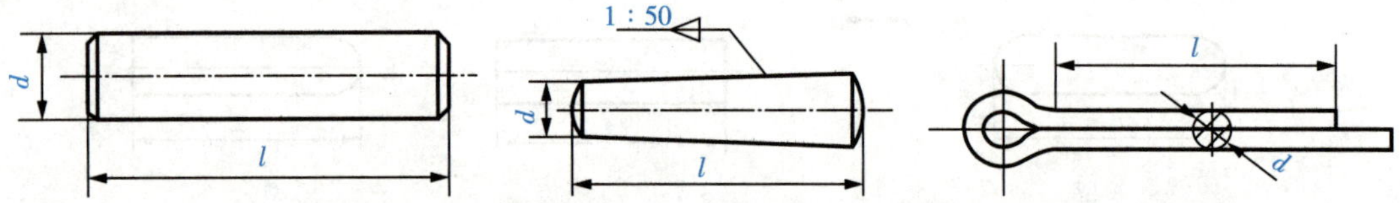

(a) 圆柱销　　(b) 圆锥销　　(c) 开口销

图 7-28　三种销的型式及尺寸

例如，公称直径 d=6 mm、公差为 m6、公称长度 l=30 mm、材料为钢、普通淬火（A 型）、表面氧化处理的圆柱销的标记为：销 GB/T 119.2　6×30。

又如，公称直径 d=6 mm、公差为 m6、公称长度 l=26 mm、材料为 35 钢、热处理硬度 27−38HRC、表面氧化处理的 A 型圆锥销的标记为：销 GB/T 117　6×26。

再如，公称规格为 5 mm、公称长度 l=28 mm、材料为碳素钢 Q215 或 Q235、不经表面处理的开口销的标记为：销 GB/T 91　5×28。

3. 销连接的装配画法

销连接的装配画法如图 7-29 所示，需要注意以下几点。

(1) 圆锥销的公称直径是指其小头直径，可采用简化注法。

(2) 开口销的公称规格是指螺杆或轴上的销孔的直径，开口销的实际尺寸小于公称规格 d。

(3) 被连接零件上的圆柱销孔应在装配时同时加工，这一条件应在零件图中的销孔上注明，一般要注写“配作”字样。

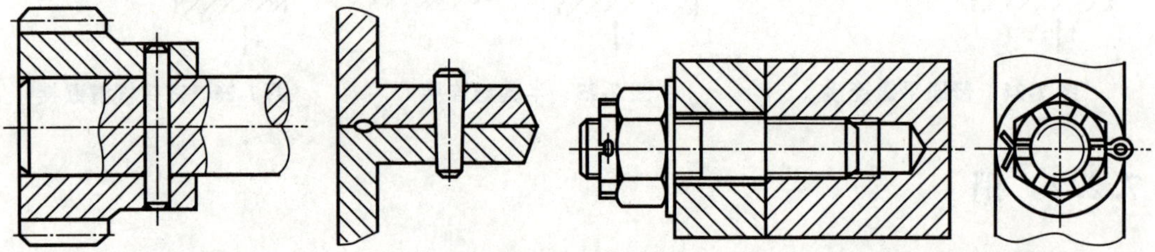

圆柱销连接　　圆锥销连接　　开口销连接

图 7-29　销连接的装配画法

任务评价

评价内容	评价标准	分值	读者自评	教师评估
键	了解键的用途	10		
	掌握键的种类和标记	20		
	掌握键连接的画法	20		
销	了解销的用途	10		
	掌握销的种类和标记	20		
	掌握销连接的装配画法	20		
总分		100		

任务3　滚动轴承

任务描述

通过对本任务相关知识的学习，读者能够绘制滚动轴承，知道滚动轴承的代号和标记的含义。

任务分析

想要绘制好滚动轴承，首先要了解滚动轴承的结构；其次掌握滚动轴承的含义，最后理解滚动轴承的代号及标记。

任务重点与实施

滚动轴承是支撑轴旋转及承受轴上载荷的标准部件，具有结构紧凑、摩擦阻力小和拆卸方便等优点，已被广泛使用在机器或部件中。

7.3.1　滚动轴承的结构

滚动轴承的种类很多，但其结构大体相同，以如图7-30所示的深沟球轴承为例，大多数滚动轴承都是由外圈、内圈、滚动体和保持架四部分组成的，通常外圈装在机座的孔内，固定不动；内圈套在轴上，随轴转动。

球轴承　　推力轴承　　圆锥滚子轴承

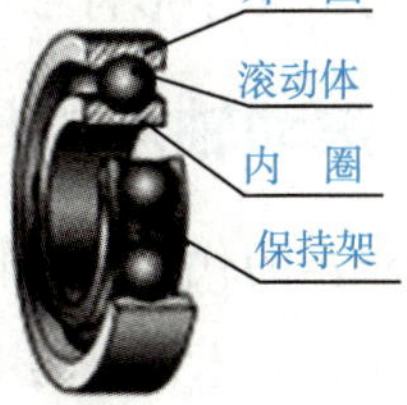

图7-30　深沟球轴承的结构

7.3.2 滚动轴承的画法

滚动轴承是标准件，一般不需要画零件图。在装配图中，滚动轴承是根据其代号从国标中查出外径 D、内径 d 和宽度 B 或 T 等几个主要尺寸来进行绘制。当需要较详细地表达滚动轴承的主要结构时，可采用规定画法；当只需简单地表达滚动轴承的主要结构特征时，可采用特征画法。表 7-2 列出了三种常用滚动轴承的规定画法和特征画法。

表 7-2 三种常用滚动轴承的规定画法和特征画法

轴承名称	结构形式	规定画法	特征画法
深沟球轴承	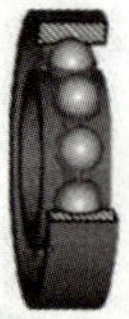	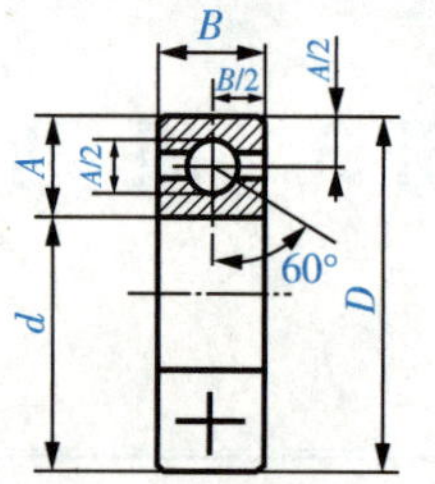	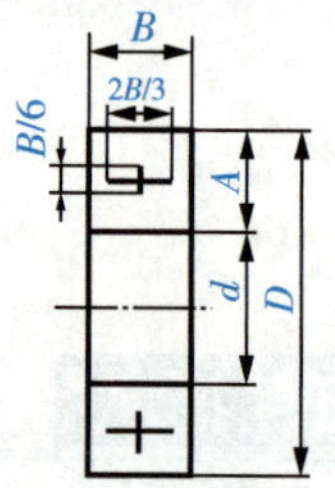
圆锥滚子轴承		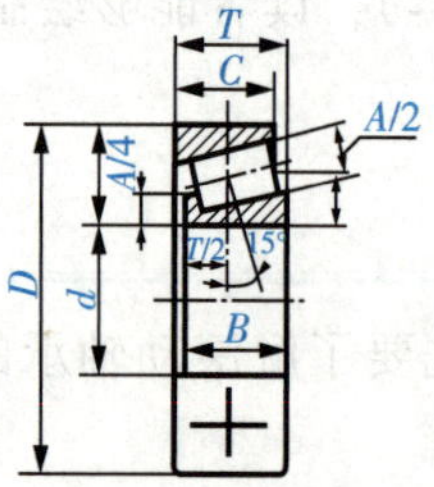	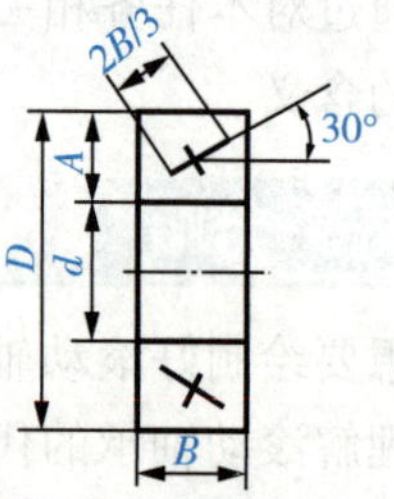
推力球轴承	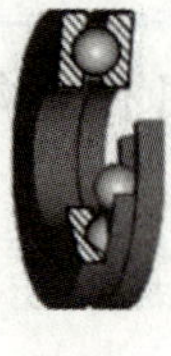	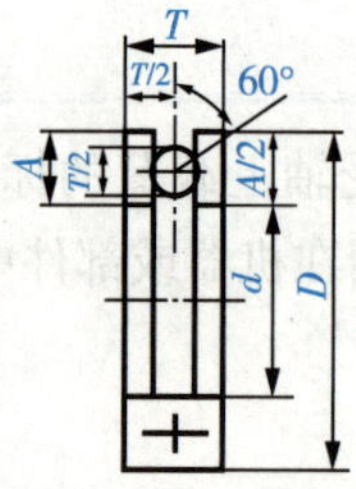	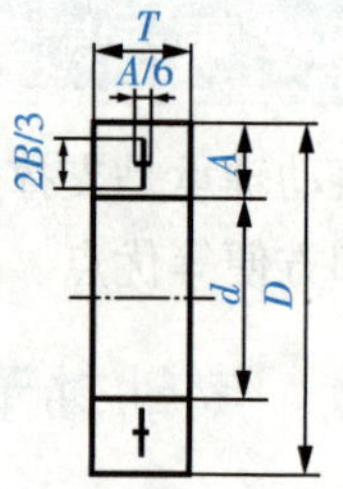

当不需要确切地表达滚动轴承的外形轮廓、载荷特性、结构特性时，可用通用画法，即在矩形线框中央绘制正立十字形符号（十字形符号不与线框接触），如图 7-31 所示。

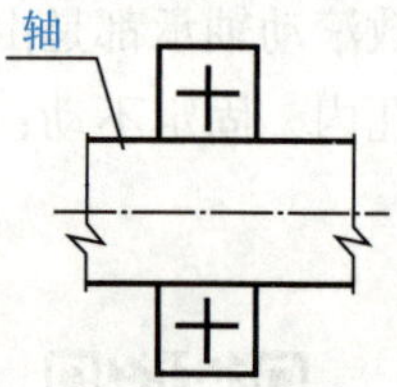

图 7-31 轴承的通用画法

7.3.3 滚动轴承的代号及标记

滚动轴承的代号可查阅相关的国标。滚动轴承常用基本代号表示，基本代号的书写顺序是轴承类型代号、尺寸系列代号和内径代号。其中，轴承类型代号“6”表示深沟球轴承，轴承类型代号“5”表示推力球轴承，轴承类型代号“3”表示圆锥滚子轴承；尺寸系列代号由轴承的宽（高）度系列代号（一位数字）和外径系列代号（一位数字）左右排列组成；对于内径代号，当10 mm≤内径≤495 mm时，代号数字00、01、02、03分别表示内径 d = 10 mm、12 mm、15 mm、17 mm，当代号数字≥04时，轴承内径由代号数字乘以5得到。

滚动轴承的规定标记为“滚动轴承基本代号 国标号”，现举例如下。

滚动轴承 6208 GB/T 276—2013

- 深沟球轴承的国标号
- 内径代号：内径$d=8\times5=40$ mm
- 尺寸系列代号：“2”表示（02）尺寸系列
- 类型代号：“6”表示深沟球轴承

滚动轴承 51207 GB/T 301—2015

- 51000型推力球轴承的国标号
- 内径代号：内径$d=7\times5=35$ mm
- 尺寸系列代号：“12”表示51000型的12系列
- 类型代号：“5”表示推力球轴承

任务评价

评价内容	评价标准	分值	读者自评	教师评估
滚动轴承的结构	了解滚动轴承的结构	20		
滚动轴承的画法	掌握三种常用滚动轴承的规定画法和特征画法	50		
滚动轴承的代号及标记	掌握滚动轴承的代号及标记的含义	30		
总分		100		

任务4 齿　轮

任务描述

通过对本任务相关知识的学习，读者能够绘制直齿圆柱齿轮、直齿圆锥齿轮以及蜗轮和蜗杆。

任务分析

想要绘制好各种齿轮，首先要了解直齿圆柱齿轮各部分的名称和尺寸关系；其次掌握单个圆柱齿轮和啮合圆柱齿轮的画法；再次掌握单个锥齿轮和两啮合圆锥齿轮的画法；最后掌握蜗杆和蜗轮的画法。

任务重点与实施

齿轮传动是机械传动中的重要组成部分，作用是将一根轴的转动传递给另一根轴。齿轮传动不仅能传递动力，还能改变转速和回转方向。

齿轮的参数中只有模数和齿形角已经标准化，因此，属于常用件。常见的齿轮传动形式主要有三种：圆柱齿轮传动、锥齿轮传动和蜗杆传动，如图 7-32 所示。其中，圆柱齿轮传动通常用于平行两轴间的动力和转速；锥齿轮传动通常用于传递相交两轴间的动力和转速；蜗杆传动用于传递交叉两轴间的动力和转速。

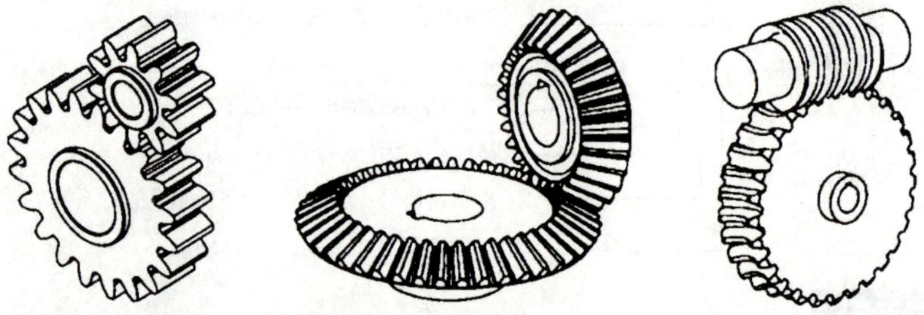

圆柱齿轮传动　　锥齿轮传动　　蜗杆传动

图 7-32　齿轮传动形式

7. 4. 1　直齿圆柱齿轮各部分的名称和尺寸关系

1. 名称和代号

圆柱齿轮的轮齿有直齿、斜齿和人字齿等，下面主要介绍直齿圆柱齿轮。图 7-33 是两个啮合的圆柱齿轮的示意图，从图中可以看出圆柱齿轮各部分的几何要素。

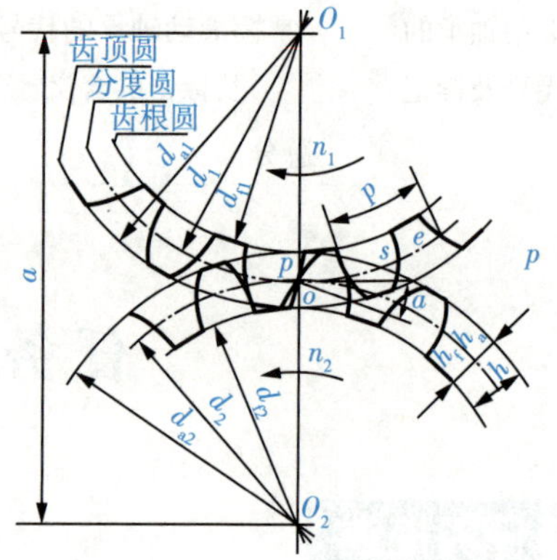

图 7-33　两个啮合的圆柱齿轮的示意图

（1）齿顶圆：齿轮上最大的圆，其直径用 d_a 表示。

（2）齿根圆：通过轮齿根部的圆，其直径用 d_f 表示。

（3）节圆和分度圆：节圆是两齿轮啮合接触点所形成的圆，其直径用 d' 表示；分度圆是加工齿轮时作为齿轮轮齿分度的圆，其直径用 d 表示。对于标准齿轮来说，节圆直径和分度圆直径相等。

（4）齿高、齿顶高、齿根高：齿顶圆与齿根圆之间的径向距离称为齿高，用 h 表示；齿顶圆与分度圆之间的径向距离称为齿顶高，用 h_a 表示；齿根圆与分度圆之间的径向距离称为齿根高，用 h_f 表示。

（5）齿距、齿厚、齿槽宽：齿距用 p 表示，齿厚用 s 表示，齿槽宽用 e 表示。对标准齿轮来说，$s=e$，$p=s+e$。

（6）模数：若齿轮的齿数为 z，则分度圆的周长 $=zp=\pi d$，因此 $d=zp/\pi$，令 $m=p/\pi$，m 称为齿轮的模数，单位是 mm。模数是设计和制造齿轮的重要参数，模数越大，轮齿就越大；模数越小，轮齿就越小。不同模数的齿轮，要用不同模数的刀具来加工制造，为了便于设计和加工，国标对模数做出了统一的规定，如表 7-3 所示。

表 7-3 齿轮模数系列（GB/T 1357—2008） 单位：mm

第一系列	1	1.25	1.5	2	2.5	3	4	5	6
	8	10	12	16	20	25	32	40	50
第二系列	1.125	1.375	1.75	2.25	2.75	3.5	4.5	5.5	(6.5)
	7	9	11	14	18	22	28	36	45

说明

在选用模数时，应优先选用第Ⅰ系列，其次选用第Ⅱ系列，圆括号内模数尽可能不选用。

（7）齿形角：在节点 P 处，两齿廓曲线的公法线（齿廓的受力方向）与两节圆的内共切线（节点 P 处的瞬时运动方向）所夹的锐角称为齿形角，用 α 表示。我国采用的齿形角一般为 20°。

（8）传动比：主动齿轮的转数 n_1 与从动齿轮的转数 n_2 的比为传动比，用 i 表示，即 $i=n_1/n_2$。用于减速的一对啮合齿轮的 i 大于 1，由 $n_1z_1=n_2z_2$ 可得 $i=n_1/n_2=z_1/z_2$

2. 尺寸关系

齿轮其他各部分的尺寸可以参照标准模数进行计算，如表 7-4 所示。

表 7-4 直齿圆柱齿轮各部分的尺寸计算

各部分的名称	代号	公式
分度圆直径	d	$d=mz$
齿顶高	h_a	$h_a=m$
齿根高	h_f	$h_f=1.25m$
齿顶圆直径	d_a	$d_a=m(z+2)$
齿根圆直径	d_f	$d_f=m(z-2.5)$
齿距	p	$p=\pi m$
齿厚	s	$s=\frac{1}{2}\pi m$
中心距	a	$a=\frac{1}{2}(d_1+d_2)=\frac{1}{2}m(z_1+z_2)$

7.4.2 圆柱齿轮的规定画法

1. 单个圆柱齿轮

圆柱齿轮

国标对齿轮的画法做了统一的规定，单个圆柱齿轮的画法如图7-34所示。齿顶圆和齿顶线用粗实线画出；齿根圆和齿根线用细实线画出，也可省略不画，但取剖视后齿根线用粗实线画出；分度圆和分度线用细点画线画出；轮齿部分不画剖面线；其余结构按结构的真实投影画出，如图7-34（a）和图7-34（b）所示。当需要表示斜齿和人字齿的齿线形状时，可用三条与齿线方向一致的细实线表示，如图7-34（c）和图7-34（d）所示。图7-35为圆柱齿轮的零件图。

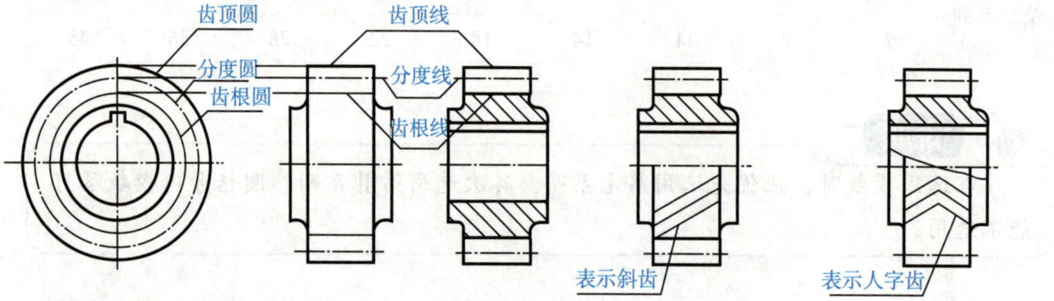

（a）直齿（外观视图）（b）直齿（全剖视图）（c）斜齿（半剖视图）（d）人字齿（局部剖视图）

图7-34 单个圆柱齿轮的画法

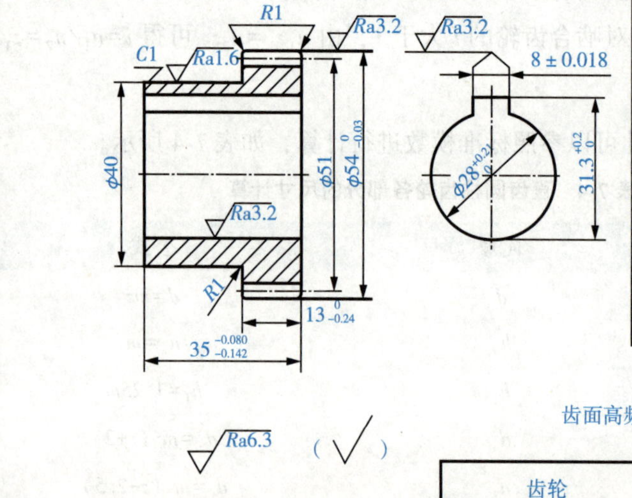

模数m	1.5 mm
齿数Z_2	34
齿形角a	20°
精度等级	7FL
齿圈径向圆跳动F_r	0.063
公法线长度公差F_w	0.028
基节极限偏差F_{Pb}	0.013
齿形公差f_f	±0.011
公法线检验 长度	16.21
公法线检验 允差	$^{-0.112}_{-0.168}$
跨齿数	4

技术要求
齿面高频淬火硬度50～55HRC.

齿轮		比例	1:1	07-09	
		件数	1		
制图		质量		40Cr	
描图		（厂名）			
审核					

图7-35 圆柱齿轮的零件图

2. 啮合的圆柱齿轮

模数相同的两齿轮才能相互啮合。当两个标准齿轮相互啮合时，它们的分度圆处于相切位置，在画齿轮啮合图时，一般采用圆的视图（端面视图）和非圆视图（轴向视图）。在圆的视图中，按规定分别画出两个齿轮的齿根圆、分度圆和齿顶圆，两分度圆应相切。当采用简化画法时，允许不画齿根圆，啮合区内齿顶圆也不画，如图 7-36（a）和图 7-36（b）所示。在非圆视图中，若未剖切，则在分度圆的相切处画一条粗实线，如图 7-36（c）所示。在剖视图中，当剖切面通过两啮合齿轮的轴线时，在啮合区内，将一个齿轮的齿顶线用粗实线绘制，将另一个齿轮的轮齿被遮挡的部分用细虚线绘制（也可省略不画）。由于齿顶高和齿根高不相等，故一轮齿的齿顶线与其啮合的另一轮齿的齿根线间有 0.25 mm 的径向间隙，如图 7-36（a）所示。

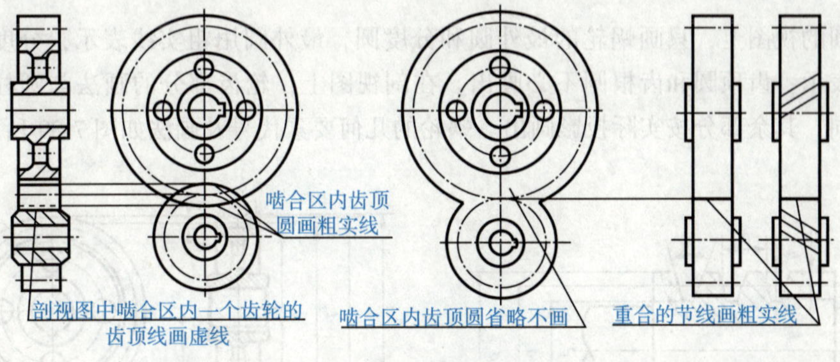

图 7-36 圆柱齿轮啮合的规定画法

7.4.3 直齿锥齿轮的画法

锥齿轮

1. 单个锥齿轮

单个锥齿轮的画法：将主视图画成剖视图；在左视图中，用粗实线画大端、小端的齿顶圆；用细实线画出大端分度圆；齿根圆不必画出，如图 7-37（a）所示。

2. 两锥齿轮啮合

当两锥齿轮啮合时，两分度圆相切，锥顶交于一点，如图 7-37（b）所示。

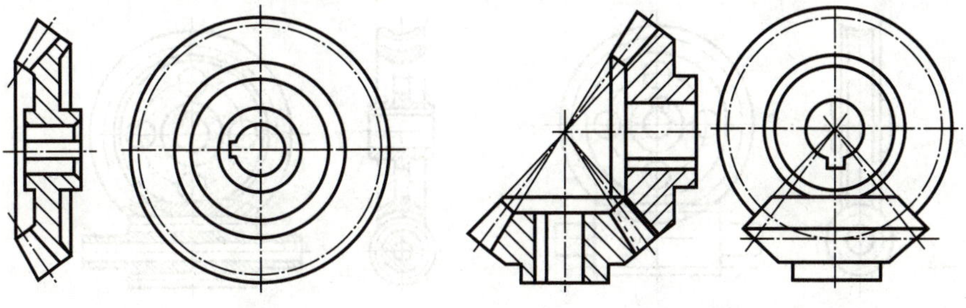

（a）单个锥齿轮的画法　（b）两锥齿轮啮合时的画法

图 7-37 直齿锥齿轮的画法

7.4.4 蜗轮和蜗杆的画法

蜗轮、蜗杆通常用于传递垂直交叉的两轴之间的动力和转速。其中，蜗杆有单头和多头之分；蜗轮与圆柱斜齿轮相似，但其齿顶面制成环面。在蜗杆传动中，蜗杆是主动件；蜗轮是从动件。

1. 蜗杆的画法

蜗杆的画法与圆柱齿轮的画法基本相同，在两面视图中，齿根线和齿根圆均可省略不画，为表明蜗杆的牙型，可采用局部剖视图。蜗杆的几何要素代号及画法如图 7-38 所示。

蜗轮

2. 蜗轮的画法

在圆的视图上，只画蜗轮的最外圆和分度圆，最外圆用粗实线表示，分度圆用细点画线表示；齿顶圆和齿根圆不必画出。在剖视图上，轮齿部分的画法与圆柱齿轮的画法相同，其余部分按实际投影画出。蜗轮的几何要素代号及画法如图 7-39 所示。

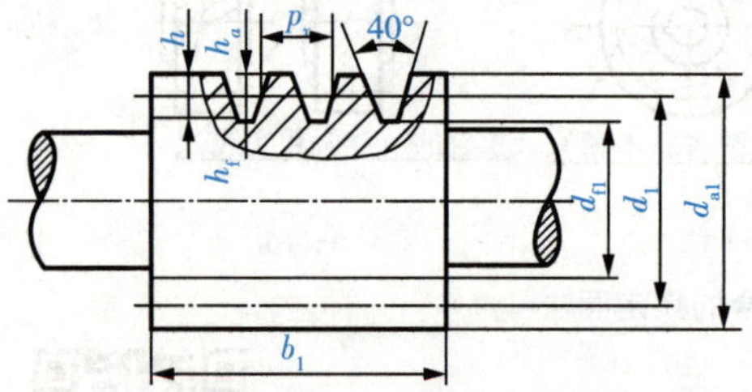

图 7-38　蜗杆的几何要素代号及画法

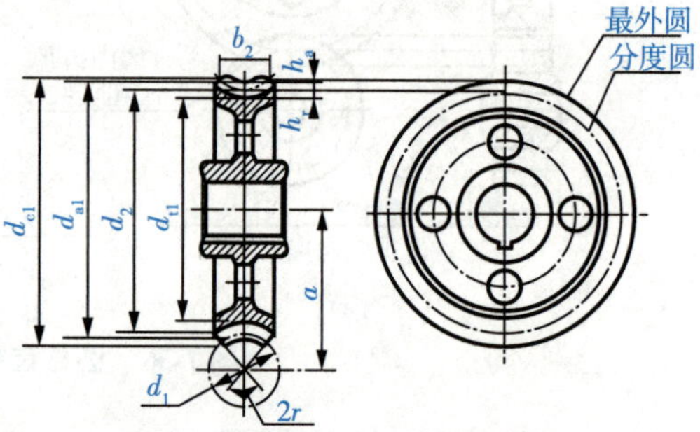

图 7-39　蜗轮的几何要素代号及画法

3. 蜗轮、蜗杆啮合的画法

蜗轮、蜗杆啮合的画法为：当画外形图时，在蜗杆投影为圆的视图上，对于蜗杆与蜗轮投影重合部分，只画蜗杆，不画蜗轮；在蜗轮投影为圆的视图上，蜗轮分度圆与蜗杆节线相切。另外，在剖视图中，蜗轮被蜗杆遮住的部分可画成细虚线或省略不画，如图 7-40 所示。

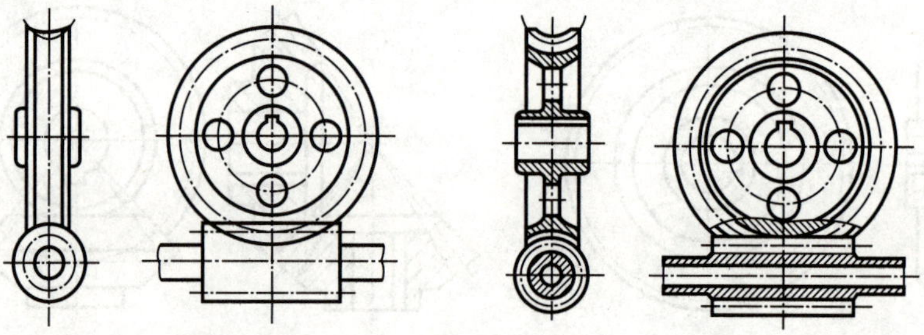

（a）外形图　　　　（b）剖视图

图 7-40　蜗轮、蜗杆啮合的画法

任务评价

评价内容	评价标准	分值	读者自评	教师评估
直齿圆柱齿轮各部分的名称和尺寸关系	掌握直齿圆柱齿轮的名称和代号	10		
	掌握直齿圆柱齿轮的尺寸关系	10		
圆柱齿轮的规定画法	掌握单个圆柱齿轮的画法	15		
	掌握啮合的圆柱齿轮的画法	15		
直齿锥齿轮的画法	掌握单个锥齿轮的画法	10		
	掌握两锥齿轮啮合的画法	10		
蜗轮和蜗杆的画法	掌握蜗杆的画法	15		
	掌握蜗轮的画法	15		
总分		100		

任务5　弹　　簧

任务描述

通过对本任务相关知识的学习，读者能够绘制圆柱螺旋压缩弹簧。

任务分析

想要绘制好圆柱螺旋压缩弹簧，首先要了解圆柱螺旋压缩弹簧各部分的名称及尺寸关系；其次掌握圆柱螺旋压缩弹簧的规定画法；最后掌握圆柱螺旋压缩弹簧的画图步骤。

任务重点与实施

弹簧是一种常用件，应用很广，可以用来减震、夹紧、储存能量和测力等，特点是当外力解除以后能立即恢复原状。

弹簧的种类很多，有压缩弹簧、拉伸弹簧、扭转弹簧和蜗卷弹簧等，如图 7-41 所示。本任务只介绍圆柱螺旋压缩弹簧的参数和画法。

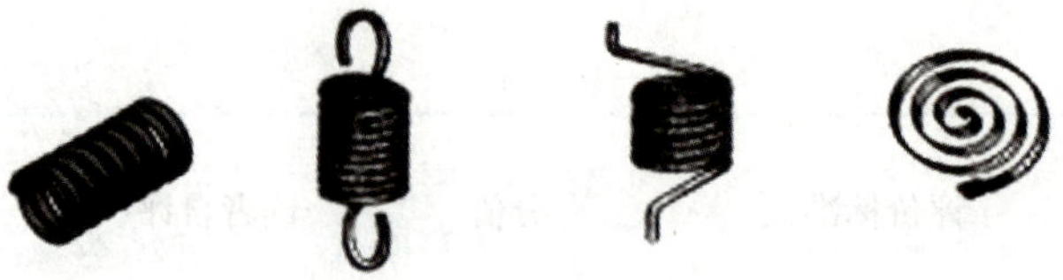

压缩弹簧　　拉伸弹簧　　扭转弹簧　　蜗卷弹簧

图 7-41　弹簧

7.5.1　圆柱螺旋压缩弹簧各部分的名称及尺寸关系

为使弹簧各圈受力均匀，要求弹簧两端并紧且磨平，弹簧端面要与轴线垂直。并紧部分在工作时起支承作用，称为支承圈，支承圈的圈数有 1.5 圈、2 圈和 2.5 圈三种。计算弹簧刚度时的圈数称为有效圈，有效圈数和支承圈数之和为总圈数。圆柱螺旋压缩弹簧的参数如下。

簧丝直径 d——制造弹簧的钢丝直径。

弹簧外径 D——弹簧的最大直径。

弹簧内径 D_1——弹簧的最小直径，$D_1=D-2d$。

弹簧中径 D_2——弹簧的外径和内径的平均值，$D_2=D-d$。

有效圈数 n——保持节距相等并参加工作的圈数；计算弹簧刚度时的圈数。

支承圈数 n_2——弹簧两端用于支承或固定的圈数。

总圈数 n_1——有效圈数与支承圈数之和，$n_1=n+n_2$。

弹簧节距 t——在有效圈数范围内，相邻两圈的轴向距离。

自由高度 H_0——弹簧在不受外力作用时的高度，$H_0=nt+(n_2-0.5)d$。

旋向——弹簧上螺旋线的方向，分为左旋和右旋。

7.5.2　圆柱螺旋压缩弹簧的规定画法

（1）圆柱螺旋压缩弹簧形同螺旋线，是用簧丝绕制而成的，弹簧各圈的轮廓线在平行于轴线的投影面上的图形规定画成直线，如图 7-42 所示。

（2）在作图时，弹簧无论是左旋还是右旋，允许一律画成右旋，如果是左旋弹簧，则加注“左”字。

（3）对于 $n\geq4$ 的弹簧，允许只画 1～2 圈，中间部分可省略，用细点画线连接，如图 7-42 所示。

（4）弹簧沿其轴线被剖切后，被挡住的弹簧结构一般不画出，可见部分应从弹簧的外轮廓线或簧丝剖面的中心线画起，如图 7-43（a）所示。

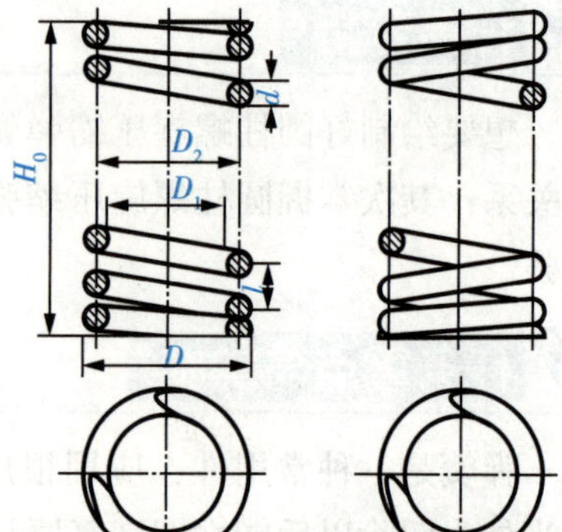

图 7-42　圆柱螺旋压缩弹簧的规定画法

（5）在装配图中，当簧丝直径在图形上等于或小于 2 mm 时，可以涂黑表示，如

图 7-43（b）所示。当弹簧被剖切且剖切的簧丝直径在图形上等于或小于 2 mm 时，为了便于表达，可采用示意画法，如图 7-43（c）所示。

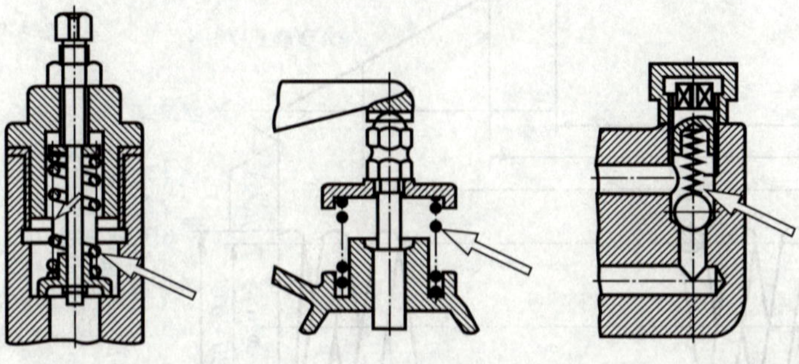

（a）（b）（c）

图 7-43 弹簧在装配图中的画法

7.5.3 圆柱螺旋压缩弹簧的画图步骤

已知弹簧的簧丝直径 $d=6$ mm，弹簧外径 $D=50$ mm，节距 $t=12.3$ mm，有效圈数 $n=6$，支承圈数 $n_2=2.5$，右旋。

作图之前先计算如下几个参数的值。

总圈数：$n_1=n+n_2=6+2.5=8.5$。

自由高度：$H_0=nt+(n_2-0.5)d=6\times12.3$ mm$+(2.5-0.5)\times6$ mm$=85.8$ mm。中径：$D_2=D-d=50$ mm-6 mm$=44$ mm

圆柱螺旋压缩弹簧的作图过程如图 7-44 所示。具体的作图步骤如下。

（1）根据 D_2 和 H_0 画出矩形，如图 7-44（a）所示。

（2）画出支承圈部分，即直径与弹簧簧丝直径相等的圆，如图 7-44（b）所示。

（3）画出有效圈部分，根据 t 和 d 画出弹簧簧丝断面，如图 7-44（c）所示。

（4）按右旋方向画出相应圆的共切线，再加画剖面线，即完成作图，如图 7-44（d）所示。图 7-45 为圆柱螺旋压缩弹簧的零件图。

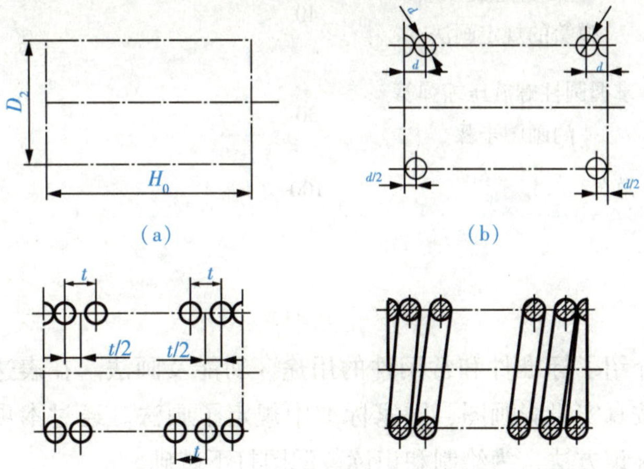

（a）（b）

（c）（d）

图 7-44 圆柱螺旋压缩弹簧的作图过程

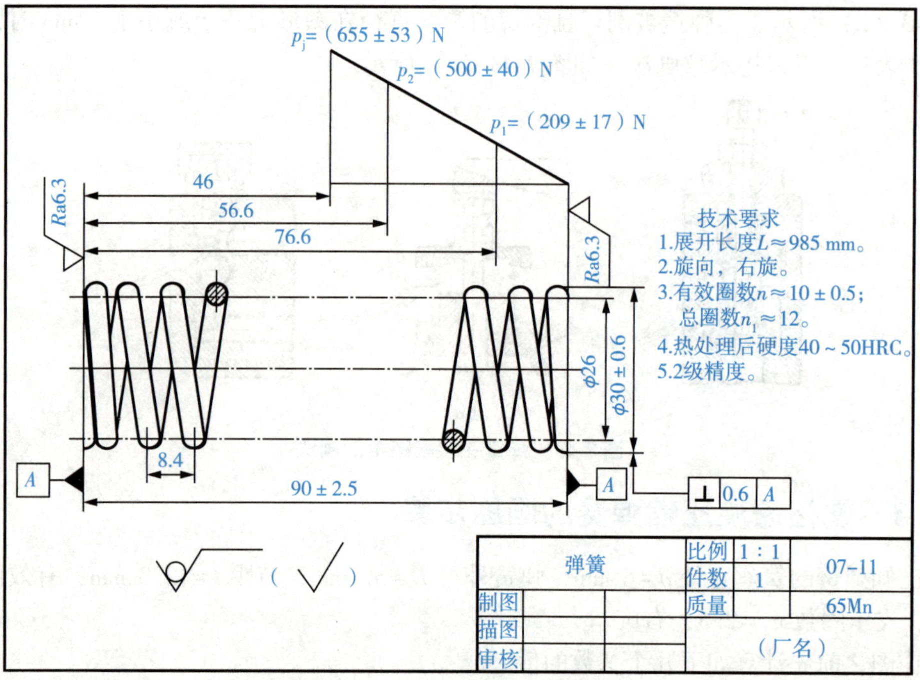

图 7-45 圆柱螺旋压缩弹簧的零件图

任务评价

评价内容	评价标准	分值	读者自评	教师评估
圆柱螺旋压缩弹簧各部分的名称及尺寸关系	掌握圆柱螺旋压缩弹簧各部分的名称及尺寸关系	30		
圆柱螺旋压缩弹簧的规定画法	掌握圆柱螺旋压缩弹簧的规定画法	40		
圆柱螺旋压缩弹簧的画图步骤	掌握圆柱螺旋压缩弹簧的画图步骤	30		
	总分	100		

项目小结

本项目主要介绍了标准件和常用件的用途、功能及画法。在表达这些标准件和常用件时，一般不按真实投影画图，国家标准中规定了画法。通过本项目的学习，读者能够掌握正确的标记方法，为绘制和识读装配图打下基础。

项目习题

一、选择题

1. 螺纹的五个基本要素中，不包括以下哪一项？(　　)

A. 牙型　　B. 直径　　C. 旋向　　D. 材料

2. 在螺纹紧固件中，以下哪一项不属于常用的连接件？(　　)

A. 螺栓　　B. 螺母　　C. 键　　D. 垫圈

3. 当螺纹的公称直径为 10 mm，螺距为 1 mm 时，其标记为：(　　)。

A. M10　　B. M10×1　　C. M10×2　　D. M10-1

4. 对于普通螺纹，完整的标记内容不包括以下哪一项？(　　)

A. 螺纹类型代号　　B. 螺纹规格　　C. 材料类型　　D. 旋合长度代号

二、填空题

1. 螺纹的直径分为大径、中径和__________。

2. 键主要用于轴与轴上零件的__________，使之不产生相对运动。

3. 常用的螺纹紧固件包括螺栓、螺母、垫圈和__________。

4. 圆柱销、圆锥销和__________是常用的销的种类。

5. 螺纹的旋向分为__________和__________。

三、简答题

1. 螺纹是如何形成的？

2. 螺纹的五个基本要素是什么？

3. 螺纹的规定画法包括哪些内容？

4. 螺纹紧固件包括哪些类型，它们各自的应用场合是什么？

5. 键和销的区别是什么，它们各自通常用于什么场合？

四、作图题

1. 找出螺纹连接画法上的错误，并画出正确图形，如图 7-46 所示。

2. 在图上标注螺纹的标记，如图 7-47 所示。

普通螺纹，公称直径为 14，螺距为 2，右旋，中径、顶径公差带代号均为 6h，中等旋合长度。

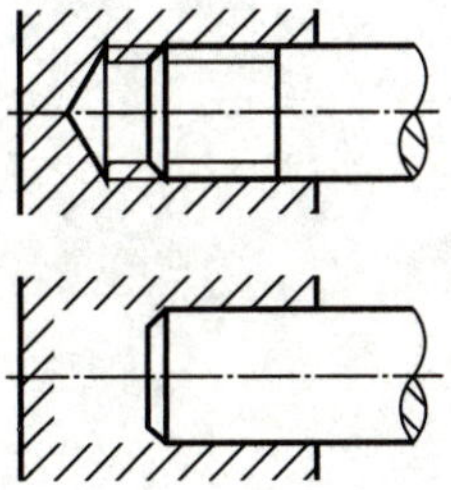

图 7-46　练习 1

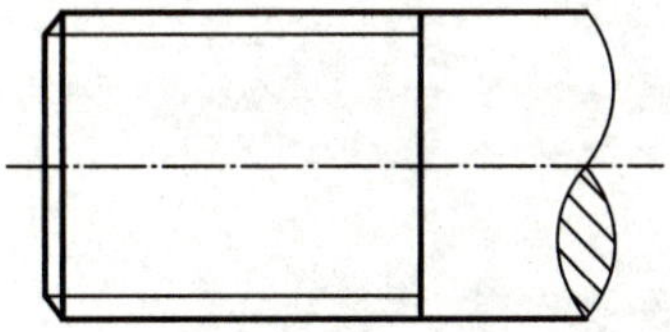

图 7-47　练习 2

3. 查表确定轴上键槽的尺寸，在指定位置画出它的断面图，并标注键槽尺寸，如图 7-48 所示。

4. 已知标准直齿圆柱齿轮的模数 m 为 3，齿数为 38，1 ∶ 1 绘制齿轮的主视图和左视图，并标注尺寸，如图 7-49 所示。

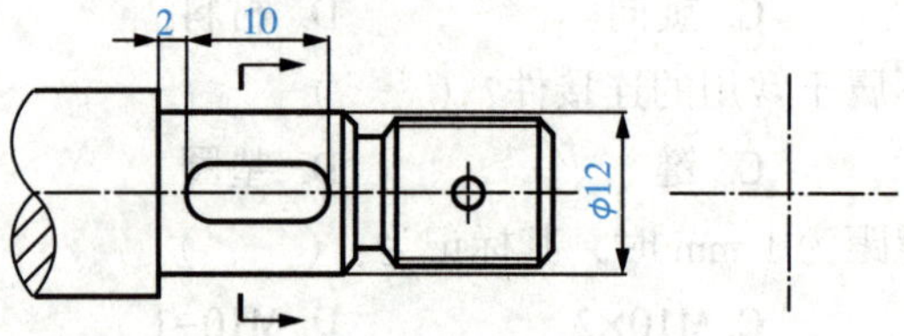

图 7-48　练习 3

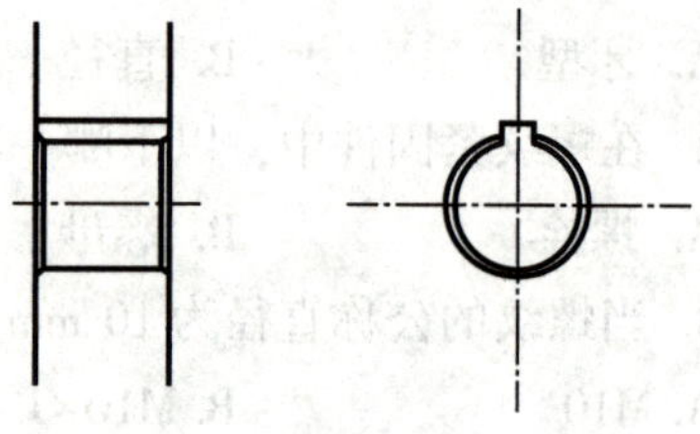

图 7-49　练习 4

项目8

零 件 图

项目导读

机器或部件都是由许多相互联系的零件装配而成的。因此，要制造机器或部件，必须先依据零件图加工制造零件。零件图主要表达零件的结构、尺寸及技术要求。

学习目标

知识目标

1. 了解零件图的作用和内容。
2. 掌握零件图的视图选择方法。
3. 掌握零件图的尺寸标注方法。
4. 掌握零件图的技术要求
5. 掌握零件结构的工艺结构。

技能目标

1. 会选择零件图的表达方案。
2. 会标注零件图的尺寸。
3. 会标注零件图的技术要求。
4. 会读零件图。

素质目标

通过学习零件图的基础知识，培养读者对机械制造和工程图纸的尊重和理解，强调精确性和标准化在工业生产中的重要性。

思政目标

通过介绍零件结构的工艺性，让读者理解设计和制造过程中的创新与优化，培养读者的创新意识和实践能力。在阅读零件图的过程中，培养读者的细致观察力和空间想象力，提高读者的分析和解决问题的能力。

任务1　零件图的基础知识

任务描述

通过对本任务相关知识的学习，要求读者会进行零件图中视图的选择和尺寸标注。

任务分析

想要绘制好零件图，首先要了解零件图的作用和内容，其次掌握零件图以及典型零件图的视图选择方法；最后掌握零件图的尺寸标注方法。

任务重点与实施

8.1.1　零件图的作用与内容

零件图反映设计者的意图，是生产部门组织生产的重要技术文件。零件图要表达出机器或部件对零件的要求，同时要考虑到结构和制造的可能性与合理性，是制造和检验零件的依据。这就要求零件图应表示出在制造该零件时所需的全部技术资料。图8-1为外壳的零件图。

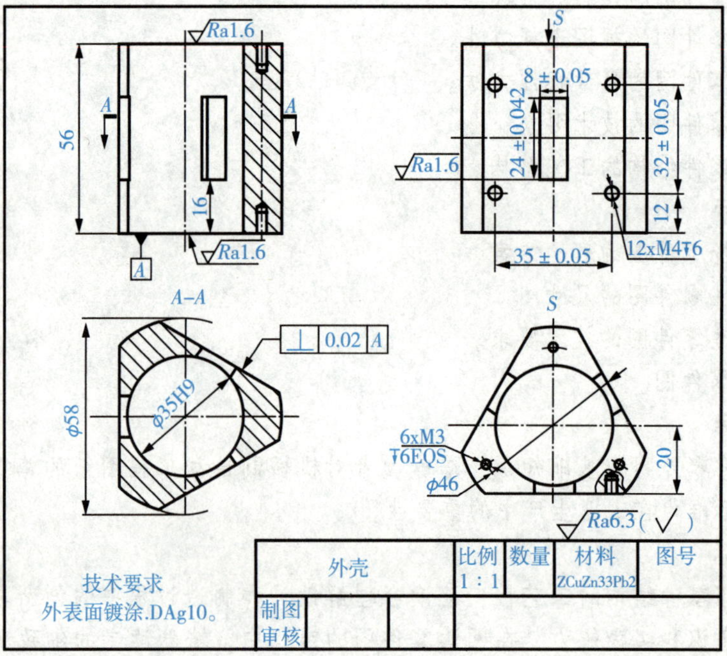

图8-1　外壳的零件图

从图 8-1 中可以看出，一张完整的零件图应包括以下基本内容。

1. 一组视图

用一组视图（包括项目 6 讲述的视图、剖视图、断面图、局部放大图等）完整、清晰地表达零件的内、外结构形状。

2. 完整的尺寸

零件图中应正确、完整、清晰、合理地标注出零件在制造和检验时所需的全部尺寸，用以表达零件的结构、形状及相对位置等。

3. 技术要求

用规定的符号、数字、文字标注出零件加工、检验应达到的各种技术指标，如表面粗糙度、尺寸公差、几何公差、表面处理和材料热处理等。

4. 标题栏

为了便于生产和管理，在标题栏内填写零件的名称、材料、数量、比例及必要的签署等。

8.1.2 零件图的视图选择

零件图要求将零件的结构形状完整、清晰地表达出来，并且应考虑读图和画图的简便。要达到这些要求，关键在于分析零件的结构特点、适当地选用各种表达方法、确定合理的表达方案。

1. 主视图的选择

主视图是一组视图的核心，是表达零件的最主要的一个视图，从易于看图这一基本要求出发，在选择主视图时，应考虑以下两方面。

（1）确定零件的摆放位置

确定零件的摆放位置原则是使主视图尽量反映零件的主要加工位置和工作位置。

加工位置是指零件在加工时在机床上的装夹位置。主视图与加工位置一致，这是为了使制造者看图方便。通常轴、套、盘等零件的主要加工工序是在车床或磨床上进行的，因此，这类零件的主视图应将零件的轴线水平放置。如图 8-2 所示，为了使主视图反映轴的加工位置，将其轴线水平放置。

零件在机器上都有一定的工作位置。在选择主视图时，应该尽量使主视图与零件的工作位置一致，这样便于把零件和整台机器联系起来，想象它的工作情况。例如，支架、箱壳等零件的结构形状比较复杂，加工工序也较多，加工时的装夹位置经常变化，因此，在画图时，这类零件的安放位置应使主视图能反映其工作位置。如图 8-3 所示，踏脚座的安放位置就是使主视图能反映其工作位置。

（2）确定主视图的投射方向

确定主视图的投射方向原则是使主视图能最明显地反映零件的形状和结构特征，

以及各组成形体之间的相互关系。例如，在图 8-3 中，选取图示箭头方向作为主视图的投射方向。

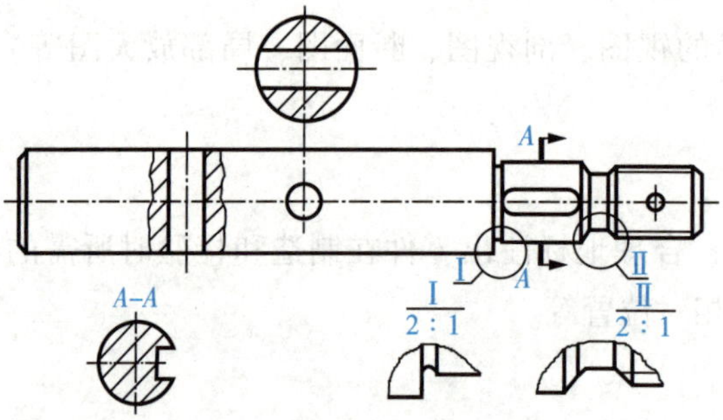

图 8-2 轴的主视图的选择

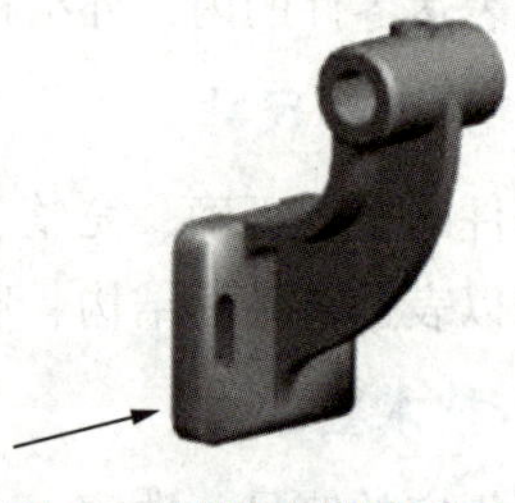
图 8-3 踏脚座的轴测图

2. 其他视图的选择

对于主视图中没有表达清楚的部分，要选择其他视图来表示。在选择其他视图时，应考虑以下几点。

（1）根据零件的复杂程度和内、外结构全面地考虑所需的其他视图，要目的明确，使每个视图有一个表达重点，几个视图应相互补充且不应重复。

（2）首先考虑选择基本视图，并优先选择左视图和俯视图，以及采取相应而正确的剖视图和断面图。

（3）在完整、正确、清晰地表达零件内、外结构的前提下，力求视图数量最少，以合理利用图幅。

总之，要根据零件的结构特点，适当、灵活地选用各种表达方法，同时要注意的是，各视图之间最好按投影关系配置，以便于读图。为了便于读图和标注尺寸，一般不宜过多地用虚线表示零件的结构形状。但在不影响图形清晰度又可省去一个视图的情况下，也可画虚线。

3. 典型零件的视图选择

根据零件在机器或部件中所起的作用，一般将零件分为以下三种。

（1）标准件

标准件，如紧固件（螺栓、螺母、键等）、滚动轴承、垫圈等，它们主要起零件间的连接、支承和油封等作用。对于这些标准件，不必画出其零件图，根据其规定标记，能从有关标准中查到它的全部尺寸。

（2）传动零件

传动零件，如齿轮、蜗轮等，这类零件起传递动力的作用。一般起传动作用的结构要素大多已经标准化，并有规定画法。传动零件一般也需要画出其零件图。

（3）一般零件

一般零件，如轴、盘盖、箱体等，这类零件的结构、形状、大小等都必须按部件的性能和结构要素进行设计。按照零件的作用和结构特点，一般零件可分为轴套类、盘盖类、叉架类和箱体类四种类型。对于一般零件，都要画出其零件图，并应按其具体结构选择视图。

下面结合具体实例，介绍四种典型零件的视图选择。

（1）轴套类零件

① 结构特点。轴套类零件在机器中主要起传递动力、改变转速和运动方向等作用。由于在不同机器中，轴或套上面套有的零件不同，所以其长短不同、段数不同、上面的结构也不同，但其结构形状具有一定的共同特点：主体一般是由若干直径不等的同轴回转体构成的，其特点是轴向尺寸远远大于其径向尺寸，呈细长状。

② 视图选择。轴类零件多为实心件，套类零件是中空的。在表达轴套类零件时，主视图应按加工位置将轴线水平放置。一般采用一个基本视图（主视图）来表达轴套类零件的主体结构。对于套类零件，主视图一般画成剖视图，零件的局部结构采用断面图、局部剖视图、局部放大图等来表达，过长的轴还可采用断开画法。如图 8-2 所示，主视图表达了轴的主体结构，主视图还采用了局部剖以表达孔。另外，还采用了两个断面图来分别表达键槽和销孔；采用了两个局部放大图来表达退刀槽。

（2）盘盖类零件

① 结构特点。盘盖类零件的主体部分与轴套类零件的主体部分一样，也是由同轴回转体构成的，但其径向尺寸大、轴向尺寸小，呈短粗状。这类零件上常沿圆周均匀分布着光孔或螺钉孔、轴孔、凸缘等，毛坯多为铸件；主要加工方法有车削、刨削或铣削。

② 视图选择。在表达盘盖类零件时，一般采用两个基本视图。对以车削为主的零件，其主视图按加工位置将轴线横放，一般采用剖视图表达其内部结构；另一视图主要表达其外形轮廓和孔、凸台、肋、沿圆周均布的孔等结构的形状及分布情况，如图 8-4 所示。

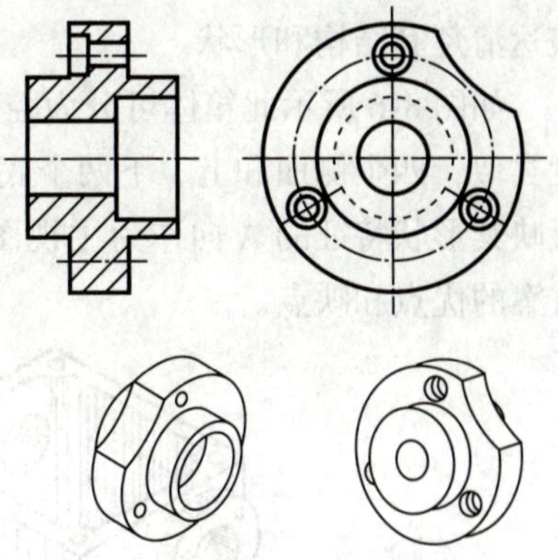

图 8-4 法兰盘的视图选择

（3）叉架类零件

① 结构特点。叉架类零件主要起拨动、连接和支承等作用，主要包括手柄、曲柄、拨叉、支架等。这类零件的主体一般由实心的杆、肋板和空心圆柱组成，常有倾斜或弯曲等不规则结构；多为铸件，一般形状比较复杂。

② 视图选择。一般将其中一倾斜结构放正，以最能反映零件的形状特征的视图作为主视图，除主视图外，还要根据其结构特点，选择其他视图及局部剖视图、断面图等加以表达。在图 8-5（a）中，采用主视图、俯视图和右视图的表达方案，可以清楚地表达踏脚座的结构形状。但是，如果采用如图 8-5（b）所示的表达方案，除主视图和俯视图外，还用 *A* 向局部视图表达安装板左端面的形状，用移出断面图表达肋板的端面形状。相比之下，这个表达方案要比画出右视图的表达方案更简练、清晰。

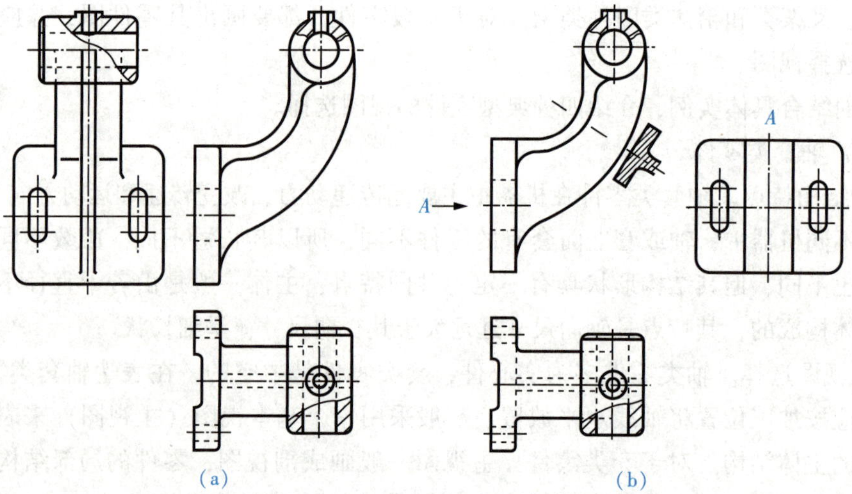

图 8-5　踏脚座的视图选择

（4）箱体类零件

① 结构特点。箱体类零件主要包括箱体、壳体、阀体、支座等，主要用来支承、包容和保护其他零件，是机器或部件中的主要零件。箱体类零件的结构形状最复杂，一般为铸件，加工工序多，加工位置也多。

② 视图选择。箱体类零件的形状、结构都比较复杂，加工工序也较多，因此一般按其工作位置摆放，并以最能反映其形状特征的方向作为主视图的投射方向。此类零件一般需要三个或三个以上基本视图及其他辅助图形，只有采用多种图样画法，才能表达清楚其结构和形状。

如图 8-6 所示此箱体可分为腔体和底板两大部分，腔体的内、外结构形状的复杂程度类似，四个侧面和上、下两个底面均有孔和凸台。以箱体的工作位置摆放，以最能反映其形状特征的 A 向作为主视图的投射方向。请自行分析如图 8-7 所示的两种表达方案的优点和缺点。

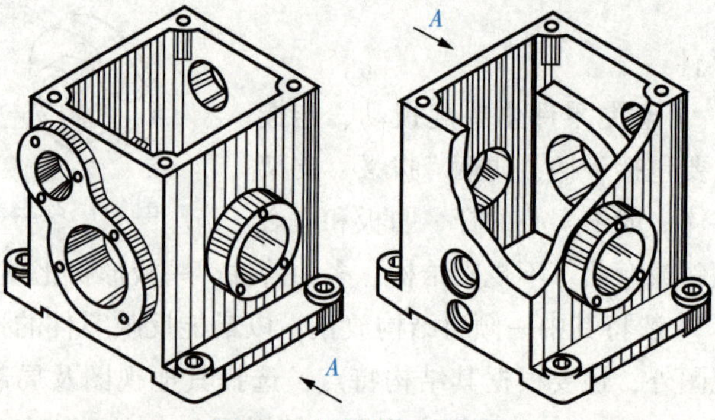

图 8-6　箱体的视图选择

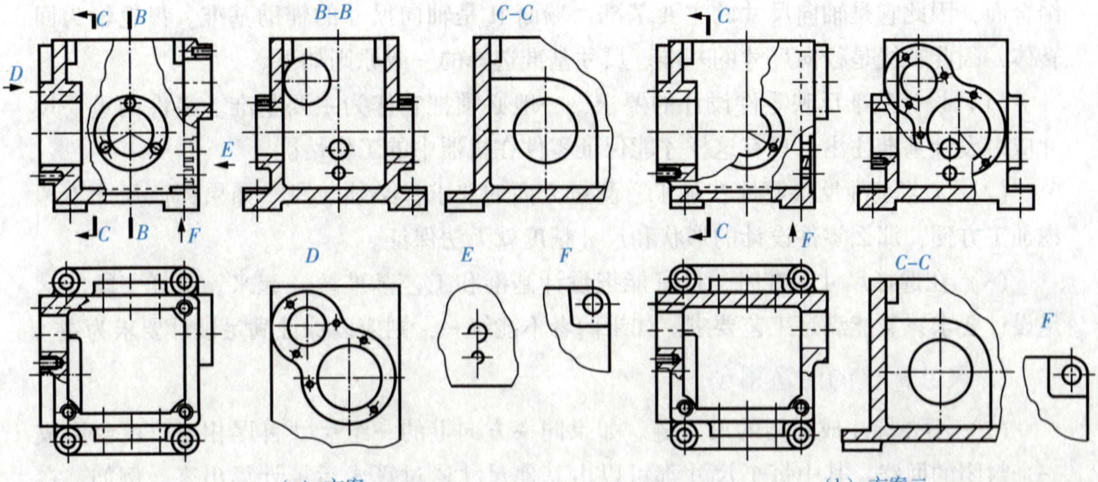

（a）方案一　（b）方案二

图 8-7　箱体的表达方案

8.1.3　零件图的尺寸标注

1. 在零件图上标注尺寸的要求

零件图上标注的尺寸是加工和检验零件的重要依据，标注尺寸要做到正确、完整、清晰和合理，正确是指要按照国标规定的尺寸注法标注尺寸；完整是指标注尺寸不能多也不能少；清晰是指标注的尺寸要便于读图；合理是指标注的尺寸既能保证设计要求，又便于加工和测量。要把零件尺寸标注得符合生产实际，需要有较多的生产经验并掌握有关专业知识，这里仅就尺寸标注的合理性做初步介绍。

2. 尺寸基准

尺寸基准是指零件在机器中或加工或测量时，用以确定其位置的一些面、线或点。零件常用的尺寸基准形式有回转面的轴线、重要的加工面、底面、端面、对称平面等。根据作用不同，尺寸基准可分为以下两类。

（1）设计基准。用来确定零件在部件中的准确位置的基准称为设计基准。设计尺寸是根据设计要求直接标注出的尺寸。

（2）工艺基准。工艺基准是在加工或测量时，用来确定零件相对机床、工装或量具位置的面、线或点。

如图 8-8 所示，端面 I 是确定齿轮轴位置的面，是设计基准；端面 II 是在加工右端螺纹轴时使用的基准，是工艺基准。

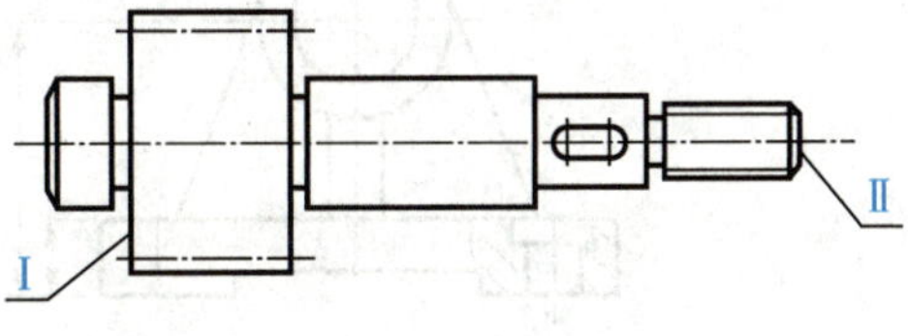

图 8-8　基准

零件都有长、宽、高三个方向的尺寸，每个方向上至少应有一个尺寸基准，其中，决定每个方向主要尺寸的设计基准称为主要基准，为了加工和测量方便，附加的基准称为辅助基准。如图 8-8 所示，齿轮的左端面 I 是确定齿轮轴在泵体中轴向位置的重要结合面，因此它是轴向尺寸的主要基准，端面Ⅱ是轴向尺寸的辅助基准。齿轮轴为回转体，因此轴线是径向尺寸的基准。尺寸基准选择的一般原则如下。

（1）设计基准反映零件设计的要求，一般必须把它作为主要基准。零件的重要尺寸应由设计基准注出，只有这样才能保证零件在机器中的工作性能。

（2）工艺基准反映零件在加工、测量方面的要求，必须兼顾。如果标注尺寸不考虑加工方便，那么零件设计的形状和尺寸精度就无法保证。

（3）在选择尺寸基准时，最好能把设计基准和工艺基准统一起来。这样，既能满足设计要求，又能满足工艺要求。如果两者不能统一，则应以保证满足设计要求为主。

3. 尺寸标注的注意事项

（1）不要标注成封闭的尺寸链。如果同一方向上的一组尺寸首尾相连，就会形成一个封闭的回路，其中每个尺寸都可以由其他尺寸通过算术运算计算出来。例如，在图 8-9（a）中，b 是 c、e、d 之和，由于每个尺寸在加工后都会有误差，所以 b 的误差为 c、e、d 三个尺寸误差的和，可能达不到设计要求。因此，应选一个次要尺寸（如e）空出不标注，如图 8-9（b）所示，以便所有尺寸的误差都积累到这一段，从而保证主要尺寸的精度，避免标注封闭尺寸链的情况。

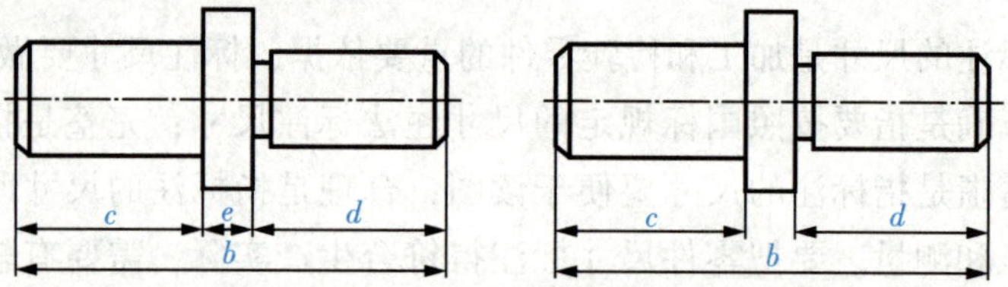

（a）错误　　（b）正确

图 8-9　不要标注成封闭的尺寸链

（2）应直接标注出主要尺寸。主要尺寸是指直接影响零件在机器或部件中的工作性能和准确位置的尺寸，如零件间的配合尺寸、重要的安装定位尺寸等。如图 8-10 所示，设计要求安装在两个轴承座孔中的轴的高度相等，因此，轴承孔的中心高度应从设计基准底面直接标注尺寸 b，如图 8-10（a）所示；而在图 8-10（b）中，主要尺寸 b 通过 c 和 d 间接计算得到，造成尺寸误差的积累，不能满足设计要求。直接标注出主要尺寸还能够直接提出尺寸公差、几何公差的要求，以保证设计要求。

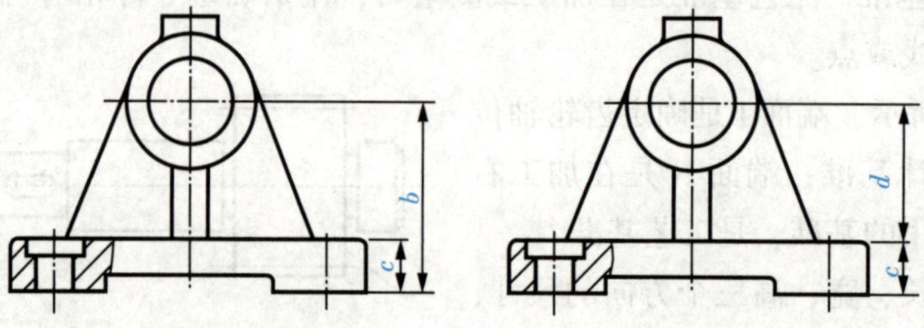

（a）正确　　（b）错误

图 8-10　直接标注出主要尺寸

（3）尽量符合加工顺序。如图 8-11（a）所示，长度方向的尺寸标注符合加工顺序。从如图 8-11（b）所示的轴在车床上的加工顺序可看出，每一加工工序（①～④）都在图中直接标注出了所需尺寸（图中的尺寸 51 为设计要求的主要尺寸）。

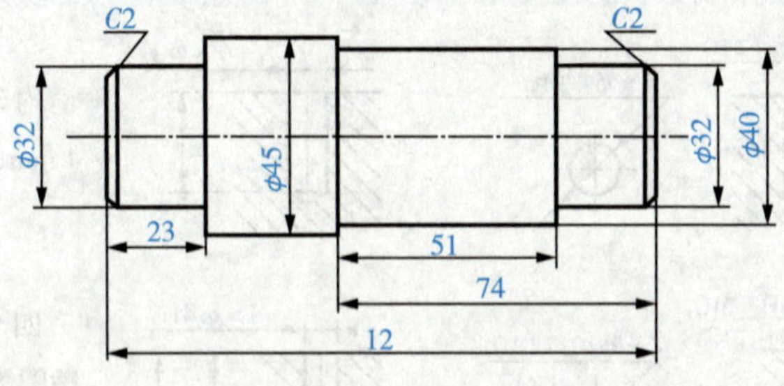

（a）

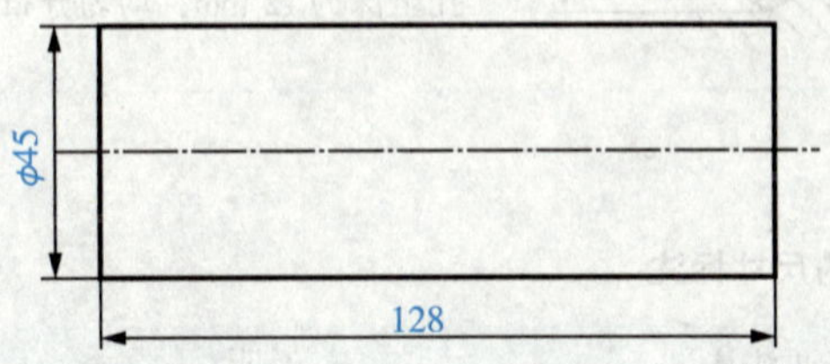

①下料，长 128 mm，ϕ45

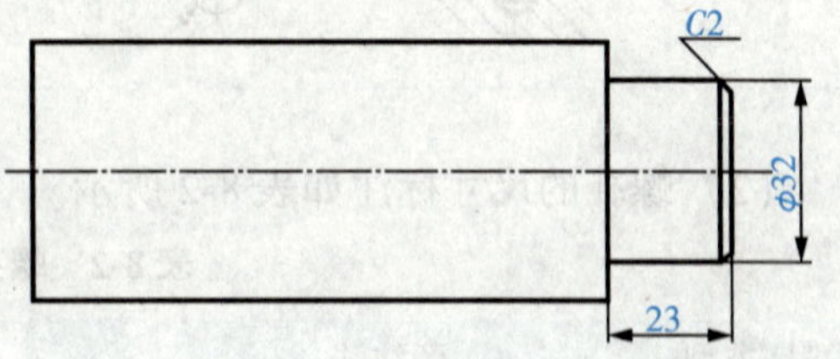

②车前 ϕ32 圆柱，长 23 mm，倒角 C2

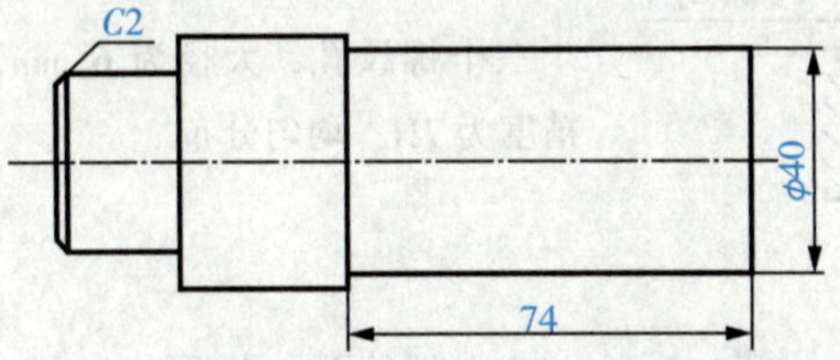

③工件调头，车削 ϕ40 圆柱，长 74 mm

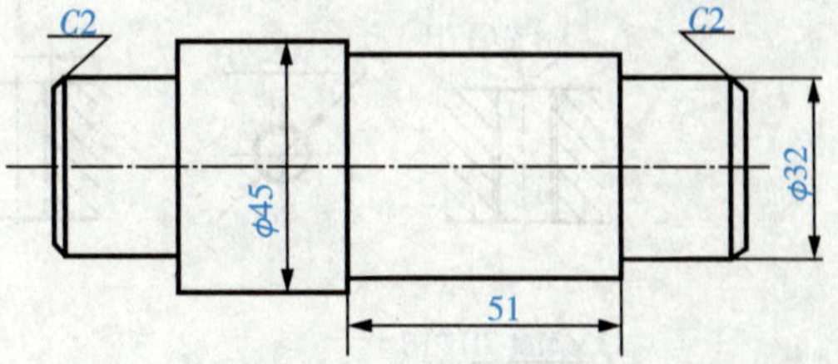

④车削 ϕ32 圆柱，保证设计要求的长 51 mm，倒角 C2（b）

图 8-11　标注尺寸应符合加工顺序

（4）应考虑便于测量。如图 8-12 所示（套筒的阶梯孔），当各段无特殊要求时，均应按如图 8-12（b）所示的注法标注，这样便于测量和检验。

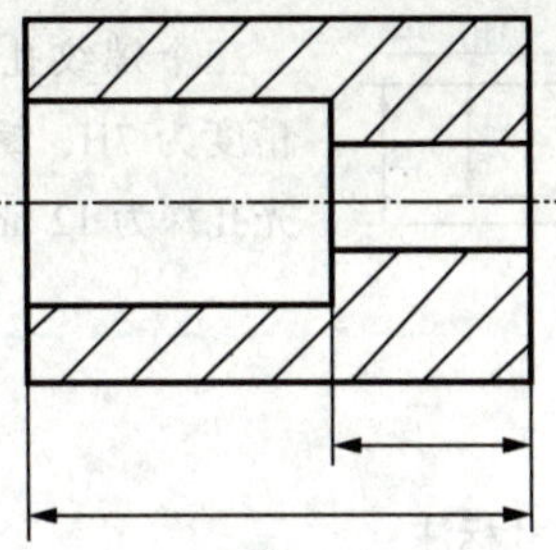

（a）不便

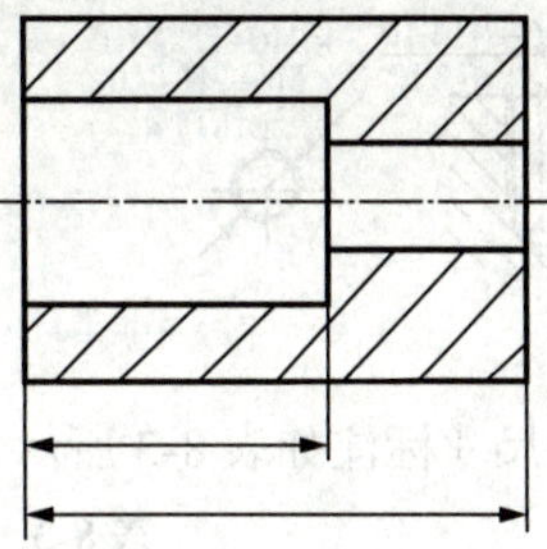

（b）好

图 8-12　应考虑便于测量

4. 零件上常见结构的尺寸标注

（1）光孔的尺寸标注如表 8-1 所示。

表 8-1　光孔的尺寸标注

序号	类型	旁注法	普通注法	说明
1	光孔	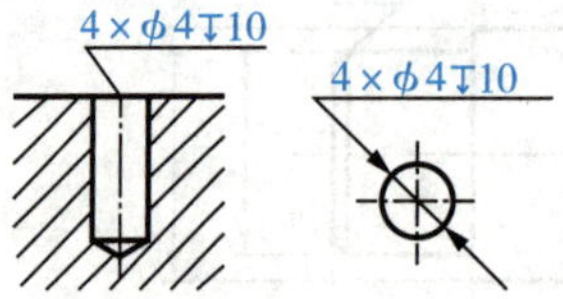	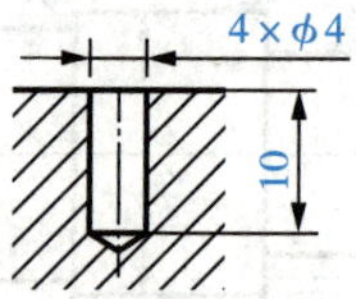	均匀分布的四个直径为 4 mm、深为 10 mm 的孔
2	光孔	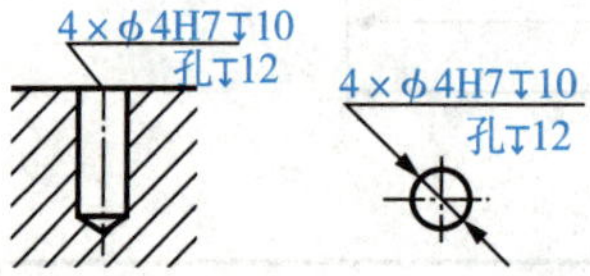	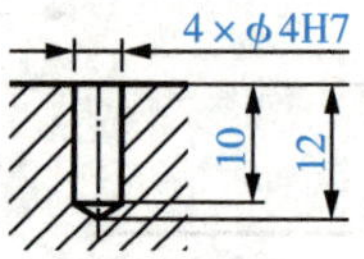	四个直径为 4 mm 的孔，精度为 H7，深度为 10 mm，孔全深为 12 mm，均匀分布

（2）螺孔的尺寸标注如表 8-2 所示。

表 8-2　螺孔的尺寸标注

序号	类型	旁注法	普通注法	说明
1		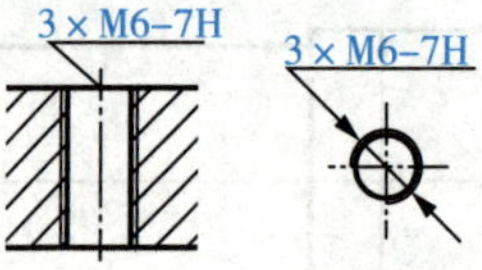	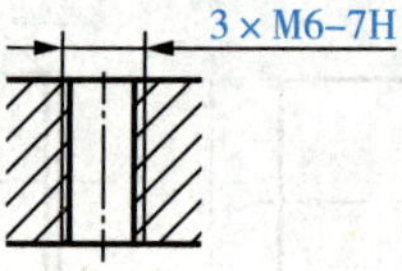	三个螺纹孔，大径为 6 mm，精度为 7H，均匀分布
2	螺孔	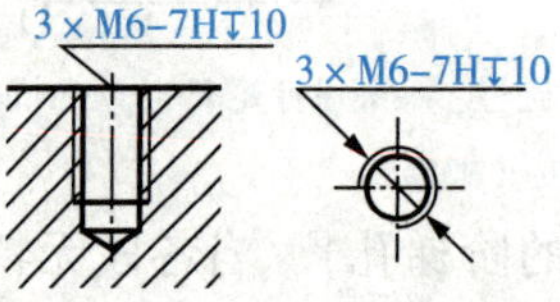	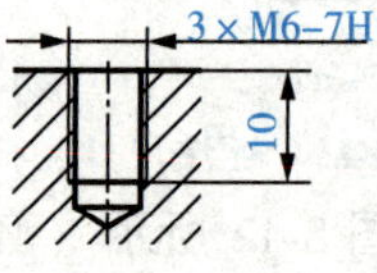	三个螺纹孔，大径为 6 mm，精度为 7H，螺孔深为 10 mm，均匀分布
3		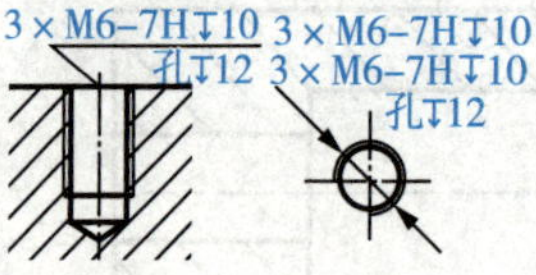	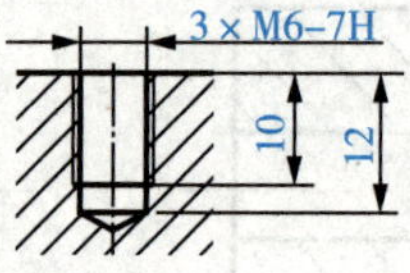	三个螺纹孔，大径为 6 mm，精度为 7H，螺孔深为 10 mm，光孔深为 12 mm，均匀分布

（3）沉孔的尺寸标注如表 8-3 所示。

表 8-3　沉孔的尺寸标注

序号	类型	旁注法	普通注法	说明
1	沉孔	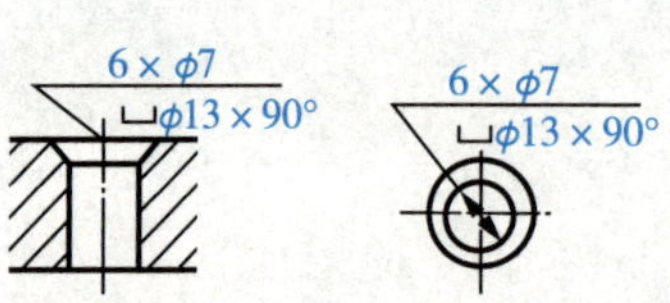	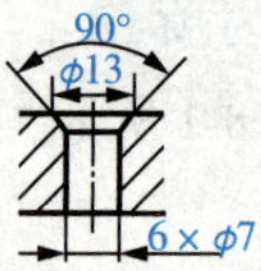	锥形沉孔的直径 φ13 及锥角 90°均需要标注

（续表）

序号	类型	旁注法	普通注法	说明
2	沉孔	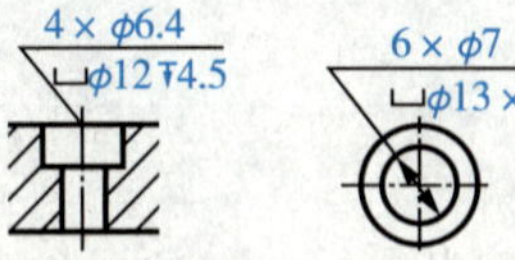	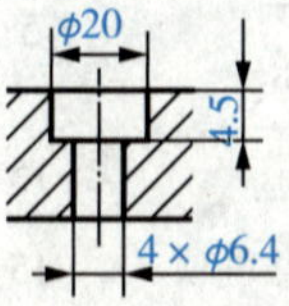	柱形沉孔的直径 $\phi 12$ 及深度 4. 5 均需要标注
3		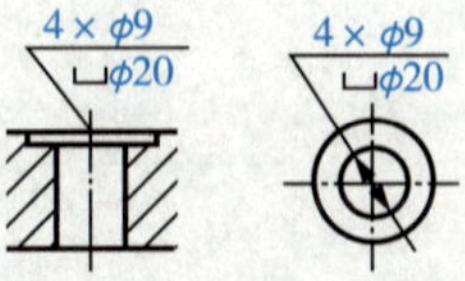	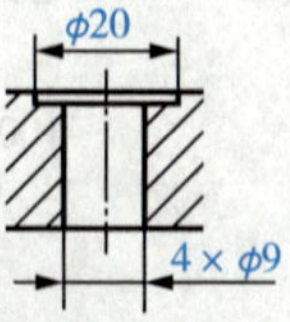	锪平 $\phi 20$ 的深度不需要标注，一般锪平到光面为止

（4）倒角和退刀槽的尺寸标注如表 8-4 所示。

表 8-4　倒角和退刀槽的尺寸标注

结构名称	尺寸标注方法	说明
倒角	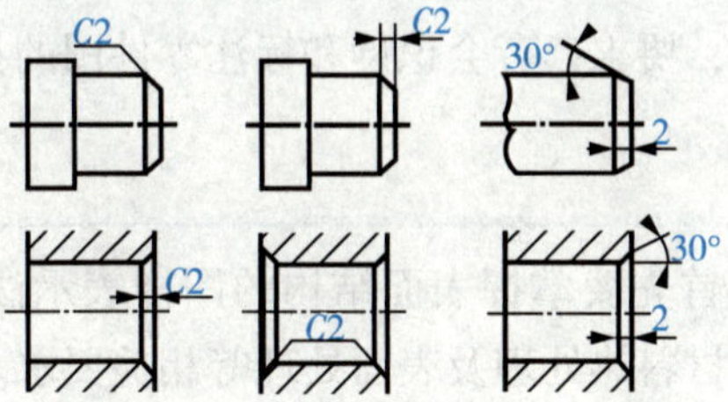	一般 45 °倒角按“*C* 宽度”的格式注出；30 °或 60 °倒角应分别注出宽度和角度
退刀槽	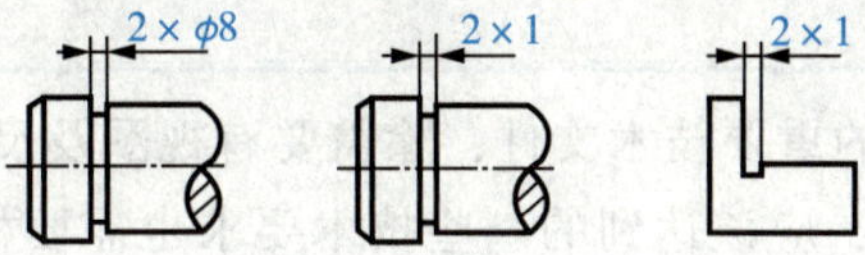	一般按“槽宽×槽深”或“槽宽×直径”的格式注出

任务评价

评价内容	评价标准	分值	读者自评	教师评估
零件图的作用与内容	了解零件图的作用与内容	5		
零件图的视图选择	掌握主视图的选择	10		
	掌握其他视图的选择	10		
	掌握典型零件的视图选择	20		

（续表）

评价内容	评价标准	分值	读者自评	教师评估
零件图的尺寸标注	了解在零件图上标注尺寸的要求	5		
	掌握尺寸基准	15		
	掌握尺寸标注的注意事项	15		
	掌握零件上常见结构的尺寸标注	20		
总分		100		

任务2　零件图的技术要求

任务描述

通过对本任务相关知识的学习，要求读者会识读和标注零件图的技术要求。

任务分析

想要标注零件图的技术要求，首先要掌握表面结构的图样表示法，其次掌握极限与配合，掌握几何公差；最后掌握材料热处理及表面处理等相关要求。

任务重点与实施

零件图是指导生产机器零件的重要技术文件，除需要有视图及尺寸来表达零件的形状和大小外，在制造该零件时，应该达到的一些技术要求也需要标注在零件图上。在一张完整的零件图上，通常要标出的技术要求有表面粗糙度、尺寸公差、几何公差、材料热处理和表面处理等。

8.2.1　表面结构的图样表示法

在机械图样上，为保证零件装配后的使用要求，除了对零件部分结构的尺寸、形状和位置给出公差要求，还要根据功能需要对零件的表面质量和表面结构给出要求。表面结构是表面粗糙度、表面波纹度、表面缺陷、表面纹理和表面几何形状的总称。表面结构的各项要求在《产品几何技术规范（GPS）技术产品文件中表面结构的表示法》（GB/T 131—2006）中均有具体规定。

1. 表面粗糙度

(1) 基本概念

零件经过加工，会在其表面形成许多高低不平的凸峰和凹谷，零件表面这种峰和谷组成的微观几何形状误差称为表面粗糙度。表面粗糙度与加工方法、刀刃形状和切削用量等各种因素都有密切关系。

表面粗糙度是评定零件表面质量的一项重要技术指标，对于零件的配合、耐磨性、抗腐蚀性及密封性等都有显著影响，是零件图中不可缺少的一项技术指标。零件表面粗糙度的选用，应该既满足零件表面质量的要求，又要考虑经济合理。一般情况下，零件上有配合要求或有相对运动的表面粗糙度的参数值要小，参数值越小，表面质量越高，但加工成本也越高。因此，在满足使用要求的前提下，应尽量选用较大的参数值，以降低成本。

(2) 评定参数

评定粗糙度轮廓主要有两个高度参数：*Ra* 和 *Rz*。

① 算术平均偏差 *Ra*：指在一个取样长度内，纵坐标 *z*（*x*）绝对值的算术平均值，如图 8-13 所示。

② 轮廓的最大高度 *Rz*：指在一个取样长度内，最大轮廓峰高与最大轮廓谷深之间的距离，如图 8-13 所示。

③ 取样长度和评定长度。

以粗糙度轮廓的高度参数的测量为例，由于表面轮廓的不规则性，测量结果与测量段的长度密切相关。当测量段过短时，各处的测量结果会产生很大的差异；当测量段过长时，测量的高度值中将不可避免地包含波纹度的幅值。因此，应在 *x* 轴即基准线（图 8-13）上选取适当的长度进行测量，这段长度称为取样长度。

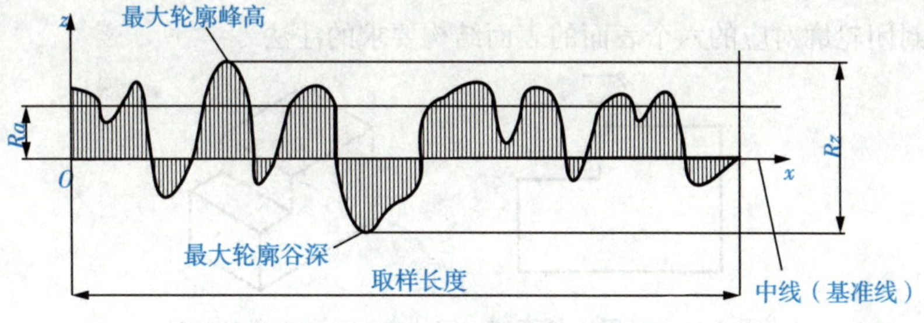

图 8-13 算术平均偏差 *Ra* 和轮廓的最大高度 *Rz*

每一取样长度内的测量值通常是不等的，为取得最可靠的表面粗糙度值，一般取几个连续的取样长度进行测量，并以各取样长度内测量值的平均值作为测量的参考值。这段在 *x* 轴方向上用于评定轮廓的、包含着一个或几个取样长度的测量段称为评定长度。

当参数代号后未注明取样长度的个数时，评定长度默认为 5 个取样长度；否则应注明个数。例如，*Rz*0. 4 表示评定长度为 5 个取样长度（默认）；*Ra*30. 8 表示评定长度为 3 个取样长度；*Rz*13. 2 表示评定长度为 1 个取样长度。

2. 标注表面结构的图形符号

标注表面结构的图形符号如表 8-5 所示。

表 8-5　标注表面结构的图形符号

符号名称	图形符号	含义
基本图形符号	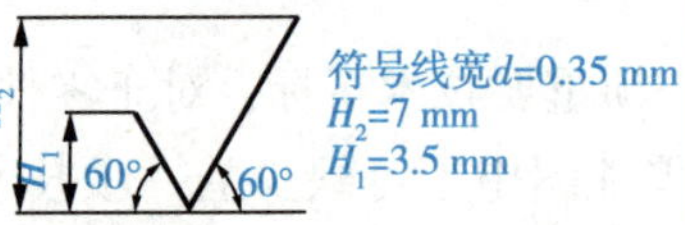	对于未制定工艺方法的表面，没有补充说明时不能单独使用
去除材料扩展图形符号		用去除材料的方法获得的表面，仅当其含义是“被加工表面”时可单独使用
不去除材料扩展图形符号		不去除材料的表面，也可以用于保持上道工序形成的表面，不管这种状况是通过去除或不去除材料形成的
完整图形符号	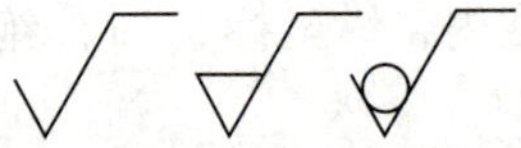	在以上各种符号的长边上加一横线，用于标注对表面结构的各种要求
附加图形符号	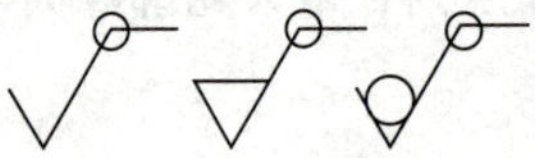	在以上各种符号的长边上加一圆圈，表示所有表面均有相同的表面结构要求

注：表中的 d、H_1 和 H_2 的大小是图中尺寸数字高度选取 $h=3.5$ mm 时，按 GB/T 131—2006 的相应规定给定的；表中的 H_2 是最小值，必要时允许加大。

当图样中的某个视图上构成封闭轮廓的各表面有相同的表面结构要求时，在完整图形符号上加一圆圈，标注在封闭轮廓线上。例如，图 8-14 中的表面结构符号就是指对图形中封闭轮廓对应的六个表面的表面结构要求的注法。

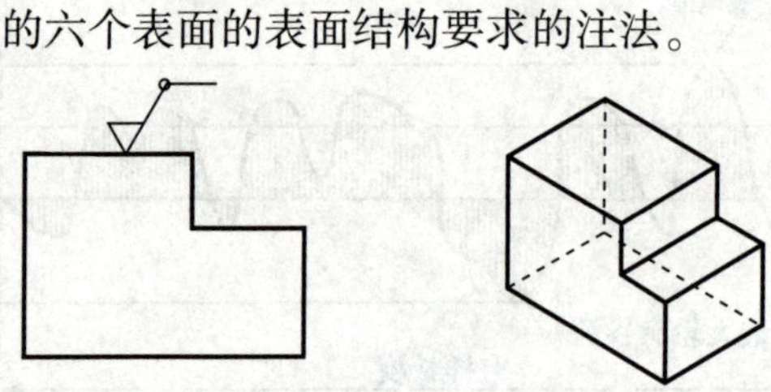

图 8-14　对周边各面有相同的表面结构要求的注法

3. 表面结构要求在图形符号中的注写位置

为了明确表面结构要素，除了标注表面结构参数和数值，必要时还应标注补充要求，包括传输带、取样长度、加工工艺、表面纹理及方向、加工余量等，这些要求在图形符号中的注写位置如图 8-15 所示。

表面纹理是指完工零件表面上呈现的与切削运动轨迹相应的图案。各种纹理方向的符号及含义可查阅国标。

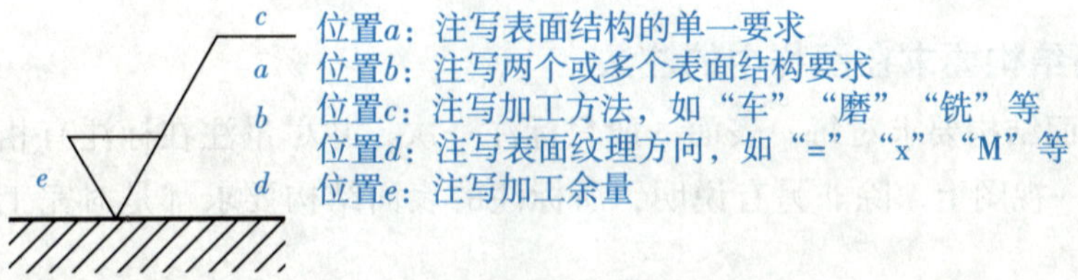

图 8-15　补充要求在图形符号中的注写位置

4. 表面结构代号的示例及含义

在表面结构符号中注写了具体的参数代号及数值等要求之后，即称为表面结构代号。表面结构代号的示例及含义如表 8-6 所示。

表 8-6　表面结构代号的示例及含义

代号示例	含义/解释	补充说明
*Ra*0.8	表示不允许去除材料，单向上限值，默认传输带，*R* 轮廓，算术平均偏差为 0.8 μm，评定长度为 5 个取样长度（默认），16% 规则（默认）	参数代号与极限值之间应留空格。本例未标注传输带，应理解为默认传输带，此时取样长度可在 GB/T 10610—2009 和 GB/T 6062—2009 中查取
Rz max0.2	表示去除材料，单向上限值，默认传输带，*R* 轮廓，轮廓的最大高度的最大值为 0.2 μm，评定长度为 5 个取样长度（默认），最大规则	本表中的前四个示例均为单向极限要求，且均为单向上限值，因此，均可不加注“U”，若为单向下限值，则应加注“L”
0.008–0.8/*Ra*3.2	表示去除材料，单向上限值，传输带 0.008～0.8 mm，*R* 轮廓，算术平均偏差为 3.2 μm，评定长度为 5 个取样长度（默认），16% 规则（默认）	传输带“0.008-0.8”中的前后数值分别为短波和长波滤波器的截止波长（λ_s 和 λ_c），以示波长范围，此时取样长度为 λ_c，即 l_r=0.8 mm
–0.8/*Ra*3.2	表示去除材料，单向上限值，传输带 0.002 5～0.8 mm，*R* 轮廓，算术平均偏差为 3.2 μm，评定长度包含 5 个取样长度，16% 规则（默认）	当传输带仅注一个截止波长值（本示例中的 0.8 表示 λ_c 值）时，另一个截止波长值 λ_s 应理解为默认值，查阅 GB/T 6062—2009，可知 λ_s=0.002 5 mm
U *Ra* max3.2 L *Ra*0.8	表示不允许去除材料，双向极限值，两极限值均使用默认传输带，*R* 轮廓，上限值：算术平均偏差为 3.2 μm，评定长度为 5 个取样长度（默认），最大规则；下限值：算术平均偏差为 0.8 μm，评定长度为 5 个取样长度（默认），16% 规则（默认）	本示例为双向极限值要求，用“U”和“L”分别表示上限值和下限值，在不致引起歧义的情况下，可不用加注“U”和“L”

5. 表面结构要求在图样中的注法

（1）表面结构要求对每一表面一般只标注一次，并尽量注在标注有相应的尺寸及其公差的同一视图上。除非另有说明，所标注的表面结构要求都是对完工零件表面的要求。

（2）表面结构的注写和读取方向与尺寸的注写和读取方向一致。表面结构要求可标注在轮廓线上，其符号应从材料外指向并接触表面，如表 8-7 中的图例 1 所示。必要时，表面结构符号也可以用带箭头或黑点的指引线引出标注，如表 8-7 中的图例 2 所示。

（3）在不致引起误解的情况下，表面结构要求可以标注在给定的尺寸线上，如表 8-7 中的图例 3 所示。

（4）表面结构要求可标注在几何公差框格的上方，如表 8-7 中的图例 4 所示。

（5）表面结构要求可标注在圆柱特征的延长线上，如表 8-7 中的图例 5 所示。

（6）圆柱和棱柱的表面结构要求一般只标注一次。如果棱柱表面有不同的表面结构要求，那么应分别单独标注，如表 8-7 中的图例 6 所示。

（7）表面结构要求的简化注法如表 8-7 中的图例 7、图例 8、图例 9 所示。

（8）键槽侧壁和倒角的表面结构要求的注法如表 8-7 中的图例 10、图例 11 所示。

表 8-7　表面结构要求在图样中的注法

序号	图例	说明
图例 1	表面结构要求在轮廓线上的标注 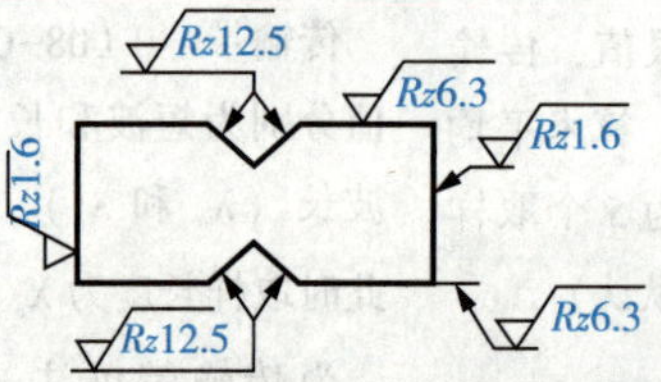 	（1）表面结构要求可标注在轮廓线上，其符号应从材料外指向并接触表面； （2）表面结构的注写和读取方向与尺寸的注写和读取方向一致
图例 2	用指引线引出标注表面结构要求 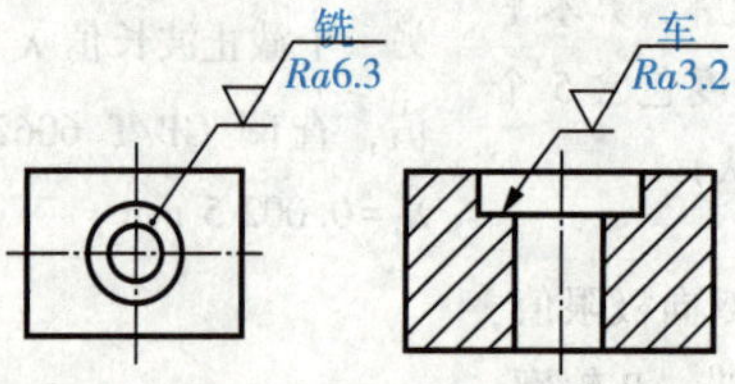 	表面结构符号也可用带箭头或黑点的指引线引出标注
图例 3	表面结构要求标注在特征尺寸的尺寸线上 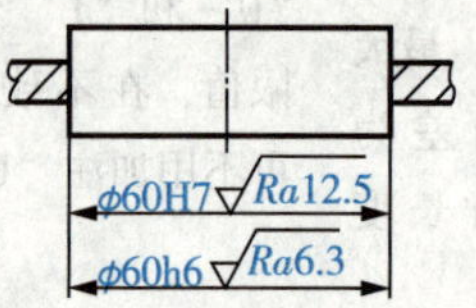 	在不致引起误解的情况下，表面结构要求可以标注在给定的尺寸线上

（续表1）

序号	图例	说明
图例 4	表面结构要求标注在几何公差框格的上方 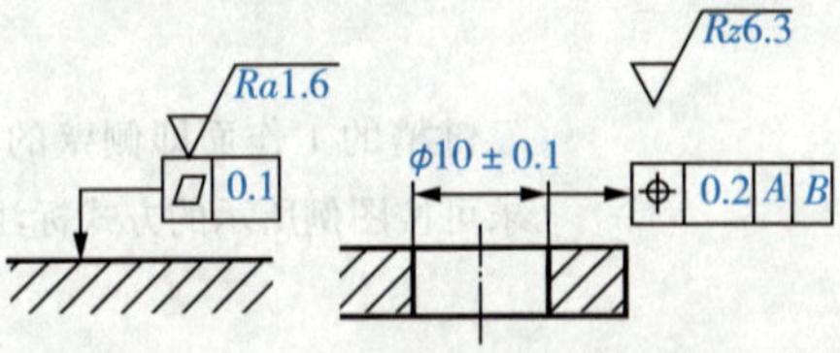	表面结构要求可以标注在几何公差框格的上方
图例 5	表面结构要求标注在圆柱特征的延长线上 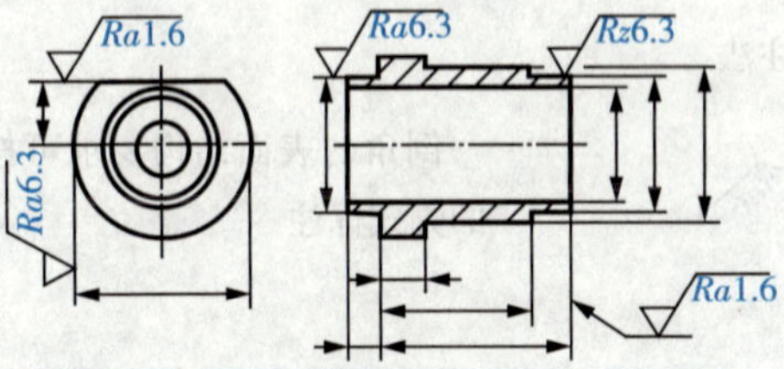	表面结构要求可标注在圆柱特征的延长线上
图例 6	圆柱和棱柱的表面结构要求的标注 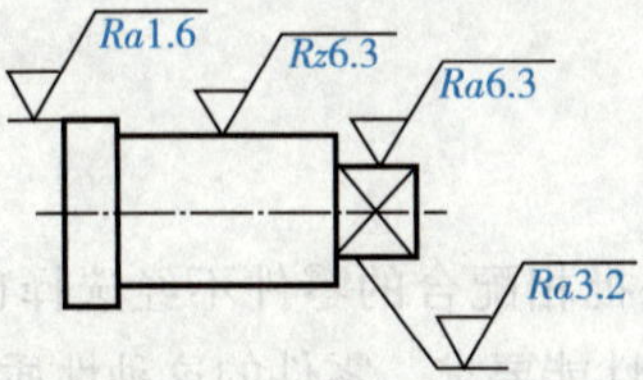	（1）圆柱和棱柱的表面结构均要标注在各自的位置上； （2）当棱面的表面结构有不同的表面结构要求时，应分别单独标注
图例 7	有相同表面结构要求的简化注法 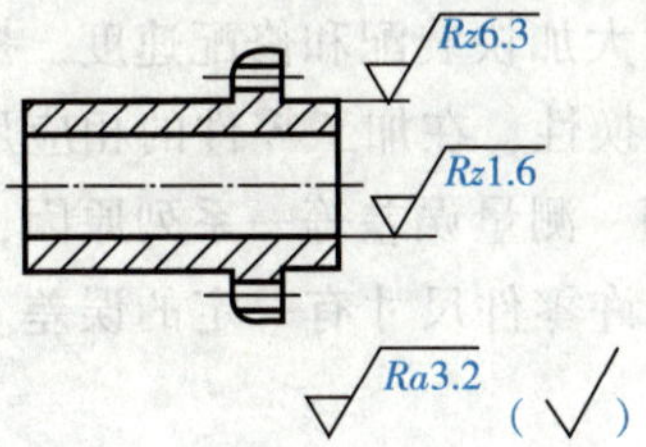	如果在工件的多数（包括全部）表面上都有相同的表面结构要求，那么其表面结构要求可统一标注在图样的标题栏附近。此时表面结构要求符号后加圆括号，并在圆括号内给出无任何其他标注的基本图形符号
图例 8	带字母的完整符号的简化注法 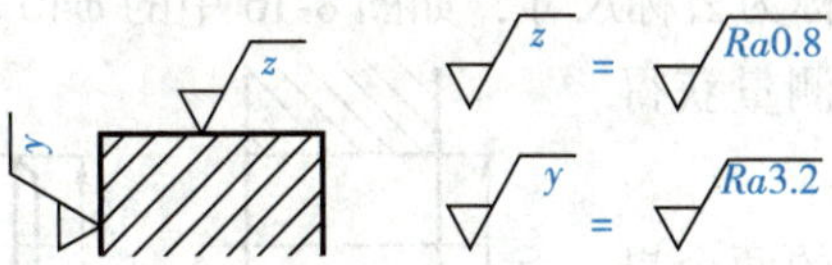	用带字母的完整符号以等式的形式在图形或标题栏附近对有相同表面结构要求的表面进行简化标注
图例 9	只用表面结构符号的简化注法 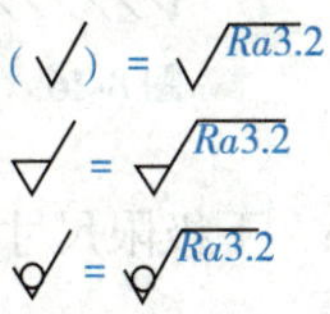	用表面结构符号以等式的形式给出多个表面共同的表面结构要求

（续表2）

序号	图例	说明
图例 10	键槽侧壁的表面结构要求的注法 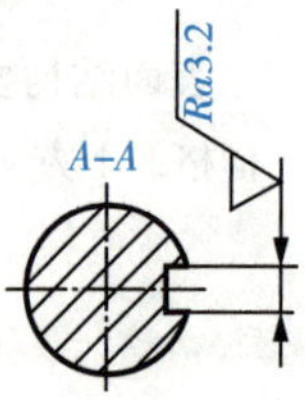	键槽的工作面即侧壁的表面结构要求可按图例所示的方式标注
图例 11	倒角的表面结构要求的注法 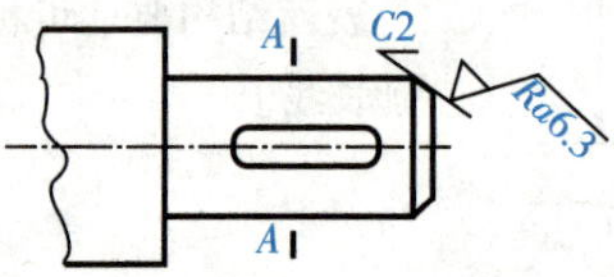	倒角的表面结构要求可按图例所示的方式标注

8.2.2 极限与配合

1. 互换性

成批生产的机器在进行装配时，要求一批相配合的零件不经选择也不需要其他辅助加工，任取一对装配起来，就能达到工作性能要求，零件的这种性质称为互换性。

互换性是机械制造对由单件生产发展到成批、大量生产和按专业化、协作化原则组织生产提出的要求。发展互换性生产会大大加快装配和修配速度，提高产品的产量和质量，降低生产成本。为了使零件具有互换性，在加工零件的相应尺寸时，应当尽量准确。但是，由于机床的震动、刀具磨损、测量误差等一系列原因，零件的尺寸实际上不可能制造得绝对准确，因此，应当允许零件尺寸有一定的误差。为此，图样上常标注有极限与配合方面的技术要求。

2. 尺寸及公差

（1）公称尺寸。由设计确定的尺寸称为公称尺寸，如图 8-16 中的 $\phi40$。

（2）实际尺寸。零件加工后，通过测量获得的尺寸称为实际尺寸。

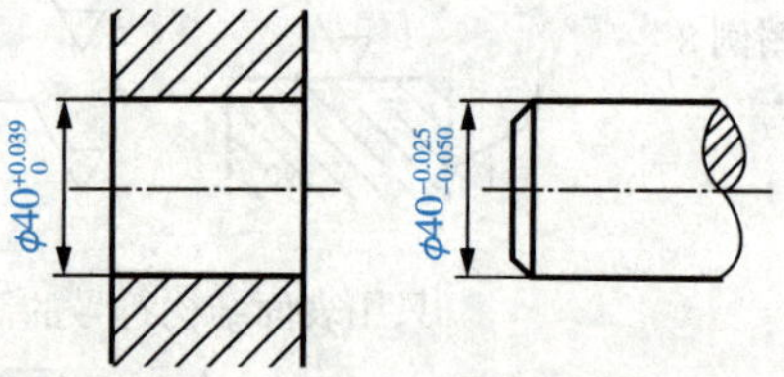

图 8-16　孔、轴的尺寸公差

（3）极限尺寸。允许零件尺寸变化的两个界限值称为极限尺寸。其中，较大的一个尺寸称为上极限尺寸；较小的一个尺寸称为下极限尺寸。如图 8-16 所示，孔的上极限尺寸为 40.039 mm，下极限尺寸为 40 mm；轴的上极限尺寸 39.975 mm，下极限尺寸为 39.950 mm。实际尺寸在两个极限尺寸之间为合格。

（4）尺寸偏差。某一尺寸减其公称尺寸所得的代数差称为尺寸偏差，简称偏差。上极限尺寸减其公称尺寸所得的代数差称为上极限偏差，孔、轴的上极限偏差分别用 ES 和 es 表示；下极限尺寸减其公称尺寸所得的代数差称为下极限偏差，孔、轴的下极限偏差分别用 EI 和 ei 表示。若将上述关系表示成等式，则有上极限偏差=上极限尺寸-公称尺寸。下极限偏差=下极限尺寸-公称尺寸。

如图 8-16 所示，孔的上极限偏差为+0.039 mm，下极限偏差为 0；轴的上极限偏差为-0.025 mm，下极限偏差为-0.050 mm。

（5）尺寸公差。允许尺寸的变动量称为尺寸公差，简称公差。若将上述关系表示成等式，则公差=上极限尺寸-下极限尺寸=上极限偏差-下极限偏差。

如图 8-16 所示，孔的公差为 0.039 mm-0=0.039 mm；轴的公差为-0.025 mm-(-0.050 mm)=0.025 mm。

（6）公差带和公差带图。公差带图是指以公称尺寸为零线，用适当的比例画出两极限偏差，以表示尺寸允许变动的界限和范围。在公差带图中，公差带是由代表上极限偏差和下极限偏差的两条直线限定的区域。图 8-17 为极限与配合示意图，图 8-18 为公差带图。在图 8-18 中，零（0）线是确定偏差的一条基准线，即零偏差线。通常以零线表示公称尺寸，画成水平细线。零线之上的偏差为正，零线之下的偏差为负。值得指出的是，公差带图在零线的垂直方向上的上、下界限有明确的意义，即上/下极限偏差，不能随意画；而沿零线方向的长短和位置无明确的意义，可任意放置。

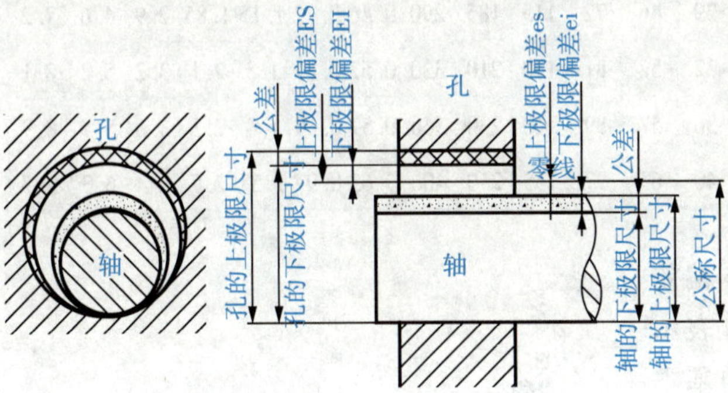

图 8-17　极限与配合示意图

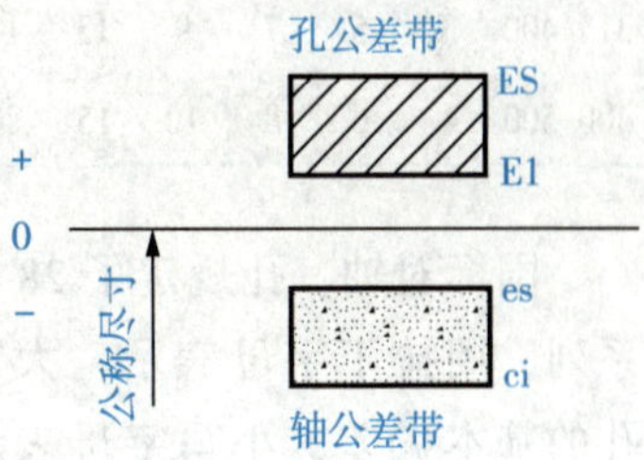

图 8-18　公差带图

3. 标准公差和基本偏差

公差带包括公差带大小与公差带位置。为了便于生产、实现零件的互换性及满足各种配合要求，国标规定，公差带大小和公差带位置分别由标准公差和基本偏差确定。

（1）标准公差。《产品几何技术规范（GPS）线性尺寸公差 ISO 代号体系 第 2 部分：标准公差带代号和孔、轴的极限偏差表》（GB/T 1800.2—2020）规定的用以确定公差带大小的任一公差称为标准公差，用 IT 表示。标准公差表示尺寸的精确程度，由公称尺寸和公差等级确定，公差等级代号用 IT 和阿拉伯数字组合表示。在公称尺寸至 500 mm 内规定了 IT01，IT0，IT1，…，IT18 共 20 个等级，IT01 公差值最小，精度最高；IT18 公差值最大，精度最低。在 20 个标准公差等级中，IT01 ~ IT11 用于配合尺寸，IT9 ~ IT18 用于非配合尺寸。标准公差数值如表 8-8 所示。

（2）基本偏差。用以确定公差带相对于零线位置的那个极限偏差称为基本偏差。它可以是上极限偏差或下极限偏差，一般是指靠近零线的那个偏差。

表 8-8　标准公差数值

公称尺寸/mm		标准公差等级																			
		μm													mm						
大于	至	IT01	IT0	IT1	IT2	IT3	IT4	IT5	IT6	IT7	IT8	IT9	IT10	IT11	IT12	IT13	IT14	IT15	IT16	IT17	IT18
	3	0.3	0.5	0.8	1.2	2	3	4	6	10	14	25	40	60	0.1	0.14	0.25	0.4	0.6	1	1.4
3	6	0.4	0.6	1	1.5	2.5	4	5	8	12	18	30	48	75	0.12	0.18	0.3	0.48	0.75	1.2	1.8
6	10	0.4	0.6	1	1.5	2.5	4	6	9	15	22	36	58	90	0.15	0.22	0.36	0.58	0.9	1.5	2.2
10	18	0.5	0.8	1.2	2	3	5	8	11	18	27	43	70	110	0.18	0.27	0.43	0.7	1.1	1.8	2.7
18	30	0.6	1	1.5	2.5	4	6	9	13	21	33	52	84	130	0.21	0.33	0.52	0.84	1.3	2.1	3.3
30	50	0.6	1	1.5	2.5	4	7	11	16	25	39	62	100	160	0.25	0.39	0.62	1	1.6	2.5	3.9
50	80	0.8	1.2	2	3	5	8	13	19	30	46	74	120	190	0.3	0.46	0.74	1.2	1.9	3	4.6
80	120	1	1.5	2.5	4	6	10	15	22	35	54	87	140	220	0.35	0.54	0.87	1.4	2.2	3.5	5.4
120	180	1.2	2	3.5	5	8	12	18	25	40	63	100	160	250	0.4	0.63	1	1.6	2.5	4	6.3
180	250	2	3	4.5	7	10	14	20	29	46	72	115	185	290	0.46	0.72	1.15	1.85	2.9	4.6	7.2
250	315	2.5	4	6	8	12	16	23	32	52	81	130	210	320	0.52	0.81	1.3	2.1	3.2	5.2	8.1
315	400	3	5	7	9	13	18	25	36	57	89	140	230	360	0.57	0.89	1.4	2.3	3.6	5.7	8.9
400	500	4	6	8	10	15	20	27	40	63	97	155	250	400	0.63	0.97	1.55	2.5	4	6.3	9.7

国标对轴、孔规定了 28 个基本偏差系列，用拉丁字母表示，大写字母表示孔的基本偏差，小写字母表示轴的基本偏差。图 8-19 为孔和轴的基本偏差系列示意图。从图 8-19 中可以看出，孔的基本偏差 A ~ H 为下极限偏差，J ~ ZC 为上极限偏差；轴的基本偏差 a ~ h 为上极限偏差，j ~ zc 为下极限偏差；JS 和 js 没有基本偏差，其上/下极限偏差相对于零线对称，孔和轴的上偏差和下偏差分别是$+\frac{IT}{2}$、$-\frac{IT}{2}$。基本偏差系列只表示公差带的位置，不表示公差带的大小，因此，

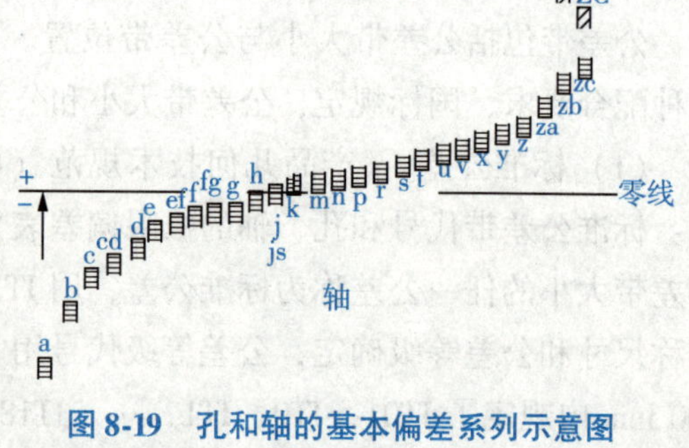

图 8-19　孔和轴的基本偏差系列示意图

公差带的一端是开口的，另一端由标准公差限定，即另一个偏差可以从极限偏差数值表中查出，也可以按下式计算得出。

孔：ES=EI+IT 或 EI=ES−IT。

轴：es=ei+IT 或 ei=es−IT。

4. 配合与配合制

（1）配合

公称尺寸相同且相互结合的孔和轴的公差带之间的关系称为配合。也就是说，配合的条件是公称尺寸相同的孔和轴结合，而孔和轴的公差带之间的关系反映了配合的精度和松紧程度。根据相配合的孔和轴的公差带的相对位置，不同的配合有松有紧，因此，国标将配合分为以下三类。

① 间隙配合：具有间隙（包括最小间隙等于零）的配合。此时孔的公差带在轴的公差带之上。间隙配合主要用于两配合表面有相对运动的场合，如图 8-20 所示。

② 过盈配合：具有过盈（包括最小过盈等于零）的配合。此时孔的公差带在轴的公差带之下。过盈配合主要用于两配合表面要求紧固连接的场合，如图 8-21 所示。

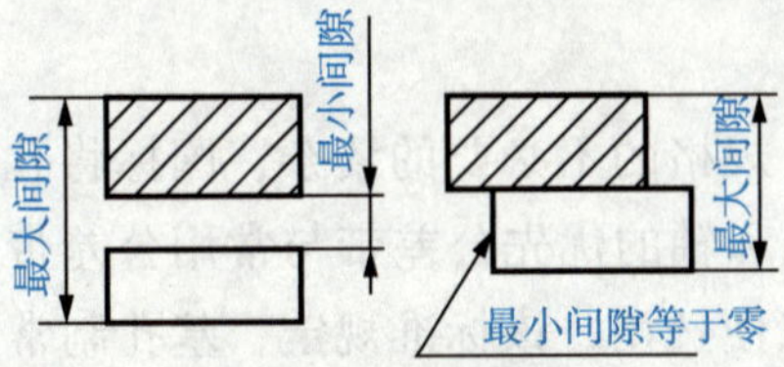

图 8-20 间隙配合

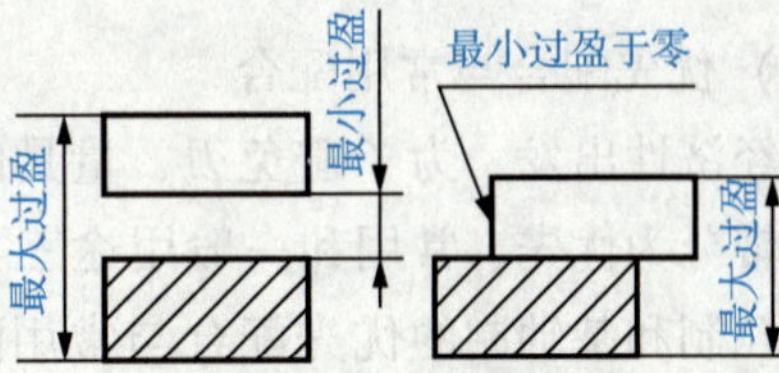

图 8-21 过盈配合

③ 过渡配合：可能具有间隙或过盈的配合。此时孔和轴的公差带重叠。过渡配合主要用于要求对中性较好的场合，如图 8-22 所示。

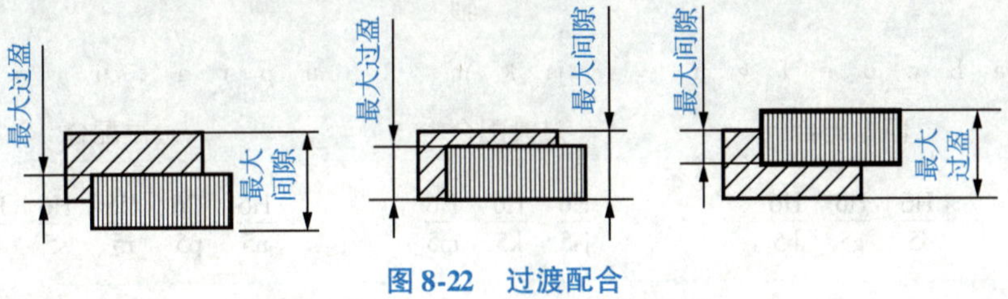

图 8-22 过渡配合

（2）配合制

为了统一基准件的极限偏差，从而便于设计、制造，降低成本，获得最大的经济效益，实现配合标准化，国标规定了两种配合制，即基孔制和基轴制。由于孔难加工，所以一般应优先采用基孔制配合。

① 基孔制配合是指基本偏差为一定的孔的公差带与不同基本偏差的轴的公差带形成各种配合的一种制度。如图 8-23 所示，基孔制配合中的孔称为基准孔，其基本偏差代号为 H、下极限偏差 EI=0。

与基准孔相配合的轴的基本偏差 a ~ h 用于间隙配合，j、k、m、n 一般用于过渡配合，p ~ zc 一般用于过盈配合。

② 基轴制配合是指基本偏差为一定的轴的公差带与不同基本偏差的孔的公差带形成各种配合的一种制度。如图 8-24 所示，基轴制配合中的轴称为基准轴，其基本偏差代号为 h、上极限偏差 es = 0。

与基准轴相配合的孔的基本偏差 A ~ H 用于间隙配合，J、K、M、N 一般用于过渡配合，P ~ ZC 一般用于过盈配合。

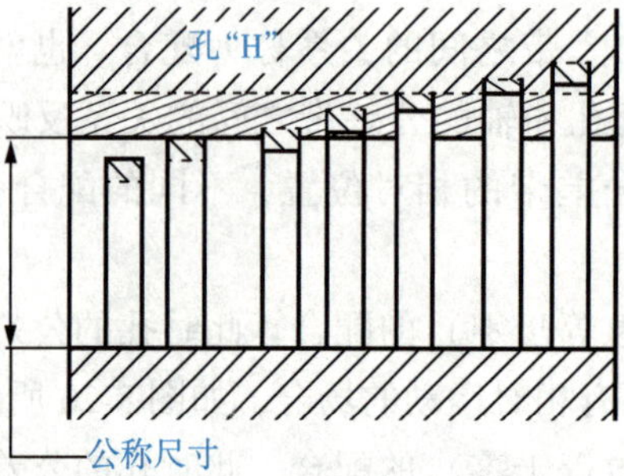

图 8-23　基孔制配合

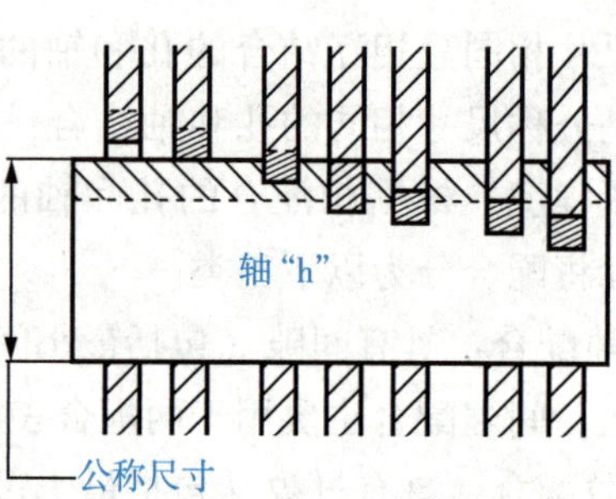

图 8-24　基轴制配合

（3）优先配合与常用配合

从经济性出发，为了避免刃、量具的品种、规格的不必要的繁杂，国标将孔、轴的公差带分为优先、常用和一般用途三类，由孔和轴的优先公差带与常用公差带分别组成基孔制和基轴制的优先配合与常用配合，以便选用。该标准规定，基孔制常用配合共 59 种，其中优先配合有 13 种，如表 8-9 所示；基轴制常用配合共 47 种，其中优先配合有 13 种，如表 8-10 所示。

表 8-9　基孔制的优先配合与常用配合

基孔制	轴		
	a b c d e f g h	js k m	n p r s t u v x y z
	间隙配合	过渡配合	过盈配合
H6	$\frac{H6}{f5}$ $\frac{H6}{g5}$ $\frac{H6}{h5}$	$\frac{H6}{js5}$ $\frac{H6}{k5}$ $\frac{H6}{m5}$	$\frac{H6}{n5}$ $\frac{H6}{p5}$ $\frac{H6}{r5}$ $\frac{H6}{s5}$ $\frac{H6}{t5}$
H7	$\frac{H7}{f6}$ ■$\frac{H7}{g6}$ ■$\frac{H7}{h6}$	$\frac{H7}{js6}$ ■$\frac{H7}{k6}$ $\frac{H7}{m6}$	■$\frac{H7}{n6}$ ■$\frac{H7}{p6}$ $\frac{H7}{r6}$ ■$\frac{H7}{s6}$ $\frac{H7}{t6}$ ■$\frac{H7}{u6}$ $\frac{H7}{v6}$ $\frac{H7}{x6}$ $\frac{H7}{y6}$ $\frac{H7}{z6}$
H8	$\frac{H8}{e7}$ ■$\frac{H8}{f7}$ $\frac{H8}{g7}$ ■$\frac{H8}{h7}$	$\frac{H8}{js7}$ $\frac{H8}{k7}$ $\frac{H8}{m7}$	$\frac{H8}{n7}$ $\frac{H8}{p7}$ $\frac{H8}{r7}$ $\frac{H8}{s7}$ $\frac{H8}{t7}$ $\frac{H8}{u7}$
H8	$\frac{H8}{d8}$ $\frac{H8}{e8}$ $\frac{H8}{f8}$ $\frac{H8}{h8}$		

（续表）

基孔制	轴		
	a b c d e f g h	js k m	n p r s t u v x y z
	间隙配合	过渡配合	过盈配合
H9	H9/c8 ■H9/d9 H9/e9 H9/f9 ■H9/h9	—	—
H10	H10/c10 H10/d10 H10/h10		
H11	H11/a11 H11/b11 ■H11/c11 H11/d11 ■H11/h11	—	—
H12	H12/b12 H12/h12	—	—

注：标注■的为优先配合

表 8-10 基轴制优先配合与常用配合

基孔制	轴		
	A B C D E F G H	JS K M	N P R S T U V X Y Z
	间隙配合	过渡配合	过盈配合
h5	F6/h5 G6/h5 H6/h5	JS6/h5 K6/h5 M6/h5	N6/h5 P6/h5 R6/h5 S6/h5 T6/h5
h6	F7/h6 ■G7/h6 ■H7/h6	JS7/h6 ■K7/h6 M7/h6	■N7/h6 ■P7/h6 R7/h6 ■S7/h6 T7/h6 ■U7/h6
h7	E8/h7 ■F8/h7 ■H8/h7	JS8/h7 K8/h7 M8/h7	
h8	D8/h8 E8/h8 F8/h8 H8/h8	—	—
h9	■D9/h9 E9/h9 F9/h9 ■H9/h9	—	—
h10	D10/h10 H10/h10	—	—
h11	A11/h11 B11/h11 ■C11/h11 D11/h11 ■H11/h11	—	—
h12	B12/h12 H12/h12	—	—

注：标注■的为优先配合。

5. 公差与配合的标注

（1）公差与配合在零件图上的标注

当零件成大批量生产时，其标注形式为在基本尺寸后注出公差带代号，如图 8-25 所示。

当零件规模小或单件生产时，其标注形式为在基本尺寸后注出极限偏差数值，如图 8-26 所示。

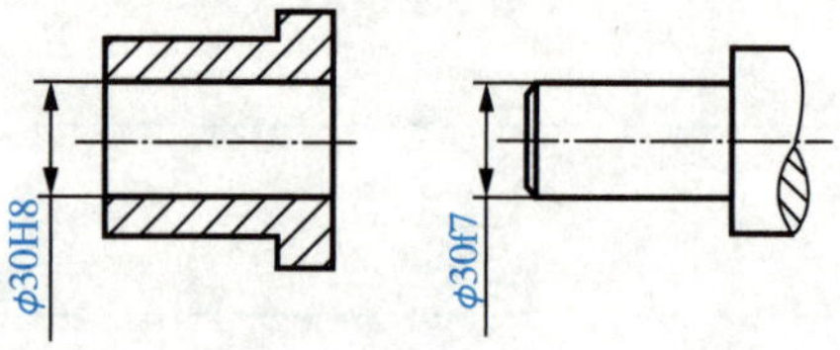

图 8-25　在零件图上标注公差的方式 1

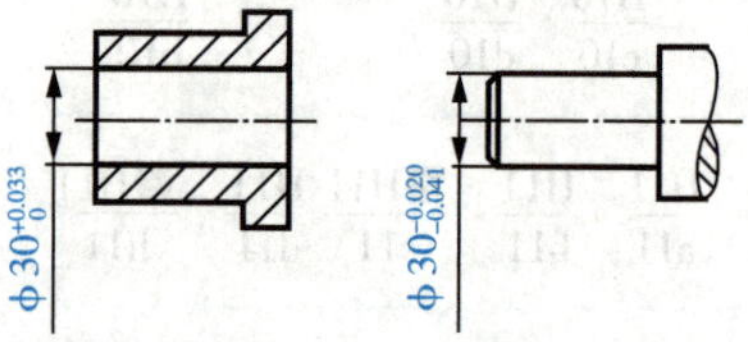

图 8-26　在零件图上标注公差的方式 2

当零件生产规模未知时，两者同时注出，但极限偏差数值在后，并用圆括号括起来，如图 8-27 所示。

（2）公差与配合在装配图中的标注

配合代号用孔和轴的公差带代号组合表示，写成分数形式。如图 8-28 所示，轴套与轴的公差与配合标注为 $\phi30H8/f7$，$\phi30$ 表示孔和轴的基本尺寸、H8 表示孔的公差带代号、f7 表示轴的公差带代号、H8/f7 表示配合代号。在配合代号中，凡孔的基本偏差为 H 者，都表示基孔制配合；凡轴的基本偏差为 h 者，都表示基轴制配合。

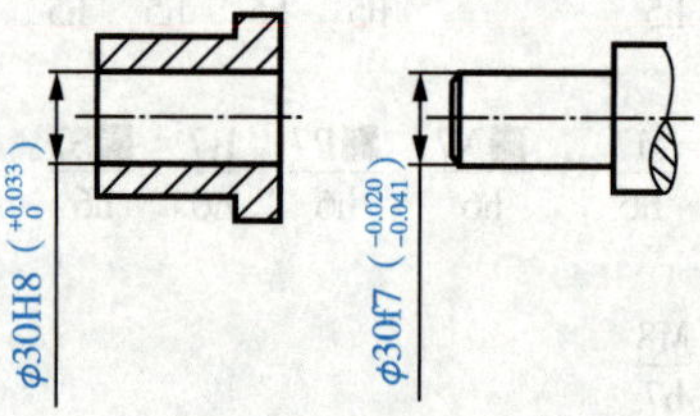

图 8-27　在零件图上标注公差的方式 3

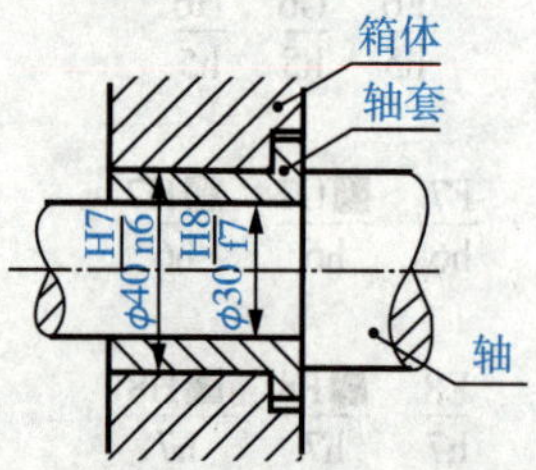

图 8-28　在装配图上标注公差与配合

除了前面介绍的基本标注形式外，还可采用一些其他的标注形式，如图 8-29 所示。

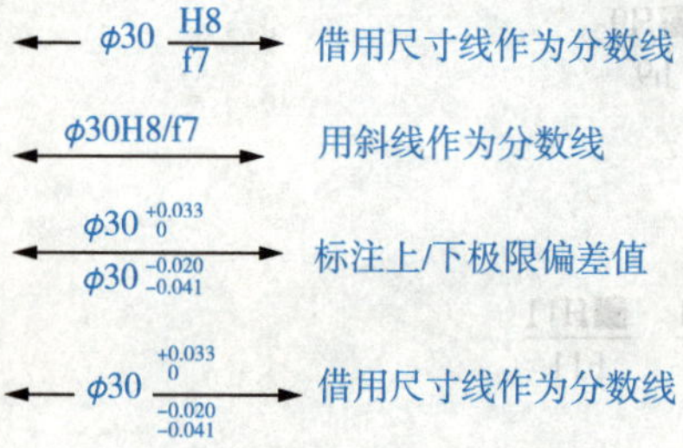

图 8-29　配合代号的其他标注形式

8.2.3　几何公差

零件在加工过程中，不仅会产生尺寸误差，还会产生形状误差和位置误差。例如，在加工圆柱时，可能出现由于素线不是直线导致的中间粗、两头细的情况；在加工阶梯轴时，可能出现各段圆柱的轴线不在一条直线上的情况。如果这些情况较严重，则会影响零件的互换性和机器的质量。在零件图上，应标注必要的几何公差要求。

形状公差是指单一实际要素的形状允许的变动全量，即零件的实际形状对理想形状的允许变动量。

位置公差是指关联实际要素的位置对基准所允许的变动全量，即零件的实际位置对理想位置的允许变动量。

1. 几何公差的特征项目及符号

国标将形状公差分为四个项目：直线度、平面度、圆度和圆柱度；将位置公差分为八个项目：平行度、垂直度、倾斜度、位置度、同轴度、对称度、圆跳动、全跳动。其中，平行度、垂直度、倾斜度为定向公差；位置度、同轴度、对称度为定位公差；圆跳动、全跳动为跳动公差。当线轮廓度和面轮廓度有基准要求时，属于位置公差；当无基准要求时，属于形状公差。表 8-11 为几何公差的特征项目及符号。

表 8-11　几何公差的特征项目及符号

公差分类	几何特征	符号	有无基准	公差分类		几何特征	符号	有无基准
形状公差	直线度	⏤	无	位置公差	定向公差	平行度	//	有
	平面度	⏥	无			垂直度	⊥	有
	圆度	○	无			倾斜度	∠	有
	圆柱度	⌭	无		定位公差	位置度	⌖	有或无
	线轮廓度	⌒	无			同轴度	◎	有
	面轮廓度	⌓	无			对称度	⌯	有
					跳动公差	圆跳动	↗	有
						全跳动	⌰	有
						线轮廓度	⌒	有
						面轮廓度	⌓	有

2. 几何公差的标注

在图样上标注几何公差时，应有公差框格、被测要素和基准要素（对位置公差）三组内容。其中，公差框格由两格或多格组成，可水平或垂直放置；被测要素与公差框格之间用带箭头的指引线相连；基准要素用一个大写字母表示，字母标注在基准方格内，与一个涂黑的或空白的三角形相连以表示基准，涂黑的和空白的基准三角形的含义相同。几何公差代号及基准符号如图 8-30 所示。

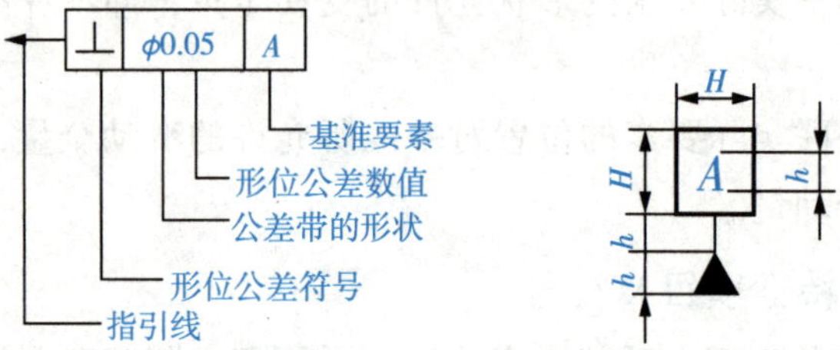

（a）几何公差代号　　（b）基准符号

图 8-30　几何公差代号及基准符号

3. 零件图上几何公差的标注示例

图 8-31 是一根气门阀杆，其上标注的几何公差有以下四项。

（1）*SR*750 的球面对于 $\phi16$ 轴线的圆跳动公差是 0.003。

（2）杆身 $\phi16$ 的圆柱度公差为 0.005。

（3）M8×1 的螺纹孔轴线对于 $\phi16$ 轴线的同轴度公差是 $\phi0.1$。

（4）底部对于 $\phi16$ 轴线的圆跳动公差是 0.1。

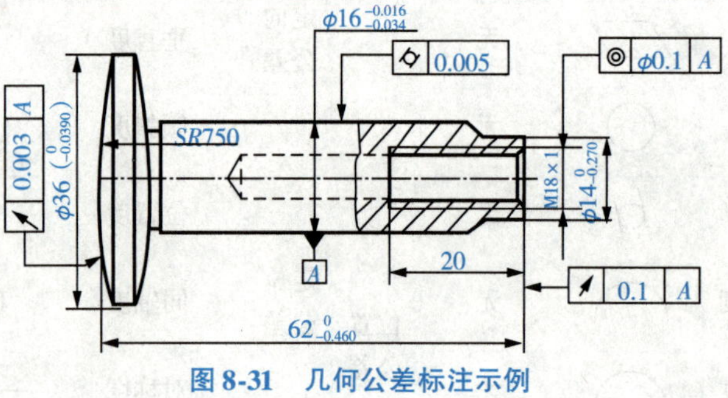

图 8-31　几何公差标注示例

8.2.4　材料的热处理及表面处理

零件的功用不同，所使用的材料也不同，在零件图中，将零件材料的名称填入标题栏的“材料”栏中。机器中常用的材料有金属材料和非金属材料两大类。金属材料又有属于黑色金属的钢和铸铁，属于有色金属的铜、铅等；非金属材料有塑料、橡胶等。

为了提高金属材料的力学性能，特别是钢的强度、硬度和表面耐磨/耐腐蚀能力等，通常要采用热处理和表面处理。

1. 热处理

常用的热处理形式有普通热处理和化学热处理。普通热处理包括退火、正火、淬火、回火，用以达到较好的力学性能。钢的化学热处理就是高温渗碳、渗氮等，用以改变零件表面的改变组织成分从而达到改变力学性能的目的，提高其耐磨能力和抗疲劳强度。

对于钢的热处理要求，一般在图样的技术要求中用文字说明，若为局部热处理，则需要在图中进行标注，如图 8-32 所示。

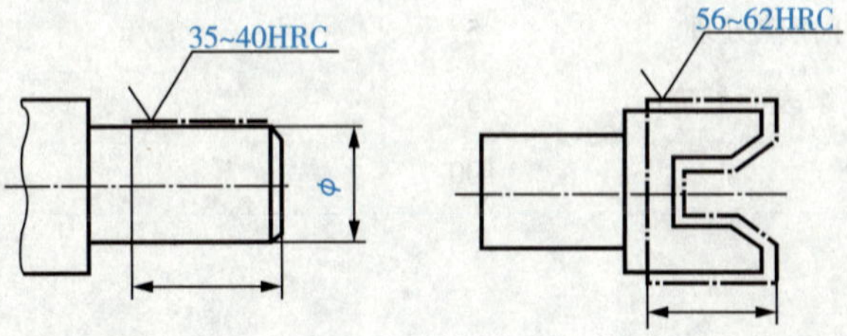

图 8-32 局部热处理的标注方法

2. 表面处理

表面处理就是在金属零件表面上加镀覆层，以提高其耐腐蚀性和耐磨性，如电镀、化学镀等。当零件所有表面均为同一种镀覆时，可将标记填入镀覆栏内或在技术要求中写明，图中不再标注。

任务评价

评价内容	评价标准	分值	读者自评	教师评估
表面结构的图样表示法	了解表面粗糙度	5		
	了解标注表面结构的图形符号	5		
	掌握表面结构要求在图形符号中的注写位置	5		
	掌握表面结构代号的示例及含义	5		
	掌握表面结构要求在图样中的注法	10		
极限与配合	掌握尺寸及公差	10		
	掌握标准公差和基本偏差	10		
	掌握配合与配合制	10		
	掌握公差与配合的标注	10		

（续表）

评价内容	评价标准	分值	读者自评	教师评估
几何公差	了解几何公差的特征项目及符号	5		
	掌握几何公差的标注	10		
	掌握零件图上几何公差的标注示例	5		
材料的热处理及表面处理	了解热处理	5		
	了解表面处理	5		
总分		100		

任务3　零件结构的工艺性简介

任务描述

在进行零件的结构形状设计时，除了要满足它在机器或部件中的功能作用要求，还要考虑制造时的工艺性，以便于生产。通过对本任务相关知识的学习，要求读者掌握一些常见的标准工艺结构及其尺寸标注。

任务分析

首先要掌握铸件常见工艺结构，如起模斜度、铸造圆角以及铸件壁厚等；其次掌握机加工常见工艺结构，如倒角和圆角、螺纹退刀槽和砂轮越程槽、钻孔结构以及凸台和凹坑。

任务重点与实施

8.3.1　铸件常见工艺结构

在铸造零件时，一般是先制作木模；然后将其放入型砂中，当砂被压紧后，盖上上箱，留有冒口和浇口；最后取出木模，在砂型空腔内注入熔化的金属液体，待冷却后取出铸件毛坯，这一过程称为铸造。对于与其他零件有接触或配合的面，还要进行切削加工，只有这样，零件才能达到最后的形状和技术要求。

1. 起模斜度

为了在铸造时方便取出木模、减少阻力，将沿起模方向的木模表面做成约 1 ∶ 20

的斜度，叫作起模斜度，如图8-33（a）所示。但这种斜度在图样上可不予标注，也可以不画出，如图8-33（b）所示。必要时，可以在技术要求中用文字说明。

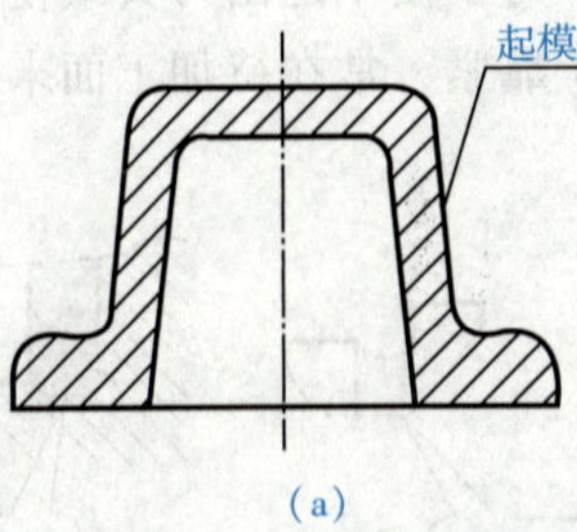

图8-33 起模斜度及其在图样上的画法

2. 铸造圆角

为了防止铸件冷却时产生裂纹或缩孔缺陷，同时避免脱模时砂型落砂，铸件各表面相交处应有圆角。在图8-33中，所有圆角即铸造圆角。铸造圆角的半径在图样上一般不注出，而集中注写在技术要求中。

3. 铸件壁厚

铸件壁厚应尽量保持均匀，不同壁厚之间应逐渐过渡。否则，在铸件浇铸时，由于各部分冷却速度不同，容易产生缩孔或裂纹缺陷，影响铸件的质量，如图8-34所示。

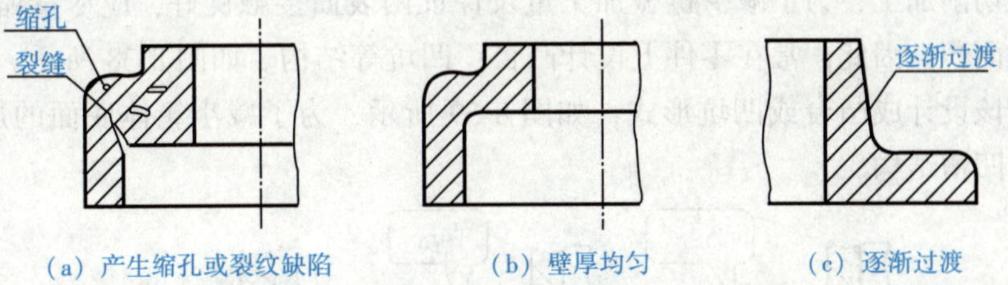

图8-34 铸件壁厚

8.3.2 机加工常见工艺结构

1. 倒角和倒圆

为避免因应力集中而产生裂纹，在轴肩处，常加工成圆角过渡的形式，称为倒圆，如图8-35中的*R*。

为了去除零件的毛刺、锐边和便于零件装配，常将轴或孔的端部加工成倒角，倒角一般为45°，也允许用30°或60°，*C*表示45°，如图8-35中的*C*1。

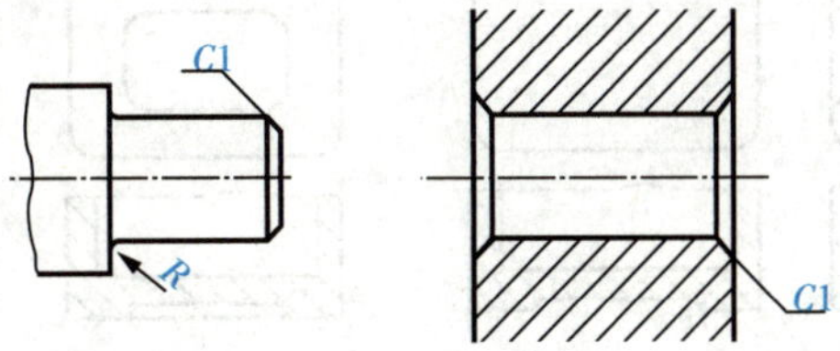

图8-35 倒角和倒圆

2. 螺纹退刀槽和砂轮越程槽

在切削加工中，尤其在车削螺纹和磨削时，为了便于退出刀具或使砂轮可稍越过加工面，或者在装配时，为了使相关的零件易于靠紧，常在待加工面末端先车削出螺纹退刀槽或砂轮越程槽，如图 8-36 所示。

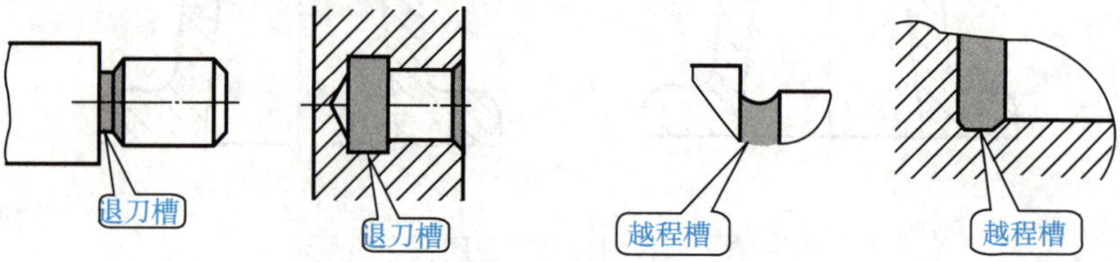

（a）退刀槽　　（b）越程槽

图 8-36　退刀槽和越程槽

3. 钻孔结构

钻孔时，被钻零件的端面应与钻头垂直，以保证钻孔准确、避免钻头折断，如图 8-37 所示。

（a）合理　　（b）不合理

图 8-37　钻孔结构

4. 凸台和凹坑

在零件上，凡与其他零件接触的表面，一般都要进行切削加工，为了减少机械加工量及保证两表面接触良好，应尽量缩小加工面积或接触面积。因此，常在零件上设计凸台、凹坑等结构。如图 8-38 所示，螺纹连接支撑面应该设计成凸台或凹坑形式；如图 8-39 所示，为了减小箱体底面的加工面积，设计几种凹槽结构。

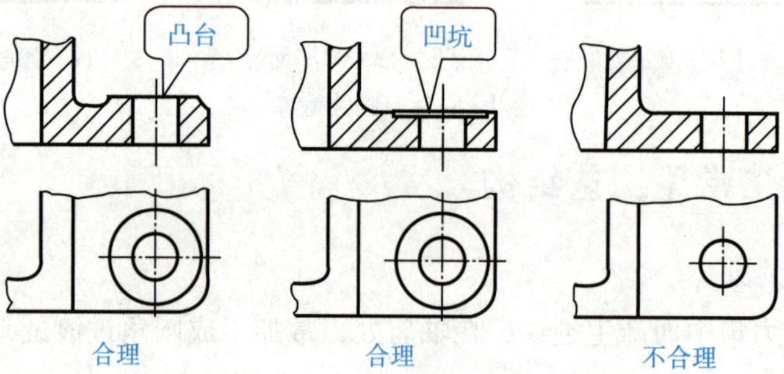

图 8-38　凸台和凹坑

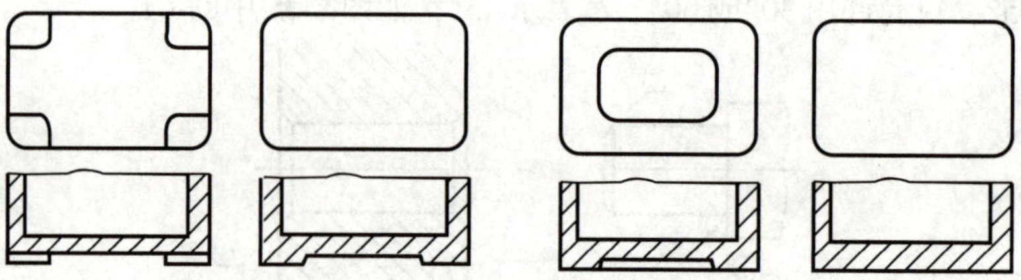

（a）十字凹槽　　（b）一字凹槽　　（c）凹槽　　（d）不合理

图 8-39　箱体底面的凹槽

任务评价

评价内容	评价标准	分值	读者自评	教师评估
铸件常见工艺结构	了解起模斜度及其标注	10		
	了解铸造圆角的作用	10		
	了解铸件壁厚	10		
机加工常见工艺结构	掌握倒角和倒圆的作用	20		
	了解螺纹退刀槽和砂轮越程槽标注	10		
	掌握钻孔结构	20		
	掌握设计凸台和凹坑	20		
总分		100		

任务4 读零件图

任务描述

在设计、制造和维修等活动中，读零件图是一项非常重要的工作。通过对本任务相关知识的学习，要求读者会识读零件图。

任务分析

想要读懂零件图，首先要了解读零件图的目的；其次掌握读零件图的方法和步骤。

任务重点与实施

8.4.1 读零件图的目的

读零件图的目的是要根据零件图想象出零件的结构形状，了解零件的尺寸和技术要求。在设计、制造和维修等活动中，读零件图是一项非常重要的工作。在读零件图时，还应结合零件在机器或部件中的位置和作用及其与其他零件的关系，只有这样才能真正理解和读懂零件图。

在读零件图时，应达到如下要求。

（1）了解零件的名称、材料和用途。

（2）了解组成零件的各部分结构形状的特点、功用，以及它们之间的相对位置。

（3）了解零件的制造方法和技术要求。

8.4.2 读零件图的方法和步骤

（1）概括了解，主要通过标题栏了解零件的名称、材料、比例等内容。根据零件的名称大概判断该零件属于哪一类零件；从材料了解其加工方法；根据绘图比例可估计零件的实际大小。必要时，最好对照机器、部件实物或装配图了解该零件的装配关系等，从而对零件有一个初步的了解。

（2）分析视图，想象零件的结构形状。分析零件图采用了哪些表达方法，如选用了哪些视图、剖视图、断面图和简化画法等。弄清各视图的关系，以主视图为主，确定各视图之间的关系，找出剖视图、断面图的剖切面的位置及投射方向，明确各视图的表达重点。运用形体分析法和线面分析法将零件各部分逐个看懂，再根据其形状特征及位置关系综合起来想象零件的整体形状。看懂零件的结构形状是读零件图的重点，组合体的读图方法适用于零件图。读图的一般顺序是：先整体、后局部；先主体结构、后局部结构；先读懂简单部分，再分析复杂部分。

（3）分析尺寸，了解技术要求。分析尺寸应先分析长、宽、高各方向的主要尺寸基准，从基准出发，弄清哪些是主要尺寸；再以结构为线索，了解各部分的定形尺寸、定位尺寸及总体尺寸。了解技术要求主要是了解各配合表面的尺寸公差、表面粗糙度、几何公差及技术要求中的文字说明，弄清零件加工需要达到的各种技术指标。

（4）综合归纳。零件图表达了零件的结构形状、尺寸大小及加工制造应达到的各种技术要求等内容，它们之间是相互关联的。读图时，将看懂的零件的结构、形状、所注尺寸及技术要求等内容进行综合归纳，以便于对零件的全貌形成较完整的认识。

8.4.3 读零件图举例

1. 读如图 8-40 所示的主轴零件图

（1）概括了解。从标题栏可知，主轴按 1 : 1 的比例绘制，即与实物大小一致；材料为 45 号优质碳素结构钢；加工件数为 1。从零件名称结合图形可知，该主轴为轴类零件，经车削加工而成，零件轴线按水平放置。

（2）分析视图，想象零件的结构形状。主轴的零件图采用了一个主视图、两个断面图和一个局部放大图来表达主轴的形状。主视图表达主轴的主要形状特征：该主轴由三段直径不等的圆柱组成，左侧圆柱的直径最小，右侧圆柱的直径最大，而且左侧圆柱有外螺纹，右侧圆柱的轴较长；通过主视图的局部剖视图可知，该段轴是空心的，中间有孔。

此零件图中的局部放大图采用 5 倍放大形式表达该处的结构形状。两个断面图分别表达两处的断面形状，*A-A* 断面图侧重表达前后的通槽，以及上下和左右的两个等径小圆孔；*B-B* 断面图主要表达第二段轴上该处的键槽。

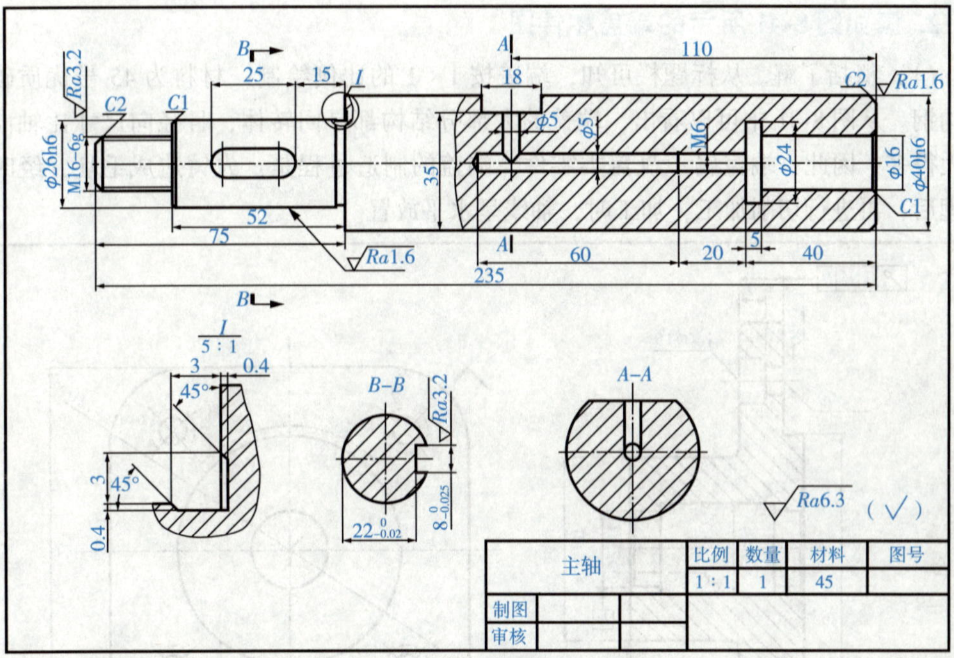

图 8-40 主轴零件图

(3) 分析尺寸，了解技术要求。

主轴以水平轴线作为径向尺寸基准（也是高度和宽度方向的尺寸基准）。由此可注出径向各部分尺寸 ϕ26h6、M16-6g、ϕ5、M6、ϕ24、ϕ16、ϕ40h6。尺寸数字后面注有公差带代号的，说明零件该部分与其他零件有配合关系。在图 8-40 中，尺寸 ϕ26h6 表明第二段轴与其他零件有配合关系；尺寸 ϕ40h6 表明第三段轴与其他零件有配合关系，并且这两段轴均为基准轴。因此，这两段轴的表面粗糙度要求较高，第二段轴的表面粗糙度为 *Ra*1.6，第三段轴的表面粗糙度为 *Ra*1.6。

选择第三段轴的左端面作为主轴的轴向尺寸基准（也是长度方向的尺寸基准），由此可注出尺寸 75、52、15。选择第三段轴的右端面为长度方向的辅助基准，由此可注出尺寸 40 和小圆孔的定位尺寸 110。另外，该零件图中还有砂轮越程槽 5×4 及倒角 *C*2。

该零件图中注出的技术要求主要有表面粗糙度、尺寸公差两项。其中，第三段轴的表面粗糙度要求最高，其次是第二段轴；键槽侧壁工作面的表面粗糙度为 *Ra*3.2；除了图上标注的表面粗糙度要求，其余表面的表面粗糙度均为 *Ra*25。键槽的宽度和深度均有尺寸公差要求，用尺寸偏差的形式标注出来，第二段轴和第三段轴的公差用公差带代号的形式标注出来。

(4) 综合归纳。

通过对该零件图的图形、尺寸和技术要求的分析，掌握了主轴的形状、大小及加工制造需要达到的技术指标，对主轴零件有了一个综合全面的了解。

2. 读如图 8-41 所示的端盖零件图

（1）概括了解。从标题栏可知，端盖按 1∶1 的比例绘制；材料为 45 号优质碳素结构钢。从图 8-41 中可以看出，端盖的大部分结构都是回转体，且径向尺寸比轴向尺寸大得多，因此，端盖属于盘盖类零件。端盖的制造过程是：先铸造成毛坯，经时效处理后，再进行切削加工，加工时，轴线呈水平放置。

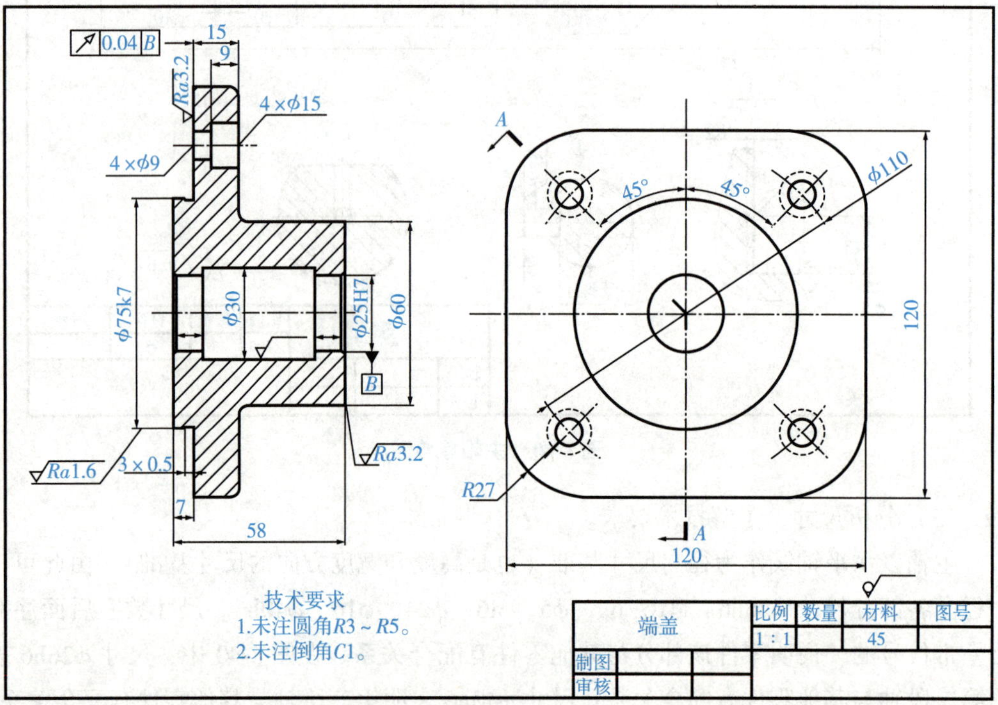

图 8-41　端盖零件图

（2）分析视图，想象零件的结构形状。端盖采用主视图和左视图来表达。其中，主视图是剖视图的形式，根据其在左视图中的标注得知，主视图是采用两个相交平面进行剖切并将倾斜剖切面剖开的结构及有关部分旋转得到的全剖视图，主要表达两端的阶梯孔、中间通孔的形状及相对位置、左端圆形凸缘；左视图采用视图形式清晰地表达了带圆角的方形端盖基体及其四个角上的圆形通孔与其他可见轮廓的形状。

（3）分析尺寸，了解技术要求。盘盖类零件的主体部分是回转体，因此，通常以轴和孔的轴线作为径向尺寸基准。该零件以轴线为基准注出端盖各部分的直径尺寸 ϕ75k7、ϕ60、ϕ30、ϕ25H7 等，方形凸缘也用它作为高度和宽度方向的尺寸基准。注有尺寸公差的尺寸（ϕ75k7 和 ϕ25H7）说明零件该部分与其他零件有配合关系。

以端盖的重要端面作为轴向尺寸基准，即长度方向的尺寸基准。该零件图中，注有 *Ra*3.2 的圆形凸缘的左端面为长度方向的尺寸基准，由此注出尺寸 7、15 和 3×0.5。

该零件图中注出的技术要求有表面粗糙度、尺寸公差和几何公差三项。其中，左侧圆形凸缘要和其他零件配合，因此，该圆柱面的表面粗糙度精度较高，为 *Ra*1.6，左

端面为 $Ra3.2$（左端面作为长度方向的尺寸基准）；还有圆跳动的几何公差要求，该凸缘的尺寸公差用公差带代号表示为 $\phi75k7$；端盖内阶梯孔的左右两侧的精度较高，表面粗糙度为 $Ra3.2$，尺寸 $\phi25H7$ 说明为基准孔。另外，该端盖为铸件，需要进行时效处理以消除内应力，视图中的小圆角（铸造圆角）是一种工艺结构，半径为 3 ~ 5 mm，有小圆角过渡的表面都是不加工表面。

（4）综合归纳。

把上述各项内容综合起来，就能得到端盖的总体形状、大小及各种技术要求了。

任务评价

评价内容	评价标准	分值	读者自评	教师评估
读零件图的目的	了解读零件图的目的	10		
读零件图的方法和步骤	掌握读零件图的方法和步骤	30		
读零件图举例	会读主轴零件图	30		
	会读端盖零件图	30		
总分		100		

项目小结

本项目主要介绍零件图的绘制与阅读。首先介绍了零件图在机械制造中的重要性，包括其在表达零件结构、大小和技术要求方面的作用；其次介绍了如何选择合适的视图、进行尺寸标注以及标注技术要求；再次介绍了零件结构的工艺性，包括铸件和机加工中的常见工艺结构；最后介绍了阅读零件图的重要性，并提供了读图的方法和步骤。通过本项目的学习，读者能够根据实际生产需求，优化零件结构设计并制定合理的技术要求，进一步提升设计与制造协同效率。

项目习题

一、选择题

1. 零件图的主要作用是什么？（　　）

A. 表达零件的内部结构

B. 指导生产机器零件的重要技术文件

C. 仅用于设计阶段的参考

D. 记录零件的材料类型

2. 在选择零件图的主视图时，应首先考虑哪两个方面？（　　）

A. 零件的加工位置和工作位置　　B. 零件的形状和大小

C. 零件的材质和重量　　　　　　　　　　D. 零件的色泽和表面处理

3. 在零件图中，标注尺寸时需要避免什么错误？(　　)

A. 标注成封闭的尺寸链　　　　　　　　B. 直接标注出主要尺寸

C. 符合加工顺序　　　　　　　　　　　D. 考虑便于测量

4. 铸件常见工艺结构中的铸造圆角的作用是什么？(　　)

A. 增加铸件的重量　　　　　　　　　　B. 减少材料的使用

C. 防止铸件冷却时产生裂纹或缩孔缺陷　D. 提高铸件的美观性

5. 在零件图的技术要求中，通常需要标注哪些内容？(　　)

A. 表面粗糙度和尺寸公差　　　　　　　B. 材料类型和颜色

C. 零件的重量和价格　　　　　　　　　D. 零件的运输和储存条件

二、填空题

1. 零件图的视图选择应该考虑读图和画图的________，关键在于分析零件的结构特点、适当地选用各种表达方法、确定合理的表达方案。

2. 零件图上标注的尺寸要做到正确、完整、清晰和________。

3. 表面粗糙度是评定零件________的一项重要技术指标。

4. 极限与配合中的公差带是由代表上极限偏差和下极限偏差的两条直线限定的________。

5. 读零件图时，应达到的要求包括了解零件的名称、材料和________。

三、问答题

1. 零件图的主要作用是什么？

2. 在选择零件图的主视图时，应考虑哪两个主要方面？

3. 在零件图中，标注尺寸时需要避免什么错误？

4. 描述一下铸件常见工艺结构中的铸造圆角的作用。

5. 在零件图的技术要求中，通常需要标注哪些内容？

四、作图题

1. 读懂轴零件图（图 8-42），在指定位置画出移出断面图，并回答问题。

（1）ϕ16h6 写成有上下偏差的标注是________。

（2）解释 2×ϕ5 配钻的含义：________________。

（3）表面粗糙度 $\sqrt{Ra3.2}$ 处的表面形状为________，它可由________方法达到。

2. 读懂壳体零件图（图 8-43），画出主视图的外形视图，并将左视图画成半剖视图，回答问题。

（1）该零件的表达使用了________个基本视图，主视图采用的是________表达方法。

（2）解释锪平的含义：________。

（3）零件上 $\phi30$、$\phi48$ 的孔内表面和上下表面为机加工面，在零件图上标注表面粗糙度。

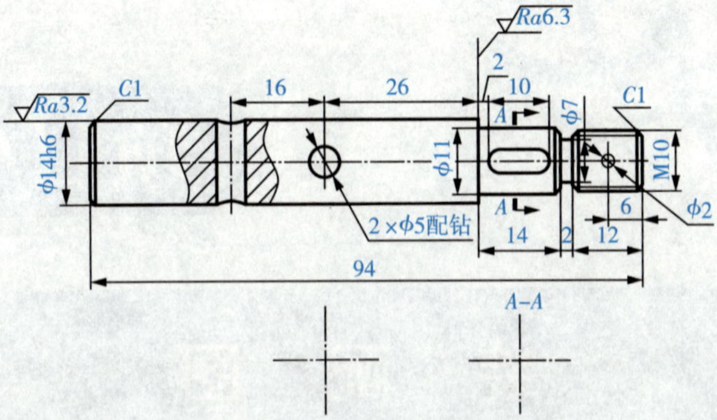

图 8-42　练习 1

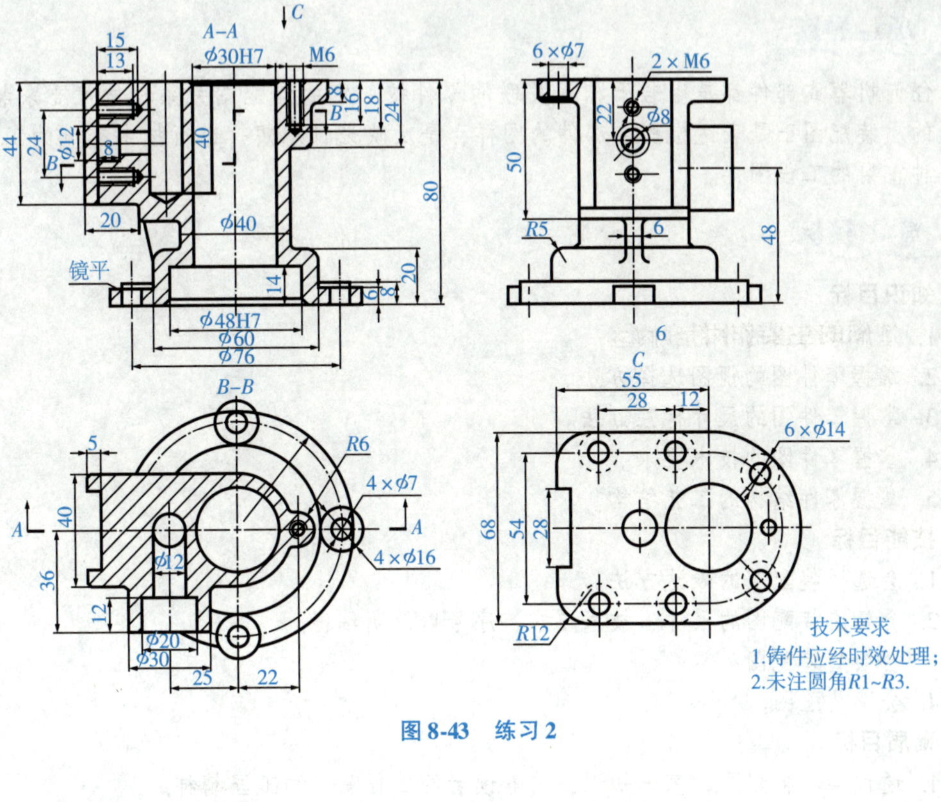

图 8-43　练习 2

项目9

装　配　图

项目导读

任何机器或部件都是由若干相互关联的零件按一定的装配图关系和技术要求装配而成的。装配图正是表达机器或部件的图样，是反映设计思想、进行技术交流的工具，是一种重要的工程图样。

学习目标

知识目标

1. 了解零件图的作用和内容。
2. 掌握零件图的视图选择方法。
3. 掌握零件图的尺寸标注方法。
4. 掌握零件图的技术要求。
5. 掌握零件结构的工艺结构。

技能目标

1. 会选择装配图的表达方法。
2. 会标注装配图的尺寸、技术要求、序号以及明细栏。
3. 会绘制装配图。
4. 会读装配图。

素质目标

1. 通过学习装配图的基础知识，培养读者的工程意识和工匠精神。

2. 在绘制装配图的过程中，锻炼读者的细致观察能力和严谨的工作态度，培养读者的创新思维和解决问题的能力。

思政目标

1. 通过读装配图，培养读者学会分析和整合综合信息，提高读者的逻辑思维能力。

2. 在探讨装配结构合理性的过程中，引导读者思考如何优化设计，提高效率和安全性，培养读者的社会责任感和环保意识。

任务1 装配图的基础知识

任务描述

通过对本任务相关知识的学习，读者能够掌握装配图的内容、表达方法，会标注尺寸标注、技术要求、序号和明细表。

任务分析

想要根据设计要求画出装配图，首先要了解装配图；其次掌握装配图表达方法、尺寸标注、技术要求、序号以及明细表。

任务重点与实施

9.1.1 装配图的内容

装配图是表达机器或部件的工作原理、装配关系、结构形状和技术要求等内容的图样。在设计过程中，一般先根据设计要求画出装配图，然后根据装配图画出零件图；在生产过程中，根据装配图将已经加工出的零件装配成机器或部件；在使用过程中，使用者也往往通过装配图了解部件或机器的性能、作用原理和使用方法，为安装、检验和维修等提供技术资料。因此，装配图是反映设计思想、指导装配、使用机器及进行技术交流不可缺少的重要技术文件。

图9-1是齿轮油泵装配图，从图中可以看出，一张完整的装配图应具备下列基本内容。

(1) 一组视图：用装配图的表达方法，正确、完整、清晰、简便地表达部件或机器的装配关系、工作原理和主要零件的主要结构形状。

(2) 必要的尺寸：包括部件或机器的规格（性能）尺寸、装配尺寸、安装尺寸、总体尺寸及其他重要尺寸。

(3) 技术要求：用文字或符号注写部件或机器的装配、安装、检验、调速、作用等方面的要求。

(4) 零部件序号，明细栏，标题栏：在装配图上，应对每个不同的零件（或部件）编写序号，并在明细栏中依次填写序号、名称、件数、材料等内容。标题栏的内容有部件或机器的名称、比例、质量、图号，以及制图、描图、审核人员的签名等。

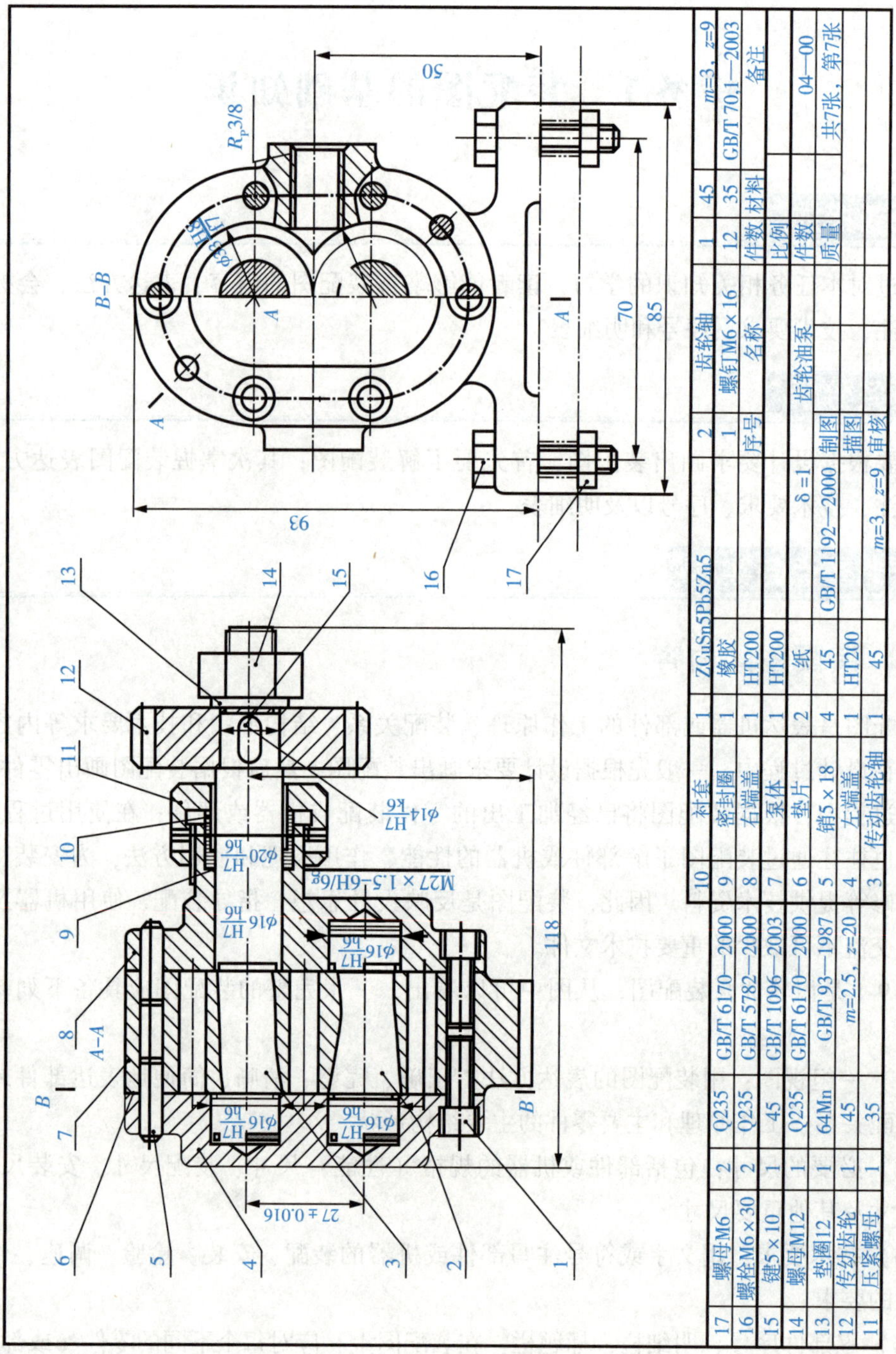

图9-1 齿轮油泵装配图

9.1.2 装配图的表达方法

与零件图一样，装配图也是根据投影原理画出的，也要用一组图形来表达出整个机器的构造原理、各零件的主要结构形状及装配关系。下面依据齿轮油泵装配图表达内容的需要，介绍常用的表达方法。

1. 一般表达方法

前面介绍的表达零件的各种方法，如视图、剖视图、断面图及局部放大图等，在表达部件或机器的装配图中也同样适用。

2. 规定画法

（1）零件接触面与配合面的画法

相邻零件的接触面与配合面只画一条线，不接触面和非配合面画两条线，如图 9-2 所示。

（2）剖面线的画法

当两个（或两个以上）零件邻接时，剖面线方向应相反或间隔不同。但同一零件在各视图上的剖面线方向和间隔必须一致，如图 9-3 所示。

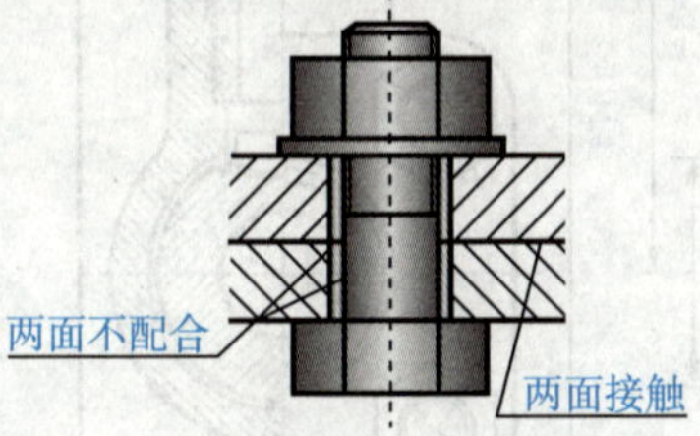

图 9-2　零件接触面与配合面的画法

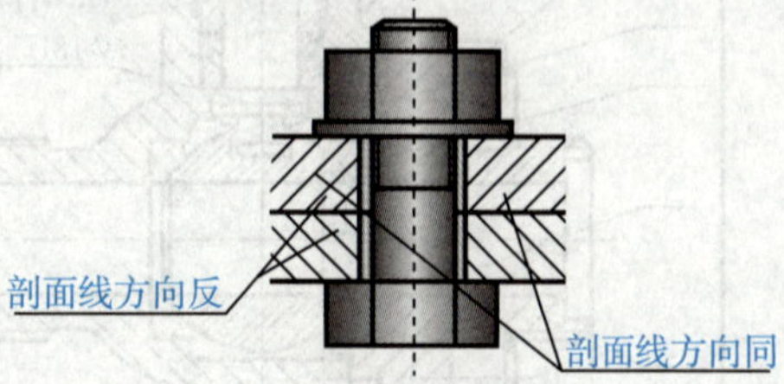

图 9-3　剖面线的画法

（3）标准件及实心件的表达方法

在装配图中，对于标准件及轴、连杆、球、杆件、手柄等实心零件，若按纵向剖切且剖切面通过其对称平面或轴线，那么这些零件按不剖绘制，如图 9-3 所示（螺纹紧固件）。如果需要特别表明这些零件上的结构，如凹槽、键槽、销孔等，可采用局部剖视图。

3. 特殊表达方法

（1）沿结合面剖切的画法

为了表达装配体的内部结构，可假想沿某些零件的结合面剖切画出，此时，在零件结合面上不画剖面线，也可以不加标注；但若剖切到其他零件，则应画剖面线。如图 9-1 所示，左视图的右半部分就是沿左端盖和泵体的结合面剖切得到的。

（2）拆卸画法

在画装配图的某个视图时，当一些在其他视图上已表达清楚的零件遮住了需要表达的零件结构或装配关系时，可假想将这些零件拆卸后绘制。当需要说明时，可加标注“拆去××等”的字样，如图 9-4 所示。

（3）夸大画法

当图形中薄片的厚度（或零件间隙）≤2 mm 或圆的直径、斜度和锥度较小时，可不按原比例夸大画出。例如，在图 9-1 中，垫片 6 就采用了夸大画法。

（4）假想画法

为了表示与本部件有装配关系但又不属于本部件的其他相邻零部件，可用双点画线绘制相邻零部件。如图 9-1 所示，左视图下部与齿轮油泵安装底板相连的部件轮廓就采用了假想画法。

为了表示运动零件的运动范围或极限位置，可先在一个极限位置上画出该零件，再在另一个极限位置上用双点画线画出其轮廓。例如，在图 9-4 中，俯视图的扳手 13 的极限位置画法。

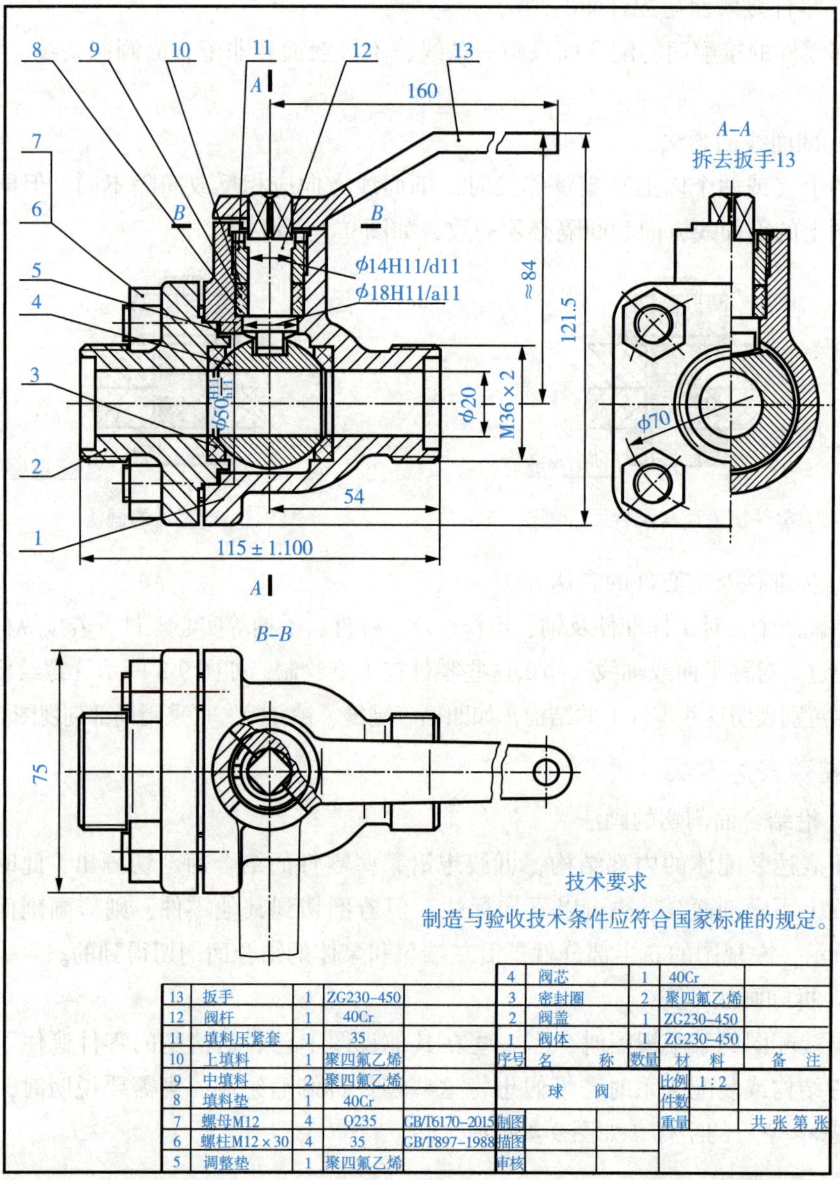

技术要求

制造与验收技术条件应符合国家标准的规定。

序号	名称	数量	材料	备注
13	扳手	1	ZG230-450	
12	阀杆	1	40Cr	
11	填料压紧套	1	35	
10	上填料	1	聚四氟乙烯	
9	中填料	2	聚四氟乙烯	
8	填料垫	1	40Cr	
7	螺母M12	4	Q235	GB/T6170-2015
6	螺柱M12×30	4	35	GB/T897-1988
5	调整垫	1	聚四氟乙烯	
4	阀芯	1	40Cr	
3	密封圈	2	聚四氟乙烯	
2	阀盖	1	ZG230-450	
1	阀体	1	ZG230-450	

球阀		比例	1:2	
		件数		
制图		重量		共 张 第 张
描图				
审核				

图 9-4　球阀装配图

（5）单个零件的表达画法

在装配图中，为了表达个别零件的结构形状，可以单独画出该零件的视图，但必须在所画视图的上方注出该零件的视图名称，在相应视图的附近用箭头指明投射方向，并注上同样的字母。例如，在图 9-5 中，零件泵盖的 B 向视图，在该视图上方标注“泵盖 *B*”或“零件 XX（序号）*B*”。

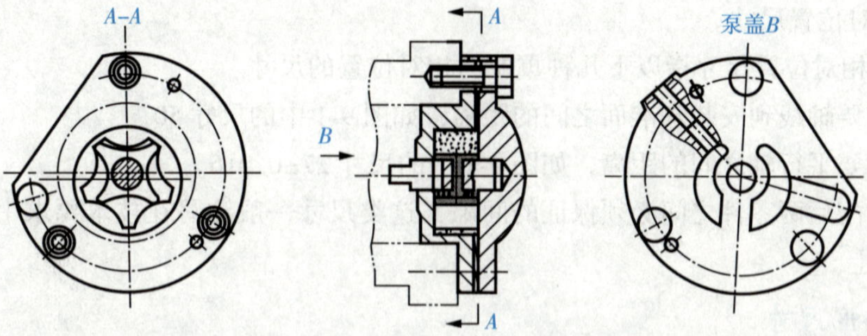

图 9-5 润滑泵的单个零件的表达画法

4. 简化画法

（1）对于装配图中若干相同的零件组，如连接螺栓等，可仅详细地画出一组或几组，其余只需用细点画线表示出其装配位置即可。

（2）在装配图中，零件的工艺结构，如小圆角、倒角、退刀槽等可不画出。例如，在图 9-1 中，各零件上的倒角、退刀槽、小圆角均未画出，如传动齿轮轴 3 和齿轮轴 2 等。

（3）当剖切面通过某些部件（这些部件为外购件、标准产品或已由其他视图表达清楚）的对称中心线或轴线时，该部件可按不剖绘制，只画出其外形。例如，在图 9-1 的主视图中，1 号件螺钉和 5 号件销就采用了简化画法。

9.1.3 装配图的尺寸标注

装配图的作用与零件图的作用不一样，因此对尺寸标注的要求也不一样。零件图是加工制造零件的主要依据，因此，要求尺寸必须完整；装配图主要是设计和装配机器或部件时用的图样，不必注出零件的全部尺寸，只需标注与机器或部件的性能（规格）、装配、外形、安装等有关的尺寸。

1. 性能（规格）尺寸

性能（规格）尺寸是表示机器或部件规格或性能的尺寸，在设计时就已经确定了，它是设计、了解和选用该机器或部件的依据，如图 9-1 中的 *R*p3/8。

2. 装配尺寸

表示机器或部件中与装配有关的尺寸为装配尺寸，它是装配工作的主要依据，是保证机器或部件的性能所必须的重要尺寸。装配尺寸一般包括配合尺寸、连接尺寸和重要的相对位置尺寸。

（1）配合尺寸是指公称尺寸相同的孔和轴之间有公差配合要求的尺寸，一般由公称尺寸和表示配合种类的配合代号组成，如图 9-1 中的尺寸 $\phi 33\ \frac{\mathrm{H8}}{\mathrm{f7}}$ 等。

(2) 连接尺寸包括非标准件的螺纹连接尺寸和标准件的相对位置尺寸。例如，图9-1中的尺寸M27×1.5-6H/6g是非标准件的螺纹连接尺寸；图9-4中的尺寸ϕ70是标准件的相对位置尺寸。

(3) 相对位置尺寸指以下几种重要的相对位置的尺寸。

① 主要轴线到安装基准面之间的距离，如图9-1中的尺寸50。

② 主要平行轴之间的距离，如图9-1中的尺寸27±0.016。

③ 装配后两零件之间必须保证的间隙，这类尺寸一般注写在技术要求中，也可标注在视图上。

3. 外形尺寸

外形尺寸是表示机器或部件的总长、总宽和总高的尺寸，它反映机器或部件占有的空间大小，是包装、运输、安装、厂房设计所需的数据，如图9-1中的尺寸118、93、85。

4. 安装尺寸

安装尺寸是表示机器或部件与其他零件、部件、基座间安装所需的尺寸。例如，在图9-1中，底板上两螺栓孔的间距70就是安装尺寸。

5. 其他必要尺寸

装配图中除上述尺寸外，设计中通过计算确定的重要尺寸及运动件活动范围的极限尺寸等也需要标注。

由于产品的生产规模、工艺条件、专业习惯等因素的影响，装配图中标注的尺寸也有所不同，有的不限于这几种尺寸，有的又不一定都具备这几种尺寸，并且有时装配图上的同一尺寸有几种含义。因此，装配图上究竟要标注哪些尺寸要根据具体情况进行具体分析。

9.1.4 装配图的技术要求

不同性能的机器或部件的技术要求也不同，可以从以下几方面来考虑。

1. 装配要求

装配要求主要包括装配后必须保证的准确度、装配时的加工说明、装配时的要求及指定的装配方法。

2. 检验要求

检验要求主要包括基本性能的检验方法和要求、装配后必须保证达到的准确度及其他检验要求。

3. 使用要求

使用要求包括对产品的基本性能、维护的要求及使用操作时的注意事项等。

上述各项内容并不是要求每张装配图都全部注写，而是要根据具体情况而定。技术要求一般用简明的文字写在明细栏上方或装配图的空白处。

9.1.5 序号

序号是对装配图中所有零件（或部件）按顺序编排的号码，编写序号必须按以下规定和方法进行。

1. 一般规定

（1）装配图中所有的零部件都必须有序号。

（2）装配图中一个零部件只编写一个序号；同一装配图中相同的零部件应编写同样的序号，而且一般只注出一次。

（3）装配图中零部件的序号应与明细栏（表）中的序号一致。

2. 序号的编排方法

（1）零件序号注写在指引线的水平线（细实线）上或圆（细实线）内，序号字高比图中尺寸数字的字高大一号或两号，如图9-6（a）所示。同一张装配图上的零件序号的注写形式应一致。

（2）零件序号的指引线从零件的可见轮廓内用细实线引出，并在指引线末端画一个小圆点，小圆点的直径等于粗实线的宽度。若指引部分很薄或为涂黑的剖面而不便画圆点时，可在指引线的末端画箭头并指向该部分轮廓，如图9-6（b）所示。

（3）零件序号的指引线不能互相交叉。当指引线通过剖面区域时，也不应与剖面线平行。必要时指引线可画成折线，但只可弯折一次。

（4）如果是一组紧固件或装配关系清楚的零件组，可采用公共指引线进行编号，如图9-6（c）所示。

（5）装配图中的序号应按水平或垂直方向排列，并按一定方向（顺时针或逆时针）依次排列整齐。在整个图上无法连续时，可只在每个水平或垂直方向依次排列。例如，在图9-1中，零件序号就是按顺时针方向排列的。

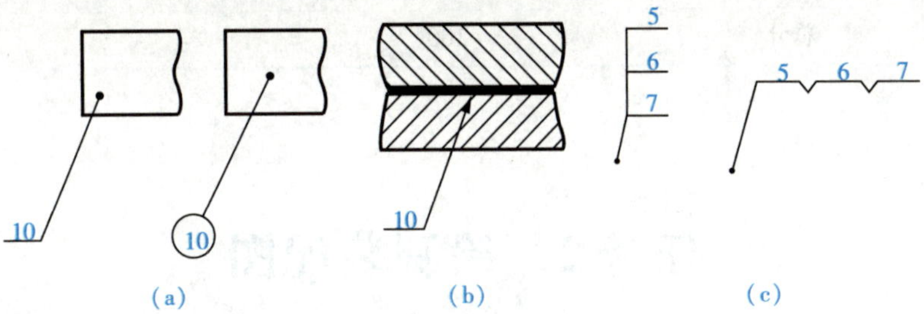

图9-6 零件序号及指引线

9.1.6 明细栏

明细栏是机器或部件中全部零部件的详细目录，应画在标题栏的上方，零件的序号应自下而上填写，这样便于填写增添的零件。当地方不够时，可将明细栏分段画在标题栏的左方，如图9-7所示。

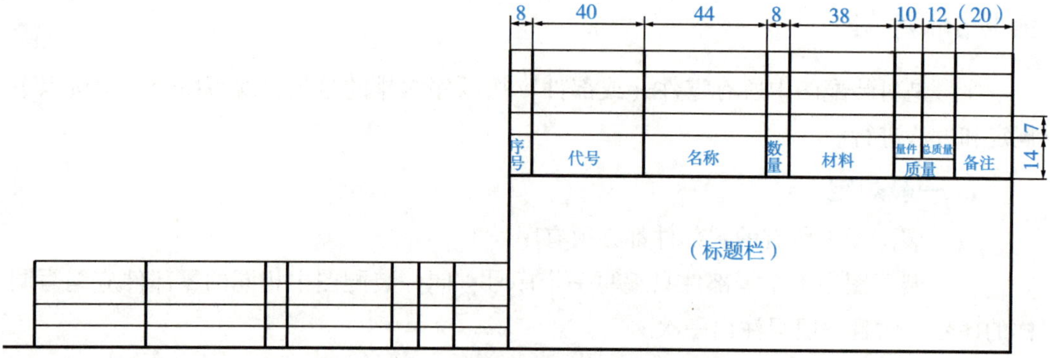

图 9-7　国标推荐的明细栏的格式

任务评价

评价内容	评价标准	分值	读者自评	教师评估
装配图的内容	了解装配图的内容	10		
装配图的表达方法	掌握规定画法	10		
	掌握特殊表达方法	10		
	掌握简化画法	10		
装配图的尺寸标注	能够标注装配图的尺寸	15		
装配图的技术要求	能够标注装配图的技术要求	15		
序号	能够标注序号	15		
明细栏	能够绘制明细栏	15		
总分		100		

任务 2　绘制装配图

任务描述

通过对本任务相关知识的学习，读者能够绘制装配图。

任务分析

想要绘制装配图，首先要确定装配图的表达方法；其次确定表达方案，最后进行装配图的具体绘制。

任务重点与实施

部件是由若干零件装配而成的，根据这些零件图及有关资料，可以看清各零件的结构形状，了解装配体的用途、工作原理、连接和装配关系，然后拼画成部件的装配图。以换向阀为例，介绍绘制装配图的方法。

9.2.1 确定装配图的表达方法

应先对部件的实物或装配示意图进行仔细观察和分析，了解各零件间的装配关系和部件的工作原理。

换向阀是由阀体等零件和一些标准件组成的，阀门置于阀体的内孔中，为了密封，在阀体和阀门之间加入填料，并旋入锁紧螺母；阀门的一端与手柄相连，并通过螺母与垫圈固定；阀体上有一个入口、两个出口，将阀装于管路中，只要转动手柄，带动阀门转动，就能实现管路中流体换向的功能。

9.2.2 确定表达方案

为了满足生产需要，应恰当地选择视图，主要包括主视图的选择和其他视图的选择，并善于合理利用装配图的各种表达方法，将机器或部件的工作原理、各零件间的装配关系及主要零件的结构形状完整、清晰地表达出来。

1. 主视图的选择

绘制装配图同绘制零件图一样，应先确定部件的安放位置。部件的安放位置应与部件的工作位置相符，这样便于设计和指导装配。对于换向阀，其工作位置情况多变，但一般将其通路水平位置。部件的工作位置确定后，接着选择部件主视图的投射方向。经过比较，应选择最能清楚反映主要装配关系和工作原理的那个方向作为主视图的投射方向，为了清楚表达各个主要零件及零件间的相互关系，本例换向阀的主视图采用了剖视图。

2. 其他视图的选择

根据确定的主视图选择其他视图。对于其他视图的选择，主要考虑还有哪些装配关系、工作原理及主要零件的主要结构形状没表达清楚，每个视图都要有明确的表达重点。例如，在图 9-8 中，换向阀沿前后对称面剖开的主视图虽清楚地反映了各零件间的主要装配关系和工作原理，但是换向阀的外形结构等还没有表达清楚，于是选取了左视图、俯视图及 *A-A* 断面图。

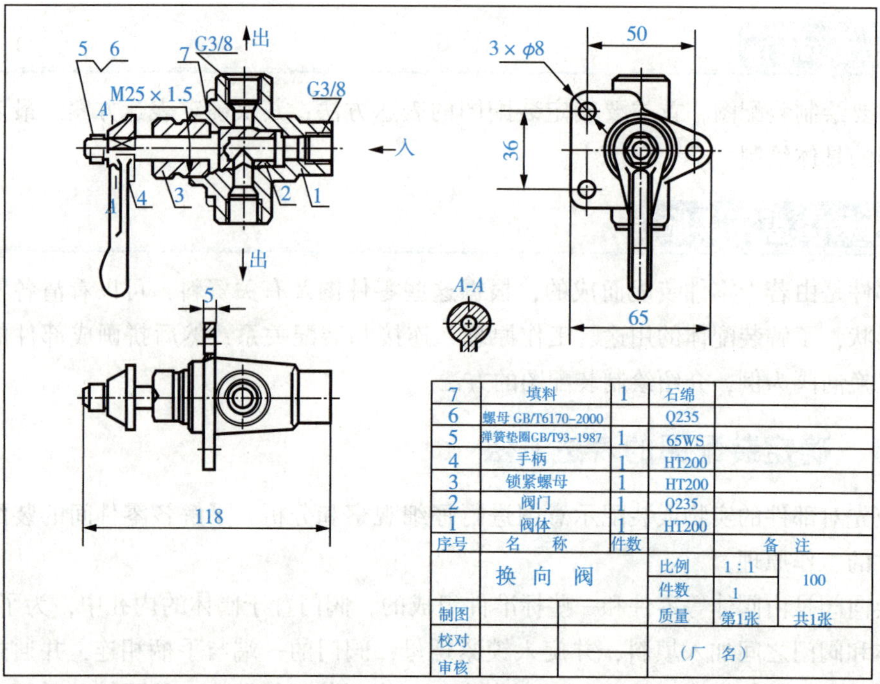

图 9-8　换向阀装配图

9.2.3　装配图的具体绘制过程

装配图的具体绘制过程如下。

（1）根据确定的视图表达方案，选取适当的比例，在图纸上安排各视图的位置。要注意留有编写零部件序号、明细栏，以及注写尺寸和技术要求的位置。

（2）画图时，应先画出各视图的主要轴线（装配干线）、对称中心线及作图基准线（某些零件的基面或端面）。由主视图开始，几个视图配合进行。在画剖视图时，以装配干线为基准，由内向外逐个画出各个零件，也可由外向内画，视作图方便而定。图 9-9 为换向阀的画图步骤。底稿完成后，首先需要校核；其次加深，画剖面线，标注尺寸；最后编写零部件序号，填写明细栏，签署姓名，结果如图 9-8 所示。

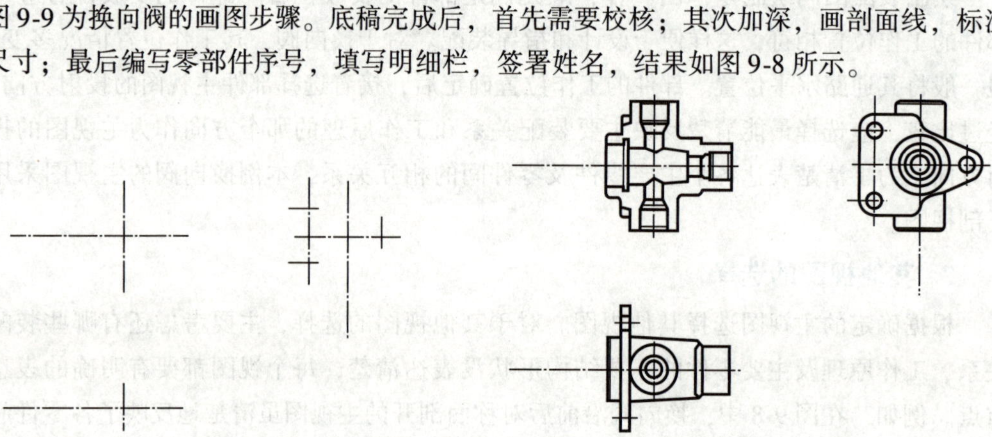

（a）绘制轴线，确定视图基本位置　　（b）画出主体零件或重要零件的轮廓形状并画出阀体三视图

图 9-9　换向阀的画图步骤

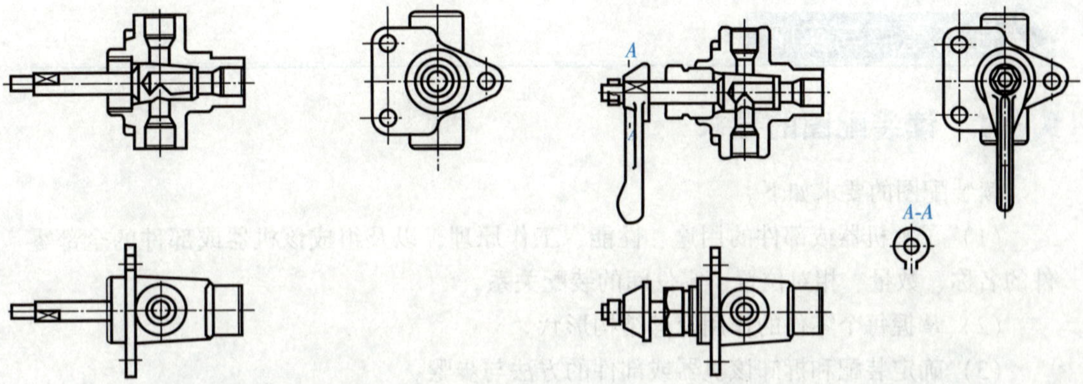

（c）沿水平轴线画出阀门的三视图　　（d）沿水平轴线，画出其他各个零件，并画出断面图

图 9-9　换向阀的画图步骤（续）

任务评价

评价内容	评价标准	分值	读者自评	教师评估
确定装配图的表达方法	能够确定装配图的表达方法	15		
确定表达方案	能够确定表达方案	35		
装配图的具体绘制过程	掌握装配图的具体绘制过程	50		
总分		100		

任务3　读装配图

任务描述

在工业生产中，从机器的设计到制造或技术交流，或者使用、维修机器及设备，都要用到装配图。因此，从事工程技术的工作人员必须能看懂装配图。通过对本任务相关知识的学习，读者会读装配图。

任务分析

想要读懂装配图，首先要了解读装配图的要求；其次掌握读装配图的方法与步骤；最后掌握由装配图拆画零件图的方法。

任务重点与实施

9.3.1 读装配图的要求

读装配图的要求如下。

（1）了解机器或部件的用途、性能、工作原理，以及组成该机器或部件的全部零件的名称、数量、相对位置、零件间的装配关系。

（2）掌握每个零件的作用及其结构形状。

（3）确定装配和拆卸该机器或部件的方法与步骤。

下面以如图 9-1 所示的齿轮油泵为例，说明读装配图和由装配图拆画零件图的方法与步骤。

9.3.2 读装配图的方法与步骤

1. 概括了解

从标题栏了解部件的名称；从明细栏了解零件的名称、数量和材料，以及各标准件的规格、标记等；在视图中根据所编序号找出相应零件所在位置。大致浏览一下所有视图、尺寸和技术要求等，就可以对部件的整体概况有一个初步的认识，为进一步读图创造条件。

如果有条件，则还可以查看有关资料或产品说明书，从中了解机器的工作原理、传动路线或工作情况等。

在识读如图 9-1 所示的装配图时，从标题栏和明细栏中可以得知，本部件为齿轮油泵，由十七种零件组成，其中有 7 种标准件；主要零件为齿轮轴、传动齿轮、泵体、左端盖、右端盖等。

2. 分析视图

首先确定视图名称，明确视图间的投影关系。如果是剖视图，就应找到剖切位置，分析各视图表达的重点，以使在研究有关内容时以其为主，再结合其他视图进行分析。

齿轮油泵选用了主视图和左视图两个基本视图。按工作位置选择的主视图采用全剖视，主要表达整个部件的内部结构特征，并通过几处局部剖视，反映两齿轮间的装配关系。左视图采用沿结合面剖切的表达方法，主要用来补充表达齿轮啮合处的内部形状，并采用局部剖视以表达进油口和出油口的结构。

3. 了解工作原理和装配关系

齿轮泵原理

了解工作原理和装配关系阶段是深入读图阶段。可以先从反映工作原理的视图着手，分析机器或部件中零件的运动情况，从而了解其工作原理。根据投影规律，分析各条装配干线，了解零件间的相互配合要求，以及零件的定位、连接方式。另外，还需要分析运动零件的润滑、密封等内容。

图9-10为齿轮油泵的轴测图，泵体7是齿轮油泵的主要零件之一，它的内腔容纳一对吸油和压油的齿轮。将齿轮轴2和传动齿轮轴3装入泵体后，两侧有左端盖4和右端盖8支承齿轮轴进行旋转运动，左端盖和右端盖通过销5与泵体定位，然后各通过6个螺钉1将左端盖和右端盖与泵体连接成整体。为了防止泵体与端盖结合面处漏油，采用了垫片6，利用密封圈9、衬套10及压紧螺母11，将传动齿轮轴3的伸出端密封起来。

齿轮轴2、传动齿轮轴3及传动齿轮12至14是齿轮油泵中的运动零件。当传动齿轮12从左向右看逆时针方向旋动时，通过键15将扭矩传递给传动齿轮轴3，经过齿轮啮合带动齿轮轴2沿顺时针方向转动。如图9-11所示，当一对齿轮在泵体内做啮合传动时，啮合区的右侧空间的压力降低而产生局部真空，油池内的油在大气压作用下进入油泵低压区的进油口，随着齿轮的转动，齿槽中的油不断沿箭头方向被带至左边的出油口而把油压出，并送至机器中需要润滑的部分。

齿轮泵装配

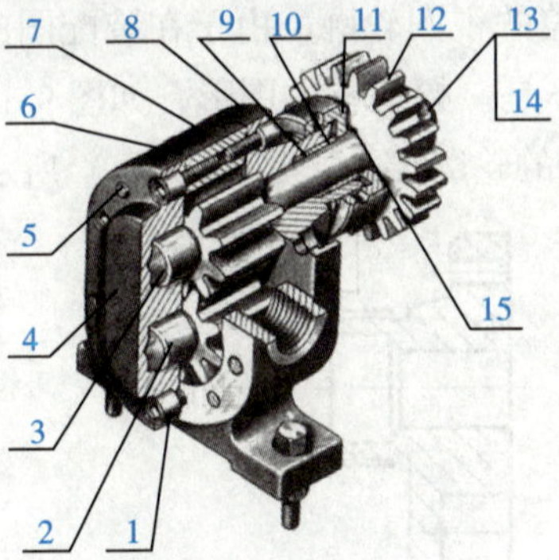

图9-10 齿轮油泵的轴测图

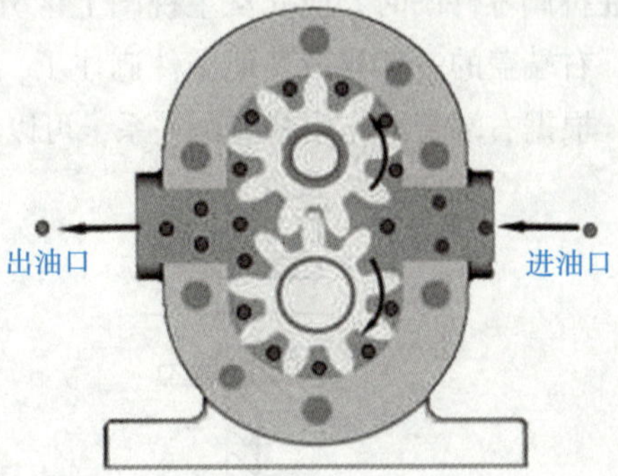

图9-11 齿轮油泵工作原理图

4. 分析尺寸

对装配图上标注的尺寸进行分析，可以了解部件的规格、外形大小、零件间的配合性质和公差值大小，以及装配时要求保证的尺寸和安装时所需的一些尺寸。

如图9-1所示，尺寸 $\phi 33\ \frac{H5}{f7}$ 是齿轮轴和传动齿轮轴的齿轮齿顶圆与泵体内腔的配合尺寸，属于基孔制优先间隙配合，其中，齿顶圆的尺寸为 ϕ33f7，即 $\phi 33^{-0.025}_{-0.050}$；泵体内腔的尺寸为 ϕ33H8，即 $\phi 33^{+0.039}_{0}$。尺寸50是传动齿轮轴线距离安装面的高度，尺寸27±0.016是一对啮合齿轮的中心距，它将直接影响齿轮的啮合传动，50和27±0.016都是装配所需的尺寸，属于装配尺寸。

左视图上注出的尺寸 $R_p 3/8$ 为该齿轮油泵的规格尺寸，螺栓轴线间的距离70为安装尺寸。

9.3.3 由装配图拆画零件图

由装配图拆画零件图（简称“拆图”）是指在彻底读懂装配图的基础上进行零件

设计，并画出零件图。由于在装配图上，某些零件的结构形状不一定能被完全表达清楚，此时就需要根据零件的作用和装配关系进行设计。对于装配图上省略的一些工艺结构，如小圆角、倒角、退刀槽等，在画零件图时必须补全，并且所画的零件图应符合设计和工艺要求。

在拆画零件图的时候，首先要了解该零件的作用；其次根据它在装配图中的投影轮廓，结合和它有装配、连接关系的其他零件，分析出它的结构、想象出其空间形状，并补齐投影；最后根据零件结构本身表达的需要，重新选择视图表达方案，用画零件图的方法和步骤画出零件图。

下面以拆画图 9-1 中的右端盖 8 的零件图为例进行分析。

由主视图可知，右端盖上部有传动齿轮轴穿过，下部有齿轮轴轴颈的支承孔，在右侧凸缘的外部有外螺纹，用压紧螺母通过轴套将密封圈压紧在轴的四周；由左视图可知，右端盖的外形为长圆形，其周围分布有六个具有沉孔的螺钉孔和两个圆柱销孔。

在拆画零件图时，应先从主视图上区分出右端盖的视图轮廓。由于在装配图的主视图上，右端盖的一部分被其他零件遮住了，因而它不是一幅完整的图形，如图 9-12（a）所示，根据右端盖的作用和装配关系，可以补全所缺的轮廓线，如图 9-12（b）所示。

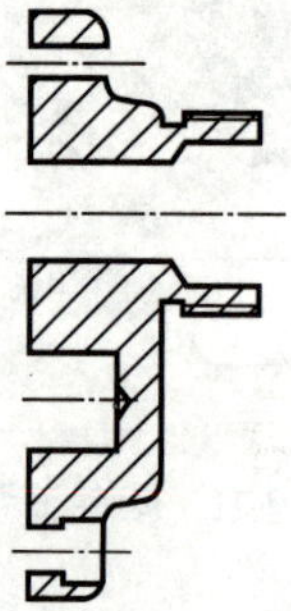

（a）从装配图中分析出右端盖的主视图

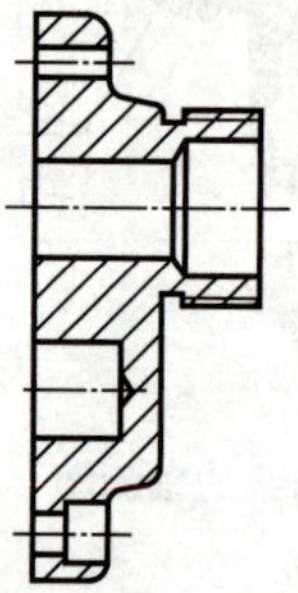

（b）补全所缺的轮廓线

图 9-12　由齿轮油泵装配图拆画的右端盖零件图

补全图线后的主视图显示了右端盖各部分的结构。用同样的方法，在左视图中，将右端盖拆画出来。这样右端盖的两个视图就确定了，但在画零件图时，应注意以下几个问题。

（1）选择视图

当从装配图上拆画零件图时，必须根据零件的具体形状，按照零件图的视图选择原则来考虑。这是因为有些零件在装配图上的位置不一定符合表达零件的要求。右端盖属于盘盖类零件，一般可用两个视图来表达，对比如图 9-13 所示的两种表达方案可知，方案二的主视图更能反映其形状特征，因此选择方案二作为该零件的表达方案。

（2）尺寸标注

零件上大部分不重要的或非配合的自由尺寸一般均在装配图上按比例直接量取。量得的数值尽量取整，并符合标准系列。相邻两零件接触面的有关尺寸及连接件的有关定位尺寸必须保持一致。当有些结构需要两个零件装配在一起同时加工时，应在该两零件图上分别加以注明。

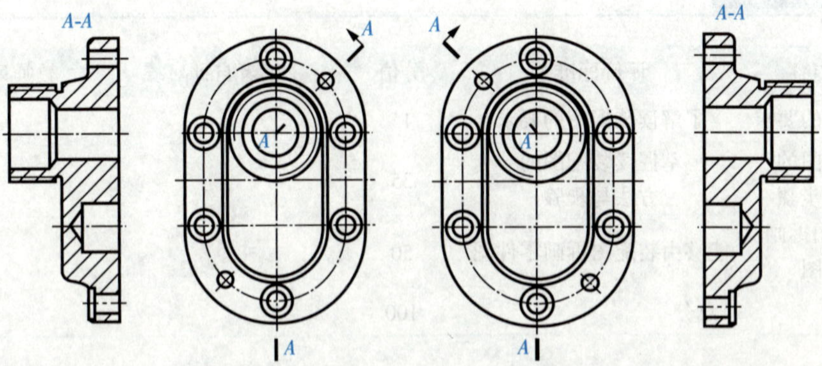

（a）方案一　　（b）方案二

图 9-13　右端盖的表达方案

（3）技术要求

技术要求包括表面粗糙度、几何公差及一些热处理和表面处理等，它是根据该零件在机器中的作用和要求确定的。一般情况下，技术要求可参照同类产品加以确定，还可参考有关资料和向有经验的人员请教。

最后，对所拆零件图必须进行仔细的校核：检查各零件图应表达的内容是否画全，每张零件图是否完整、合理，零件的名称、材料、数量等是否与明细栏一致。

最终完成的右端盖零件图如图 9-14 所示。

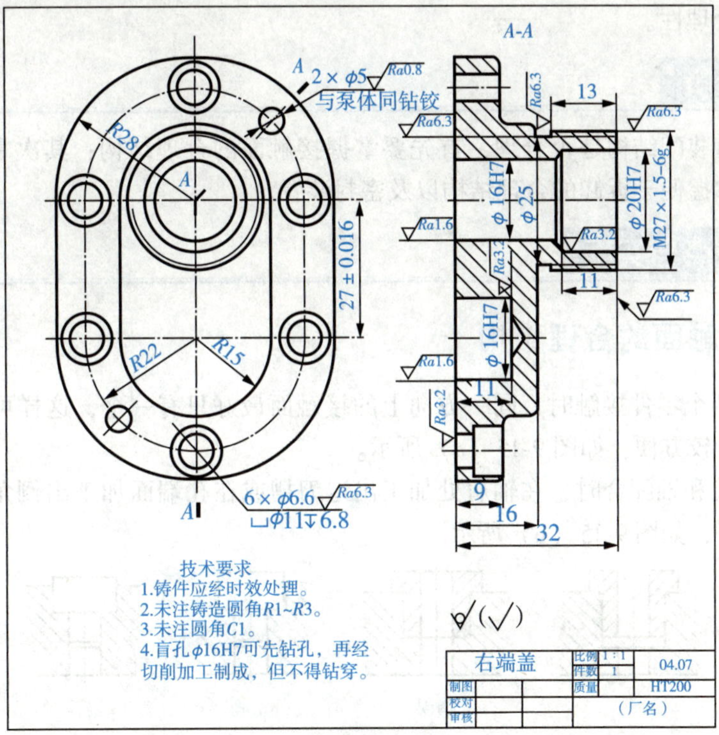

图 9-14　右端盖零件图

任务评价

评价内容	评价标准	分值	读者自评	教师评估
读装配图的要求	了解读装配图的要求	15		
读装配图的方法与步骤	掌握读装配图的方法与步骤	35		
由装配图拆画零件图	能够由装配图拆画零件图	50		
总分		100		

任务4　装配结构的合理性

任务描述

为了保证顺利地装配、调整、拆卸操作，在绘制装配图时，对零件的结构形状需要考虑装配工艺的要求，确定合理的装配结构，要求工程技术人员必须具有丰富的实际经验，并做深入细致的分析和比较。通过对本任务相关知识的学习，要求读者掌握装配结果的合理性。

任务分析

想要知道装配结构是否合理，首先要掌握接触面的合理结构；其次掌握螺纹锁紧装置；最后掌握便于拆卸的合理结构以及密封装置。

任务重点与实施

9.4.1　接触面的合理结构

（1）当两个零件接触时，同一方向上的接触面最好只有一个，这样可以满足装配要求，制造也较方便，如图9-15（a）所示。

（2）当孔和轴配合时，在轴肩处加工出退刀槽或在孔端面加工出倒角，以保证两零件接触良好，如图9-15（b）所示。

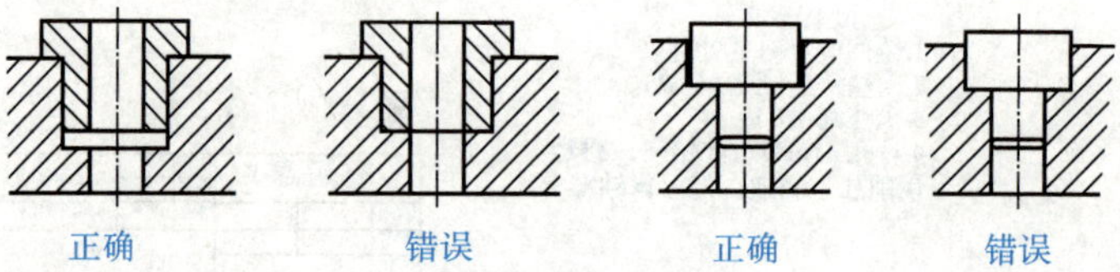

（a）

图9-15　接触面的合理结构

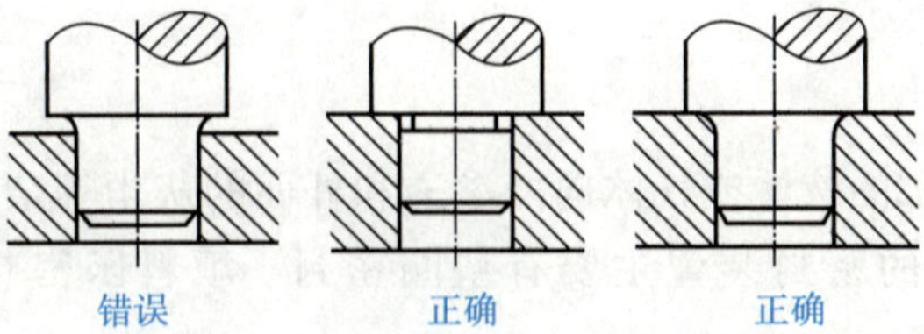

(b)

图 9-15 接触面的合理结构（续）

9.4.2 螺纹锁紧装置

为了防止机器中的螺纹连接件因机器的运动或振动而产生松脱现象，造成机器故障或毁坏，应采用必要的锁紧装置。常见的螺纹锁紧装置有双螺母锁紧、弹簧垫圈锁紧和开口销锁紧，如表 9-1 所示。

表 9-1 常见的螺纹锁紧装置

双螺母锁紧	弹簧垫圈锁紧	开口销锁紧
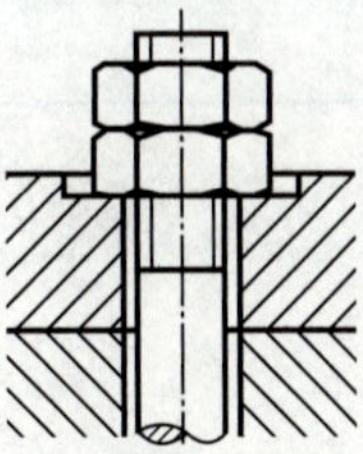	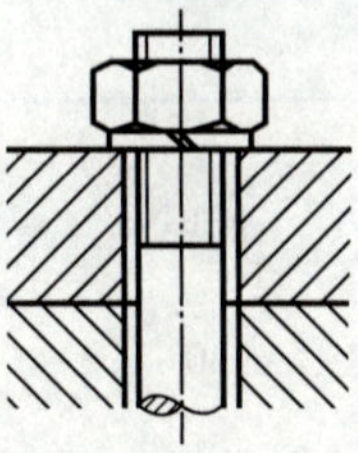	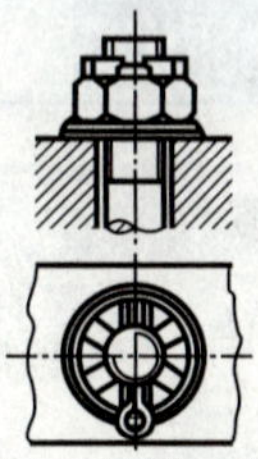

9.4.3 便于拆卸的合理结构

要考虑装拆有足够的空间和装配的可能性，如表 9-2 所示。

表 9-2 便于拆卸的合理结构

结构合理	结构不合理
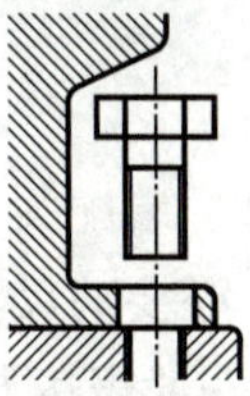	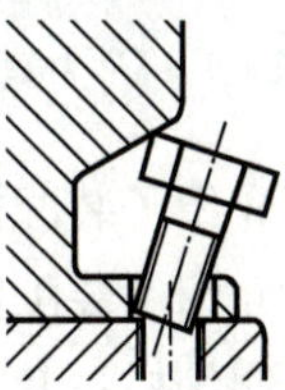
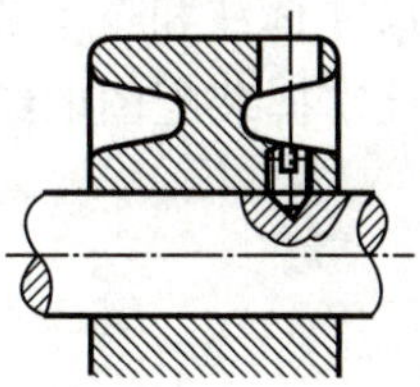	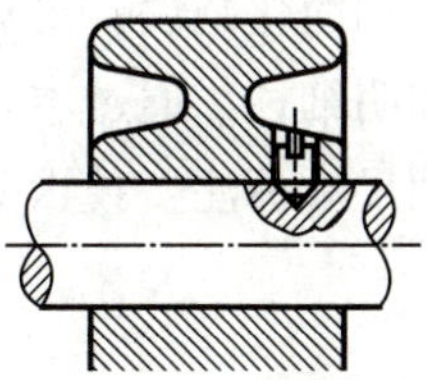

9.4.4 密封装置

为了防止机器内部的液体或气体向外渗透和外面的灰尘等杂物侵入机器内部，常使用密封装置。常用的密封装置主要有毡圈密封、填料函密封和垫片密封等，如图 9-16 所示。

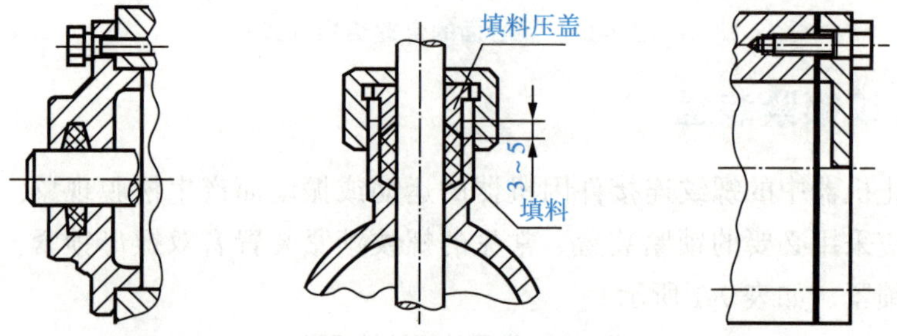

（a）毡圈密封　（b）填料函密封　（c）垫片密封

图 9-16　常见的密封装置

任务评价

评价内容	评价标准	分值	读者自评	教师评估
接触面的合理结构	会绘制接触面的合理结构	30		
螺纹锁紧装置	会绘制螺纹锁紧装置	30		
便于拆卸的合理结构	会绘制便于拆卸的合理结构	30		
密封装置	会使用密封装置	10		
总分		100		

项目小结

本项目主要介绍了装配图在表达机器或部件的工作原理、装配关系和结构形状中的重要性。首先介绍了装配图的基本内容，包括一组视图、必要的尺寸、技术要求以及零部件序号和明细栏；其次介绍了装配图的表达方法，如一般表达方法、规定画法、特殊表达方法和简化画法；最后介绍了涉及了装配图的尺寸标注和技术要求，以及如何标注序号和明细栏。通过本项目的学习，读者能够系统掌握装配图的绘制与识读方法，熟练运用尺寸标注、技术要求等规范。

项目习题

一、选择题

1. 装配图主要表达哪些内容？(　　)

A. 零件的加工工艺

B. 机器或部件的工作原理、装配关系和结构形状

C. 零件的尺寸和材料

D. 机器或部件的外观设计

2. 装配图中的序号编排规定包括哪些？(　　)

A. 所有零部件都必须有序号

B. 同一装配图中相同的零部件应编写同样的序号

C. 序号应与明细栏中的序号一致

D. 以上都是

3. 在装配图中，外形尺寸的标注有何作用？(　　)

A. 表示机器或部件的规格尺寸　　B. 反映机器或部件占有的空间大小

C. 指导零件的加工过程　　D. 确定零件的表面粗糙度

4. 绘制装配图时，确定表达方案包括哪些步骤？(　　)

A. 主视图的选择和其他视图的选择　　B. 确定装配图中的尺寸标注

C. 选择装配图中的技术要求　　D. 编写装配图中的明细栏

5. 在装配图中，螺纹锁紧装置的常见形式有哪些？(　　)

A. 双螺母锁紧　　B. 弹簧垫圈锁紧

C. 开口销锁紧　　D. 以上都是

二、填空题

1. 装配图是表达机器或部件的________、________、________等内容的图样。

2. 装配图中，__________是表示机器或部件规格或性能的尺寸，在设计时就已经确定了。

3. 装配图中的__________是对装配图中所有零件（或部件）按顺序编排的号码。

4. 装配图中，__________是机器或部件中全部零部件的详细目录，应画在标题栏的上方。

5. 装配结构的合理性需要考虑__________、__________、__________等方面。

三、问答题

1. 装配图主要表达哪些内容？

2. 装配图中的序号编排有哪些规定？

3. 在装配图中，外形尺寸的标注有何作用？

4. 绘制装配图时，确定表达方案包括哪些步骤？

5. 在装配图中，螺纹锁紧装置有哪些常见形式？

参考文献

[1] 胡建生．机械制图（少学时）[M]．北京：机械工业出版社，2020.

[2] 王幼龙，孙篯．机械制图 [M]．北京：高等教育出版社，2021.

[3] 钱可强，丁一．机械制图 [M]．6 版．北京：高等教育出版社，2022.

[4] 焦永和，张彤，张昊．机械制图手册 [M]．6 版．北京：机械工业出版社，2022.

[5] 胡建生．机械制图 [M]．2 版．北京：机械工业出版社，2023.

[6] 赵建国，田辉，牛红宾．画法几何及机械制图 [M]．2 版．北京：机械工业出版社，2022.

[7] 许睦旬，罗爱玲．机械制图（含：机械制图自学考试大纲）[M]．北京：机械工业出版社，2024.

[8] 陈春梅，郑峥．机械制图与 AutoCAD [M]．2 版．北京：人民交通出版社，2024.